Die Verbrennungskraftmaschine

Herausgegeben von

Prof. Dr. Hans List

Graz

Band 8 Teil 1

Lager und Schmierung

Springer-Verlag Wien GmbH
1962

Lager und Schmierung

Von

Dipl.-Ing. Kurt Milowiz

Anstalt für Verbrennungsmotoren Prof. Dr. Hans List
Graz

Mit 223 Textabbildungen

Springer-Verlag Wien GmbH
1962

ISBN 978-3-662-37731-4   ISBN 978-3-662-38548-7 (eBook)
DOI 10.1007/978-3-662-38548-7

Vorwort

Von Herrn Professor Dr. Hans List wurde ich eingeladen, im Rahmen der von ihm herausgegebenen Sammlung „Die Verbrennungskraftmaschine" das Thema „Lager und Schmierung" zu behandeln. Gerne folgte ich diesem Wunsche; besonders, da ich die in diesem Band beschriebene Berechnungsmethode seit Jahren an zahlreichen Beispielen mit Erfolg anwenden konnte und so ihre Brauchbarkeit in der Praxis durch Nachrechnung vorhandener und Vorausberechnung neuer Lager bewiesen ist. Der Grundstock dafür wurde schon auf der Technischen Hochschule Graz von meinen ehemaligen Lehrern, Herrn Professor Dr. techn. A. Steller, Herrn Professor Dr. techn. A. Klemencic und Herrn Professor Dr.-Ing. K. Bauer, gelegt. Auch meine Mitarbeit im VDI im Arbeitskreis Deutscher Konstruktionsingenieure (ADKI) wirkte sich befruchtend aus.

Das Hauptgewicht liegt auf der Berechnung und Konstruktion von Gleitlagern, da die Wälzlager dem Konstrukteur keine besonderen Schwierigkeiten bereiten. Von den Wälzlagerfirmen wird ja in reichem Maße Literatur und persönliche Unterstützung durch Fachkräfte zur Verfügung gestellt. Die Gleitlager aber geben dem Konstrukteur bei ihrer Berechnung und Konstruktion sehr viel Freiheit. Er muß alle Angaben dafür selbst machen; der Werkstoff, das Lagerspiel, die Oberflächengüte, die Ausführung der Laufflächen und letzten Endes der Schmierstoff, all dies liegt mit sämtlichen Kombinationsmöglichkeiten zur Auswahl in seiner Hand.

Die vorliegende Arbeit enthält, ausgehend von den Grundlagen, alles Wesentliche, um Lagerberechnungen jeder Art durchführen zu können; für den Studierenden aufbauend Stufe um Stufe; für den in der Praxis Stehenden ein Rezeptbuch mit Beispielen und Vergleichen.

Meiner Praxis entsprechend stellen die mittleren Zweitaktmotoren den größten Teil der Beispiele, was jedoch die allgemeine Gültigkeit der Berechnung, die ich auch an Aufbereitungs- und Bergbaumaschinen anwenden konnte, nicht einschränkt. Ein besonderes Kapitel wird der Berechnung von Lagern mit zeitlich veränderlicher Belastung und Bewegung gewidmet. Zur ausführlichen Vertiefung in die Grenz- und Nachbargebiete der Gleitlagerberechnung ist am Schluß des Bandes eine Anzahl von Literaturstellen angeführt.

Wegen der besseren Übersichtlichkeit werden nur „cm", „kp" und „s" als Dimensionen verwendet. Wenn dies auch manchmal ein ungewohntes Bild ergibt, so wird doch dadurch die Handhabung der Formeln und die Berechnung wesentlich vereinfacht. Nur in den Konstruktionszeichnungen sind statt cm „mm" eingetragen. Manchmal sind Angaben von Zahlenwerten zu finden, die umstritten sind, oder die nur empirisch festgehalten wurden. Es scheint mir aber günstiger, dem Konstrukteur Richtwerte in die Hand zu geben, als allgemeine Ausdrücke, wie hoch, niedrig usw., zu gebrauchen.

Zum Abschluß des Vorwortes möchte ich meiner Frau Lieselotte sowie Herrn Ing. H. Dreiseitl für die Hilfe bei der Korrektur und allen Firmen für die beigestellten Unterlagen, wie Zeichnungen, Beschreibungen usw., danken. Sie haben wesentlich dazu beigetragen, die Theorie durch Beispiele lebendig werden zu lassen, allgemeingültige Zahlenwerte ermitteln zu helfen und dem Konstrukteur interessante Vergleichsmöglichkeiten zu bieten.

Besonders danke ich aber Herrn Professor Dr. Hans List und dem Verlag, daß sie mir die Möglichkeit gaben, meine Erfahrungen auf diesem Gebiet weiterzugeben.

Graz, im Frühjahr 1962

K. Milowiz

Inhaltsverzeichnis

Seite

Verwendete Formelzeichen 1

A. Allgemeines 3
    Lagerbauformen 3. — Wälzlager und Gleitlager 4.

B. Theoretische Grundlagen von Reibung und Schmierung 5

  I. Startreibung (Reibung der Ruhe) 6

  II. Reibung der Bewegung 6
    1. Festkörperreibung 6
      Reibungszahl 6. — Berührung der Gleitflächen (tatsächliche Berührungsfläche) 7. — Fließen der Oberfläche 7. — Ruckgleiten 8.
    2. Mischreibung 9
    3. Flüssigkeitsreibung 9
      a) Voraussetzungen bei reiner Flüssigkeitsreibung 9
      b) Entstehen eines Druckes in einer Flüssigkeitsschicht zwischen zwei Flächen... 10
      Durch Zueinanderbewegen zweier paralleler Flächen (Verdrängungswirkung) 10. — Größe des Druckes 10. — Verdrängungszeit 10.
      Durch Zufuhr von Drucköl (hydrostatischer Druckaufbau) 11. — Größe des Zuführungsdruckes 11.
      Durch Bildung eines keilförmigen Schmierspaltes (hydrodynamischer Druckaufbau) 12. — Voraussetzungen 12. — Selbsteinstellende Wirkung 13. — Wasserschiläufer 13. — Stangenführung 13. — Radiallager 14. — Gümbelscher Halbkreis 14.
      Durch Bildung eines thermischen Schmierkeiles 14.
      c) Stribecksche Kurve 15
      Startreibung 15. — Mischreibung 15. — Ausklinkpunkt 15. — Reine Flüssigkeitsreibung 15.
      d) Reibungszahl der Flüssigkeitsreibung 16

C. Werkstoffe 17

  I. Allgemeines, Einteilung und Paarung 17
    Härtevergleichszahlen 18.

  II. Wellenwerkstoffe 19
    1. Stähle 19
    2. Gußeisen 20
    3. Oberflächenvergütung 20

  III. Lagerwerkstoffe 20
    1. Auswahl 20
    Härtesprung 20.
    2. Eigenschaften 21
    Schmelzpunkt 21. — Wärmeleitfähigkeit 21. — Thermischer Ausdehnungskoeffizient β 21. — Elastizitätsmodul E 21. — Wichte γ 21. — Proportionalitäts-, Streck- und Quetschgrenze 21. — Warmstreckgrenze 22. — Zug-, Druck- und Biegefestigkeit 22. — Härte 22. — Mikrohärte 22. — Dauerfestigkeit 22. — Zähigkeit und Dämpfung 22. — Gefügeausbildung 22.
    3. Vollager 22

Seite

4. Verbundlager ... 22
   a) Auftreten von Schubspannungen unter der Oberfläche ... 23
   b) Herstellung ... 24
   c) Dreistofflager ... 25

5. Die wichtigsten Lagerwerkstoffe und deren Zusammensetzung ... 26
   a) Weißmetalle (Blei- und Zinnlegierungen) ... 27
   b) Zinklegierungen ... 28
   c) Aluminiumbronzen und Aluminiumlegierungen ... 28
   d) Bleibronzen und Bleizinnbronzen ... 29
   e) Zinnbronzen ... 29
   f) Rotgußlegierungen ... 30
   g) Messing ... 30
   h) Gußeisen ... 31
   i) Sinterwerkstoffe ... 31
   k) Kunststoffe ... 32
   l) Kunstkohle ... 32

IV. Schmierstoffe ... 33

1. Schmierfette ... 34

2. Schmieröle ... 35
   Mineralöle 35. — Kennwerte der Mineralöle 36. — Wichte γ und Dichte ϱ 36. — Flammpunkt 36. — Stockpunkt 36. — Spezifische Wärme c, c_v 36. — Emulgierneigung 36. — Neutralisationszahl NZ 36. — Verseifungszahl VZ 36. — Viskosität oder Zähigkeit 36. — Viskositätsindex VI 40. — Viskositätspolhöhe VP 40. — Gewinnung von Mineralölen 40. — Synthetische Schmierstoffe 41. — Legierung von Mineralölen 41. — Prüfung und Einteilung der legierten Schmieröle 42.

D. Schmiersystem ... 43

I. Fettschmierung ... 43

II. Ölschmierung ... 44

1. Durchlaufschmierung (Frischölschmierung) ... 44
   a) Docht-, Tropf- oder Stiftölerschmierung ... 45
   b) Ölnebelschmierung ... 45
   c) Frischöldruckschmierung (Zylinderschmierung) ... 45
      Anordnung der Schmierstellen 45. — Schmierölkolbenpumpen 45. — Verteiler 47. — Durchflußanzeiger 49. — Rückschlagventile 49.
   d) Gemischschmierung ... 53
   e) Obenschmierung ... 54

2. Umlaufschmierung ... 54
   a) Drucklose Umlaufschmierung ... 54
   b) Druckumlaufschmierung ... 60
   c) Ölsumpfschmierung — Trockensumpfschmierung ... 61
   d) Schmierölbehälter ... 71
      Schmierölfüllung $V_{\ddot{O}}$ 74. — Umwälzzahl Z 74. — Ölwechselzeit 74. — Schmierölverschleiß 79.
   e) Rohrleitungen ... 80
      Druckverlust in Rohrleitungen 80.
   f) Motorschmierölpumpen ... 83
      Fördermenge 85.
   g) Reinigung des Motorschmieröles ... 90
      Zentrifuge 90. — Filter 90. — Hauptstromreinigung 91. — Nebenstromreinigung 92.
   h) Ölkühlung ... 94
      Erforderliche Kühlerfläche 97. — Kühler 97.

Seite

E. Konstruktion und Fertigung 98

I. Grobgestalt 99

II. Feingestalt 102
1. Oberflächenrauheit R 102
2. Traganteil 103
3. Herstellung der Oberflächen 104

III. Schmierölzuführung 105
1. Schmierfilmdruckverteilung 105
2. Wellenverlagerung α 105
3. Lage der Schmierstoffzufuhr für verschiedene Bewegungsverhältnisse 106
$\omega_1 = \omega_p = 0$, ω_2 106. — $\omega_2 = \omega_p$, $\omega_1 = 0$ 106. — ω_1, $\omega_2 = \omega_p = 0$ 107. — Pendelbewegung 107. — Veränderliche Lastrichtung und Bewegungsverhältnisse 113. — Unbekannte Lastrichtung 113.
4. Schmierölzuführungsdruck $p_{\ddot{o}}$ 113
5. Nuten 114

IV. Radiallager 118
1. Mehrflächengleitlager 119
2. Schwimmende Büchsen 120
3. Verdrehungssicherung 120
4. Einfluß der Wärmedehnungen 122
5. Montage 123

V. Achsialgleitlager 123
1. Ringe mit fest eingearbeiteten Keilflächen 124
Keilflächenform 124.
2. Bundlager 125
3. Kippklotz- oder Michell-Lager 129
Kippachse 130.
4. Zentrierung und Verdrehungssicherung 132

VI. Gleitbahnführungen 132

VII. Hydrostatisch geschmierte Gleitlager 133

VIII. Dichtungen 134

F. Berechnung 137

I. Grundlagen und Voraussetzungen für die Berechnung hydrodynamisch geschmierter Gleitlager 137

II. Größen und Kennzahlen für Radiallager 137
1. Wellendurchmesser d_2 137
2. Lagerbreite b, Breitenverhältnis b/d 137
3. Mittlere Lagerbelastung $\bar{p}$, größter im Schmierfilm auftretender Druck p_{max} ... 139
4. Drehzahl n, Winkelgeschwindigkeit der Welle ω_2, Berücksichtigung der Last- ω_p und Lagerbewegung ω_1 141
Reduzierte Winkelgeschwindigkeit ω_{re} 142.
5. Absolutes Lagerspiel s, relatives Lagerspiel ψ (Betriebsspiel — Einbauspiel) 143
Wellen- und Lagerabmessungen 145.
6. Kleinste (absolute) Schmierfilmdicke h_0 146
Gümbelscher Halbkreis, stabile und labile Wellenlage 147.
7. Relative Schmierfilmdicke δ 148
8. Lagerkennzahl (Sommerfeldzahl, Tragzahl) So 148
9. Schmierölzähigkeit (Viskosität) η 149
10. Schmierstoffdurchflußgröße ξ, Durchflußmenge Q 150
11. Reibungszahl μ, Reibungskennzahl μ/ψ 151
12. Lagertemperatur ϑ, Schmieröleintrittstemperatur in das Lager ϑ_e 152
a) Wärmeabgabe an die umgebende Luft 152
b) Wärmeabgabe an das Schmieröl 153

Seite

III. Größen und Kennzahlen für den Verdrängungsdruckaufbau in Radiallagern 154
   1. Mittlere Lagerbelastung $\bar{p}_v$ 155
   2. Kleinste Schmierfilmdicke h_0 155
   3. Verdrängungskennzahl So_v 155
   4. Annäherungsgeschwindigkeit dh/dt 156

IV. Größen und Kennzahlen für Achsiallager 156
   1. Laufringdurchmesser d_i, d_a, d_m 156
   2. Ringbreite b 157
   3. Völligkeitsgrad φ, Einteilung der Lauffläche K, R, N 157
   4. Mittlere Flächenpressung $\bar{p}$ 158
   5. Anzahl der Gleitflächen z 158
   6. Lagerkennzahl So_a 158
   7. Traglänge l, Breitenverhältnis l/b 159
   8. Achsiallagerspiel ψ_a 159
   9. Kleinste Schmierfilmdicke h_{0a} 159
  10. Stauraumtiefe (oder Keiltiefe) t, relative Schmierfilmdicke h_0/t 160
  11. Kippachsenabstand a 160
  12. Schmierstoffdurchflußgröße ξ_a, Durchflußmenge Q 160
  13. Reibungszahl μ_a 161

 V. Berechnung von Radiallagern mit konstanten Kraft- P und Bewegungsverhältnissen ω 161
   Überprüfung 162.
   Beispiele 162

VI. Berechnung von Mehrflächenradialgleitlagern 167

VII. Berechnung von Radiallagern mit veränderlicher Gleitgeschwindigkeit und mit nach
   Größe und Richtung veränderlicher Belastung 168
   1. Ermittlung der auf das Lager wirkenden Kräfte 168
     a) Im Kolbenbolzenlager 170
     b) Im Kurbellager 170
     c) Im Wellenlager 171
     Bestimmung der Lagerkräfte (Durchlaufträger) 171. — Bestimmung der
     Lagerkräfte (zwei Einfeldbalken) 172.
   2. Lagerberechnung unter vereinfachenden Annahmen 172
     Minderungsfaktor k 173.
   3. Genaue Berechnung 173
     a) Polardiagramm 173
     b) Last- und Lagerdrehung ω_{re} 175
     c) Lastanteile P_d und P_v 176
     d) Radialbewegung der Welle Δh 179
     e) Verlagerungsbahn 179
     f) Zusammenfassung des Rechnungsganges 180
   4. Beispiele 181

VIII. Berechnung von Achsialgleitlagern 191
   Beispiele 193

 IX. Hydrostatisch geschmierte Gleitlager 196

G. Messen und Prüfen 197

 I. Messen der Oberflächenfeingestalt 197
   1. Vergleich 197
   2. Tasten 197
   3. Schrägschnitte 197
   4. Schrägschatten 198
   5. Interferenz 198

 II. Messung der Oberflächengrobgestalt 198
   Wellendurchmesser 198. — Überstand — Unterstand 199.

                                                                              Seite
III. Messung der Oberflächenhärte 199
     1. Härteprüfung nach Brinell (HB) 199
     2. Rockwellhärteprüfung (HR) 200
     3. Messung der Vickershärte (HV) 200
IV. Lagerwerkstoffprüfmaschinen 200

Schrifttum 202

Anhang: Berechnungsblätter 205

Verwendete Formelzeichen

A	cm²	wärmeabgebende Fläche eines Lagers einschließlich der Welle
a	cm	Radius des Berührungskreises
b	cm	Gleitflächenbreite
C		Konstante
c	cm kp kp^{-1} °C^{-1}	spezifische Wärme des Schmieröles
d	cm	Durchmesser
E	kp cm^{-2}	Elastizitätsmodul
F	cm²	Fläche

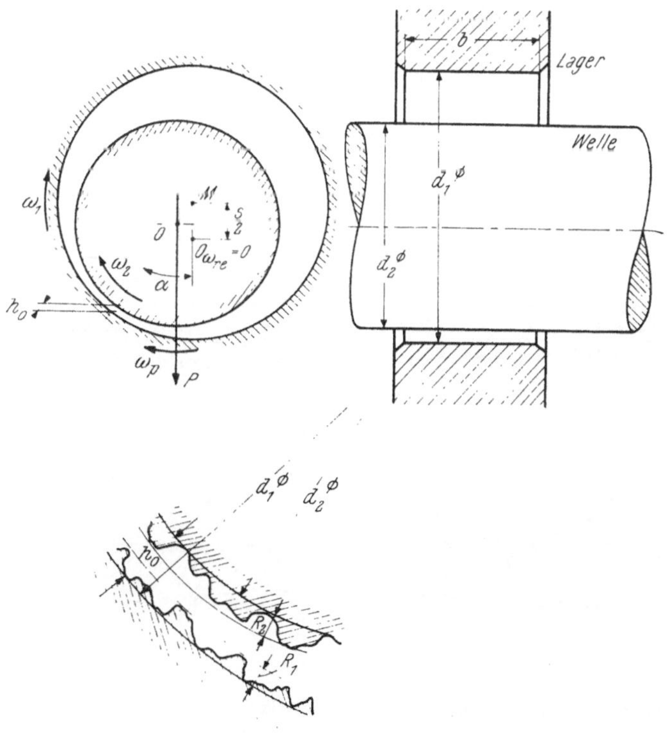

Abb. 1. Bezeichnungen für Radiallager

$f(\ldots)$		Funktion von...
$g = 981$	cm s^{-2}	Erdschwerebeschleunigung
h	cm	Schmierfilmdicke
K	cm	Länge der Keilfläche, bezogen auf d_m
k		Minderungsfaktor
$L = R + 2\,K$	cm	Länge des symmetrischen Kippklotzes, bezogen auf d_m
$l = K + R$	cm	Traglänge, bezogen auf d_m
l	cm	Pleuelstangenlänge
m	mm (!)	Modul

N	cm	Nutbreite, bezogen auf d_m
N	cm kp s^{-1}	Leistung
n	min^{-1}	Drehzahl
P	kp	Kraft, Last
p	kp cm^{-2}	Druck, mittlere Belastung
Q	cm^3 s^{-1}	Durchflußmenge
$q = \dfrac{Q}{b \cdot d}$	cm s^{-1}	sekundlicher Schmierölstrom, bezogen auf die Lagergrundriß-fläche
R	kp	Reibungskraft
R	cm	Rauhtiefe
R	cm	Länge der Rastfläche, bezogen auf d_m
Re		Reynoldssche Zahl für die Strömung in Rohren
r	cm	Kurbelradius
So		Sommerfeldzahl, Tragzahl

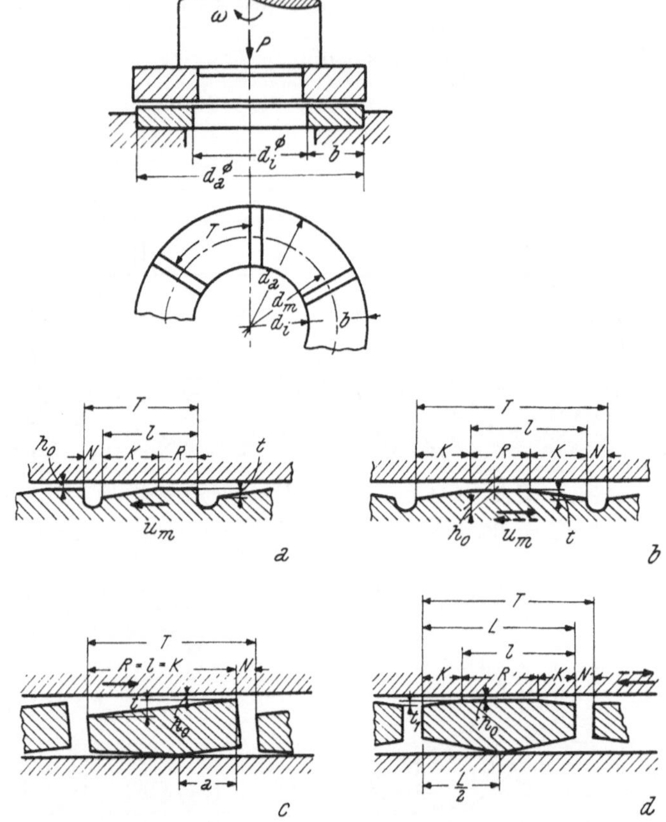

Abb. 2. Bezeichnungen für Achsiallager. Gleitflächeneinteilung, bezogen auf d_m:

$\left.\begin{matrix} a \\ b \end{matrix}\right\}$ für fest eingearbeitete Keilflächen $\quad$ für eine Drehrichtung / für beide Drehrichtungen

$\left.\begin{matrix} c \\ d \end{matrix}\right\}$ für Kippklotzlager $\quad$ für eine Drehrichtung / für beide Drehrichtungen

$s = d_1 - d_2$	cm	Lagerspiel
T	cm	Teilung, bezogen auf d_m
t	cm	Keiltiefe
u	cm s^{-1}	Umfangsgeschwindigkeit
V	cm^3	Füllmenge
v	cm s^{-1}	Strömungsgeschwindigkeit
W	cm kp s^{-1}	Wärmemenge je Sekunde
w	cm s^{-1}	Luftströmgeschwindigkeit

Z	h^{-1} (!)	Ölumwälzzahl
z		Anzahl der Staufelder, Zähnezahl
α	$cm\,kp\,cm^{-2}\,s^{-1}\,°C^{-1}$	Wärmeübergangszahl
β	$°C^{-1}$	lineare Wärmeausdehnungszahl
γ	$kp\,cm^{-3}$	Wichte
$\alpha,\ \beta,\ \gamma,\ \iota$	$°$	Winkel
$\delta = \dfrac{2 \cdot h_0}{\psi \cdot d}$		relative Schmierfilmdicke
η	$kp\,s\,cm^{-2}$	dynamische Zähigkeit
ϑ	$°C$	Temperatur
$\lambda = r/l$		Schubstangenverhältnis
$\lambda = 64/Re$		Rohrreibungsbeiwert
μ		Reibungszahl
$\mu = 10^{-4}$ cm		
ν	cSt	kinematische Zähigkeit
ξ	$cm\,s^{-1}$	Schmierstoffdurchflußgröße
$\varrho = \gamma/g$	$kp\,s^2\,cm^{-4}$	Dichte
σ	$kp\,cm^{-2}$	Zug-, Druck- oder Biegespannung
φ		Völligkeitsgrad
$\psi = (d_1 - d_2)/d_2$		relatives Lagerspiel
ω	s^{-1}	Winkelgeschwindigkeit

Indices

bezogen auf:

1	Lager		m	mittlerer
2	Welle		max	größter
$\overline{\ }$	Mittelwert		min	kleinster
a	Außen-, Austritt		o	Kleinstwert, Stillstand, im oberen
B	Bruch-			Totpunkt
b	Biegung, Bewegung		$\ddot{o}$	Öl
d	Druck, Drehung		p	Last
e	Einbau, Eintritt		r	rotierende Teile
F	Fließen		re	reduziert
g	Gasdruck		s	Start, Bewegungsbeginn
H	Hub		u	unterer Totpunkt
h	hin- und hergehende Teile		$\ddot{u}$	Übergang
i	Innen-		v	Volumen, Verdrängung
k	Kolben, Kühlung		w	Wechsel
l	Luft		z	Zug-, Zündung

A. Allgemeines

Überall, wo sich Maschinenteile gegeneinander bewegen, müssen *Lager* die zu übertragenden Kräfte aufnehmen und weiterleiten. Die Lagerung einer Maschine setzt sich aus den einzelnen Lagern zusammen, die nach Möglichkeit keine statisch unbestimmten Reaktionskräfte entstehen lassen sollen, und die bei zulässiger Verformung der Bauteile nicht beschädigt werden dürfen. Schon beim Entwurf einer Neukonstruktion muß sich der Konstrukteur über die Lagerung der Einzelteile im klaren sein, da ein guter Kraftfluß ohne scharfe Umlenkungen von den Gleitflächen zu den weiteren kraftübertragenden Bauteilen notwendig ist.

Ein Lager besteht aus zwei relativ zueinander bewegten Flächen, den Gleitflächen. Die Grundformen sind:

Radiallager: Hier werden *Radial*kräfte zwischen Welle oder Achse und Lagerschale (im weiteren nur Lager genannt) übertragen (Abb. 3).

Beim *Achsiallager* werden Kräfte längs der Drehachse zwischen Welle und Spur-
fläche übertragen (Abb. 4).

Gleitführungen nehmen Kräfte hin- und hergehender Maschinenteile auf ebenen
*Gleit*bahnen auf (Abb. 5).

Abb. 3. Radiallager   Abb. 4. Achsiallager   Abb. 5. Gleitführung

Die einzelnen Grundformen werden auch kombiniert verwendet, wodurch jedoch oft
die eindeutige Bestimmung der Lagerbelastung sehr erschwert wird.

Die Mittel zur Trennung der beiden Lagerflächen, bzw. zur Füllung des Lagerspaltes,
können verschieden sein: *Elastische oder plastische Zwischenglieder* gestatten bei nur
geringfügiger hin- und hergehender oder drehender Bewegung eine verschleißlose und
wartungsfreie Lagerung zweier Maschinenteile gegeneinander (z. B. Silentbloc = Gummi-
Metallverbindung). Üblicherweise werden aber *feste, flüssige* oder *gasförmige Schmierstoffe* verwendet. Als feste Schmierstoffe können Wälzkörper wirken (Kugeln, Rollen
oder Nadeln) und Abrieb, oder auch mineralische Stoffe, die die Reibung durch Gegen-
einanderverschieben ihrer Moleküllagen vermindern (z. B. Graphit, Molybdändisulfid).
Der wichtigste flüssige Schmierstoff ist Mineralöl. Selten wird Wasser verwendet. Nur
in Einzelfällen werden auch Säuren, Quecksilber und andere flüssige Medien eingesetzt.
In Sonderfällen kann mit Luft, Wasserstoff und anderen Gasen geschmiert werden [30].

Immer geht die Kraftübertragung von einem Maschinenteil über das Maschinenelement „Lagerspalt" zum anderen!

Die Herstellung der Wälzlager ist zu einem eigenen Industriezweig geworden. Lang-
jährige Erfahrung, weitgehende Forschungsarbeit und Versuche machten aus ihnen einen
einfach anwendbaren Maschinenteil. Jeder Wälzlagerkatalog ermöglicht es, an Hand von
Tabellen oder einigen Formeln die erforderlichen Lagergrößen bei gegebener Belastung
schnell zu ermitteln. Die Praxis zeigt dann, daß 90% der richtig berechneten Lager tatsächlich die gewünschte Zeit oder die berechnete Umdrehungszahl überdauern. 10%
können allerdings früher ausfallen.

Um die richtige Lagerart an der entsprechenden Stelle einsetzen zu können, ist es
wichtig, die Vor- und Nachteile von Wälz- und Gleitlagern zu kennen (Tabelle 1).
Denn immer ist *das* Lager am Platz, das bei einfachster Bauart und wirtschaftlicher Verwendung den größten Erfolg (in bezug auf Tragfähigkeit, Lebensdauer und eventuelle
Laufgenauigkeit) sichert. Wälzlager sind vorzuziehen, wenn keine besondere Schmierung
vorgesehen werden soll, besonders bei geringer Drehzahl und häufigem An- und Auslauf.
Für stoßweise hochbelastete Lager sind jedoch Gleitlager meist günstiger; vor allem für
Achsiallager sind bei höheren Drehzahlen Wälzlager kaum geeignet, da die Fliehkräfte
dabei zu groß werden.

Die Lebensdauer eines richtig ausgelegten in Flüssigkeitsreibung arbeitenden Gleitlagers ist praktisch unbegrenzt. Trotzdem wird es oft als sehr gefährlich einzusetzendes
und fragwürdiges Maschinenelement angesehen. Meist kann es ja nicht als fertiger Bau-
teil hergestellt und geliefert werden, sondern die Lagerschalen kommen aus einer anderen
Werkstätte als die Wellen. Auch der Werkstoff „Schmieröl", dem die Hauptaufgabe
der Kraftübertragung zukommt, wird oft nicht richtig ausgewählt. Wenn man aber alle
Einflüsse berücksichtigt, und nur einen Teil der bei der Wälzlagerherstellung erforderlichen Genauigkeit einhält, so ist beim Gleitlager durch den Zusammenhang zwischen

Tabelle 1. Die wichtigsten Vor- und Nachteile von Gleit- und Wälzlagern

	Wälzlager	Gleitlager
Schmierung	einfach, geringer Schmierstoffbedarf	großer Aufwand erforderlich, auch aggressive Medien möglich
Anlaufreibungszahl	klein	im allgemeinen groß
Reibungszahl im Betrieb	fast unabhängig von Drehzahl, Belastung und Temperatur	klein, abhängig von Drehzahl, Belastung und Temperatur
Verschmutzungsempfindlichkeit	groß	klein
Stoßempfindlichkeit	groß	klein
Bei hohen Drehzahlen	lärmend	stoß- und schwingungsdämpfend, keine Begrenzung nach oben
Empfindlichkeit gegen Überlastung	groß	gering
Geteilte Lager	ungünstig	ohne weiteres auszuführen
Baugröße	genormte Abmessungen, besonders bei großen Lagern großes Bauvolumen	geringer Raumbedarf
Reparatur	unmöglich	einfach und billig

Temperatur und Ölviskosität meist eine gewisse Sicherheit durch die stabilisierende Wirkung der Einstellung der Schmierfilmdicke gegeben.

Wird ein Lager z. B. durch die auftretende Reibung bei Verwendung von zu dickem Öl stark erwärmt, so wird letzteres dann bei der höheren Temperatur dünner werden und die Reibung dadurch wieder verringern. Steigt die Belastung, so wird der Schmierfilm dünner und dadurch tragfähiger.

Obwohl Gleitlager schon seit mehreren Jahrzehnten genau berechnet und geplant werden können und zahlreiche Veröffentlichungen ([3, 9, 12, 35, 36, 39, 45, 60, 79, 81, 84, 89] und viele andere mehr) sich mit den wichtigsten Erfordernissen für eine einwandfreie Konstruktion beschäftigen (z. B. Keilform des Schmierspaltes, Schmierstoffmenge mit entsprechender Viskosität usw.), so kann doch nicht oft genug auf den Zusammenhang zwischen den einzelnen Faktoren hingewiesen werden.

Vielfach werden andere Ursachen für Schäden, die aus einer falschen Auslegung des Schmierspaltes stammen, verantwortlich gemacht. Auch zu wenig oder zu dünnes Öl, zu geringe Wärmeabfuhr usw. können den Schmierfilm zerstören.

Wenn der Konstrukteur die Grundlagen des Schmiervorganges kennt, so wird ihm auch die Konstruktion und Berechnung eines Gleitlagers ebenso wenig Schwierigkeiten machen wie etwa die Berechnung eines Trägers, einer Schraubenverbindung oder eines anderen Maschinenelementes. Die richtige Einstellung zum Gleitlager erhält er dann, wenn er den Schmierstoff als *Werkstoff* und als Teil des *Konstruktionselementes Schmierspalt* betrachtet.

B. Theoretische Grundlagen von Reibung und Schmierung

Überall, wo sich Maschinenteile gegeneinander bewegen, tritt Reibung auf. Diese möglichst klein zu halten, ist Aufgabe des Konstrukteurs [34, 10].

Die Größe der Reibung zwischen zwei Flächen hängt vom Bewegungszustand, von der Werkstoffpaarung und von der Zwischenschicht (Trocken- oder Flüssigkeitsreibung) ab (Tabelle 2).

Tabelle 2. Reibungsarten

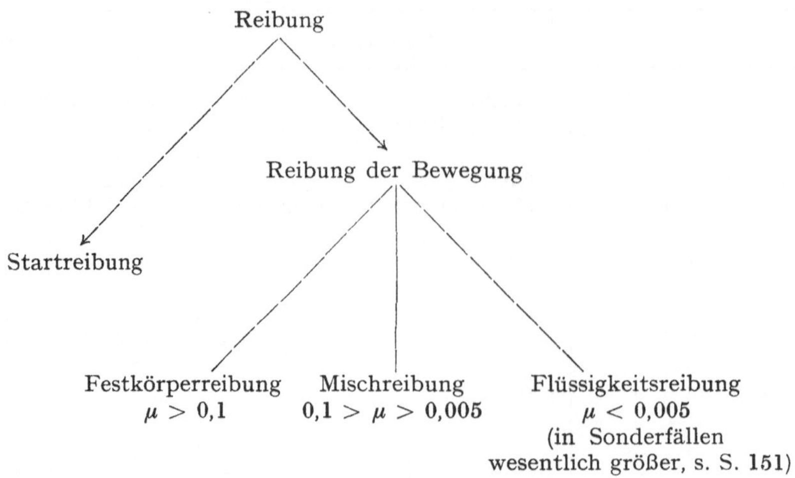

I. Startreibung

Die *Startreibung* ist der Größtwert der Reibung der Ruhe, früher auch Haft- oder Haltreibung genannt. (Der Ausdruck „Reibung der Ruhe" ist ungünstig: die Reibungskraft bei Ruhe ist zwar immer der etwa auftretenden Kraft entgegengesetzt; solange aber keine Bewegung eintritt, wird keine Arbeit geleistet, und die Kraft ist nicht meßbar.) Die Startreibung entspricht also gerade derjenigen Kraft, die bei Beginn der Bewegung aufgebracht werden muß.

II. Reibung der Bewegung

1. Festkörperreibung

Vom Beginn der Bewegung an wird allein durch den dazwischen rollenden Abrieb oder durch Oxydteilchen die Reibungszahl herabgesetzt. Auch wenn kein Schmierstoff zwischen den Gleitflächen ist, wird sie doch kleiner sein als beim Start und mit steigender Relativgeschwindigkeit weiter sinken, bis letzten Endes — immer Trockenreibung vorausgesetzt — einzelne Spitzen der Oberflächenrauheit durch die entstandene Reibungswärme schmelzen. Durch die Wirkung des geschmolzenen Metallabriebes wird dann die Reibung weiter verkleinert.

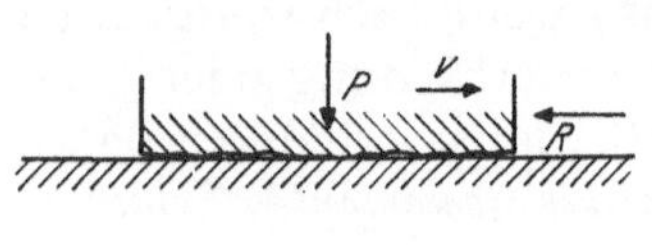
Abb. 6. Reibpaar

Es ist also die *Festkörperreibung* der Bewegung eine Zusammensetzung aus Festkörperreibung und Schmierung durch Metallabrieb, bzw. durch geschmolzene Gleitflächenteilchen [10]. Der Einfluß der schmierenden Zwischenschicht am Gleitgeschehen ist aber so gering, daß der Ausdruck „Festkörperreibung" dafür üblich ist.

Die Größe der Reibung ist

$$R = \mu \cdot P,$$

oder es ist die Reibungszahl

$$\mu = R/P,$$

die als Quotient der aufzubringenden Verschiebekraft R (Reibungswiderstand, Reibung) durch die zur Bewegung normale Kraft P dargestellt wird (Coulombsches Gesetz; Abb. 6).

Bei reiner Trocken- oder Festkörperreibung kann sie in erster Näherung als konstant angesehen werden (Tabelle 3). In der Formel für die Reibungszahl scheint die Größe

Tabelle 3. Startreibungszahl μ verschiedener Metalle auf Stahl

Gußeisen	~0,40
Weißmetall	~0,70
Phosphorbronze	~0,35
Bleibronze	~0,22
Aluminiumbronze	~0,45
Stahl	~0,80

der sich berührenden Gleitflächen nicht auf. Somit ist sie von der Fläche unabhängig. Da sich aber eine Oberfläche auch unter bester Bearbeitung nicht theoretisch genau glatt herstellen läßt, werden sich zwei aneinandergedrückte Flächen nur an einzelnen Punkten, nämlich den Bergen ihrer unebenen Oberflächen berühren. Diese *tatsächliche* Berührungsfläche ist sehr klein und praktisch unabhängig von der Ausdehnung der *gesamten* Fläche. Ihre Größe wird nur von der Belastung bestimmt; denn es tritt unter der örtlich sehr hohen Druckbeanspruchung an den Berührungspunkten elastische und plastische Verformung auf, so weit, bis die tatsächliche Berührungsfläche groß genug ist, die Belastung aufzunehmen. Eine geringe Beschädigung der Oberflächen tritt dadurch offensichtlich immer auf — auch bei nur gering belasteten Gleitflächen.

An diesen sehr kleinen Berührungspunkten treten oft kurzzeitig sehr hohe Temperaturen auf, die sogenannten „Temperaturblitze".

Die Reibungs*kraft* ist also von der scheinbaren Berührungs*fläche*, nämlich der gesamten Gleitfläche der gleitenden Körper unabhängig, und der Belastung direkt proportional.

Die Reibungs*zahl* ist — bei ungeschmierten Flächen — von der *Belastung* unabhängig (dies gilt allerdings nur dann, wenn — wie oben beschrieben — die tatsächliche Berührungsfläche mit der Belastung anwächst; das ist jedoch meistens der Fall). Da die tatsächliche Berührungsfläche, wie früher erwähnt, proportional der Belastung und von der äußeren Flächenausdehnung unabhängig ist, haben zwei verschieden große Gleitflächen auch bei verschiedener Oberflächenbeschaffenheit, aber gleicher absoluter Belastung die gleiche tatsächliche Berührungsfläche! Dies begründet die Unabhängigkeit der Reibungszahl von der Größe der äußeren Fläche [10].

Je reiner die Metalloberflächen sind, um so größer wird die Reibungszahl sein. Die Reibung vollkommen reiner Metalle kann bei Berührung im Vakuum eine Größe von $\mu \gg 5$ ergeben. Geringe Mengen von Wasserdampf, Wasserstoff, Sauerstoff oder Luft erniedrigen diesen Wert wesentlich.

Die Erwärmung an den Gleitflächen ist der Grund zu ihrem Verschweißen oder Fressen.

Beim mechanischen Polieren fließen meist die Oberflächenschichten. Die vorstehenden Spitzen werden geschmolzen und in die nächst gelegenen Täler geschmiert.

Auf ähnlichen Erscheinungen beruht das Gleiten eines Eis- oder Schiläufers (Tabellen 4 und 5).

Tabelle 4. Startreibungszahl μ von Eis auf Eis [11]

0° C	0,05 bis 0,15
−12° C	0,30
−110° C	0,50

Tabelle 5. Reibungszahl μ der Bewegung von gewachstem Holz auf Schnee (bei einer Gleitgeschwindigkeit von 10 cm/s)

0° C	0,04
−10° C	0,18
−40° C	0,40

Hier wird beim Gleiten auf Eis oder Schnee durch die Reibungswärme, die an den Berührungsspitzen der Eiskristalle mit der Gleitfläche entsteht, eine dünne Wasserschicht gebildet, die als Schmierstoff wirkt. Die Reibungszahl liegt bei etwa $\mu = 0,3$. Um die örtlichen Temperaturspitzen nur allmählich abzubauen und dem Wasser so Gelegenheit zu geben, möglichst lange zu schmieren und nicht sofort wieder zu frieren, ist eine sehr schlecht wärmeleitende Lauffläche günstig. Das Wachsen dürfte zu dieser schlechten Wärmeableitung und damit zur besseren Gleitfähigkeit beitragen. Je kälter Schi oder Schnee sind, um so günstiger wirkt sich die schlechte Wärmeleitung der Lauffläche auf die Bildung einer derartigen aus Schmelzwasser bestehenden Schmierschicht aus.

Die gleichen Verhältnisse treten bei Lagern aus Legierungen auf, die leicht schmelzbare Elemente enthalten. Bei Ausbleiben der Schmierung übernehmen diese bei zu hohen Laufflächentemperaturen für kurze Zeit die Schmierung durch Ausschmelzen. Daß dabei der Verschleiß sehr groß ist, ist offensichtlich (z. B. Weißmetall oder Bleibronze).

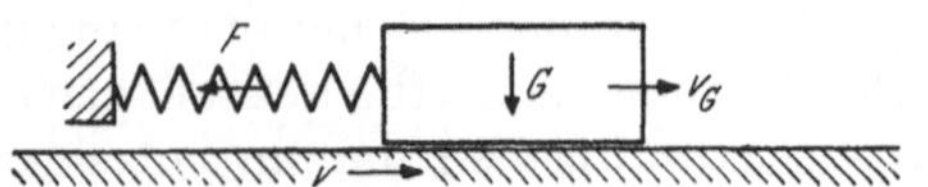

Abb. 7. Gleitpaar mit elastischer Rückstellkraft

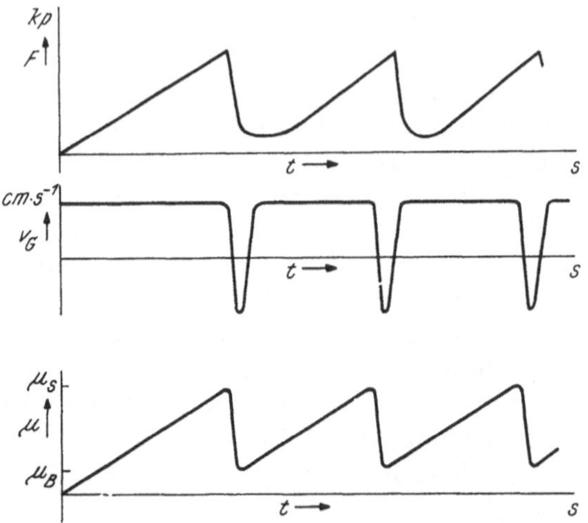

Abb. 8. Reibungs-, Geschwindigkeits- und Federkraftverlauf beim Ruckgleiten

Oben wurde gezeigt, daß die Startreibungszahl und die Reibungszahl der Bewegung zwischen zwei Körpern vom Material der Gleitflächen und auf Grund der Erwärmung von der Relativgeschwindigkeit der beiden bewegten Teile abhängt. Da die Startreibung — bei Trockenreibung — im allgemeinen größer ist als die Reibung der Bewegung, kann bei ungünstigem Zusammenwirken verschiedener Komponenten besonders bei sehr kleinen Gleitgeschwindigkeiten ein *Ruckgleiten* (stick-slip) zustande kommen. Bei diesem unterbrochenen Bewegungsvorgang wechseln Ruhen und Gleiten der Flächen ständig. Das Gleiten geht hierbei nicht gleichmäßig, sondern ruckweise vor sich. Es handelt sich um einen Schwingungsvorgang, auf den die verschiedensten Komponenten, wie die Massen der beiden aufeinander gleitenden Körper, ihre Elastizität und ihre Lagerungsart (hierdurch ist ihre Eigenschwingungszahl gegeben), die Relativgeschwindigkeit, die Reibungszahl, die Normalkraft und die bei der Bewegung auftretende Dämpfung Einfluß haben.

An dem Beispiel eines Gleitpaares läßt sich dieser Vorgang einfach erklären (Abb. 7): Unter einem Körper, der mit der Kraft G auf seine Unterlage gedrückt und elastisch entgegen der Bewegungsrichtung durch die Kraft F zurückgehalten wird, gleitet die Unterlage mit der sehr kleinen Geschwindigkeit v. Der Körper wird sich solange mitbewegen, bis die Rückstellkraft der Feder größer ist als die Kraft der Startreibung zwischen den Gleitflächen. Dann zieht die Feder den Körper zurück, und von diesem Augenblick an besteht zwischen Unterlage und Körper nur mehr die Reibung der Bewegung, die kleiner ist als die Startreibung. Daher erfolgt diese Bewegung *ruckartig*, bis die Feder nur mehr so gespannt ist, daß ihre Kraft dieser Reibung der Bewegung entspricht (Abb. 8). Nach Erreichen dieser Lage bleibt auch der Körper wieder relativ zur Unterlage, die stetig weiterbewegt wird, in Ruhe, bis das Spiel von vorne beginnt.

Voraussetzung für ein solches Ruckgleiten ist, daß mindestens eine der beiden Gleitflächen so elastisch gelagert ist, daß durch den Wechsel zwischen Startreibung und Reibung der Bewegung die Eigenschwingung eines der beiden Körper angeregt wird.

Beim Gleiten eines Fingerballens vom Körper weg über die glatte Tischfläche kommt es bei bestimmten Druck- und Geschwindigkeitsverhältnissen zum Ruckgleiten. Auch der beliebte Scherz, Weingläser durch Rundumstreichen am oberen Rand zum Tönen zu bringen, ist darauf zurückzuführen. Unangenehm tritt diese Erscheinung z. B. bei Werkzeugmaschinen (Rattermarken), bei der Feineinstellung von Meßgeräten, an der Regelstangenbewegung eines Reglers, beim Bremsen eines Rades (Quietschen), an Eisenbahnschienen und Laufrädern (Riffelbildung) und an Autoreifen in Kurven (Heulen und Quietschen) auf.

Diese Schwingungsvorgänge können vermieden werden, wenn ein Schmierfilm schon bei Ruhe beide Gleitflächen ganz voneinander trennt [7]. Dann *steigt* mit zunehmender Geschwindigkeit der Reibungswiderstand (s. S. 15). Solange aber mit steigender Geschwindigkeit die Reibungskraft kleiner wird, ist der Bewegungszustand labil, und es kann nur durch Ändern mindestens einer der vorhin genannten Einflußgrößen der unerwünschte Zustand abgeschafft werden.

2. Mischreibung

Verschleiß ist Abnutzung der Gleitflächen und tritt praktisch nur bei Festkörperberührung auf. Er leitet den Freßzustand ein, bei dem unter starker Wärmeentwicklung die Gleitflächen meist zerstört werden (Verschweißen oder Ausschmelzen des Werkstoffes).

Hohe Belastungen können auf die Dauer zwischen Gleitflächen nur bei reiner Flüssigkeitsreibung übertragen werden. Daher ist es unsinnig, ein Lager ohne trennende Zwischenschicht zu betreiben. Ganz wird sich diese Forderung nach verschleißlosem Lauf allerdings nie erfüllen lassen, weil zumindest beim Anlauf nach längerem Stillstand immer kurzzeitig *Mischreibung* auftreten wird. Sie ist, wie der Name sagt, eine Mischung aus Festkörper- und Flüssigkeitsreibung. Je nach der Größe der Gleitgeschwindigkeit überwiegt der eine oder andere Teil. Auch bei Mischreibung kann aber bei kleinen Reibungswegen (z. B. bei schwingender Bewegung in Kolbenbolzenlagern, in Kreuzkopflagern oder bei Kipphebellagern) der Lagerverschleiß in erträglichen Grenzen bleiben.

3. Flüssigkeitsreibung

Wenn nun zwei ebene parallele Flächen (Abb. 9) von der Größe F durch eine Schmierschicht der Dicke h vollkommen voneinander getrennt sind und sich parallel zueinander mit der Geschwindigkeit v bewegen, muß ein Widerstand entgegen der Geschwindigkeit v überwunden werden. Nach NEWTON ist diese Kraft R der Flüssigkeitsreibung:

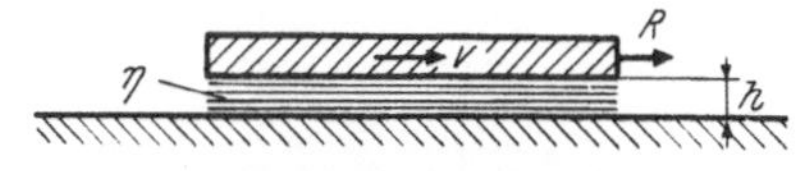

$$R = \eta \cdot F \cdot v/h. \qquad (1)$$

Abb. 9. Flüssigkeitsreibung im parallelen Schmierspalt

Eine Belastung kann hierbei nicht aufgenommen werden.

a) Voraussetzungen bei reiner Flüssigkeitsreibung

Voraussetzung hier und bei allen weiteren Überlegungen über die Flüssigkeitsreibung ist,

daß der Schmierstoff als Newtonsche oder ideale Flüssigkeit angesehen werden kann, das heißt, daß die aufzubringende Scherkraft bei einer Verschiebung proportional der Schergeschwindigkeit ist (Staufferfett ist z. B. keine ideale Flüssigkeit),

daß der Schmierstoff an den Gleitflächen haftet,

daß er den Schmierspalt ausfüllt,

daß darin laminare Strömung herrscht ohne Änderung der Zähigkeit (praktisch ist dies nie ganz genau der Fall, da die Zähigkeit temperaturabhängig ist und sich daher über die Länge des Schmierspaltes geringfügig ändert),

daß die Massenkräfte und die Zusammendrückbarkeit des Schmierstoffes vernachlässigt werden können (bei sehr hohen Drehzahlen können die Wirkungen der Massenkräfte bereits einen, allerdings nur sehr geringen, Einfluß haben), daß die Gleitflächen starr sind und der Schmierspalt quer zur Bewegungsrichtung parallel verläuft,

daß die Oberflächen ideal glatt und die Körper geometrisch genau sind,

sowie daß sich die Schmierstoffdichte mit der Temperatur nicht ändert.

b) Entstehen eines Druckes in einer Flüssigkeitsschicht zwischen zwei Flächen

Damit nun eine zwischen den Gleitflächen vorhandene Schmierschicht eine Belastung übertragen kann, muß sich durch entsprechende Ausbildung und Bewegung der Gleit-

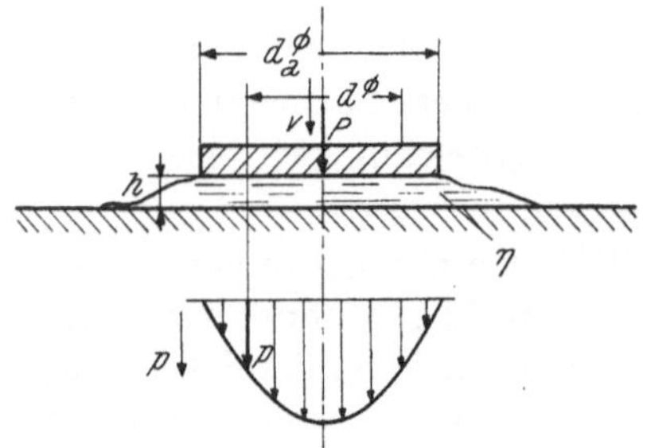

flächen und (oder) der Belastung in der Schmierschicht ein Druck aufbauen, der auf verschiedene Art entstehen kann:

Zwei parallele, ebene Flächen werden so gegeneinander bewegt, daß der zwischen ihnen liegende parallele Spalt immer enger wird und der Schmierstoff daraus verdrängt wird (Abb. 10). Hierzu muß eine Kraft entlang eines Weges aufgebracht werden; sie entspricht der Tragfähigkeit durch die *Verdrängungswirkung.*

Abb. 10. Druckverteilung bei der Verdrängung einer zähen Flüssigkeitsschicht

Wird z. B. einer steifen und unnachgiebig gelagerten ebenen Fläche parallel eine kreisförmige Fläche mit dem Durchmesser d_a unter der Kraft P mit der Geschwindigkeit v genähert (der Abstand h der beiden Flächen ist klein im Verhältnis zum Durchmesser, und der Raum dazwischen mit einer zähen Flüssigkeit ausgefüllt), so ist der in der Flüssigkeitsschicht entstehende Druck p nach BOWDEN [10]:

$$p = \frac{3 \cdot v \cdot \eta}{4 \cdot h^3} \cdot (d_a{}^2 - d^2). \tag{2}$$

Der Druck ist offensichtlich am größten für die Stelle $d = 0$ (in der Mitte der Fläche):

$$p_{\max} = \frac{3 \cdot v \cdot \eta \cdot d_a{}^2}{4 \cdot h^3}. \tag{3}$$

Die Zeit für das Verdrängen der Flüssigkeitsschicht von h_1 auf h_2 beträgt:

$$t_{1-2} = \frac{3 \cdot \pi \cdot \eta \cdot d_a{}^4}{64 \cdot P} \cdot (1/h_2{}^2 - 1/h_1{}^2). \tag{4}$$

Die aufzubringende Kraft P oder die Tragfähigkeit ist bei gleicher Annäherungsgeschwindigkeit um so größer, je zäher der Schmierstoff, je geringer die Spaltweite, und je größer die Fläche der Platte ist.

Im folgenden Beispiel werden zwei Platten mit 10 cm Durchmesser ($d_a = 10$ cm), getrennt durch eine Flüssigkeitsschicht mit der Zähigkeit $\eta = 0{,}5 \cdot 10^{-6}$ kp s cm^{-2}, durch eine Kraft $P = 3930$ kp ($\bar{p} = 50$ kp cm^{-2}) von dem Abstand $h_1 = 0{,}005$ cm auf ein Fünftel dieses Abstandes, $h_2 = 0{,}001$ cm, zusammengedrückt. Die Zeit für die Annäherung beträgt [nach Einsetzen in (4)]:

$$t_{1-2} = 0{,}18 \text{ s}.$$

Um diesen Schmierfilm weiter auf $h_3 = 0{,}0005$ cm zusammenzudrücken, ist bei der gleichen Belastung die Zeit

$$t_{2-3} = 0{,}56 \text{ s}$$

erforderlich!

Obwohl im zweiten Beispiel die Annäherungsstrecke nur 1/8 von der im ersten Beispiel beträgt, ist die dafür benötigte Zeit sogar dreimal so groß!

Je kleiner also der Abstand wird, um so kleiner wird die Annäherungsgeschwindigkeit!

In Gleitlagern ist die zum Verdrängen des Schmierfilms bis zur Festkörperberührung erforderliche Zeit meist um einige Zehnerpotenzen größer als die kurze Zeit ungünstiger Last- oder Bewegungsverhältnisse bei der Drehung der Welle. Dies ist auch ein Grund, warum ein Lager, bei dem die Ölzufuhr versagt, noch einige Sekunden weiter laufen kann, ohne daß Festkörperreibung eintritt.

Diese wenig beachtete Art der Druckentwicklung — ohne Zufluß von Schmierstoff — wird zum Tragen von Belastungen meist nicht bewußt ausgenützt. Sie trägt aber wesentlich dazu bei, daß die Gleitlager gegen Stoß unempfindlich sind und schwingungsdämpfend wirken. Besonders aber bei Kurbeltriebwerken ist diese Verdrängungswirkung der Grund, warum unter dem maximalen Druck (dem Zünddruck im Verbrennungsmotor oder dem Arbeitshub in Kurbelpressen) in den Lagern der Schmierfilm meist nicht vollkommen verdrängt wird. Da diese Spitzenbelastung nur kurzzeitig auftritt, reicht sie bei der gegebenen Zeit nicht aus, den Schmierfilm ganz wegzudrücken. Trotzdem treten natürlich in diesem Augenblick sehr große Kräfte auf, die durch den Schmierstoff auf den Lagerwerkstoff übertragen werden. Dieser muß dann die großen Drücke — meist als schwellende oder wechselnde Belastung — aufnehmen. Dabei kann er oft weit über seine Streckgrenze beansprucht werden.

Es wird so die Gleitfläche plastisch verformt, ohne daß metallische Berührung auftritt. Besonders bei stoßweiser Belastung wird hierdurch die Lageroberfläche beschädigt!

Wenn nun der seitliche Abfluß des Öles verhindert wird, oder mindestens so viel Öl unter solchem Druck zugeführt wird, daß die Gleitflächen getrennt bleiben, so liegt *hydrostatische Schmierung* vor.

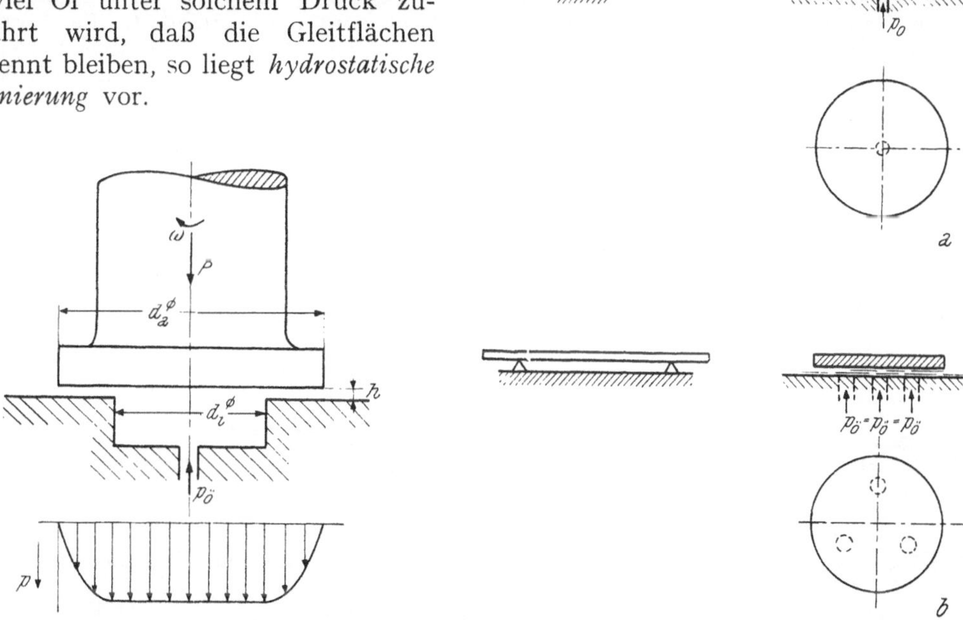

Abb. 11. Hydrostatisch geschmiertes Achsiallager mit Druckverteilung im Schmierfilm und im Schmierölraum

Abb. 12. Gleichgewicht bei hydrostatisch geschmierten Achsiallagern
a labil   *b* stabil

Im einfachsten Fall steht ein belasteter, rotierender oder nicht rotierender Zapfen in einem Hohlzylinder. Ist die Abdichtung vollkommen, dann wird der Zapfen auf dem Öl schwimmen. Läßt die Abdichtung aber Schmierstoff durch (bei Drehung des Zapfens läßt sich dies kaum vermeiden), so muß laufend frischer zugeführt werden, und zwar so viel, als an der Dichtung verlorengeht, und unter solchem Druck, daß der Zapfen weiterhin schwimmend gehalten wird.

Für die in Abb. 11 gezeigte Anordnung ist der Zulaufdruck [66]

$$p_{\ddot{o}} = \frac{8 \cdot P \cdot \log d_a/d_i}{\pi \cdot (d_a{}^2 - d_i{}^2)} \tag{5}$$

Auch ohne Bewegung (Drehung) des Zapfens wird dieser durch den Öldruck von seiner Unterlage abgehoben und schwimmt. Dabei ist die Reibung bei Beginn der Bewegung Null.

Wenn die Gleitflächen aber nicht parallel zueinander geführt sind, werden sie sich bei der geringsten unsymmetrischen Belastung gegeneinander neigen (Abb. 12 *a*); der Schmierstoff wird in der Richtung des größeren Querschnittes austreten. Dieser Zustand könnte mit dem einer Platte verglichen werden, die auf einem Punkt unter dem Schwerpunkt gelagert ist (labiles Gleichgewicht). Durch entsprechende Ausbildung des Schmierstoffzuflusses kann ein stabiles Gleichgewicht der am Schmierfilmpolster schwimmenden Platte erreicht werden (z. B. durch mehrere Zuläufe; dabei muß jeder einzelne unabhängig von den anderen den erforderlichen Druck p_δ aufbringen; Abb. 12 *b*).

In letzter Zeit machen Fahrzeuge, die knapp über dem Erdboden schweben können, von sich reden. Ihre Tragfähigkeit bei geringer Geschwindigkeit beruht auf dem Prinzip der aerostatischen Schmierung. Schmierstoff ist hier die Luft, und die beiden Gleitflächen sind einerseits eine Wasseroberfläche oder möglichst ebener Erdboden, anderseits die Unterseite des Fahrzeuges.

Durch eine große Anzahl von Düsen, die am Rande der Unterseite des scheibenförmigen Körpers angebracht sind, strömt Luft nach unten aus. Der erforderliche Druck wird durch ein Gebläse auf dem Fahrzeug erzeugt. Es entsteht dadurch zwischen den Gleitflächen ein Luftkissen (Luftkissenfahrzeuge!), dessen Dicke von der Luftmenge und der Fläche des Fahrzeuges, ebenso wie von seinem Gewicht abhängt (Abb. 13). Wesentlich für ein gutes Gleiten ist, daß sich das Fahrzeug zum Boden nicht schräg stellen kann; denn dann würde sich das Luftkissen über eine Seite hin entspannen. — Durch die am Rande an allen Seiten angeordneten Düsen wird dies verhindert. Bei zwangsläufiger, gleichmäßiger Verteilung der Luft am ganzen Umfang wird bei unsymmetrischer Belastung durch die geringe dabei eintretende Schiefstellung sogar eine Stabilisierung auftreten. Es kann sich dann an diesen engen Stellen ein höherer Druck aufbauen. Beim Ausgleich der Kräfte stellt sich eine stabile Gleichgewichtslage ein.

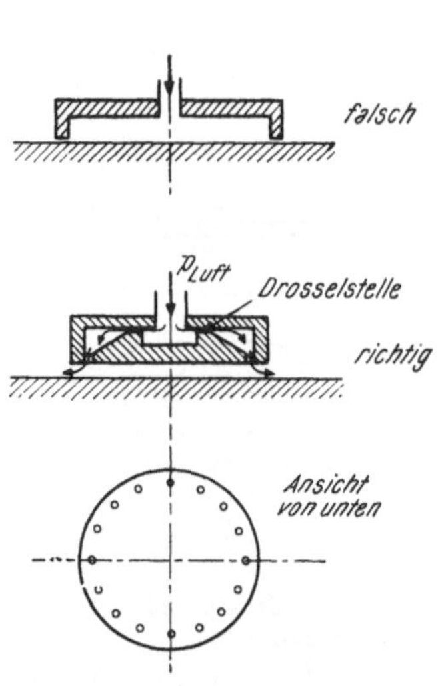

Abb. 13. „Hydrostatische Schmierung" beim Schweben eines Luftkissenfahrzeuges

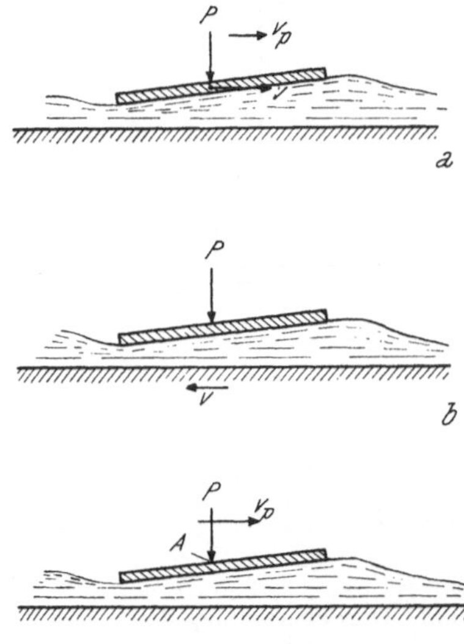

Abb. 14. Bilden eines tragfähigen Schmierkeiles durch
a Bewegen der schrägen Platte und der Last
b Bewegen der Unterlage
c Bewegen der Last entlang der schrägen Platte bei gleichbleibendem Abstand des Angriffspunktes *A* von der Ebene

Eine weitere Möglichkeit, einen Schmierfilmdruck zwischen zwei Flächen zu erzeugen und damit eine Tragfähigkeit zu erzielen, beruht auf der Bildung eines *hydrodynamischen Schmierkeiles*.

Entsprechend der hydrodynamischen Theorie der Schmiermittelreibung ist es unter ganz bestimmten Voraussetzungen möglich, zwei gegeneinander bewegte Gleitflächen vor unmittelbarer Berührung miteinander zu bewahren. Sie müssen relativ zueinander bewegt werden, zwischen ihnen muß ein zäher und an den Gleitflächen haftender Schmierstoff vorhanden sein, und der Schmierspalt muß sich in Bewegungsrichtung verengen. Dann fördern beide bewegten Gleitflächen oder eine von ihnen dauernd frischen Schmierstoff in den sich verengenden Keilspalt. Der hiebei entstehende hydrodynamische Druck trennt beide Gleitflächen entgegen einer äußeren Belastung voneinander.

Es muß also in Bewegungsrichtung eine Druckerhöhung entstehen, damit die Belastung durch den Schmierspalt übertragen werden kann. Der Schmierkeil braucht sich nicht unbedingt dadurch zu bilden, daß die geneigte Fläche über die andere hinweggezogen wird (Abb. 14 a); es kann auch die waagrechte, untere Fläche unter der geneigten in der anderen Richtung bewegt werden (Abb. 14 b). Und es braucht letzten Endes nur die Last zu wandern (Abb. 14 c).

Sind die Schmierspaltverluste durch die seitlich abfließende Ölmenge zu groß und reicht die Ölförderung der Gleitflächen nicht aus, so werden die Ölfilmdrücke im Schmierspalt zu klein zur Aufnahme der äußeren Belastung. Als Folge davon werden der Schmierspalt und die Schmierschicht dünner. Damit wird aber auch das seitliche Abfließen durch den kleineren Spalt erschwert, und der Schmierfilmdruck steigt wieder an, bis die Belastung von ihm getragen werden kann (sofern keine Festkörperberührung eintritt). Durch diese bei geringerer Spaltweite steigende Tragfähigkeit ergibt sich eine selbsteinstellende Wirkung.

Bedingung für die hydrodynamische Schmierung ist also, daß ein Schmierkeil entsteht, der bei Bewegung die Gleitflächen auseinander drückt.

Ein Wasserschiläufer sei dafür als Beispiel angeführt (Abb. 15). Er hebt während der Fahrt den Schi vorne ein wenig an. Dadurch entsteht unter dem Schi ein Wasserdruck, der den Fahrer bei genügend großer Geschwindigkeit ohne weiteres trägt. Die Tragkraft ist hier unter sonst gleichen Bedingungen linear von der Geschwindigkeit abhängig (je größer diese ist, um so größer ist die Tragkraft). Wenn aber die Geschwindigkeit klein wird, genügt der sich ausbildende Druck nicht mehr, und der Fahrer sinkt unter. (Der Druck im Schmierkeil eines hydrodynamisch geschmierten Lagers entsteht allerdings in erster Linie unter dem Einfluß der inneren Reibung und durch Haften des Schmierstoffes an den Gleitflächen. Die dabei auftretenden Massenkräfte kann man vernachlässigen; während beim Wasserschifahrer die Massenkräfte von wesentlichem Einfluß sind: Die Tragkraft ist also im Lager von der Viskosität des Schmierstoffes und im Fall des Wasserschifahrers hauptsächlich von der Dichte des Wassers abhängig. Die Wirkung in bezug auf die Tragfähigkeit ist aber grundsätzlich gleich [72].)

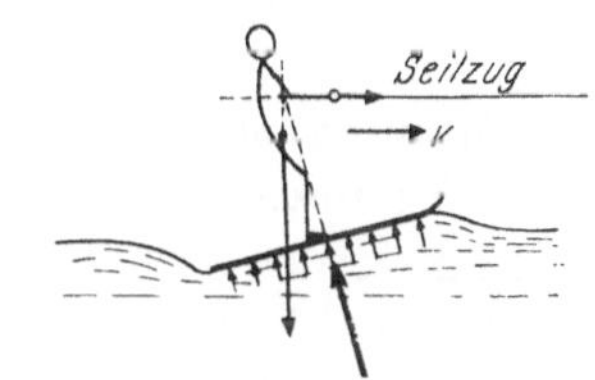

Abb. 15. Wasserschiläufer (aus [71])

Wenn nun die zueinander geneigten Gleitflächen (der Keilspalt) *senkrecht zur Bewegungsrichtung* zu einem Kreiszylinder eingerollt werden, so entsteht eine Stangenführung (Kolben in einem Zylinder, Kreuzkopf auf der Gleitbahn usw., Abb. 16). Bei solchen in ihrer Führung hin- und hergehenden Maschinenteilen bildet sich eine tragfähige Schmierschicht offensichtlich nur dann, wenn ein Teil konisch ist. Dadurch entsteht der erforderliche keilförmige Schmierspalt. Bei zentrischer Lagerung kann eine derartige Führung aber keinerlei Belastung senkrecht zur Bewegungsrichtung aufnehmen, da der

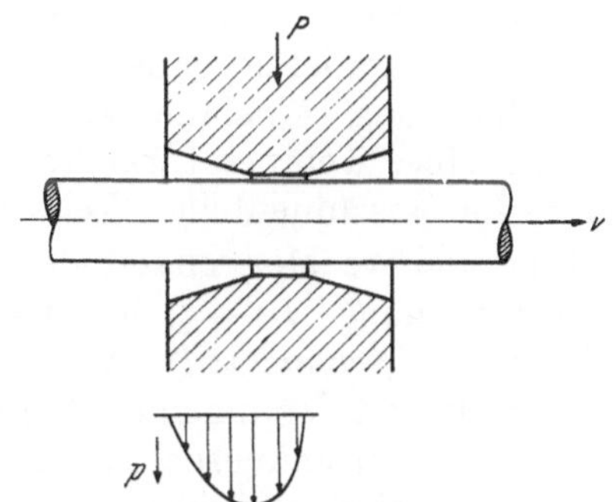

Abb. 16. Stangenführung mit Druckverteilung in Bewegungsrichtung

Schmierstoffdruck bei einer Längsbewegung in Umfangsrichtung überall gleich groß ist. Bei exzentrischer Lage dagegen ist der Schmierspalt entlang des Umfanges nicht gleich dick. Da nun bei kleiner Schmierfilmdicke der Druck größer ist als bei großer, wird sich an der engsten Stelle in der Führung der größte und an der weitesten Stelle der kleinste Druck ausbilden. Daraus resultiert eine Kraftwirkung, die die Kolbenstange entgegen einer äußeren Belastung in Richtung zur zentrischen Lage zu schieben versucht. Je größer die Exzentrizität und je größer die Tragfähigkeit des Schmierstoffpolsters, um so größer ist die zentrierende Wirkung. Die Tragfähigkeit steigt dabei mit

steigender Gleitgeschwindigkeit. In den Totpunktlagen (Stellen der Bewegungsumkehr)
wird sich daher kein Druck entwickeln. Es ist keine hydrodynamische Tragkraft vorhanden. Da aber der Schmierstoff zwischen den Gleitflächen verdrängt werden muß,
wird bei genügend kurzem Beharren in der Totpunktlage hier keine Festkörperberührung
eintreten. Durch sinngemäße Anordnung von konischen und zylindrischen Flächen ist
es möglich, eine große Zentrierwirkung zu erzielen, dadurch die Seitenbewegung einer
Stange in ihrer Führung auf ein Mindestmaß zu beschränken, und bei Bewegungsumkehr
Mischreibung zu vermeiden [4].

Der allgemeine Fall ist aber der, daß der vorhin beschriebene ebene Keilspalt *in Bewegungsrichtung* eingerollt wird. Es entsteht dabei der Schmierspalt eines Radiallagers.
Durch den Durchmesserunterschied
und die exzentrische Lage wird der
Keilspalt gebildet, in dem bei Dre-

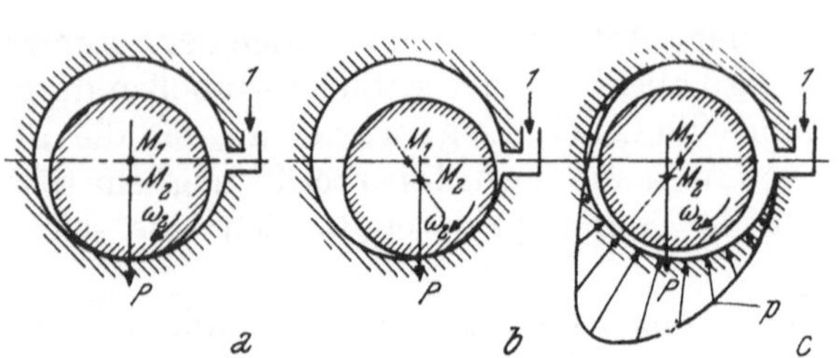

Abb. 17. Lage der Wellenachsen bei
a Stillstand   *b* Anlauf   *c* Betrieb
(*1* = Schmieröleintritt)

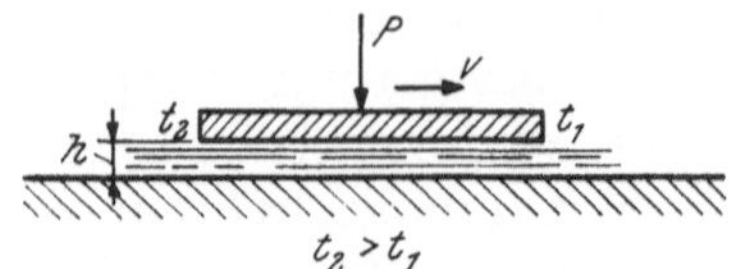

Abb. 18. Thermischer Schmierkeil
im parallelen Spalt

hung der Welle ein Schmierfilmdruck p entsteht, der einer äußeren Last P entgegenwirkt. Beide Kräfte müssen sich das Gleichgewicht halten (Abb. 17 *c*). Bei Beginn
der Drehung wird der Zapfen unter dem Einfluß der Startreibung entlang der
Lagerschalenwand entgegen der Drehrichtung hinaufklettern (Abb. 17 *b*). Nach
Wirksamwerden des Flüssigkeitsdruckes wird er sich in seine endgültige Betriebslage
einstellen (Abb. 17 *c*). Abgesehen vom anfänglichen Rutschen entgegen der Drehrichtung
beschreibt der Mittelpunkt der Welle — vorausgesetzt ist konstante Belastungsrichtung —
etwa einen Halbkreis (Gümbelscher Halbkreis, s. auch S. 147).

Da die Welle bei Drehung wie eine Ölpumpe wirkt (Viskositätspumpe [66]), gehört
zu jeder Drehzahl und zu jeder Lagerbelastung eine ganz bestimmte Ölmenge. Genauso wie zwei parallel liegende und parallel im gleichen Abstand zueinander bewegte Platten
keine Belastung aufnehmen können — ausgenommen im unten zu besprechenden Fall der
Bildung eines Temperaturkeiles (thermischer Schmierkeil) —, können auch zwei kon-
zentrische Maschinenteile, Welle und Lager, keine Belastung übertragen.

Eine weitere Möglichkeit der Ausbildung eines Schmierkeiles beruht auf der Temperaturerhöhung $(t_1 \rightarrow t_2)$ in einem parallelen Schmierspalt zwischen zwei Gleitflächen
(*„thermischer Schmierkeil"*, Abb. 18 [37]). Die Temperatur, die von t_1 nach t_2 zunimmt,
bewirkt, daß das Volumen bei t_2 größer ist als bei t_1 und daher bei gleichbleibendem Querschnitt die Strömungsgeschwindigkeit erhöht wird. Dadurch entsteht eine Druck-
steigerung zwischen Schmierstoffeintritt und -austritt.

Grundsätzlich ist die Wirkung also gleich wie beim Lager mit Keilspalt.

Kurz zusammengefaßt ergibt sich folgendes:

Ein tragfähiger Schmierfilm zwischen zwei Gleitflächen entsteht

    durch Zueinanderbewegen der beiden Gleitflächen,

    durch Zuführen von Schmierstoff unter hohem Druck zwischen die Gleitflächen
(hydrostatische Schmierung),

    durch Bildung eines hydrodynamischen Schmierkeiles oder

    durch Bildung eines thermischen Schmierkeiles.

Druck- oder hydrostatisch geschmierte Lager werden hauptsächlich dort angewendet,
wo es, besonders beim Anlauf, auf geringste Reibungskräfte ankommt.

Im Verbrennungskraftmaschinenbau bilden jedoch hydrodynamisch geschmierte Lager die Mehrzahl.

c) Stribecksche Kurve

Versuche über die Reibung in Gleitlagern, zum ersten Mal systematisch von STRIBECK um die Jahrhundertwende durchgeführt, ergaben grundsätzlich den in Abb. 19 dargestellten Zusammenhang [74, 95] zwischen der Gleitgeschwindigkeit und der Reibungszahl bei konstanter Belastung und Schmierstoffzähigkeit. Diese „Stribeck-Kurve" bildet die Grundlage für die Einteilung der Reibungs- und Schmierungsformen bei flüssiger Reibung. (Um einen Anhaltspunkt der ungefähren Größen

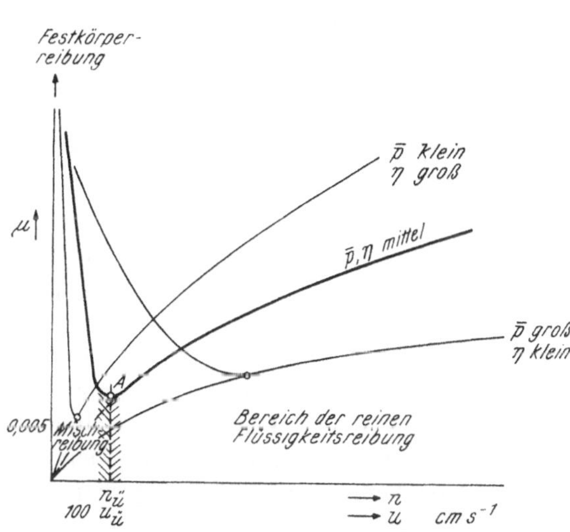

Abb. 19. Stribeck-Kurven ($A =$ Ausklinkpunkt — Grenze zwischen Misch- und Flüssigkeitsreibung; Übergangsstelle; → Zahlenangaben für μ und u nur als Richtwerte!)

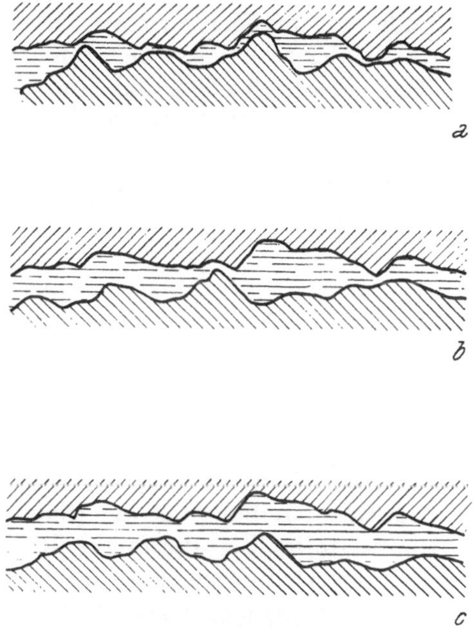

Abb. 20. Gleitflächenabstand bei
a Festkörperreibung
b Gemischter Reibung
c Flüssigkeitsreibung

in Zusammenhang mit der Kurve zu geben, sind die Zahlenwerte für Reibung und Geschwindigkeit neben ihren Achsen ohne genaue Einteilung der linearen Skalen im Bild aufgetragen.)

Ausgehend von der Startreibung bei der Geschwindigkeit Null ist hier das schnelle Absinken der Reibungszahlen, bedingt durch die immer dicker werdende Schmierschicht, zu sehen. — Es wird das Gebiet der Mischreibung durchlaufen. Zusätzlich zur Festkörperreibung tritt allmählich bei steigender Geschwindigkeit Flüssigkeitsreibung auf; der Schmierstoff bildet noch eine unvollkommene Trennschicht.

Solange die Spitzen der beiden rauhen Oberflächen ineinandergreifen (Abb. 20 a und b), weil der Öldruck noch nicht ausreicht, sie genügend weit voneinander abzuheben, ist immer noch Festkörperreibung mit wirksam, und die Größe der Reibung verläuft entsprechend dem linken Ast.

Aber auch im Gebiet der Mischreibung werden trotz Festkörperberührung immer die hydrodynamischen Schmierstoffdrücke wirksam sein.

Von einigen Wissenschaftlern wird der Zustand zwischen Festkörper- und Mischreibung als Grenzreibung oder Grenzschmierung bezeichnet. Es wurden dafür verschiedene Theorien aufgestellt [10]; zum Beispiel wird versucht, die Zusammenhänge dabei durch molekulare Kräfte zu erklären [95].

d) Reibungszahl der Flüssigkeitsreibung

Der Übergang von der Festkörperreibung über die Mischreibung zur reinen Flüssigkeitsreibung erfolgt allmählich. Bei Erhöhen der Gleitgeschwindigkeit oder Verringern
der Belastung unter sonst gleichen Bedingungen wird der die Oberflächen trennende
Schmierfilm immer dicker. Immer weniger Berge der Oberflächenrauheiten stoßen durch
und berühren die Gegenlauffläche. Weiter nach rechts in der Kurve sinkt der Reibwert
bis zu einem Minimum ab — dem „Ausklinkpunkt" (A). Der Übergang von der Mischreibung zur Flüssigkeitsreibung ist damit erreicht. Die dabei vorhandene Drehzahl nennt
VOGELPOHL „Übergangsdrehzahl" ($n_ü$, $\omega_ü$) [6].

Hier beginnt die reine Flüssigkeitsreibung. Das heißt, die beiden Gleitflächen sind
vollständig voneinander getrennt. Die Last wird vom Schmierfilmdruck allein getragen.
Somit stellt der rechte Ast dieser Kurve das Gebiet der reinen Flüssigkeitsreibung dar.
Je glatter die Gleitflächen sind, um so weiter links und um so tiefer wird der Ausklinkpunkt liegen. Theoretisch würde die Flüssigkeitsreibung am Nullpunkt beginnen (strich-
lierter Kurventeil in Abb. 19), denn der parabelförmige Ast der Stribeckschen Kurve
kann durch folgenden Zusammenhang dargestellt werden:

$$\mu = C \cdot \sqrt{\frac{\eta \cdot \omega}{\bar{p}}}, \tag{6}$$

worin $C = 1{,}2$ bis $3{,}8$ für normale Lager ist und eine dimensionslose Zahl darstellt (η und
$\bar{p}$ ist für jede einzelne Kurve konstant) [45, 96]. Das Ansteigen der Reibungszahl bei Vergrößerung der Geschwindigkeit im Gebiet der flüssigen Reibung ist dadurch erfaßt.
Auch wurde durch verschiedene Versuche bewiesen, daß eine größere Schmierstoffzähigkeit links vom Minimum der Stribeck-Kurve eine *kleinere*, rechts vom Minimum eine
größere Reibung bewirkt. Rechts vom Minimum nämlich, im Gebiet der reinen Schwimm-
oder Flüssigkeitsreibung, ist die Reibungszahl um so kleiner, je geringer die Viskosität
des Schmierstoffes ist; die innere Reibung der dazwischenliegenden Schmierschicht ist
allein für den Reibungswiderstand maßgebend. Bei gemischter Reibung aber hält der
Schmierfilm um so länger zwischen den aufeinander gleitenden Flächen, je größer seine
Viskosität ist.

Bei Flüssigkeitsreibung ist nur die Viskosität für die Tragfähigkeit des Schmierfilms
und, wie oben besprochen, für die Größe des Reibungswiderstandes, also für die Schmierfähigkeit maßgebend. Bei gemischter Reibung treten auch noch andere Eigenschaften
des Schmierstoffes in den Vordergrund, die die Größe der Reibung beeinflussen.

Die Formel (6) verliert jedoch völlig an Bedeutung, wenn sich die Belastung dem Wert
Null nähert. Je weniger ein Lager belastet ist, um so größer ist die Reibungszahl. Dies
führt aber leicht zu dem Trugschluß, daß auch das Reibungsmoment steigt.

Wenn z. B. eine Welle in einem Radiallager mit konstanter Winkelgeschwindigkeit bei bestimmter Belastung umläuft, so läßt sich auf Grund des gemessenen Reibungsmomentes eine Reibungszahl ermitteln. Wenn nun bei sonst gleichen Verhältnissen die Belastung geringer wird, dann
steigt die Reibungszahl. Das Reibungs*moment* ist aber gesunken, weil ja die Reibungskraft durch
die kleinere Belastung wesentlich kleiner geworden ist.

Beim Vermindern der Gleitgeschwindigkeit bis zum Stillstand wird nun die Reibungszahl geringer sein als beim Start. Das hat seinen Grund darin, daß immer noch eine,
wenn auch sehr geringe Menge Schmierstoff zwischen den Gleitflächen vorhanden ist.
Bei längerem Stillstand wird sie allmählich durch die Verdrängungswirkung herausge-
drückt. Je länger der Stillstand dauert, um so mehr. Deshalb hängt die Größe der Startreibung beim nächsten Anlaufen auch von der Länge der Ruhepause ab.

Mit dem Beginn der Festkörperberührung bei verringerter Gleitgeschwindigkeit ist
die Wirkung des Schmierfilmes aber durchaus nicht ausgeschaltet. Sie ist weiterhin
genauso vorhanden wie bei reiner Flüssigkeitsreibung und wird nur durch den Einfluß der

Festkörperreibung überlagert. Es wäre daher grundsätzlich falsch, bei Lagern, bei denen gemischte Reibung vorausgesetzt wird — abgesehen davon, daß es in einem solchen Fall besser wäre, Wälzlager einzusetzen —, Nuten in der belasteten Zone anzubringen, ebenso falsch wie bei Lagern mit reiner Flüssigkeitsreibung. Auch hier würde die Wirkung des nur mehr teilweise vorhandenen Schmierfilms ganz zerstört.

Um einen verschleißlosen Betrieb zu erhalten, muß immer flüssige Reibung angestrebt werden, wobei die Strömungsvorgänge im Schmierspalt durch die hydrodynamische Theorie der Schmiermittelreibung erklärt werden. Die Gesetzmäßigkeit für flüssige Reibung gilt aber keinesfalls für Misch- oder gar Trockenreibung.

Da der Bereich der geringsten Reibungszahl sehr klein ist, wird in der Praxis rechts vom Ausklinkpunkt in Abb. 19 gearbeitet, um nicht schon bei einer kleinen Geschwindigkeitsänderung in das Gebiet der gemischten Reibung zu gelangen.

C. Werkstoffe

I. Allgemeines, Einteilung und Paarung

Dieses Kapitel umfaßt die zwei Abschnitte der Gleitwerkstoffe (*Wellen-* und *Lagerwerkstoffe*) und den der *Schmierstoffe* (s. auch [11, 34, 45, 50, 91, 99, 100]).

Bei den Gleitwerkstoffen erfolgt die Auswahl in erster Linie nach der größten im Betrieb durch den Schmierfilmdruck p_{max} auftretenden Spannung. Diese muß ohne plastische Verformung besonders bei Dauerwechselbeanspruchung ertragen werden können und daher bei einfachem Druck unter der Quetschgrenze σ_{dF}, bei Wechselbeanspruchung unter der Wechselfestigkeit σ_{zdW} liegen.

Bei der Lagerberechnung wird dem Leser jedoch auffallen, daß bei den Wellen- und Lagerwerkstoffen nur die Festigkeitswerte und die Rauhtiefe, und beim Schmierstoff nur die Zähigkeit und die spezifische Wärme auftreten. (Für die Temperaturermittlung allerdings müssen auch noch die thermischen Eigenschaften der Werkstoffe bekannt sein.) Aber weder der Einfluß irgendwelcher Legierungsbestandteile noch die Herstellungsart werden berücksichtigt. Sie haben nur bei Misch- oder Festkörperreibung wesentlichen Einfluß. Es wäre also gleichgültig, welche Lagerwerkstoffe bei Flüssigkeitsreibung miteinander gepaart werden. Sache des Konstrukteurs ist es, alle Maßnahmen zu ergreifen, um flüssige Reibung durch Verhütung von Kantenpressungen, durch gute Kühlung, richtiges Lagerspiel, gute Bearbeitung, richtige Schmierölauswahl usw. aufrechtzuerhalten. Die Gleitwerkstoffe müssen dann nur genügend Festigkeit haben, um die im Schmierfilm auftretenden Drücke aufnehmen zu können.

Bei gelegentlichen Überlastungen oder zu geringer Schmierung können sich jedoch die Spitzen der Unebenheiten der beiden Gleitflächen berühren. Vor allem wird aber bei An- und Auslauf das Gebiet der Mischreibung, wenn nicht gar der Trockenreibung durchfahren. Hierbei spielen nun der Aufbau der Gleitwerkstoffe und deren Paarung, sowie die Qualität des Schmierstoffes eine wesentliche Rolle.

Je nach Art der Schmierung und Belastung kann der An- oder Auslaufzustand ungünstiger sein. Beim Anlauf muß erst der Schmierkeil gebildet werden. Deshalb hängt dieser Übergangszustand, wie früher schon erwähnt, wesentlich von der Dauer des vorangegangenen Stillstandes, von der Ölzähigkeit, von der in das Lager vorgepumpten Ölmenge und von der Belastung ab. Bei Verbrennungskraftmaschinen werden beim Kaltstart im allgemeinen die Lager sehr schnell ausreichend mit Schmierstoff versorgt (innerhalb eines Bruchteiles einer Umdrehung), da schon eine geringe Menge des kalten und damit zähen Schmierstoffes zur ausreichenden Versorgung der Lager genügt. Wenn beim Abstellen der Maschine das Öl noch nicht sehr warm geworden ist und die Belastung mit dem Auslaufen sinkt, so ist bis knapp vor dem Stillstand ein ausreichender Ölfilm zwischen den Gleitflächen. Das Durchlaufen des Mischreibungsgebietes ist kurz und ungefährlich. Es kann aber das Öl im Betrieb nach langer, scharfer Belastung sehr warm geworden sein und die Belastung erst knapp vor Stillstand verschwinden. Hier wird die Filmdicke, da sie auch von der Ölzähigkeit und von der Drehzahl abhängt, sehr klein. Der *Auslauf* eines betriebswarmen Verbrennungsmotors ist für die *Lager* also wesentlich gefährlicher als das Starten des kalten Motors.

Verfehlt scheint es deshalb, von den Gleitwerkstoffen allein zu sprechen. Die Laufeigenschaften lassen sich endgültig nur im Zusammenhang mit dem Gegenwerkstoff, dem Schmierstoff und unter Berücksichtigung der vorhandenen Laufbedingungen eindeutig bestimmen.

Tabelle 6

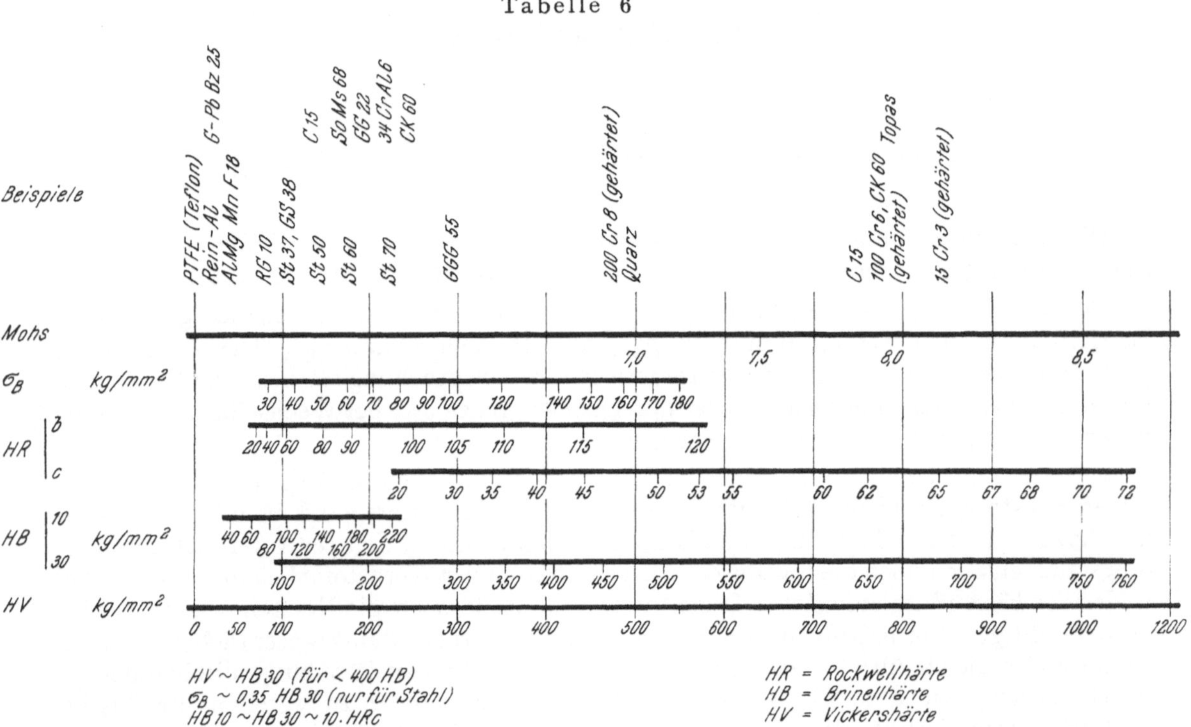

Die oft im Schrifttum angegebenen Werte „$p \cdot v$" für verschiedene Lagerwerkstoffe berücksichtigen zwar deren metallische Eigenschaften, aber sie vernachlässigen die Zähigkeit des Schmierstoffes, die Schmierspaltweite und das Lagerspiel. Hingegen spielt die Gleitgeschwindigkeit keine wesentliche Rolle, sofern die Wärmeabfuhr ausreicht. An die Gleitwerkstoffe werden also die verschiedensten Anforderungen gestellt. Diese lassen sich nicht alle durch einen einzigen Werkstoff erfüllen. Die große Zahl, die dem Konstrukteur zur Verfügung gestellt wird, erschwert jedoch die richtige Auswahl.

Die Werkstoffauswahl beginnt man meist mit dem Wellenwerkstoff. Er richtet sich nach der erforderlichen Festigkeit. Der Lagerwerkstoff muß ihm dann angepaßt werden. Wesentlich ist, daß die beiden Werkstoffe verschiedene Härten und verschiedene Schmelztemperaturen haben. Die Härte der Welle soll etwa 3- bis 10-mal so groß sein wie die der Lageroberfläche (Härtevergleichszahlen und Beispiele dazu gibt Tabelle 6). Vom Gesichtspunkt des guten Zusammenwirkens aus wäre es zweckmäßig, auf der einen Seite möglichst *abriebfeste* und auf der anderen Seite möglichst *weiche und schmierfähige* Werkstoffe zu verwenden (mit guten Notlaufeigenschaften). Die Lagerwerkstoffe müssen jedoch auch dem größten Druck, der durch den Schmierfilm übertragen wird, während ihrer ganzen Lebensdauer standhalten. Bei ungünstiger Werkstoffauswahl und Konstruktion kann dieser Druck weit über der Streckgrenze oder Bruchfestigkeit des Gleitwerkstoffes liegen, betragen doch die im Schmierfilm auftretenden Höchstdrücke das 3- bis 10-fache der mittleren Flächenpressung p, mit der der Konstrukteur rechnet. Noch höher steigen die Werte bei zusätzlicher Stoßbelastung [34]. (Aus diesem Grunde scheint die Entwicklung zu einer Paarung von harten Gleitwerkstoffen mit geringeren Härteunterschieden, als bisher üblich, zu gehen.) Zusätzlich werden meistens noch besondere Forderungen gestellt, wie: Unempfindlichkeit gegen Stöße, geringer Härteabfall bei höheren Temperaturen (damit möglichst wenig gekühlt werden muß), geringes Gewicht, gute Benetzbarkeit durch den Schmierstoff, günstige Preislage und damit Wirtschaftlichkeit.

II. Wellenwerkstoffe

Tabelle 7. Wellenwerkstoffe

Bezeichnung nach DIN 17 006	Lineare Wärmeausdehnungszahl $\beta \cdot 10^6 /°C$	Streckgrenze σ_{zF} kp cm^{-2}	Härte HV	E-Modul kp cm^{-2}	Zugfestigkeit σ_{zB} kp cm^{-2}	Bemerkungen
St 50	10 bis 12	2700	135 bis 170	$2,1 \cdot 10^6$	5000 bis 6000	härtbar bis 530 HV
St 60	10 bis 12	3000	165 bis 200	$2,1 \cdot 10^6$	6000 bis 7000	härtbar bis 720 HV
C 15	10 bis 12	3000	140	$2,1 \cdot 10^6$	5000 bis 6500	härtbar bis 840 HV
C 35	10 bis 12	2800 bis 4200	140 bis 222	$2,1 \cdot 10^6$	5000 bis 8000	härtbar bis 530 HV
C 45	10 bis 12	3400 bis 4800	170 bis 250	$2,1 \cdot 10^6$	6000 bis 9000	härtbar bis 720 HV
16MnCr5	10 bis 12	6000	< 207	$2,1 \cdot 10^6$	8000 bis 10 000	härtbar bis 840 HV
42CrMo4	10 bis 12	5500 bis 10 000	223	$2,1 \cdot 10^6$	7500 bis 14 000	härtbar bis 680 HV
25CrMo4	10 bis 12	4200 bis 6500	186 bis 300	$2,1 \cdot 10^6$	6500 bis 10 500	härtbar bis 610 HV
34Cr4	10 bis 12	5500 bis 8000	229 bis 343	$2,1 \cdot 10^6$	8000 bis 12 000	härtbar bis 670 HV
Kugelgraphitguß	9	3000 bis 7000	140 bis 410	$1,8 \cdot 10^6$	8400	härtbar bis 760 HV
Stahlguß	9	6500	106 bis 147	$2,1 \cdot 10^6$	3800 bis 9000	härtbar bis 720 HV
GG 22	10	2200	180	$1,1 \cdot 10^6$	2200	

Für den Wellenwerkstoff (Tabelle 7) ist in erster Linie sein Festigkeitsverhalten und seine Formsteifheit bei der auftretenden Beanspruchung (Zug, Druck, Biegung, Verdrehung) maßgebend. Hinsichtlich des Verschleißes und des Notlaufverhaltens spielt die Härte der Oberfläche eine wesentliche Rolle. Den Konstrukteur interessieren daher die *Festigkeitswerte* für die Berechnung der Welle, der Steifheit einer Schale oder eines Ringes und die *Oberflächenhärte* für die Auswahl des Lagerwerkstoffes.

1. Stähle

Für geringe Belastung genügen einfache Baustähle wie St 37, C 35 und ähnliche; bei höherer Beanspruchung, besonders wenn harte Lagerwerkstoffe eingesetzt werden müssen, sind höherwertige Stähle, die noch durch zusätzliche Oberflächenbehandlung an den Gleitstellen verbessert werden können, notwendig.

2. Gußeisen

Auch verschiedene Gußeisensorten haben sich bewährt. Hohe statische und dynamische Festigkeit, gute Dämpfung und Kerbunempfindlichkeit, sowie die mannigfaltige Formgebungsmöglichkeit durch Gießen gab diesen Werkstoffen Eingang bei der Verwendung für Wellen (Kurbelwellen). Die Möglichkeit des Vergütens und Härtens (Brenn- und Induktionshärtung), die Korrosions- und Zunderfestigkeit vergrößern den Anwendungsbereich. Besonders Gußeisen mit Kugelgraphit (Sphäroguß) ist wegen seiner hohen Zug- und Biegefestigkeit als Wellenwerkstoff gut zu verwenden. Er vereinigt stahlähnliche Eigenschaften (Legierungs- und Warmbehandlungsmöglichkeit) mit den großen Vorteilen der Herstellung durch Guß. Seine Festigkeitswerte entsprechen teilweise denen des Stahlgusses.

Sphäroguß enthält Graphit in kugeliger Form, worauf der Name hinweist. Diese Form der Einschlüsse erzeugt im Gefüge eine geringere Kerbwirkung als Graphitlamellen; deshalb ist für hoch belasteten Grauguß diese Ausbildungsform des Graphits besonders günstig.

3. Oberflächenvergütung

Weiche Gleitflächen aus Legierungen auf Blei- oder Zinnbasis können mit Wellen, deren Oberflächenhärte etwa 200 HV beträgt, laufen. Hingegen erfordern Bleibronze oder andere harte Lagerwerkstoffe unbedingt gehärtete Wellen.

Die Laufeigenschaften von Stahloberflächen können durch Sonderbehandlung verbessert werden. Dies beruht auf der Fähigkeit des Stahles, größere Härten anzunehmen und damit auch die Festigkeitswerte zu ändern. Die erreichbare Härte ist im wesentlichen vom Kohlenstoffgehalt abhängig, und zwar so, daß für geringe Härten Stähle mit niedrigem oder mittlerem und für große Härten Stähle mit hohem Kohlenstoffgehalt zu verwenden sind. Mit der Härte steigt die Zugfestigkeit; Dehnung und Kerbschlagwerte sinken.

Folgende Verfahren sind gebräuchlich (s. auch [24]): Abschreckhärten, Vergüten, Flamm- und Induktionshärten, Einsatzhärten, Nitrieren, Verchromen, Diffusion eines anderen Metalles in die Stahloberfläche oder Kaltverformen (Verdichten).

III. Lagerwerkstoffe

1. Auswahl

Bei der Auswahl des weicheren Gleitwerkstoffes (im allgemeinen des Lagerwerkstoffes) sind möglichst weiche und schmierfähige Werkstoffe vorteilhaft, da nicht immer Flüssigkeitsreibung herrschen kann. Auch sind harte Werkstoffe gegen Belastungsspitzen besonders bei Kantenpressungen viel empfindlicher als weiche, und es soll, wie bereits erwähnt, der Härtesprung zwischen den beiden Laufflächen 1 : 3 bis 1 : 10 betragen (je höher die Gleitgeschwindigkeit, um so größer der Unterschied). Anderseits muß aber das Material den Beanspruchungen, also der maximalen Belastung, den Stößen und den Wechselbeanspruchungen standhalten können. Dadurch wird die Auswahl in das Gebiet härterer und damit auch spröderer Werkstoffe verlegt. Es ist zwar möglich, unter sehr günstigen Bedingungen oder bei sehr geringen Relativbewegungen gleiche Werkstoffe miteinander zu paaren; z. B. Stahl auf Stahl (Nockenwelle und Stößel) oder Gußeisen auf Gußeisen. Das sind aber nur Sonderfälle. Gleiten nämlich zwei harte Gleitflächen aufeinander, so ist bei Festkörperberührung die Scherfestigkeit der Oberflächenrauheiten an den Berührungsstellen sehr groß. Dieser große Widerstand und die damit verbundene Wärmeentwicklung führen zu einem schnellen Verschweißen. Gleitet jedoch ein hartes Metall auf einem weichen, dann wird die zum Abscheren erforderliche Kraft gering, ebenso die Wärmeentwicklung.

2. Eigenschaften

Ein endgültiges Urteil über die Bewährung der Laufeigenschaften eines Lagerwerkstoffes kann nur das Verhalten in der Praxis ergeben, während die Erprobung in Prüfmaschinen nur ungefähre Anhaltswerte gibt.

Das Laufverhalten eines Werkstoffes wird durch seine physikalischen und chemischen Eigenschaften bei Betriebstemperatur beeinflußt und ist von der verwendeten Materialdicke abhängig. Für jede der im folgenden angeführten Laufeigenschaften sind bestimmte Eigenschaften des Werkstoffes maßgebend [99, 100]:

Belastbarkeit und Tragfähigkeit: Zug-, Druck- und Biegefestigkeit, Quetschgrenze, Wechsel- oder Dauerfestigkeit, Warmhärte, Zähigkeit und Dämpfung.

Einlauffähigkeit: Quetschgrenze, Elastizitätsmodul, Verschweißneigung, Gefügeaufbau und Warmhärte.

Schmiegsamkeit: Quetschgrenze und Elastizitätsmodul.

Notlaufverhalten: Temperaturabhängigkeit der Festigkeitseigenschaften, Schmelzpunkt des gesamten Werkstoffes oder seiner Legierungsbestandteile, Verschweißneigung, Gefügeaufbau, Warmhärte, Elastizitätsmodul. (Ein Werkstoff mit guten Notlaufeigenschaften gestattet bei Lagerstörungen durch Mangelschmierung über längere Zeit einen beschränkten Betrieb, ohne die Gegenlauffläche dabei zu beschädigen oder unbrauchbar zu machen.)

Verschleißwiderstand: Härte, Zähigkeit und Verschweißneigung.

Einbettfähigkeit: Warmhärte und Elastizitätsmodul.

Beständigkeit gegen Riefenbildung: Gefügeaufbau, Warmhärte und Elastizitätsmodul.

Beständigkeit gegen Fressen: Verschweißneigung.

Störungsunempfindlichkeit: Verschweißneigung, Gefügeaufbau, Warmhärte, Elastizitätsmodul und Quetschgrenze.

Beständigkeit gegen Ausblättern oder Rißbildung an der Lauffläche: Thermischer Ausdehnungskoeffizient, Elastizitätsmodul, Wechselfestigkeit, Zähigkeit, Dämpfung und Bindung an den Grundwerkstoff bei Mehrstofflagern.

Sitz des Lagers und Konstanz des Lagerspieles: Thermischer Ausdehnungskoeffizient, Elastizitätsmodul und Warmhärte.

Eine große *Wärmeleitfähigkeit* gewährleistet eine schnelle Abführung der Reibungswärme.

Der *thermische Ausdehnungskoeffizient* ist bei Betrachtung des Lagerspieles im Betriebszustand und für die Wahl des Lagersitzes bzw. der Passungen wesentlich.

Die Anpassungsfähigkeit des Lagers an Gestaltsänderungen von Welle und Gehäuse läßt sich aus dem *Elastizitätsmodul* schätzen. Je kleiner er ist, um so geringer sind die Spannungen im Lagerwerkstoff, die durch Verformen der Welle, des Lagergehäuses oder durch gegenseitige Anpassung der Gleitflächen entstehen. (Lager aus Werkstoffen mit großem Elastizitätsmodul, wie zum Beispiel Gußeisen, sind besonders empfindlich gegen Kantenpressung.)

Bei Maschinen, die möglichst leicht sein sollen, muß auch die *Wichte* des Lagerwerkstoffes beachtet werden.

Unter den mechanischen Eigenschaften geben die *Proportionalitäts-, Streck-* und *Quetschgrenze* besonders bei Betriebstemperatur Aufschluß über die Anpassungsfähigkeit des Lagers und die Glättungsmöglichkeit von Oberflächenrauheiten beim Einlauf. Durch plastisches Fließen (Überschreiten der Streckgrenze) bei Verformung werden auftretende Belastungsspitzen (Kantenpressung) verringert.

Wenn infolge hoher Einpreßspannung, anschließender Erwärmung und damit weiterer Vergrößerung der Spannung die *Warmstreckgrenze* überschritten wird, so kann dies beim Abkühlen zu einer Lockerung des eingepreßten Teiles führen.

Zug-, Druck- und *Biegefestigkeit* haben Einfluß auf die Tragfähigkeit und auf die Verwendbarkeit des Werkstoffes für Massiv- oder Verbundlager. Auch diese mechanisch-technologischen Eigenschaften bei Betriebstemperatur zu kennen, ist wichtig. Druckbeanspruchung kommt wohl in Lagern am meisten vor. Bei rein statisch wirkender Belastung ist sie auf einer Gleitfläche immer konstant. In Motorenlagern z. B. schwankt sie aber wesentlich, wobei ohne weiters auch Zug- oder Wechselbeanspruchungen auftreten können (s. S. 23).

Die *Härte*, besonders bei Betriebstemperatur (Warmhärte), gibt Auskunft über die Tragfähigkeit, die Verwendbarkeit eines Werkstoffes für Massiv- oder Verbundlager, über die Anpassungsfähigkeit, die Größe des zu erwartenden Laufspiegels (tatsächlich tragende Fläche) und über die Einbettfähigkeit. Werkstoffe mit einer Härte bis zu 30 HV betten auch größeren Abrieb noch ein, sofern die Schichtdicke groß genug ist.

Diese oft gewünschte Einbettfähigkeit kann auch Nachteile haben. Da das Öl nie ganz frei von Abrieb und Schmutz ist, drückt die Welle durch ihre große Härte kleine Schmutzteilchen in den Lagerwerkstoff ein. Daraus treten diese infolge der Elastizität des Lagermaterials wieder ein wenig heraus und können unter Umständen den Schmierfilm durchstoßen. Sie wirken dann wie die harten Körner einer Schmirgelscheibe und greifen den Gegenwerkstoff an (Scheibenwischerblatt am Auto — Glasscheibe, Schleifscheibe — Werkstück).

Die meist verwendeten Lagerwerkstoffe haben eine Härte von 20 bis 180 HV (s. auch Tabelle 6). Die mittlere Härte ist jedoch kein Anhaltspunkt für seine Verschleißfestigkeit: Dafür ist die Härte der einzelnen Gefügebestandteile (*Mikrohärte*) wesentlich.

Von der *Dauerfestigkeit* hängen Tragfähigkeit und Lebensdauer ab.

Bei dynamischer Beanspruchung haben auch *Zähigkeit* und *Dämpfung* wesentlichen Einfluß auf die Lebensdauer.

Zur Beurteilung der Tragfähigkeit und der Notlaufeigenschaften ist die Kenntnis der *Gefügeausbildung* (sowohl der Korngröße als auch der Anordnung der einzelnen Gefügeteile) notwendig. Ein Werkstoff mit guten Einlaufeigenschaften hat weiche Gefügebestandteile, die sich über die Lauffläche verschmieren können und die Benetzbarkeit durch den Schmierstoff verbessern. Harte Gefügebestandteile neigen zum Ausbrechen.

3. Vollager

Bei Verwendung eines Lagerwerkstoffes mit genügender Festigkeit kann das gesamte Lager daraus hergestellt werden (*Massiv-* oder *Vollager*).

4. Verbundlager

Gerade aber die weichen Werkstoffe mit guten Gleiteigenschaften haben im allgemeinen eine geringe Festigkeit. Sie sind als Vollager nur für geringe Belastung zu verwenden. Für höhere Belastungen werden die *Verbund-* oder *Mehrstofflager* eingesetzt. Diese entsprechen den Forderungen nach werkstoffgerechter Konstruktion: Eine möglichst dünne, weiche Laufschicht, deren Dicke nur nach dem zu erwartenden (oder zu befürchtenden) Abrieb zu bemessen ist, auf einer Stützschale oder, beim Achsiallager, auf einem entsprechenden Laufring paart die guten Laufeigenschaften des weichen Lagerwerkstoffes mit den hohen Festigkeitswerten des Stützmaterials. Dieses kann Stahl, Bronze oder auch eine hochwertige Leichtmetallegierung sein. Bei Stahlstützschalen ergibt der kohlenstoffarme Stahl C 10 (nach DIN 17210) eine gute Bindung zur Laufschicht. Ihre mechanischen Eigenschaften liegen um so günstiger, je dünner sie und je besser ihre metallurgische Bindung mit dem Stützmaterial ist (einige übliche Werkstoffpaarungen für Zweistofflager gibt Tabelle 8). Zusätzlich haben die Verbundlager infolge der Materialersparnis den Vorteil größerer Wirtschaftlichkeit.

Tabelle 8. Zweistofflager

Stützschale	Laufschicht
Stahl	Weißmetall
Stahl (C 10)	Bleibronze
Stahl	Silber
Stahl	Kunststoff
Stahlguß	Weißmetall
Bronze	Weißmetall
harte Aluminiumlegierung	weiche Aluminiumlegierung

Die *Ausgußstärke* bestimmt die Haltbarkeit, die *Haftung* des Materials auf seinem Untergrund die Lebensdauer eines solchen Lagers. Das Verhalten einer weichen, dünnen Laufschicht in Verbundlagern gleicht in gewissem Sinne dem einer Schmierstoffschicht. Sie schützt das darunterliegende Metall und senkt besonders bei höherer Belastung die Reibungszahl. Sie wirkt auch bei Misch- oder Trockenreibung wie eine Schmierschicht.

a) Auftreten von Schubspannungen unter der Oberfläche

Bei Verbundlagern werden die auf das Lager wirkenden Kräfte über die Schmierschicht und den Gleitwerkstoff auf die Stützschale übertragen. Dabei wird die Grenzschicht besonders beansprucht. Sie sollte nicht bis zu den Tiefen reichen, wo bei Druckbeanspruchung die maximalen Querkräfte auftreten:

Wird nämlich eine Kugel auf eine Ebene gedrückt, so entsteht eine Berührungskreisfläche, deren Radius

$$a = 1{,}1 \cdot \sqrt[3]{0{,}25 \cdot P \cdot d \cdot (1/E_1 + 1/E_2)}, \quad (7)$$

worin P die Belastung, d der Durchmesser der Kugel und E_1 und E_2 die Elastizitätsmoduln beider Materialien sind (Abb. 21 a). Die Berührungsfläche ist

$$F = \pi \cdot a^2,$$

und der mittlere Druck auf die Berührungsfläche beträgt

$$p = \frac{P}{\pi \cdot a^2}.$$

Dies gilt, so lange die Deformation elastisch ist und nach Entfernen der Last die Oberflächen wieder ihre ursprüngliche Gestalt annehmen. Steigt aber die Belastung weiter, so wird auch der mittlere Druck größer, bis bei dem weicheren Werkstoff die Elastizitätsgrenze überschritten

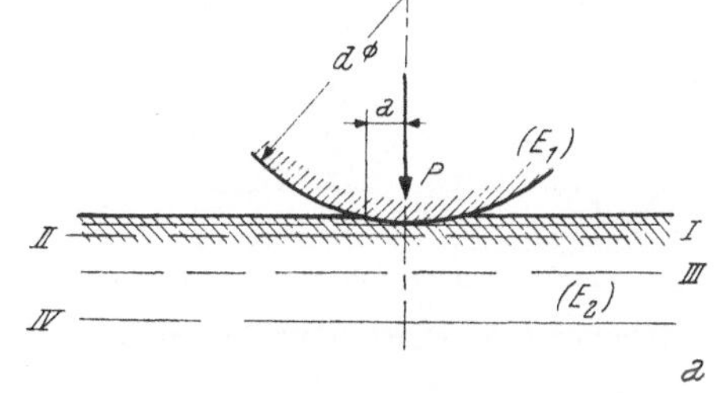

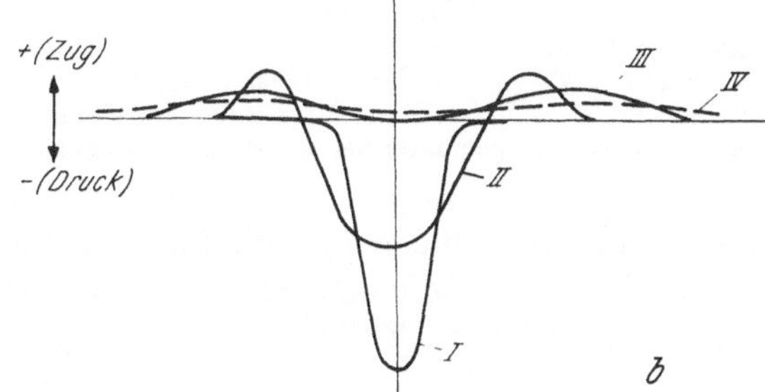

Abb. 21. *a* Berührung einer Kugel und einer ebenen Fläche ohne Schmierfilm
b Spannungsverteilung unter der Berührungsfläche
(*I, II, III, IV* ... Ebenen parallel zur Oberfläche)

ist, und zwar an den Stellen, wo die Schubspannungen am größten sind (Abb. 21 b zeigt die Spannungsverteilung in der Umgebung des Berührungspunktes zwischen einer Kugel und einer Ebene [61]): unmittelbar unter dem Berührungspunkt treten unter dem Einfluß der Belastung Druckspannungen auf, die mit wachsender Entfernung davon sowohl in die Tiefe als auch an der Oberfläche nach allen

Seiten hin abnehmen. In tieferen Schichten des Werkstoffes gehen diese Druckspannungen unmittelbar unter der Berührungslinie nach beiden Seiten hin sogar in Zugspannungen über! An der Übergangszone zwischen Druck und Zug, in der neutralen Faser, muß — ähnlich wie bei einem auf Biegung beanspruchten Träger — die größte Schubspannung auftreten. Diese Zone liegt etwa $0,5 \cdot a$ unter der Oberfläche [93]. Dort beginnt das Fließen, wodurch das Material plastisch verformt wird.

In der Natur lassen sich diese Zugspannungen bei folgender Erscheinung beobachten. An einem Sandstrand — unmittelbar neben dem Wasser im feuchten Sand — bildet sich unter dem auftretenden Fuß eine Druckzone aus. In geringem Abstand rundherum aber wölbt sich der Boden auf, das Sandgefüge lockert sich dort, und die vorhandene Feuchtigkeit wird aufgesaugt, so daß der Sand trocken erscheint. Zugspannungen kann der Sand natürlich keine aufnehmen. Aber dieses Lockern und die Wasseraufnahme deuten auf die Möglichkeit der Ausbildung von Zugspannungen an dieser Stelle hin.

Wenn nun die Last weiterwandert, so erhält jedes Werkstoffteilchen auf und knapp unter der Oberfläche im Verlauf der Bewegung abwechselnd Druck- und Zugspannungen. Pittingbildung und Ausbröckeln einer zu dicken Lagermetallschicht sind die Folgen!

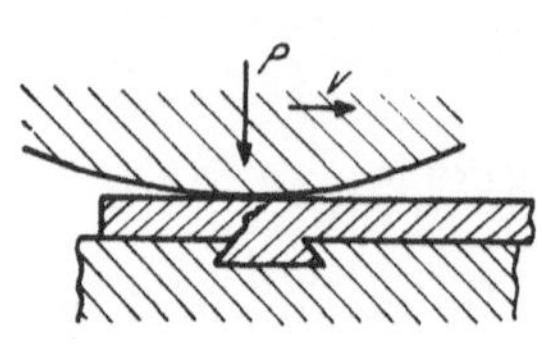

Abb. 22. Kerbwirkung bei mechanischer Gleitschichtverankerung

Schwalbenschwanznuten oder ähnliche Einkerbungen oder Eindrehungen zur Verankerung der Gleitschicht sind immer schädlich. Sie beschleunigen infolge der Kerbwirkung das Ausbröckeln (Abb. 22). Temperaturschwankungen und Temperaturgefälle im Material bringen thermische Spannungen hervor, da die Wärmeausdehnung beider Werkstoffe meist nicht gleich ist. Diese Temperaturschwankungen sind oft die Ursache von Rissen und Sprüngen in der Bindeschicht zwischen beiden Metallen, worauf der weichere Werkstoff auszubröckeln beginnt.

b) Herstellung

Zur Herstellung der Verbundlager sind mehrere Verfahren üblich: In einfachster Art kann der Gleitwerkstoff *von Hand* auf den unterstützenden Teil vergossen werden. Beim *Schleuderguß* wird der Stützring während des Eingießens des Lagermaterials so schnell gedreht, daß das noch flüssige Lagermaterial unter hohem Druck an die Stützschale gedrückt wird. Dieses Verfahren ergibt den dichtesten Guß, ist aber nur für Radiallager und sehr kleine Achsiallager anwendbar. Besonders bei Achsiallagerringen kann die Laufschicht aus dünnem Material auf den Grundring *gepreßt* oder *gewalzt* werden (plattierte Bleche). Ebenso ist ein Auftragen des Lagermaterials durch *Spritzen* möglich.

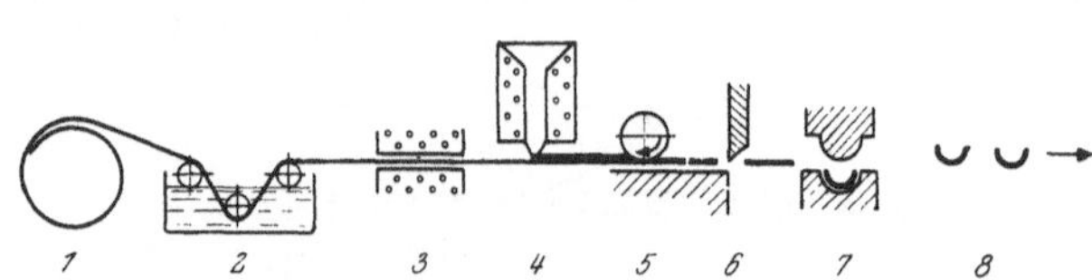

Abb. 23. Schematische Darstellung der Herstellung von Verbundlagern aus Bandstahl
(nach: Division of Federal-Mogue-Bower Bearings, Inc., Detroit, USA)

1 Bandstahlrolle	5 Fräsen
2 Reinigen	6 Ablängen
3 Erhitzen	7 Formpressen
4 Aufgießen des Lagermaterials	8 zur Fertigbearbeitung

Oft könnten dort, wo jetzt noch dicke Stahlstützschalen mit Weißmetall oder Bleibronze Verwendung finden, dünne Lager aus *Bandmaterial* eingesetzt werden. Abb. 23 zeigt schematisch die Herstellung von Lagern aus solchem Material.

Der Bandstahl wird nach entsprechender Reinigung verzinnt, mit dem Lagermaterial übergossen und gekühlt. Die Lagermaterialschicht wird auf gleichmäßige Dicke gefräst, das Band geschnitten, in Form gepreßt und weiter mechanisch bearbeitet.

Die Herstellung von Halblagerschalen auf diese Art ist sehr einfach. Die Bandstärke beträgt je nach Lagergröße 0,05 bis 0,3 cm, die bearbeitete Lagermetallschicht etwa 0,03 cm.

Nach dem Bandstahlverfahren lassen sich auch gerollte Büchsen herstellen. (Die Stoßfuge wird verlötet.) Allerdings lohnt sich für kleine Stückzahlen dieses Verfahren nicht, da der maschinelle Aufwand groß ist. Da es jedoch Metallwerke gibt, die serienmäßig Lager verschiedener Durchmesser nach dem Bandstahlverfahren fertigen, so sind auch geringe Stückzahlen oft ohne weiteres erhältlich. Solche Lager werden als Austauschlager einbaufertig hergestellt.

c) Dreistofflager

Dreistofflager bestehen aus einer Stützschale mit einer Lagermetallschicht und einer dritten sehr weichen Schicht als eigentlicher Gleitfläche. Das Lagermetall übernimmt beim Versagen der sehr dünnen (etwa 0,003 cm oder dünner) dritten Schicht die Funktion des Gleitwerkstoffes. Durch die dritte Schicht wird der Einlaufvorgang beschleunigt, und die Gleitflächen können sich besser aneinander anpassen. Durch sie soll die Ölbenetzbarkeit wesentlich erhöht und die Korrosionsbeständigkeit vergrößert werden. Als Material dafür kommen in Frage: Zinn, Blei, Blei-Indium- oder Blei-Zinn-Legierungen.

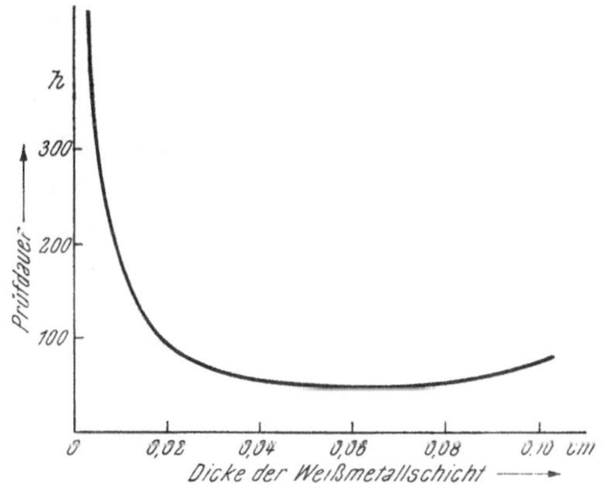

Abb. 24. Lebensdauer von Weißmetallverbundlagern in Abhängigkeit von der **Dicke der Weiß**metallschicht (aus [87])

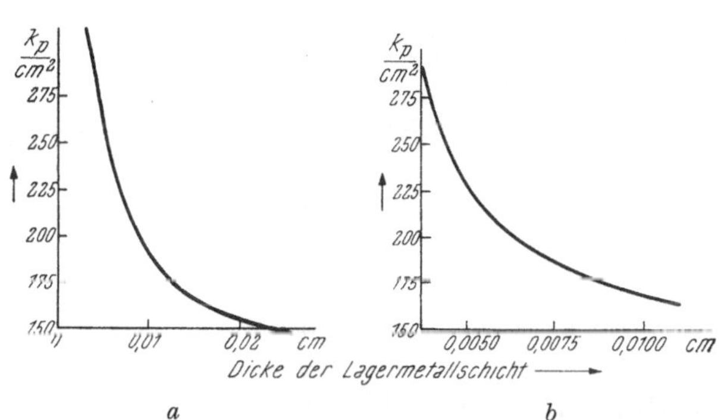

Abb. 25. Einfluß der Dicke der Lagermetallschicht (a Weißmetall, b Blei-Bronze + Blei-Zinn) auf die Ermüdungsfestigkeit (aus [38])

Nach dem Einlaufen **kann die** Drittschicht ohne weiteres ganz oder teilweise abgetragen sein. Es ist dies kein Grund, das Lager auszuwechseln. Sie hat dann ihren Hauptzweck erfüllt. Vor Auftragen der Drittschicht muß die Bohrung bereits genaues Maß haben. Kein Dreistofflager darf deshalb vor dem Einbau bearbeitet oder zu einer anderen Größe aufgebohrt werden! Einige gebräuchliche Werkstoffzusammenstellungen sind in Tabelle 9 gegeben.

Tabelle 9. Dreistofflager

Stützschale 0,2 bis 0,5	Lagermetall < 0,07	Einlaufschicht < 0,004 cm
Stahl ⎫	Bleibronze	Blei- oder Zinnweißmetalle
Stahl ⎪	Kupfer-Nickel, gesintert	Blei- oder Zinnweißmetalle
Stahl ⎬ meist C 10	Guß-Kupferlegierungen	Bleilegierung
Stahl ⎪	gesinterte Kupferlegierung	Bleilegierung
Stahl ⎭	Silber	Bleilegierung
Aluminiumlegierung	Aluminiumlegierung	Bleilegierung

Zusätzlich schafft eine am Lager *allseitig* galvanisch aufgetragene weiche Schicht (0,0002 cm oder dünner) der Lageraußenfläche einen satten Sitz im Gehäuse mit fast vollkommener metallischer Berührung, hilft Luft- oder Ölpolster vermeiden und ergibt eine gute Wärmeableitung.

In den Abb. 24 und 25 ist der Zusammenhang zwischen der Schichtdicke und der Lebensdauer von Verbundlagern dargestellt. Bei einer Reihe von Lagern mit einem Wellendurchmesser von 14,5 cm, einer Breite von 8,3 cm und einer Winkelgeschwindigkeit der Welle von 68 s^{-1} ($\psi = 0,5$ bis $0,8^0/_{00}$, $So = 3$ bis 5)[1] wurden Versuche mit verschieden starken Ausgüssen in Verbundlagern gemacht [50]. Der Wellenwerkstoff war in allen Fällen unlegierter Stahl mit einer Zugfestigkeit von 5000 kp cm^{-2} und einer Oberflächenhärte von 165 HV. Als erstes wurden klassische Weißmetallager mit dickwandigem Weißmetallausguß und Stahlstützschale mit Schwalbenschwanznuten oder Gewinderillen zur Verankerung des Weißmetalles eingesetzt. Die Tragfähigkeit eines solchen Lagers wurde mit 100% festgelegt. Als nächstes wurde ein Dreistofflager, bestehend aus einer Stahlstützschale, einer dünnen aufgeschleuderten Bronzeschicht und einer 0,05 bis 0,1 cm starken, ebenfalls aufgeschleuderten Weißmetallschicht erprobt. Es ergab sich eine Belastungsfähigkeit von 130%. Ein Bleibronzelager mit elektrolytisch aufgebrachter Einlaufschicht von 0,003 bis 0,01 cm Dicke ergab eine Verbesserung der Tragfähigkeit auf 170%. Aber nicht nur die Tragfähigkeit wurde verbessert, auch die sogenannte Pflastersteinbildung (Rißbildung in der Laufschicht) wurde günstiger; das heißt die Pflastersteine wurden in ihrer räumlichen Ausdehnung wesentlich kleiner. Bei einem Leichtmetallager mit einer Stützschale aus Bondur (Leichtmetallegierung) und einer 0,1 bis 0,2 cm starken Laufschicht aus einer Aluminiumlegierung mit 6% Zinn — aufgewalzt — und einer elektrolytisch aufgetragenen Einlaufschicht stieg die Tragfähigkeit auf 220%. Die hohe Wärmeleitfähigkeit des Aluminiums hält diese Lager kühl. Vorspannungsverluste an der Teilfuge infolge größerer Wärmedehnung des Aluminiums gegenüber dem Stahl konnten nicht festgestellt werden.

Oft kommt es vor, daß in hoch beanspruchten Lagern der Werkstoff nicht entspricht, daß er ausbröckelt, und das Lager zerstört wird. Ein Übergang auf sehr dünne Gleitschichten beseitigt meist diese Gefahr, denn der dünne Ausguß verringert die Neigung zur Rißbildung.

Wie früher gezeigt wurde, hat ein Lager mit einer harten Unterlage und einer sehr dünnen Laufschicht die besten Laufeigenschaften. Da aber eine allzu dünne Schicht bald verbraucht wäre, wurde ein anderer Weg bei der Lagerherstellung versucht. Es wurden Lagermetallgefüge gebildet, die im Notfall selbst eine äußerst dünne, weiche Schicht hervorbringen. Dies sind Zweistoffgefüge, die in einem harten Gerippe weiche Stoffe, die bei Temperaturerhöhung ausschmelzen, an die Oberfläche gelangen und so eine gute Gleitund Notlaufschicht bilden, eingebettet haben (Kupfer-Blei-Legierungen und viele andere). Die letzte Konsequenz dieses Gedankens führte zu den Sinterwerkstoffen, die mit einem sehr weichen Lagerwerkstoff getränkt sind (Zinn, Kunststoffe, Fett, Öl usw.).

5. Die wichtigsten Lagerwerkstoffe und deren Zusammensetzung

Bei Kenntnis der Materialeigenschaften ist es dem Konstrukteur möglich, die Einbettfähigkeit, die Einlauffähigkeit, die Tragfähigkeit, das Betriebslagerspiel, die Störungsempfindlichkeit und das Notlaufverhalten zu beurteilen.

Die Einteilung der einzelnen Lagerwerkstoffgruppen erfolgt im allgemeinen nach der Zusammensetzung (nur die gebräuchlichsten sind hier angeführt; ausführliche Aufstellungen finden sich unter anderem in [84, 91, 99, 100]):

Blei- und Zinnlegierungen oder Weißmetalle (Pb, Sn),

Zinklegierungen (Zn),

Aluminiumlegierungen (Al),

Kupferlegierungen (Cu),

Gußeisen,

Sinterwerkstoffe, Kunststoffe, Kunstkohle, Holz und Gummi.

---

[1] Siehe Berechnung.

a) Weißmetalle

Die *Weißmetalle* (Tabelle 10[1]) bestehen meistens hauptsächlich aus Zinn (bis 81%). Ein geringer Zusatz von Kupfer und Antimon dient zur Härtung der Legierung. Das Zinn kann auch ganz oder teilweise durch Blei ersetzt werden. Das günstige Verhalten bei Mischschmierung ist auf den weichen Gefügebestandteil Blei oder Zinn zurückzuführen. Bei Verwendung in dünnsten Schichten ist ihre Belastbarkeit nur durch die Lagertemperatur begrenzt. Für hoch belastete Lager mit Betriebstemperaturen über etwa 100° C sind Weißmetalle nicht geeignet. Zinnweißmetall (z. B. Sn 80) verträgt keine stoßartige Beanspruchung. Bleizinnweißmetall hat einen geringeren Zinngehalt und ist auch für stoßartige Beanspruchung geeignet. Es hat einen hohen Er-

Tabelle 10. Blei- und Zinnlagermetalle [19]

Bezeichnung nach DIN 1703	Lineare Wärmeausdehnungszahl	Schmelzpunkt	Quetschgrenze $\sigma_{d0,2}$	Härte		Druckfestigkeit σ_{dB}
				20°	100°	
	$\beta \cdot 10^6/°C$	°C	kp cm^{-2}	HV		kp cm^{-2}
LgPb	30	293 bis 460	850	30	16	1700
LgPbSb12	25	254 bis 380	530	18	8	1250
LgPbSn 5	23 bis 25	240 bis 380	630	22	6	1090
LgPbSn 10	23 bis 25	235 bis 370	800	30	9	1090
LgPbSn6Cd	23 bis 25	245 bis 420	650	26	15	1800
LgPbSn9Cd	23 bis 25	240 bis 400	850	28	15	1800
LgSn80 (WM80)	22	230 bis 500	850	31	10	1800

weichungspunkt und kann daher bei höheren als den genannten Temperaturen verwendet werden (z. B. PbSn 20). Gittermetall wird ein zinnarmes Weißmetall (12% Sn) mit in feinster Verteilung eingelagertem Graphit genannt. Besonders bei Dreistofflagern haben sich in letzter Zeit die Weißmetalle, die früher die wichtigsten Lagermetalle waren, für die Laufschicht sehr gut bewährt. Auf die Stahlstützschale mit einer eingegossenen Bleibronzeschicht als Binde- und Notlaufschicht wird LgSn 80 als Lauffläche aufgebracht. An Stelle der eingegossenen oder eingeschleuderten Bleibronzeschicht kann auch eine plattierte Kupferschicht verwendet werden. Der Härtebereich der Weißmetalle reicht von 18 bis 31 HV. Die Quetschgrenze liegt bei etwa 800 kp cm^{-2} (bei ruhender Beanspruchung). Die Tragfähigkeit reicht bei wechselnder Belastung ungefähr bis 150 kp cm^{-2} bei sehr dünnen Ausgüssen in Verbundlagern, sonst bis etwa 70 kp cm^{-2}.

Weißmetallager werden mit ungehärteten und gehärteten Wellen gepaart. Sie sind besonders für ruhende Belastung geeignet und passen sich wegen ihres niedrigen Elastizitätsmoduls gut der Gegenlauffläche an. Die gleichen guten Eigenschaften, die das Weißmetall für das Einlaufen besitzt, besonders die kleine Reibungszahl, wirken sich beim Trockenlauf aus, solange der Erweichungspunkt nicht erreicht wird. Dieser liegt aber sehr niedrig. Wird er überschritten, so schmilzt der Lagerausguß und das Lager rinnt aus. Unter Umständen kommt dann die Welle mit der Stützschale in Berührung und wird beschädigt. Bei zu hoher Belastung ermüdet die Weißmetallschicht und bröckelt aus.

---

[1] Die Tabellenangaben entsprechen nicht immer der Norm, die Mindestwerte vorschreibt. Sie sind als Mittelwerte aus Firmenangaben zusammengestellt. Auch hängen die Festigkeitswerte von der Zusammensetzung *und* von der Materialstärke ab. Wenn in den Tabellen nur ein Wert angegeben ist, so gilt dieser als Mittelwert.

b) Zinklegierungen

Zinklegierungen (DIN 1743) sind härter als Weißmetalle. Trotzdem können meist noch ungehärtete Wellenstähle verwendet werden. Flächenpressungen bis zu 100 kp cm^{-2} bei Lagertemperaturen unter 70° C sind zulässig. Im Verbrennungsmotorenbau werden Zinklegierungen wenig verwendet.

c) Aluminiumbronzen und Aluminiumlegierungen

Gußaluminiumbronzen und Aluminiummehrstoffbronzen (DIN 1725, [22, 29], Tabelle 11) zählen zu den chemisch beständigsten Kupferlegierungen, haben eine sehr große

Tabelle 11. Aluminiumbronzen und Aluminiumlegierungen

Bezeichnung nach DIN 1714	Lineare Wärmeausausdehnungszahl $\beta \cdot 10^6/°C$	Schmelzpunkt °C	Streckgrenze $\sigma_{d0,2}$ kp cm^{-2}	Härte HV	E-Modul kp cm^{-2}	Zugfestigkeit σ_{zB} kp cm^{-2}
G-FeAlBzF48	19	980 bis 1050	2000 bis 6000	150 bis 240	1 030 000	5000 bis 10 000
G-AlNiBzF60	19	1030 bis 1050	2800 bis 4500	150 bis 180	1 200 000	6000 bis 8800
(Alzen 305)	23	480 bis 580	2350 bis 2400	140 bis 150	730 000 bis 920 000	3000 bis 4800
G-ZnAl4Cu1	27		1800	80 bis 90	1 050 000	1800 bis 2700

Tragfähigkeit, Ermüdungsfestigkeit und gute Gleiteigenschaften. Sie sind verschleißfest besonders bei hin- und hergehender Bewegung und unempfindlich gegen Verschmutzung und Stoß. Sie neigen allerdings zum Fressen, wenn sie auf ungehärteten Wellen laufen.

Leichtmetalle haben im allgemeinen sehr gute Gleiteigenschaften und sind sehr hoch belastbar. Wegen ihrer großen Wärmedehnung können jedoch besonders in Stahl- oder Gußgehäusen schon durch geringe Erwärmung Stauchungen auftreten, so daß sich eingepreßte Buchsen oder Lager bei Abkühlung im Gehäuse lockern. Sie können aber, um dies zu vermeiden, als schwimmende Büchsen ausgeführt werden (s. S. 120). In Leichtmetallkörpern sind derartige Stauchungen nicht möglich, da sich der Stützkörper etwa gleich stark dehnt wie das Lager. Durch die verhältnismäßig geringe Elastizität der Leichtmetalle werden starke örtliche Pressungen abgebaut und die Last wird gleichmäßiger auf die Lagerfläche verteilt. Die Notlaufeigenschaften sind gut.

Bei hoher Betriebstemperatur wird in Stahlgehäusen im kalten Zustand ein etwas größeres Lagerspiel (etwa 20%) vorhanden sein müssen, als bei Bronzen oder Rotguß normal üblich, da sich bei Temperatursteigerung das Lager nach innen ausdehnt und so das Lagerspiel verkleinert.

Aluminium-Zink-Kupfer-Magnesium-Legierungen haben sich als Kurbelwellenlager im weichgeglühten Zustand (50 HV) und auch vergütet mit etwa doppelter Härte besonders dort, wo das Motorgehäuse aus Leichtmetall besteht, sehr gut bewährt. Da die Dehnung bei Erwärmung nicht behindert wird, und das Material nicht nach innen ausweichen muß, kann mit üblich kleinem Lagerspiel gerechnet werden. Diese Lagerwerkstoffe können auch noch zusätzlich mit einer Einlaufschicht versehen oder auf Stahltragschalen plattiert werden. Die Plattierdicke liegt zwischen 0,04 und 0,25 cm.

d) Bleibronzen und Bleizinnbronzen

Bronzen sind Legierungen, deren Hauptbestandteil Kupfer ist ([23], Tabelle 12). Reines Kupfer hat sehr schlechte Laufeigenschaften. Das Gefüge binärer Bleibronzen besteht aus einem Kupfergerippe, das trägt und Formänderungen aufnimmt; darin sind, fein verteilt, Bleieinlagen eingebettet, die auch bei geringer Ölmenge noch gute Notlaufeigenschaften ergeben. Reines Blei läßt sich nämlich durch Öl gut benetzen und übernimmt bei Ölmangel die Schmierung. Ein Bleigehalt von 22 bis 30% schafft die günstigsten Eigenschaften. Mehr Blei gibt weichere, mehr Kupfer härtere Legierungen.

Tabelle 12. Gußbleibronzen und Guß-Bleizinnbronzen

Bezeichnung nach DIN 1716	Lineare Wärmeausdehnungszahl $\beta \cdot 10^6/°\mathrm{C}$	Streckgrenze σ_{zF} kp cm^{-2}	Härte HV	E-Modul kp cm^{-2}	Zugfestigkeit σ_{zB} kp cm^{-2}
G-PbBz 25	18,5	500	28 bis 36	820 000	800
G-SnPbBz 5	18	1200 bis 1500	70 bis 95	800 000	2000 bis 3400
G-SnPbBz 10	18	1000 bis 1200	65 bis 80	860 000	1800 bis 2900
G-SnPbBz 15	18	800 bis 1100	60 bis 75	800 000	1600 bis 2600
G-SnPbBz 22	18	800 bis 1000	50 bis 60	820 000	1500 bis 2000

Die wichtigsten Legierungsbestandteile sind entweder Kupfer und Blei (Blei-Zweistoffbronzen), Kupfer, Zinn und Blei (Blei-Zinnbronzen) oder Kupfer, Zinn, Blei, Antimon, Silber und Phosphor (Blei-Sonderbronzen).

Bleibronzen werden wegen ihrer geringen Festigkeit fast durchwegs in Verbundausführung eingesetzt. Sie haben jedoch hohe Ermüdungsfestigkeit, gute Notlaufeigenschaften und großen Verschleißwiderstand bei Mangelschmierung. Infolge ihrer Weichheit sind Gleitflächen aus solchen Materialien gut anpassungsfähig und verhalten sich günstig bei Kantenpressungen. Als Gegenwerkstoff verlangen sie Wellenhärten zwischen 460 und 840 HV.

Bei dünnen Bleibronzeausgüssen (0,03 bis 0,15 cm) wird durch Vergrößern der Ausgußstärke an den Kanten die Empfindlichkeit gegen Kantenpressung herabgesetzt [12].

Mit guter Bleibronze sind bei richtiger Gestaltung praktisch die Lager aller Belastungs- und Geschwindigkeitsstufen zu beherrschen. Für Haupt- und Pleuellager haben sie sich sehr gut bewährt. Die Bindung der Laufschicht mit dem Grundmaterial bei Verbundausführung erfolgt meistens durch Diffusion oder durch eine eigens aufgebrachte Zwischenschicht (z. B. aus Kupfer, Molybdän oder Nickel). Die Schichtdicke des Lagermaterials im fertig bearbeiteten Lager beträgt je nach Wellendurchmesser etwa 0,02 bis 0,25 cm. Es sind immer die kleineren Werte anzustreben. Die Gütewerte solcher Verbundlager mit dünnen Schichten lassen sich schwer angeben, da die Materialstärken und das Grundmaterial, sowie deren Bindung dabei eine wesentliche Rolle spielen.

Die Ermüdungsfestigkeit ist etwa zwei- bis dreimal so groß wie die von Weißmetall.

e) Zinnbronzen

Außer den bereits angeführten Blei- und Aluminiumbronzen werden noch *Zinnbronzen* verwendet (Tabelle 13). Sie haben Kupfer-Zinnmischkristalle als Grundgefüge. Mit steigendem Zinngehalt (bis zu 16%) nehmen Festigkeit und Verschleißhärte zu. Kalt gezogen geben besonders phosphorhaltige Zinnbronzen ein sehr homogenes Mischkristallgefüge, das sich für hochbeanspruchte Gleitlager wie z. B. Pleuelbuchsen,

Buchsen in Kolbenaugen von Leichtmetallkolben, Ventilführungen und Achsschenkel-
buchsen sehr gut eignet. Für die härteren Legierungen kommt als Gegenwerkstoff

Tabelle 13. Zinnbronzen und Rotguß

Bezeichnung nach DIN 1705 DIN 17 662	Lineare Wärme-ausdehnungs-zahl $\beta \cdot 10^6/°C$	Streckgrenze σ_{zF} kp cm^{-2}	Härte HV	E-Modul kp cm^{-2}	Zug-festigkeit σ_{zB} kp cm^{-2}
G-SnBz 10	17,5	1200 bis 1500	65 bis 95	850 000	3400
G-SnBz 12	18	1300 bis 1600	80 bis 105	800 000	2400 bis 3800
G-SnBz 14	18	1700 bis 6500	115 bis 210	770 000	2500 bis 7000
Rg 10	17,5	1400	90	1 000 000	2800 bis 3500
GzRg 10	18	1700	95	1 000 000	3000
Rg 5	17	1000	80 bis 90	950 000	2400 bis 3200
GzRg 5	17	1400	85	950 000	3000
SnBz 8	17,5	2000 bis 6000	90 bis 170	1 190 000	4000 bis 7000
MSnBz 4 Pb	19	3200	120	1 240 000	4200

Kohlenstoffeinsatzstahl mit weniger als 0,1% C auf 820 HV gehärtet in Frage, sowie
nitrierte oder hartverchromte Wellen. Als Höchstwert für die mittlere zulässige Lager-
pressung ist etwa 350 kp cm^{-2} anzunehmen [20, 26].

f) Rotgußlegierungen

Rotgußlegierungen sind Kupfer-Zinn-Zink-Legierungen mit 1 bis 3% Blei. Sie haben
gute Notlaufeigenschaften und sind verhältnismäßig verschleißfest [20].

g) Messing

Tabelle 14. Messinge

Bezeichnung nach DIN 1709 DIN 17 661	Lineare Wärmeaus-dehnungs-zahl $\beta \cdot 10^6/°C$	Schmelz-punkt °C	Streckgrenze $\sigma_{d0,2}$ kp cm^{-2}	Härte HV	E-Modul kp cm^{-2}	Zug-festigkeit σ_{zB} kp cm^{-2}
G-SoMs 57 F45	19	930	1800 bis 2500	120 bis 160		5000 bis 6800
G-SoMs 57 F60	19	930	2500 bis 3500	150 bis 180		6500 bis 6800
SoMs 68	18	930	1500 bis 4000	80 bis 140	1 100 000	4000 bis 5500
SoMs 58 A1	18	950	2000 bis 4000	110 bis 150	1 000 000	4500 bis 5500
SoMs 58 A2	18	950	3500 bis 4000	160 bis 170	1 000 000	6800 bis 7000

Messing (Tabelle 14) besteht hauptsächlich aus Kupfer und Zink. Es enthält
zur Verbesserung seiner Eigenschaften noch weitere Legierungsbestandteile wie Eisen,
das kornverfeinernd wirkt und dadurch die Streckgrenze erhöht, oder Aluminium und
Zinn, die die Härte steigern, oder Mangan und Nickel, die die Festigkeit und Korrosionsbeständigkeit erhöhen. Zink hat ein gutes Wärmeleitvermögen und sehr gute Laufeigenschaften. Die Verwendungsmöglichkeit dieser Legierungen ist aber begrenzt durch
die Empfindlichkeit für starke Stöße und Temperaturen über 150° C. Die Ölbenetzbarkeit
der Gleitfläche ist sehr gut. Bei Mischreibung ergibt sich ähnlich wie bei Weißmetall

nur ein geringer Verschleiß. Oberflächenhärtung der Wellengleitfläche ist nicht notwendig. Es genügt im allgemeinen C 35 mit möglichst glatter Oberfläche. Für Sondermessinge sind allerdings als Gegenwerkstoff vergütete oder, bei höchsten Ansprüchen, gehärtete Zapfen mit einer Härte nicht unter 250 HV notwendig.

SoMs 68 eignet sich sehr gut zur Herstellung von aus Band gerollten dünnwandigen Büchsen, da es im allgemeinen gut kalt verformbar ist. Es ist vor allem für das mittlere Beanspruchungsgebiet heranzuziehen und hat Vorteile besonders dort, wo kalt gezogene Rohre mit engen Toleranzen ohne wesentliche Nachbearbeitung verwendet werden.

SoMs 58 hat gute Warmverformbarkeit und wird daher bei der Anfertigung von Warmpreßteilen, die gute Laufeigenschaften und hohe Festigkeiten erfordern, angewendet. Die Kaltverformbarkeit ist jedoch schlecht; daher sind Rohre mit dünnen Wandstärken schwierig anzufertigen [21, 25].

h) Gußeisen

Gußeisen hat schlechte Notlaufeigenschaften und ist wegen seiner großen Härte ganz besonders empfindlich gegenüber Kantenpressungen und Ölverunreinigungen. Es ist nur für geringe Drücke und kleine Gleitgeschwindigkeiten geeignet, keinesfalls für stoßartige Beanspruchung.

Da Gußeisen praktisch keine bleibende Verformung aufweist, entspricht die Quetschgrenze fast der Druckfestigkeit.

Stützschalen aus Sphäroguß eisen haben sich für Verbundlager recht gut bewährt, da die eingegossenen Materialien gut daran haften. Außerdem kann bei genügend hartem Wellenwerkstoff die Stützschale das Notlaufgleiten bei verschlissener Lagermetallschicht übernehmen.

i) Sinterwerkstoffe

Bei nicht zu hoch beanspruchten Lagern, in denen die Schmierung nicht immer sichergestellt werden kann, können *Sinterwerkstoffe* auf Eisen-, Kupfer- oder Bronzegrundlage verwendet werden. Es sind dies formgepreßte und gesinterte Metallpulver, die entsprechend der Herstellung mehr oder weniger porös sind. Bei Einsatz von derartigen Werkstoffen kann die Schmierung sehr sparsam sein. Zur Herstellung werden Metallpulver oder Pulvergemische mit und ohne Graphitzusatz nach reduzierendem Glühen (unter Schutzgas) unter sehr hohem Druck in Formen gepreßt. Dabei werden sie gesintert, dann durch Nachpressen genau dimensioniert und mit heißem, nicht harzendem Öl oder Kunststoffen getränkt. Durch die Porosität hat der Werkstoff eine schwammartige Wirkung; die sich drehende Welle entnimmt dem in den Poren des Werkstoffes enthaltenen Schmiervorrat eine der jeweiligen Gleitgeschwindigkeit und Belastung entsprechende Schmierstoffmenge. Besonders bei erhöhter Temperatur (meist durch Ölmangel hervorgerufen) wird Öl abgegeben und nach dem Stillsetzen der Welle oder bei normalen Temperaturen wieder aufgesaugt. Da der Schmierstoff kaum verbraucht wird, sind solche Lager praktisch selbstschmierend. Ölhaltige Sinterlager enthalten 20 bis 30% des Volumens an Poren. Die Art des Tränköles wird auf die Betriebsbedingungen abgestellt. Bei niedrigen Gleitgeschwindigkeiten oder pendelnden Bewegungen ist das Sinterlager zum Teil höher belastbar als ein Massivlager. Die zahlreichen Ölkanäle sorgen auch unter den ungünstigsten Betriebsbedingungen für eine ausreichende Schmierung. Mit steigender Gleitgeschwindigkeit nimmt die Belastbarkeit der Sinterlager ohne zusätzliche Schmierung dagegen sehr schnell ab. Ohne Schmierung können sie mit eigenem Ölvorrat nur etwa 1000 bis 3000 Stunden laufen. Sinterlager werden möglichst einbaufertig gepreßt, da sie ein Massenerzeugnis sind. Sie dürfen nicht nachgearbeitet werden, da sich dabei die Poren verschmieren. Verdrehungssicherungen in Form von Sicherungsstiften, Halteschrauben oder Keilen müssen so angebracht sein, daß sie keinen Druck auf die Lagerwand ausüben, um diese nicht zu verformen.

Als Wellenstahl genügt hier bei geringer Belastung und kleinen Umfangsgeschwindigkeiten ungehärtetes Material höherer Festigkeit (St 60, St 70, C 45, C 60). Jedoch ist sauberste Oberflächenbearbeitung immer erforderlich. Für hohe Drehzahlen und hohe Beanspruchung müssen extrem glatte Wellen eingesetzt werden. In diesen Fällen sind gehärtete, geschliffene und geläppte oder polierte Gleitflächen zweckmäßig. Das Lagerspiel sollte je nach Belastung und Gleitgeschwindigkeit etwa 0,5 bis $1,5^0/_{00}$ betragen. Je kleiner es ist, um so geringer ist die Geräuschentwicklung. Bei niedrigen Drehzahlen und Pendelbewegungen haben sich für kleine Durchmesser die Passungen H7 oder H8 zu e8 bewährt. Bei Graphittrockenschmierung ist H9 zu d9 oder e8 günstig.

k) Kunststoffe

Für gering belastete Lager, die nicht in Öl, sondern in Wasser, Benzin, Stoffen mit schlechter Schmierfähigkeit oder trocken laufen sollen, können Kunststoffe (DIN 7735) verwendet werden. Vorteilhaft ist das geringe Gewicht und die Dämpfung von Stößen durch den kleinen Elastizitätsmodul. Ungünstig ist aber das niedrige Wärmeleitvermögen, die geringe Widerstandsfähigkeit gegen hohe Temperaturen und die geringe mechanische Festigkeit. Die Quell- und Schrumpferscheinungen bedingen großes Lagerspiel. Im Kraftfahrzeugbau werden Kunststofflager für Pendelgelenke in steigendem Ausmaß verwendet. Sie sind wartungsfrei auf Lebensdauer. Auch im Motorenbau können aus diesem Lagermaterial oft günstige Gelenkverbindungen von Steuerungsteilen hergestellt werden. Für Kunststofflager mit großer Wärmeentwicklung kommt nur eine Verbundausführung mit möglichst dünnem Kunststoffbelag in Frage.

Gut bewährt haben sich Kunststoffe als Zwischenschicht zwischen Teilen, die sich nur ungewollt, z. B. auf Grund von Wärmespannungen, gegeneinander verschieben, sonst aber fest sitzen sollten; also an Stellen, wo Reibrost auftreten könnte (z. B. Führung von Zylinderrohren im Gehäuse, Schleppkupplungen).

l) Kunstkohle

Kunstkohlelager werden nur dort verwendet, wo mit Rücksicht auf die Umgebung jede Verwendung flüssiger Schmierstoffe unzulässig ist, wo das Lager von fettlösenden Mitteln umspült wird, oder wo der Einsatz anderer Lagerwerkstoffe wegen Korrosionsgefahr nicht in Frage kommt. Belastungen bis zu 70 kp cm^{-2} bei kleinen Gleitgeschwindigkeiten und bis zu ungefähr 5 kp cm^{-2} bei größeren (100 bis 300 cm s^{-1}) können ertragen werden. Das Lagerspiel bei Trockenlauf beträgt etwa 3 bis $5^0/_{00}$, bei flüssiger Reibung mit Wasser oder Kohlenwasserstoff etwa 1 bis $3^0/_{00}$. Die Gegenlauffläche soll etwa eine Festigkeit von 7000 kp cm^{-2} haben, die Oberfläche feinst geschliffen, möglichst geläppt und poliert sein. Gehärtete Oberflächen sind noch günstiger.

Von Firmenbezeichnungen wurde bei den Werkstoffen abgesehen, da diese leider oft wechseln und kein einheitliches Bild ergeben. Es wurden nur die derzeit gültigen Normen zu Grunde gelegt.

Für die Beurteilung eines Werkstoffes müssen von den Herstellern Zusammensetzung und Festigkeitswerte angegeben werden oder aber die dem Werkstoff entsprechende Normbezeichnung.

Die Auswahl des Lagerwerkstoffes erfolgt in erster Linie nach der Dauerfestigkeit, der Härte (besonders der Warmhärte im Betriebszustand) und den Notlaufeigenschaften. Sowohl diese, als die Dauerfestigkeitswerte im Betrieb, kann der Konstrukteur im allgemeinen nicht selbst prüfen. Er kann sie nur aus der Zusammensetzung und den Prüfwerten schätzen. Im übrigen muß er sich auf die Firmenangaben verlassen. Einen Anhaltspunkt geben die Tabellen 15 und 16.

Tabelle 15. Notlaufeigenschaften und Belastbarkeit einiger Werkstoffgruppen

gute Notlauf-
eigenschaften $\sigma_{d\,0,2}$ kp/cm²

Zinnlegierungen	Weißmetalle	~ 900
Bleilegierungen		~ 700
Cadmiumlegierungen		~ 800
Zinnmehrstoffbronzen		~1200
Zinnbronzen		~1800
Aluminiumbronzen		~2500
Sondermessinge		~2000
Bleibronzen		~1400

hohe Belastbarkeit

Tabelle 16. Härtevergleich von Lagerwerkstoffgruppen

	HV		
	20°		100°
Aluminiumbronzen	~135	hart	~130
Sondermessinge	~120		~100
Zinnbronzen	~ 95		~ 90
Zinnmehrstoffbronzen	~ 70		~ 55
Bleibronzen	~ 50		~ 45
Cadmiumlegierungen	~ 30		~ 18
Zinnlegierungen	~ 27		~ 10
Bleilegierungen	~ 22	weich	~ 8

IV. Schmierstoffe

Die Schmierstoffe haben die Aufgabe, ähnlich wie die Wälzkörper in einem Wälzlager oder wie eine elastische Zwischenlage in einem Pendelgelenk (z. B. Silentbloc), die unmittelbare Berührung der beiden bewegten Flächen, somit den Verschleiß und das Anfressen zu verhindern, und die Reibung zu verkleinern. Zusätzlich muß der Schmierstoff (besonders die Schmieröle) oft einen Teil der im Lager entstehenden Reibungswärme abführen, die Gleitflächen kühlen und den Abrieb aus dem Schmierspalt schaffen (Kühlund Reinigungsmittel!).

Die Entwicklung der Schmierstoffe hängt unmittelbar mit der allgemeinen Entwicklung im Maschinenbau zusammen. Durch die erhöhten Anforderungen der modernen Technik in bezug auf Festigkeit, Belastung, geringes Gewicht usw. wird auch das Konstruktionselement „*Schmierspalt*" höher beansprucht. Es muß daher möglichst zweckmäßig konstruiert, und alle daran beteiligten Werkstoffe, darunter auch der Schmierstoff, verbessert werden.

Die Schmierstoffe sind also *Werkstoffe* und keine Verbrauchsmittel! Sie übertragen Kräfte wie jeder andere Maschinenteil.

Als Schmierstoff werden im Verbrennungskraftmaschinenbau im allgemeinen *Mineralöle* mit einer Zähigkeit von etwa 6 bis 500 cSt bei 50° C und *Fette* verwendet. Die Anwendung von Schmieröl ist mit etwa 150° C begrenzt. Bei höheren Temperaturen neigt das Öl rasch zur Oxydation und verliert seine Schmierfähigkeit. Mit Zusätzen können eventuell noch Temperaturen bis 180° C ertragen werden, ohne daß zu schnelle Alterung eintritt.

Silikonfette gewährleisten noch bei Temperaturen von 180° C einen einwandfreien Betrieb. Bei noch höheren Temperaturen bewähren sich Heißlageröle mit einem Zusatz von Graphit oder Molybdändisulfid (MoS_2).

In Sonderfällen können die beiden letzteren auch allein als feste Schmierstoffe auf die Lauffläche mit einem Lösungsmittel (Tetrachlorkohlenstoff) aufgespritzt oder anders aufgetragen werden. Das Lösungsmittel verdampft, und der verbleibende Graphit oder das Molybdändisulfid bewirken eine ausreichende Trockenschmierung.

Auch Graphit als Zusatz zum Wellenwerkstoff kann das Gleiten verbessern. Seine Einbringung ist aber oft schwierig.

Bei Mischschmierung haben sich dünne Schichten von *Metallseifen* bewährt (Öl darf in diesem Fall zur zusätzlichen Schmierung nicht verwendet werden, da die Seife durch das Öl erweicht, und die Schmierfähigkeit nachläßt).

Für Versuche sind *gasförmige* Schmierstoffe, meist Luft, gut geeignet. Die Zähigkeit ist sehr gering; daher entsteht erst bei sehr weitgehender Annäherung der Gleitflächen ein tragfähiger Schmierfilm. Die Versuchsanordnung wird dadurch sehr empfindlich gegen Fehler in der Formgebung und gegen Ungenauigkeiten der einzelnen Lagerteile, was die Beobachtung begünstigt [30]. Die praktische Anwendung ist gering, da die Tragfähigkeit sehr klein ist. Auch neigen luftgeschmierte Lager bei längerem Stillstand zur Korrosion.

1. Schmierfette

Schmierfette (Tabelle 17) bestehen aus Schmieröl (etwa 80%) mit einem Verdickungsmittel in feinster Verteilung. Meist werden dafür Seifen verwendet. Die Verdickung hat den Zweck, das Weglaufen des Schmieröles von der Schmierstelle zu ver-

Tabelle 17. Schmierfette

Verseifungsgrundlage	Anwendungstemperatur	
Lithium	-30 bis $+110°$ C	Wasserabweisend, alterungsbeständig
Natrium	-20 bis $+ 80°$ C	
Kalzium	-30 bis $+ 50°$ C	Wasserabweisend

hindern. Schmierfette bewähren sich besonders dort, wo die Abdichtung schwierig, und wenig Schmierstoff erforderlich ist (Wälzlager mit nicht zu hoher Drehzahl). Die Abdichtung ist hierbei meist nichtschleifend (s. Abb. 27).

Die Festigkeit der Fette wird mit einem Penetrometer gemessen, wobei die Eindringtiefe (*Penetration*) eines Kegels als Maß gilt. Die Grenze für ihre Verwendung liegt im allgemeinen bei 120° C, da bei höherer Temperatur Veränderungen in der Seifenkomponente eintreten. Die Temperaturbeständigkeit wird nach dem Tropf- oder dem Fließpunkt beurteilt: Der *Tropfpunkt* ist diejenige Temperatur, bei deren Überschreiten das an der Kugel eines Quecksilberthermometers haftende Fett abfällt. Er muß stets höher als die Betriebstemperatur im Lager liegen. Beim *Fließpunkt* beginnt das Fett — vor dem Abtropfen — zu fließen. Auch der *Aschegehalt* und das *Verhalten gegenüber Wasser* werden zur Beurteilung verwendet.

Es werden glatte, zügige, faserige, langziehende, weiche bis harte Schmierfette hergestellt:

Sehr weiche Fette mit einem Tropfpunkt bis etwa 70° C,

handelsübliche Maschinenfette mit einem Tropfpunkt zwischen 70 und 90° C und

Maschinenfette für höhere Belastungen mit einem Tropfpunkt von 100° C in weicher bis mittelfester Konsistenz, glatt bis klebrig;

Maschinenfette für höhere Temperaturen, zum Teil auch Heißlagerfette genannt, weich bis hart, mit einem Tropfpunkt bis etwa 200° C;

Wälzlagerfette, weich bis mittelfest, glatt bis langziehend, mit einem Tropfpunkt bis etwa 200° C;

Blockfette oder Brikettfette, mittelhart bis sehr hart, mit einem Tropfpunkt bis etwa 200° C.

Die einzelnen Fettsorten unterscheiden sich hauptsächlich nach ihrer Verseifungsbasis, die wesentlich für die zulässigen Höchsttemperaturen, das Verhalten gegenüber Wasser, ihre Penetration und die Lage des Tropfpunktes ist:

Lithiumfette zum Beispiel sind wasserabweisend, geschmeidig und sehr alterungs-, walk- und temperaturbeständig (bis über 100° C, Wälz- und Heißlagerfette, Tropfpunkt bis 200° C);

Natronfette emulgieren mit Wasser, sind geschmeidig und weich;

Kalkfette sind wasserabweisend, weich und geschmeidig, aber nur bei geringen Temperaturen zu verwenden (Staufferfett, Tropfpunkt bis 100° C).

Wälzlagerfette mit Zusatz von Molybdändisulfid ergeben gute Notlaufeigenschaften (vor zu reichlicher Anwendung von MoS_2 in Wälzlagern ist allerdings zu warnen: Ebenso wie bei Graphit kommt es bei einem Absetzen der, wenn auch äußerst feinen, Teilchen zu Überlastungen der Lauffläche und der Wälzkörper beim Überrollen von Anhäufungen dieser festen Teilchen.)

Wegen der kolloidalen Zusammensetzung entmischen sich Schmierfette im Gegensatz zu den tierischen und pflanzlichen Fetten leicht. Deshalb sollten sie nie zu lange gelagert werden.

2. Schmieröle

Im Verbrennungskraftmaschinenbau hat das Schmieröl folgende Aufgaben:

Schmierung und Kühlung aller Triebwerksteile und Ventilführungen,

Schmierung und Abdichtung der Zylinderlauffläche und des Kolbens, sowie der Kolbenringe,

Schmierung und Abdichtung der Stopfbüchsen und Kühlung des Kolbens von innen,

Abtransport der Verunreinigungen (Ruß, Wasser, Kraftstoff und Abrieb) oder deren Unschädlichmachung.

Im Begriff Schmierung ist auch der der Kraftübertragung enthalten. Daher wird die Lagerbelastung sowohl durch die Festigkeit der Gleitwerkstoffe als auch durch die des Schmierfilms begrenzt.

Wenn der zusammenhängende Schmierfilm unterbrochen wird, so tritt Mischreibung ein. In diesem Fall ist auch der chemische Aufbau des Schmierstoffes wesentlich. Er soll aber mit der Gleitfläche chemisch nur so reagieren, daß er fest an der Oberfläche haftet, ohne sie anzugreifen. Dabei können sich in der Übergangsschicht zwischen Schmierstoff und Metall Seifen bilden [10], wodurch dann der Schmierstoff auch noch bei Mischreibung gut wirksam ist. Die Brauchbarkeit des Schmierstoffes hängt also bei Mischreibung sowohl von der Art und Beschaffenheit der metallischen Oberfläche als auch von seinem chemischen Aufbau ab. Die Viskosität ist dabei nicht allzu wichtig. Deshalb ergeben verschiedene Öle bei gleicher Viskosität bei *gemischter* Reibung verschiedene Reibungszahlen. Tierische und pflanzliche Öle sind schmierfähiger als Mineralöle, aber wesentlich weniger haltbar: Sie enthalten keine Kohlenwasserstoffe und neigen sehr stark zur Alterung (Verharzung und Eindickung).

Die in Verbrennungskraftmaschinen verwendeten Schmierstoffe sind fast ausschließlich *Mineralöle*, oder auf deren Basis hergestellt. Ihre Bedeutung wird erst richtig klar bei der Überlegung, daß im Schmierspalt die gesamten Kräfte durch das Öl übertragen werden, und dieses dabei gleichzeitig durch die relative Geschwindigkeit der beiden Gleitflächen umgewälzt wird.

Die derzeit üblichen Prüfverfahren lassen keine einwandfreie Beurteilung eines Schmierstoffes auf seine Schmierfähigkeit zu. Erst die Prüfung am Motor selbst zeigt die Brauchbarkeit und Qualität eines Öles. Auf Grund der physikalischen und chemischen Eigenschaften lassen sich aber doch Hinweise für die Verwendbarkeit eines Öles geben.

Für die Prüfung, Kontrolle und Einteilung von Schmierölen sind hauptsächlich folgende Untersuchungspunkte maßgebend (s. auch [55]):

Wichte oder Dichte,
Flammpunkt,
Stockpunkt,
spezifische Wärme,
Emulgierneigung,
Neutralisationszahl (NZ),
Verseifungszahl (VZ),
Viskosität bei verschiedenen Temperaturen,
Viskositätspolhöhe und
Prüfung am laufenden Motor.

Für die Überwachung des Schmieröles im Betrieb sind der Gehalt an Feststoffen, die Neutralisationszahl, die Alkalitätsbestimmung, Wasser- und Kraftstoffgehalt und die Verseifungszahl wesentlich.

Die *Wichte* γ und die *Dichte* ϱ von Mineralölen sind von der Temperatur und vom Druck abhängig. Für die Berechnung kann als Mittelwert im allgemeinen

$$\gamma = 0,89$$

mit genügender Genauigkeit angenommen werden.

Der *Flammpunkt* (etwa 190 bis 300° C) ist diejenige Temperatur, bei der die Öldämpfe des langsam erwärmten Öles durch Nähern einer kleinen Flamme erstmalig nur kurz aufflammen. Kraftstoff im Öl aus unvollständiger Verbrennung oder tropfenden Düsen verdünnt das Schmieröl und setzt den Flammpunkt herab.

Bei Kenntnis des *Stockpunktes* (etwa — 30 bis — 15° C) kann man auf das Verhalten bei tiefen Temperaturen schließen. Er liegt bei der Temperatur, bei der das Öl unter seinem Eigengewicht nicht mehr fließt.

Die *spezifische Wärme* von Mineralöl ist von der Temperatur und der Zähigkeit abhängig. Sie gibt diejenige Wärmemenge an, die erforderlich ist, um 1 kp Öl um 1° C zu erwärmen, und kann ungefähr nach der Gleichung

$$c = 0,48 + 0,0007 \cdot (t - 100)$$

berechnet werden. Als Mittelwert kann

$$c \cong 0,45 \text{ kcal/kp °C} = 19\,200 \text{ cm kp/kp °C}$$

angenommen werden. Sie ist somit etwa halb so groß wie die des Wassers.

Für die Berechnung wird die auf die Raumeinheit bezogene spezifische Wärme c_v gebraucht:

$$c_v = c \cdot \gamma = 17,1 \text{ cm kp/cm}^3 \text{ °C}$$

(unter Berücksichtigung der mittleren Wichte $\gamma = 0,89 \cdot 10^{-3} \text{ kp cm}^{-3}$).

Öl kann geringe Mengen Wasser in fein verteilter Form aufnehmen. Diese Eigenschaft heißt *Emulgierneigung*.

Die *Neutralisationszahl* (NZ) beschreibt bei unlegierten Ölen die Versäuerung und damit die Alterung des Öles. Sie zeigt das Vorhandensein freier organischer Säuren an und gibt an, wieviel mp Kaliumhydroxyd pro p Öl bei Zimmertemperatur notwendig sind, um diese zu neutralisieren.

Die *Verseifungszahl* (VZ) läßt bei frischem Öl erkennen, ob tierische oder pflanzliche Fette zugesetzt worden sind, und bei gebrauchtem Öl, wie weit es gealtert ist. Sie gibt die Menge Kaliumhydroxyd in mp an, die notwendig ist, um die in 1 p Öl vorhandenen freien und gebundenen organischen Säuren zu neutralisieren und die Fette zu verseifen.

Die wichtigste physikalische Größe, durch die das Verhalten der Schmieröle charakterisiert wird, ist die *Viskosität* oder *Zähigkeit*. Sie ist im wesentlichen von der Temperatur abhängig, in vernachlässigbarem Maße auch vom Druck. Ihre Angabe ist also nur vollständig in Verbindung mit der bei der Messung vorhandenen Temperatur. Von ihr hängt die Tragfähigkeit eines Schmierfilmes bei flüssiger Reibung ab. Größere Zähigkeit erhöht die Tragfähigkeit, aber auch die Reibungsverluste. Ebenso wird die Schmierfilmdicke bei zäherem Öl unter gleicher Belastung, Gleitgeschwindigkeit und bei gleichem Lagerspiel größer. Je höher die Drehzahl, je geringer die Belastung und je kleiner das Lagerspiel oder die Schmierkeilneigung, um so dünnflüssiger kann das Öl sein. Die Zähigkeit ist das meist gebrauchte Unterscheidungsmerkmal der Mineralöle. Sie nimmt mit steigender Temperatur ab. Daher ist die Tragfähigkeit eines Schmierfilmes besonders von der Lagertemperatur abhängig. (Ein Temperaturanstieg von etwa 70 auf 80° C bei einem mittleren Motorenöl von SAE 30 läßt die Tragfähigkeit um etwa 30% absinken!)

Die Zähigkeit wird in absoluten Einheiten (kinematische in Stokes, dynamische in Poise) und in konventionellen Einheiten (Grad Engler: °E, Redwood I Sekunden: R″, Sayboldt Universal Sekunden: S″) gemessen.

Unter der *absoluten* oder *dynamischen Zähigkeit* η versteht man den gegenseitigen Verschiebewiderstand zweier benachbarter Flüssigkeitsschichten. Als Einheit wird diejenige Kraft angenommen, die notwendig ist, um in einem Flüssigkeitsstrom eine Schicht von 1 cm² Fläche im Abstand von 1 cm parallel zu einer anderen Schicht mit der relativen Geschwindigkeit 1 cm s⁻¹ zu bewegen. Nach NEWTON ist die Schubkraft τ in der Flüssigkeit direkt proportional der Schergeschwindigkeit dv/dh (Newtonsche Flüssigkeiten!):

$$\tau = \eta \cdot dv/dh.$$

Newtonsche Flüssigkeiten bewegen sich wie ein Stoß Spielkarten: laminar. (Verändert sich dagegen die Schubkraft nicht der Schergeschwindigkeit proportional, so spricht man von „Nicht-Newtonschen" Flüssigkeiten, z. B.: Fette.) η ist darin eine für die Flüssigkeit charakteristische Konstante, die dynamische oder absolute Zähigkeit. dv/dh ist das Geschwindigkeitsgefälle oder die Schergeschwindigkeit. Die Viskosität ist daraus

$$\eta = \tau \cdot dh/dv.$$

Beträgt die Kraft τ 1 dyn, so hat die Flüssigkeit die Zähigkeit 1; diese Einheit der dynamischen oder absoluten Zähigkeit ist 1 Poise (P).

$$100\ \text{cP (Centi Poise)} = 1\ \text{P} = 1\ \text{dyn s cm}^{-2}.$$

Für die Umrechnung ins technische Maßsystem gilt:

$$1\ \text{P} = \frac{1}{0{,}981} \cdot 10^{-6}\ \text{kp s cm}^{-2} = 1{,}02 \cdot 10^{-6}\ \text{kp s cm}^{-2}$$

oder

$$1\ \text{kp s cm}^{-2} = 98{,}1 \cdot 10^{6}\ \text{cP}.$$

Im englischen Maßsystem ist die Einheit

$$1\ \text{lbs s/in}^2 = 1\ \text{reyn} = 6{,}9 \cdot 10^{6}\ \text{cP}.$$

Bei der Lagerberechnung wird die dynamische Viskosität η mit der Dimension kp s cm⁻² verwendet.

Von den Mineralölfirmen wird aber üblicherweise die *kinematische Viskosität* v durch Messung ermittelt und angegeben. Sie muß deshalb auch bei der Schmierölbestellung bekannt sein. Sie berücksichtigt den Einfluß der Dichte:

$$v = \eta/\varrho = \frac{\text{absolute Zähigkeit}}{\text{Dichte}}. \tag{8}$$

Beide Werte, η und ϱ, müssen auf dieselbe Temperatur bezogen sein, da auch die Dichte temperaturabhängig ist. (Die Dichte von Mineralöl wird meist bei 15° C angegeben.)

Die Einheit der kinematischen Zähigkeit ist das Stokes (St).

$$100 \text{ cSt (Centi Stokes)} = 1 \text{ St} = 1 \text{ cm}^2\,\text{s}^{-1}.$$

Die Umrechnung der dynamischen in die kinematische Viskosität erfolgt durch Einsetzen von $\varrho = \gamma/g$ in (8):

$$\nu = \frac{\eta \cdot 10^9}{\gamma} \cdot 98,1. \tag{9}$$

Als überschlägige, für die Rechnung ausreichende Formel genügt:

$$\nu = 1,1 \cdot 10^8 \cdot \eta, \tag{9 a}$$

wobei die Wichte $\gamma = 0,89 \cdot 10^{-3}$ kp cm^{-3} als Mittelwert eingesetzt wurde. (Für die Umrechnung der kinematischen in die dynamische Zähigkeit s. Tabelle 18.)

Tabelle 18. Dynamische — kinematische Zähigkeit

Dynamische Zähigkeit (η):

$$
\begin{aligned}
1 \text{ P (Poise)} \quad &= 100 \text{ cP (Centipoise)} \\
&= 1 \text{ dyn s cm}^{-2} \qquad (1 \text{ dyn} = 1,02 \cdot 10^{-6} \text{ kp}) \\
&= 1,02 \cdot 10^{-6} \text{ kp s cm}^{-2} \\
1 \text{ cP} \quad &= 1,02 \cdot 10^{-8} \text{ kp s cm}^{-2} \\
1 \text{ kp s cm}^{-2} &= 0,981 \cdot 10^6 \text{ P} \\
&= 0,981 \cdot 10^8 \text{ cP}
\end{aligned}
$$

Kinematische Zähigkeit (ν):

$$
\begin{aligned}
1 \text{ St (Stokes)} &= 100 \text{ cSt (Centistokes)} \\
&= 1 \text{ cm}^2\,\text{s}^{-1} \\
1 \text{ cSt} \quad &= 10^{-2} \text{ cm}^2\,\text{s}^{-1}
\end{aligned}
$$

$\nu \to \eta$:

$$\nu = \frac{\eta}{\varrho}$$

$$\nu^{(c\,\text{St})} = \frac{\eta^{[\text{kp s cm}^{-2}]} \cdot 98,1 \cdot 10^9}{\gamma},$$

$$\cong 1,1 \cdot 10^8 \cdot \eta^{[\text{kp s cm}^{-2}]}$$

Zum Vergleich gibt Tabelle 19 die Zähigkeitswerte von Luft, Wasser und Mineralöl.

Tabelle 19. Zähigkeit von Wasser und Luft bei 1 ata und 20° C

	η [cP]	η [kp s cm^{-2}]	ν [cSt]
Luft	0,0181	$1,815 \cdot 10^{-10}$	15
Wasser	1,002	$0,984 \cdot 10^{-8}$	1,0038
Mittleres Mineralöl	245	$2,5 \cdot 10^{-6}$	280

In deutschsprachigen Gebieten ist es noch üblich, die Angabe der Viskosität in „°E" zu machen. Es ist dies nur ein Vergleichswert und kann somit als relative Zähigkeit bezeichnet werden:

$$°\text{E bei } t\,°\text{C} = \frac{\text{Ausflußzeit des Öles in s bei } t\,°\text{C}}{\text{Ausflußzeit des Wassers bei } 20\,°\text{C}}.$$

Ein Öl, das z. B. die zehnfache Ausflußzeit des Wassers benötigt, hat 10° E.

Die im englischen Sprachraum gebräuchlichen Maße sind RI und SUS. Sie geben die kinematische Viskosität an und stellen auch keine absoluten Maße dar.

Als Absolutmaß für die kinematische Zähigkeit wird nur die Einheit „St" benützt.

Die Abhängigkeit der Viskosität von der Temperatur wird in einem Viskositäts-Temperaturblatt dargestellt (Abb. 26). Wird, wie bei den meisten Mineralölfirmen üblich,

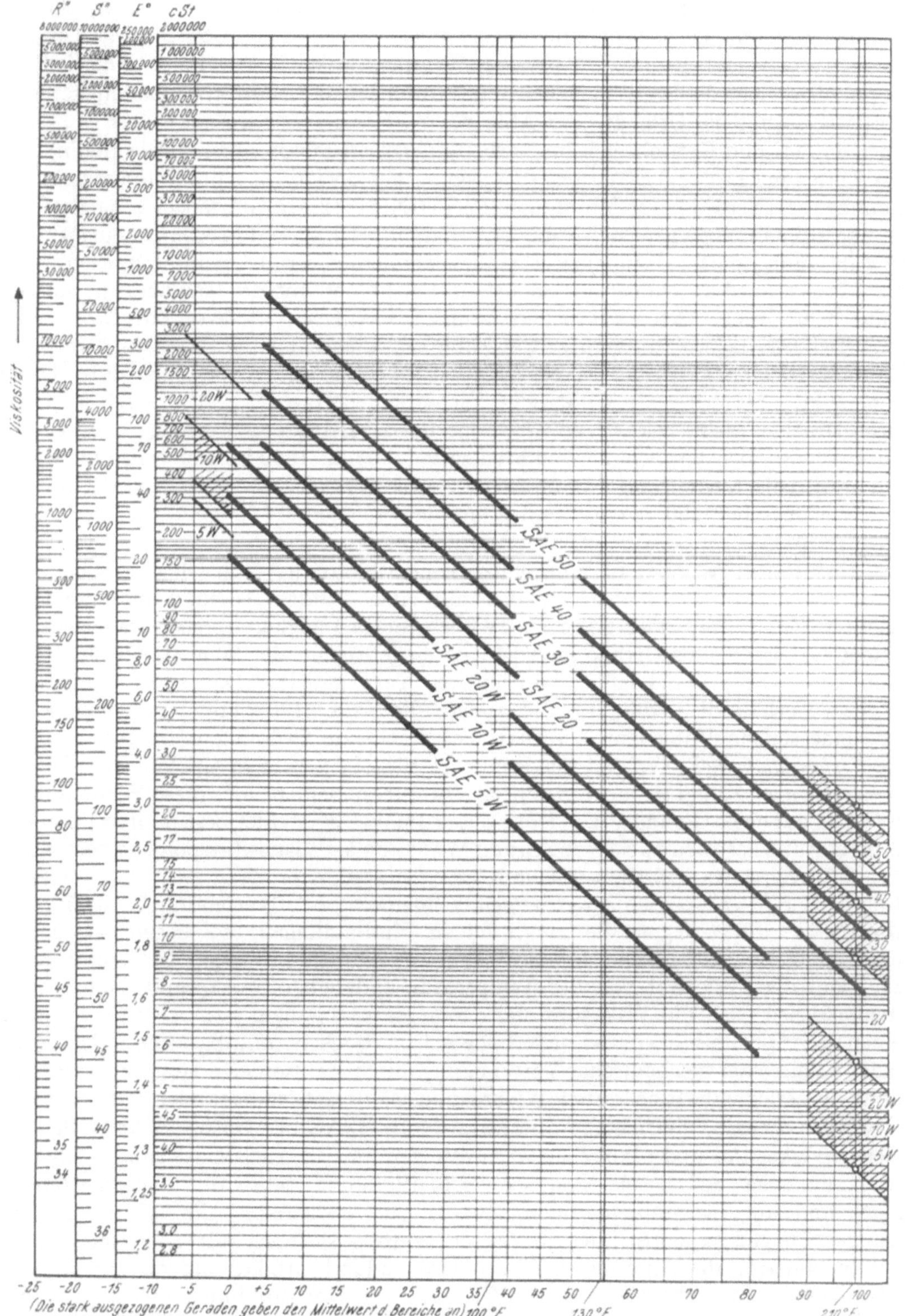

Abb. 26. Verlauf der SAE-Viskositätsklassen im Viskositäts-Temperaturblatt (Abszisse in °C)

das Ubbelhode-Walther-Viskositätstemperaturblatt (VT-Blatt) [46] oder eine Verkleinerung von diesem verwendet, so erscheint der Zusammenhang zwischen Temperatur und Viskosität als Gerade. Die Neigung dieser Geraden zeigt die Größe der Temperaturabhängigkeit der Zähigkeit an. Sind von einem Öl in diesem Blatt zwei Punkte bekannt, so ist damit auch die Zähigkeit bei jeder beliebigen Temperatur gegeben. Diese Art der graphischen Darstellung ist sehr günstig und übersichtlich. Von den Ölfirmen sind im allgemeinen die Zähigkeitsangaben bei zwei Temperaturen ohne weiteres erhältlich.

Einen Vergleich der verschiedenen konventionellen Viskositätseinheiten mit der kinematischen zeigt die Ordinate der Abb. 26.

Bei Motoren- und Getriebeölen im Verbrennungskraftmotorenbau wurde die in USA übliche Einteilung nach SAE-Werten (Festlegung der Society of Automotive Engineers) übernommen (DIN 51511 für Motorenöle und DIN 51512 für Getriebeöle). Jede SAE-Klasse überstreicht einen gewissen Zähigkeitsbereich. Diese sind in Abb. 26 eingetragen. (Diese Eintragung darf jedoch nicht für alle Schmieröle verallgemeinert werden.)

Die Zähigkeit jedes Schmieröles ändert sich nicht nur mit der Temperatur, sondern auch mit dem Druck. Aber nur bei hydraulischen Anlagen ist diese Zunahme zu beachten. Bei Gleitlagern unterstützt die Zähigkeitssteigerung die Tragfähigkeit (z. B. bei Kantenpressungen). In der Berechnung wird die Viskositätssteigerung unter Druck vernachlässigt. Sie wird als zusätzliche Sicherheit betrachtet. (Sie spielt erst bei mittleren Drücken über etwa 200 kp cm^{-2} eine Rolle. Bei Lagerbelastungen von 200 bis 600 kp cm^{-2} mit höchsten Schmierfilmdrücken von 600 bis 1800 kp cm^{-2} wird die Zähigkeit im stark belasteten Gebiet durch den Öldruck vervierfacht bis verzehnfacht. Bei Drücken von 4000 bis 5000 kp cm^{-2} und Raumtemperatur sind Öle von etwa 50 cSt/50° C bereits fest [58].

Der *Viskositätsindex* (VI) ist eine willkürliche Einordnung von Ölen zwischen zwei genau definierten Sorten, und zwar einer mit einer starken Temperaturabhängigkeit (Texasöl) und einer mit einer geringen Temperaturabhängigkeit (pennsylvanisches Öl). Die beiden Öle werden als Gerade im VT-Blatt eingetragen; der Winkel, den die beiden Geraden miteinander einschließen, wird in 100 Teile geteilt. Das stark temperaturabhängige Öl erhält die Zahl „0", das andere die Zahl „100" und jedes dazwischenliegende eine seinem Winkel im VT-Blatt entsprechende Ordnungszahl.

Die *Viskositätspolhöhe* (VP) ist der Punkt im VT-Blatt, in dem sich die Geraden von Ölen verschiedener Zähigkeit, aber gleicher Herkunft schneiden. Alle diese Schnittpunkte liegen wieder auf einer Geraden. Die Höhe dieser Punkte über einer bestimmten Parallelen zur Temperaturachse wird nach UBBELHODE-WALTHER als Viskositätspolhöhe bezeichnet. Die Werte liegen etwa zwischen 1,9 und 4,5.

Mineralöle mit vorwiegend langkettigen Kohlenwasserstoffverbindungen nennt man paraffinbasisch; überwiegen die ringförmigen Verbindungen, so liegen sogenannte naphtenbasische Öle vor. Die Eigenschaften der paraffinbasischen Öle sind geringe Abhängigkeit der Viskosität von der Temperatur und hoher Stockpunkt, während bei naphtenbasischen Ölen die Viskosität stark temperaturabhängig ist. Auch haben diese Öle einen niedrigeren Stockpunkt und höhere Dichte als paraffinbasische. Das Rohöl wird nach gründlicher mechanischer Vorreinigung durch fraktionierte Destillation in seine Bestandteile zerlegt, die sich durch Wichte und Zähigkeit voneinander unterscheiden. Dabei werden Benzin, Petroleum, Dieselkraftstoff, Leichtöl, Gasöl, Schmieröle verschiedener Viskosität und schließlich Bitumen gewonnen. Auch Gase fallen dabei an. Die so erhaltenen Schmieröle sind schwefelhaltige und sehr alterungsunbeständige Produkte und nur für untergeordnete Zwecke zu verwenden. Um sie für die Anforderungen im Maschinenbau zu präparieren, werden sie noch mit Schwefelsäure behandelt (raffiniert); die Alterungsstabilität wird dadurch erhöht und das Viskositätstemperaturverhalten verbessert. Solche Öle sind für Umlaufschmiersysteme geeignet.

Für hochwertige Schmierstoffe ist eine weitere Sonderraffination (Solvatraffination) notwendig. Es werden hierbei die labilen Kohlenwasserstoffe ausgeschieden. Ein weiterer

Veredelungsprozeß durch die Einwirkung elektrischen Stromes auf das Öl ändert den molekularen Aufbau und damit das physikalische Verhalten. Dabei entstehen die „Voltolöle". Ihre Vorteile sind geringe Viskositätstemperaturabhängigkeit, hohe Druckaufnahmefähigkeit, großes Benetzungs- und Haftvermögen, gutes Fließvermögen bei tiefen Temperaturen und Wasseraufnahmefähigkeit.

Es gibt nun zwei Möglichkeiten, Schmieröle den gesteigerten Anforderungen weiter anzupassen:

Der Einsatz von *vollsynthetischen* Schmierstoffen, die mit allen gewünschten Eigenschaften hergestellt werden könnten, brachte bisher noch nicht den gewünschten Erfolg (nur für hydraulische Systeme werden sie verwendet: z. B. Bremsflüssigkeit).

Aber durch natürliche oder synthetische *Zusatzstoffe* (im Englischen: "additives"), meist öllösliche chemische Verbindungen oder Stoffgemische, werden den Erdölerzeugnissen verbesserte oder neue Eigenschaften verliehen („legierte Motorenöle", „HD-Öle" = heavyduty-Öle) [86].

Die Zusätze können jedoch nie ein schlechtes Motorenöl in ein gutes verwandeln. Um höchsten Ansprüchen gerecht zu werden, muß auch das Grundöl sehr gut sein.

Die Verwendung von legiertem Öl kann folgende Vorteile bringen: erhöhte Betriebssicherheit bei Mischreibung, geringe Wartungskosten, längere Lebensdauer des Motors und unter Umständen längere Ölwechselzeiten. Der Gewinn durch Verwendung des teureren HD-Öles darf aber nicht nur durch Verlangerung der Ölwechselzeiten erzielt werden; er ist in erster Linie in der Verlängerung der Lebensdauer des Motors zu suchen!

Grundsätzlich kann man zwei Arten von Wirkstoffbestandteilen unterscheiden: solche, die die Schmierfähigkeit des Öles, das Haften an den Gleitflächen, die Abhängigkeit der Viskosität von der Temperatur und die Viskosität selbst verbessern, und solche, die die Alterung und Schaumbildung verhindern sowie Schmutz lösen oder in Schwebe halten:

Zähigkeits- und *Adhäsionszusätze* erhöhen die Viskosität und vergrößern das Haftvermögen des Öles an den Metallflächen.

Durch *Viskositätsindex-Verbesserer* (VI-Verbesserer) sucht man das Viskositätstemperaturverhalten günstiger zu gestalten, das heißt, den Temperatureinfluß zu verringern. Ein gutes Motorenöl soll ja bei tiefen Temperaturen (im Winter) und beim Start eines Motors eine kleine Viskosität haben, um das Anlaufen zu erleichtern und schnell eine gute Schmierung zu gewährleisten. Bei warmem Motor darf es aber nicht zu dünnflüssig sein. Öle mit VI-Verbesserern sind die sogenannten „Mehrbereichsöle". Sie verhalten sich nicht mehr wie Newtonsche Flüssigkeiten.

Hochdruckzusätze (EP-Zusätze, EP = extreme pressure) verringern die Reibung und den Verschleiß bei gemischter Reibung.

Stockpunkterniedriger verhindern die Abscheidung großer Paraffinkristalle. Dadurch verfestigt sich die Ölmasse erst bei tieferen Temperaturen als ohne diese Zusätze.

Bei Anwesenheit von Luftsauerstoff und besonders bei hohen Temperaturen altert das Öl durch Oxydation schnell. Es wird sauer, dickflüssig und allmählich als Schmierstoff unbrauchbar. Daher sollten die Öloberflächen immer möglichst klein gehalten und das Mitreißen von Luft verhindert werden. Bis zu 50° C kann diese Alterungsneigung vernachlässigt werden. Im Bereich zwischen 50 und 100° C ergibt sich etwa je 10° C Temperaturzunahme eine Verdoppelung der Alterungsgeschwindigkeit [5]. An stark gekühlten Wandungen bildet sich Wasser, das mit SO_2 und SO_3 reagiert und zur Korrosion führt. Auch Metalle und besonders Metallabrieb wirken im allgemeinen als Katalysator für die Alterung. Der Einfluß von Zinn und Zink ist hier am geringsten, der von Blei, Kupfer und Eisen am stärksten. Dagegen wirken die sogenannten Alterungszusatzstoffe. Durch diese *Oxydationsinhibitoren* kann die Ölalterung verzögert werden. Einige Arten bilden an der Metalloberfläche einen undurchlässigen Film; andere neutralisieren die korrodierenden Stoffe, wie organische oder anorganische Säuren, die im Betrieb entstehen, emulgieren Wasser und Luft und drängen sie an die Oberfläche.

Detergents und *Dispersants* sind grenzflächenaktive Zusatzstoffe, die feste Abscheidungen auf Kolben und Kolbenringen lösen und Kraftstoffruß sowie Ölkohle und andere aus dem Kraftstoff entstehende Verunreinigungen in feinster Form im Öl verteilen. Durch Oxydation, Polymerisation, Kondensation, durch hohe Temperaturen und Drücke kann eine Krackung eintreten. Dabei entstehen Harze und Ölkohle, die bei Verbrennungsmotoren zum Kleben der Kolbenringe und in der Folge zum Nachlassen der Dichtung führen. Die Zusatzstoffe geben dem Öl die Fähigkeit, derartige unlösliche Teile in Schwebe zu halten und sie daran zu hindern, sich abzusetzen. Wirkstoffzusätze, die diese Verunreinigungen in sich aufnehmen und dann in feinst verteilter Form mitführen (dispergieren), verhindern Zusammenballungen und damit das Entstehen von Ablagerungen. Aber auch bereits vorhandene, alte Ablagerungen werden laufend abgewaschen und die Schmierölwege reingehalten. Diese Wasch- und Reinigungswirkung wird als Detergenteffekt bezeichnet und verleiht einem derartig legierten Motorenöl schon kurz nach Ingebrauchnahme ein dunkles Aussehen. Wegen der lösenden Wirkung muß der Übergang von normalem auf ein legiertes Öl besonders vorsichtig durchgeführt werden.

Schauminhibitoren oder *Antischaummittel* vermindern die Oberflächenspannung und fördern dadurch das Abscheiden von Luftbläschen. Der Schaumbildung förderlich sind starke Belüftung der Schmierölwege durch Spritzöl, Ölverschnitte aus einer schweren und einer leichten Ölfraktion und große Ölviskosität.

Weitere Wirkstoffe verhindern die Beschädigung von Gleitwerkstoffen durch Korrosion besonders bei Stillstand (z. B. während eines Transportes) oder haben wasserabstoßende Wirkung. Andere Zusätze wie Graphit oder Molybdändisulfid verbessern das Einlaufen, verlängern es aber auch, da sie die Oberflächenrauheiten ausfüllen.

Legierte Schmierstoffe verschiedener Herkunft sollten nie gemischt werden, da sich die verschiedenen Zusätze unter Umständen nicht vertragen.

Sowohl in den USA als auch in England werden die Motorenöle an genau festgelegten Motoren unter bestimmten Bedingungen verschiedenen Beanspruchungen unterworfen und danach, sowie entsprechend ihrem Legierungsgehalt eingeteilt in[1]:

Unlegierte Motorenöle (oder Regular Type). Unlegierte Motorenöle sind rein mineralische Öle, die keinerlei Zusätze zur Verbesserung ihres natürlichen Alterungsverhaltens und Korrosionsschutzvermögens erhalten.

Premium-Öle (Premium-Type). Motorenöle, die hohe Oxydationsfestigkeit und korrosionsschützende Eigenschaften besitzen, die eventuell durch Zusätze verstärkt werden. Diese Öle eignen sich für schwere Betriebsverhältnisse.

Alle weiteren Motorenöle sind HD-Öle, die außer den oxydations- und korrosionsschützenden Eigenschaften hauptsächlich eine Detergentwirkung besitzen. Sie ähneln sich in bezug auf ihr Antischaum-, Antioxydations- und Antirostverhalten sehr. Sie unterscheiden sich hauptsächlich in ihrer reinigenden sowie in Schwebe haltenden Wirkung.

HD-Motorenöle, entsprechend Supplement I,
HD-Motorenöle, entsprechend Supplement II, bzw. Series II,
HD-Motorenöle, entsprechend Series II.

Von den deutschen Motorenfabrikanten werden im allgemeinen nur HD-Öle, von einigen aber auch schon die gemäß MIL-L-2104 A bestimmten Motorenöle empfohlen.

Die derzeit in Österreich übliche Einteilung ist für Ottomotoren und Dieselmotoren getrennt (ÖNORM C 2014, Schmiermittel für Verbrennungskraftmaschinen):

ML, MM und MS für Ottomotoren (L für leichte, M für mittlere und S für schwere Bedingungen, wobei unter den Bedingungen Motorenbauart, Betriebsverhältnisse, Betriebsart und Brennstoffgüte gemeint sind). DG, DM und DS für Dieselmotoren (G entsprechend den Normalbetriebsanforderungen, M für mittlere und S für besonders schwere Bedingungen).

---

[1] Diese Prüfbedingungen werden derzeit revidiert.

Wie stark ein Schmieröl für einen bestimmten Verwendungszweck legiert werden soll, wird gemeinsam mit einem Schmierölfachmann festgelegt.

Die in den Ölen vorhandenen Wirkstoffe verbrauchen sich allmählich. Eine Ergänzung erfolgt mit der laufenden Nachfüllung von Frischöl. Sinkt die vorhandene Wirkstoffmenge durch Verbrauch unter einen bestimmten Wert, dann nehmen der korrosive Verschleiß und die Verschmutzung des Motors sehr schnell zu. Im Betrieb sollte daher das Öl in bestimmten Zeitabständen untersucht werden. Der Motor muß nicht nur die richtige Ölmenge, gekennzeichnet durch den Ölstand, enthalten, sondern das Öl muß auch die richtige Zusammensetzung und einen genügenden Wirkstoffanteil haben, um allen Anforderungen zu entsprechen.

Es ist allgemein üblich, daß die Hersteller von Verbrennungsmotoren Schmierölempfehlungen für die einzelnen Baumuster unter Beachtung der Verwendung der Motoren geben. Die in den Empfehlungen angewendete Kennzeichnung der Motorschmieröle nach ihrer Viskosität bezieht sich in Deutschland auf die DIN 51511 „SAE-Viskositätsklassen für Motorenschmieröle". Schmieröle für große Gasmaschinen sind in ihren Typen und Eigenschaften in DIN 51508 geführt und sollten auch nur danach ausgewählt werden. Sie sind reine Mineralöle, dienen der Schmierung von Zylindern, Kolbenstangen, Stopfbüchsen und Ventilen und sind auch für Umlaufschmierung vorgesehen.

Für die Berechnung ist, wie bereits erwähnt, allein die Ölzähigkeit, bzw. das Zähigkeitstemperaturverhalten des Schmieröles maßgebend. Alle anderen Werte lassen sich nicht so eindeutig in Zahlen fassen, daß sie dabei berücksichtigt werden könnten. Es wurde schon öfters versucht, z. B. die Schmierfähigkeit eines Öles zu charakterisieren. Bisher ist das aber nicht befriedigend gelungen.

Grundsätzlich werden also die Ergebnisse der Lagerberechnung durch irgendwelche Ölzusätze, die die verschiedensten Wirkungen haben können, nicht beeinflußt, sofern die Zähigkeit des Öles nicht verändert wird. Bestenfalls kann die Tragfähigkeit erhöht werden; herabgesetzt wird sie wohl nie.

D. Schmiersystem

Vom einwandfreien Arbeiten des Schmierspaltes im Lager hängt unter anderem die gute Funktion einer Maschine ab. Daher erfolgt die Auswahl des Schmierstoffes, genau wie die der anderen Werkstoffe, vom Konstrukteur so, daß die erforderliche Sicherheit gegeben ist. Von Bedeutung ist auch seine Zuführung zum Lager, seine Rückführung, Kühlung und Reinigung. Am Beginn einer Maschinenplanung steht also auch die Auswahl des Schmiersystems und der Schmierstoffzufuhr.

I. Fettschmierung

Bei Fettschmierung ist es meistens unmöglich, reine Flüssigkeitsreibung zu erreichen, und es wird fast keine Wärme durch den Schmierstoff abgeführt. Vorteile sind aber der geringe Verbrauch, lange Nachschmierfristen und vereinfachte Wartung. Außerdem übernimmt der Schmierstoff selbst die Abdichtung gegen Schmutz und Wasser. Fettgeschmierte Gleitlager dürfen keine größere Umfangsgeschwindigkeit als etwa 200 cm s^{-1} haben. Die Grenze für Wälzlager liegt bei ungefähr 1200 cm s^{-1}. Darüber wird die Wärmeentwicklung zu groß, da die Abfuhr nur über das Lagergehäuse an die umgebende Luft geht. Bei Wälzlagern ist Fettschmierung bis etwa 150° C noch zulässig. Je höher die Temperatur, um so kleiner müssen die Nachschmierfristen sein. Fettschmierung ist bei großem Lagerspiel, Stoßbelastungen, staubiger und feuchter Umgebung und besonders bei Wälzlagern vorzuziehen. Hierbei dichten die faserigen Fette sehr gut und wirken stoßdämpfend, fließen an den Lagerrändern nicht ab und halten sich an nicht ständig bewegten Gleitflächen besser als Öle. Hier kommen die polaren Eigenschaften der Schmierfette auf Seifenbasis vorteilhaft zur Geltung. Da die Schmierfette in der Nähe des Tropfpunktes zu weich sind, soll die Arbeitstemperatur mindestens 25° C darunter liegen.

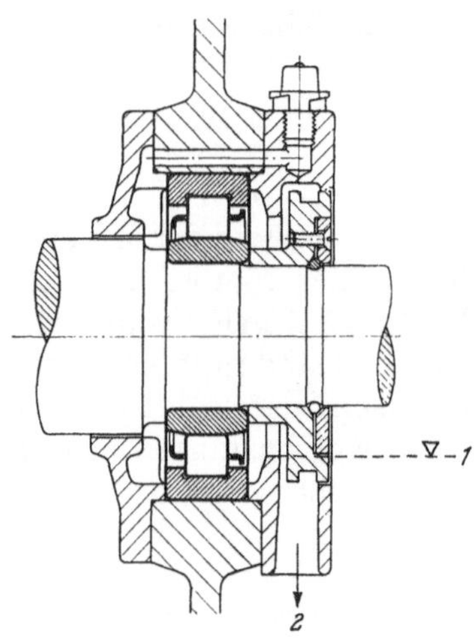

Abb. 27. Wälzlager mit Fettmengenregler (aus SKF-Kugellagerzeitschrift)
1 Staurand
2 Austritt des überschüssigen Fettes

Wo Wasser eintreten kann, sind Natronfette nur bedingt geeignet (s. auch S. 34). Weiche und geschmeidige Fette lassen sich gut fördern und im Lager verteilen. Fettgeschmierte Lager können mittels Schmiernippel und Handfettpresse, mittels Staufferbüchse mit druck- oder federbelasteter Fettbüchse oder mittels Fettkasten oder Preßfetter, der mechanisch für mehrere Schmierstellen gleichzeitig angetrieben wird, nachgeschmiert werden. Im einfachsten Fall genügt eine einmalige Fettfüllung im Lager (besonders für Wälzlager) bis zur nächsten Überholung, bei der das verbrauchte Fett ausgewaschen und neues eingefüllt wird. Dem überschüssigen Fett muß eine Ausweichmöglichkeit gegeben werden; daher wird in Lagern ohne Nachschmiervorrichtung der freie Gehäuseraum nur zu einem Drittel oder zur Hälfte gefüllt, und das Wälzlager selbst etwa mit der Hälfte der Fettmenge, die es maximal aufnehmen könnte, eingestrichen. Lager mit Nachschmiervorrichtung müssen eine Austrittsmöglichkeit für das verbrauchte Fett haben (z. B. Fettmengenregler von SKF, Abb. 27). Hierbei sind nur glatte, geschmeidige Fette zu verwenden, während für Lager ohne Nachschmiervorrichtung auch faserige Fette in Frage kommen und bei der Notwendigkeit guter Abdichtung sogar vorzuziehen sind. Bei langen Schmierleitungen mit Schmiernippeln können wegen des großen Widerstandes nur mechanisch angetriebene oder Handfettpressen eingesetzt werden. Bei Staufferdosen ist der erzielbare Förderdruck zu klein.

II. Ölschmierung

Die Ölschmierung läßt sich grundsätzlich in zwei Gruppen einteilen (nach DIN 51500): Durchlaufschmierung und Umlaufschmierung. Meist werden alle Triebwerkteile durch eine Ölsorte versorgt. Nur bei sehr großen Einheiten wird für die getrennte Zylinderschmierung ein Öl mit höherer Viskosität verwendet als im übrigen Motorkreislauf. Die Viskosität liegt im allgemeinen etwa zwischen SAE 10 und SAE 50.

1. Durchlaufschmierung

Bei der Durchlaufschmierung (Frischölschmierung) wird der Schmierstoff nach einmaligem Durchlaufen der Schmierstelle aus der Maschine entfernt. Dabei wird eine dosierte Frischölmenge von Zeit zu Zeit dem Lager zugeführt, und erst nach Verbrauch erfolgt die Nachschmierung. Zu beachten sind dabei jeweils die Maschinen- und die Raumtemperatur. Je höher beide sind, um so schneller wird das Öl verbraucht. Schmiereinrichtungen dafür sind einfache Öllöcher, Klappöler, Nadelöler, Stiftschmierer, Dochtöler, Helmöler und Vasenöler. Auch alle Arten von Hand- und Ölnebelschmierung gehören dazu. Bei den einfachen Schmierstellen erfolgt die Nachschmierung von Hand mit der Ölkanne (bei großen Motoren z. B. ab und zu noch der Ventilantrieb und die Gelenke der Gestänge), mit einem kleinen Preßöler mit Handbetrieb oder durch zentrale Schmierung mit Hand- oder Fußbetätigung für mehrere Schmierstellen gleichzeitig. Preßöler können, mechanisch angetrieben, eine große Anzahl von Schmierstellen versorgen. Es ist dabei eine genaue Dosierung möglich. Sie sind auch bei langen Leitungen mit hohem Förderwiderstand verwendbar und billig in der Wartung (z. B. für die Zylinderschmierung).

a) Docht-, Tropf- oder Stiftölerschmierung

Bei der Docht-, Tropf- oder Stiftölerschmierung kann der Ölvorrat laufend überprüft werden. Die Zufuhr zum Lager ist meist regelbar. Eine derartige Schmierung kommt jedoch nur für untergeordnete Schmierstellen mit geringem Schmierstoffverbrauch, in der Feinmechanik oder zum Vorschmieren vor dem Anlauf einer Maschine in Frage. Docht- oder Nadelöler fördern auch bei Stillstand weiter.

b) Ölnebelschmierung

Ölnebelschmierung (Luft-Ölschmierung) wird hauptsächlich für Wälzlager verwendet. Sie ist sparsam im Gebrauch und billig in der Wartung.

c) Frischöldruckschmierung (Zylinderschmierung)

Bei schnellaufenden, kleinen und mittleren Motoren ist keine eigene Apparatur für die Schmierung der Kolbenlaufbahn notwendig. Das überschüssige Spritzöl muß sogar durch Ölabstreifringe von der Zylinderwand abgestreift werden, damit nicht zu viel Öl an der Wand bleibt, das in den Verbrennungsraum und Auspuff gelangen könnte und die festen Rückstände wesentlich vermehren würde (Auspuffbrand, Zuwachsen der Schlitze bei Zweitaktmotoren). Bei langsam und mittelschnell laufenden Großmotoren wird dagegen für die *Zylinderschmierung* ein eigener Schmierölweg als Durchlaufschmierung vorgesehen (Abb. 28). Oft sind daran auch noch die Lager der Einspritzpumpe, des Umsteuerapparates usw. angeschlossen. Entweder erfolgt die Versorgung aus einem eigenen Frischölbehälter oder das Öl wird — meist SAE 30 bis SAE 50 — über ein Feinstfilter von dem Hauptschmierölkreislauf abgezweigt (Abb. 29). Jeder Zylinder hat zwei oder mehr Schmierstellen, von denen jede über eine eigene Leitung mit Öl versorgt wird. Für die Anordnung der Schmierstellen im Zylinder gibt es keine besondere Vorschrift. Oft sind sie so angebracht, daß, bei Kolbenstellung im unteren Totpunkt, die Bohrungen zwischen dem ersten und zweiten Kolbenring liegen, oft aber auch höher. Beim Viertaktmotor ist die Frage der Lage der Bohrungen einfacher zu lösen als beim Zweitaktmotor, weil man bei letzterem auf die Schlitze Rücksicht nehmen muß. Mündet die Bohrung — bei

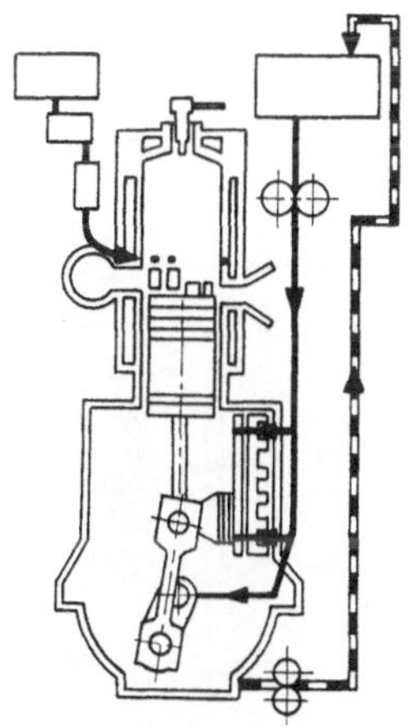

Abb. 28. Schema einer getrennten Triebwerk- und Zylinderschmierung (links oben: Zylinderschmierung, rechts: Motorschmierölkreislauf)

Kolbenstellung im unteren Totpunkt — oberhalb des Kolbenbodens in der Zylinderwand, so wird das Öl beim Aufwärtsbewegen des Kolbens besser verteilt, als wenn sie tiefer angebracht ist. Anderseits wird aber bei dieser Lage mehr Öl beim Auspuff ausgeblasen, was sich besonders bei Zweitaktmotoren ungünstig auswirken kann.

Schmierölkolbenpumpen führen den angeschlossenen Schmierstellen bei geringster Wartung eine genau dosierte Menge Öl zwangsläufig zu. Es sind dies entweder einzelne oder mehrere, meist in einem gemeinsamen Gehäuse vereinigte, kleine Kolbenpumpen. Sie arbeiten ventillos (für Fett und Öl zu verwenden) und können einen großen Gegendruck

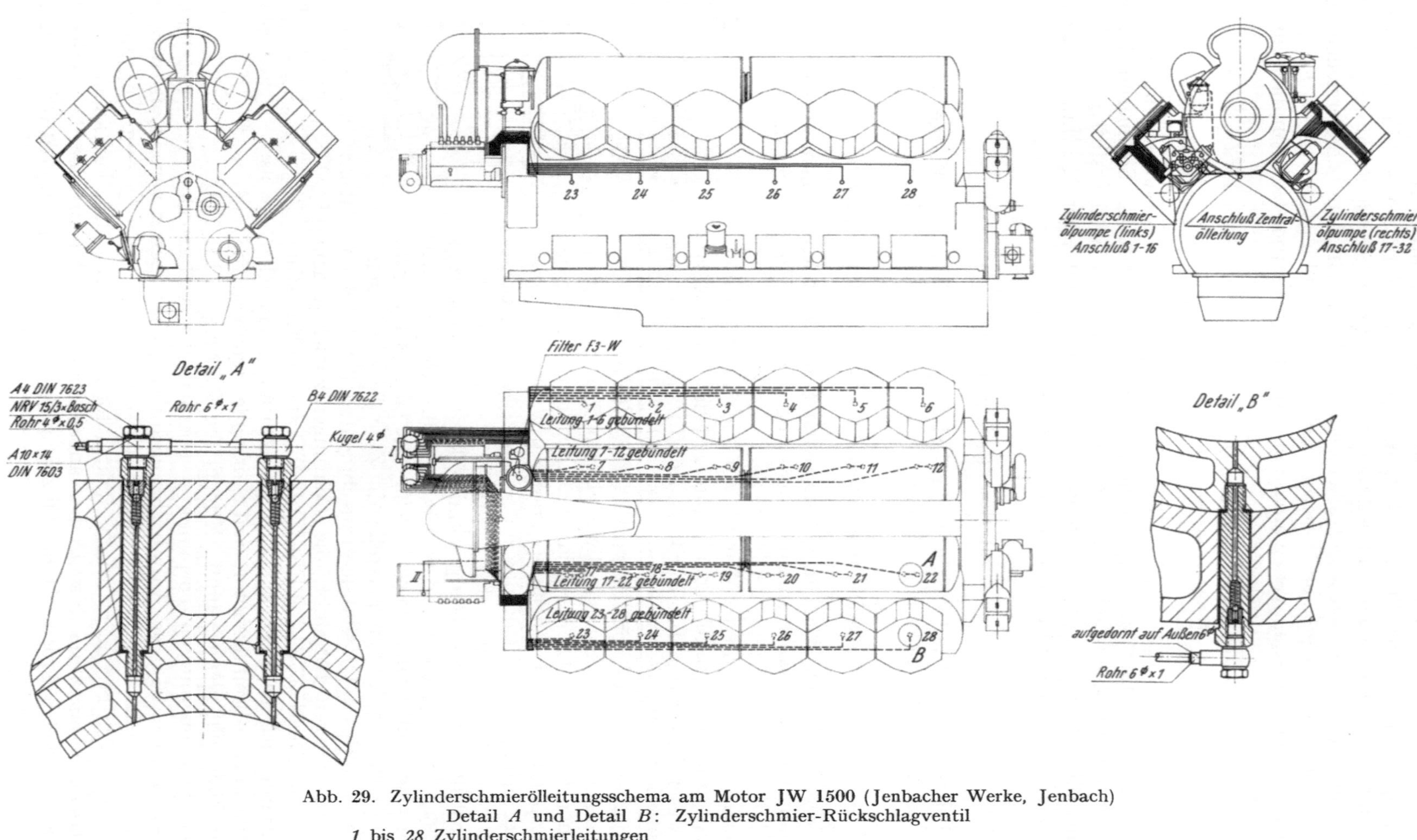

Abb. 29. Zylinderschmierölleitungsschema am Motor JW 1500 (Jenbacher Werke, Jenbach)
Detail *A* und Detail *B*: Zylinderschmier-Rückschlagventil
1 bis *28* Zylinderschmierleitungen
I Schmierölleitung zum Ölpumpenantrieb   *II* Schmierölleitung zum Regler

überwinden. Der Antrieb erfolgt umlaufend oder pendelnd über eine Ratsche. Die Fördermenge jedes einzelnen Pumpenelementes kann veränderlich gemacht werden.

Die Elemente der Öler nach Abb. 30 und 31 sind kreisförmig an einer Taumelscheibe angeordnet. Nach Abnahme des Schmierpumpendeckels wird die Taumelscheibe mit den am Rande rachenförmig übergreifenden Plungern der einzelnen Pumpenelemente sichtbar. Zwischen dem rachenförmig ausgebildeten Ende eines Plungers und der Taumelscheibe ist je eine Verstellschraube mit selbsthemmendem Gewinde eingesetzt. Durch Drehen der Stellschraube wird die Fördermenge des betreffenden Pumpenelementes verändert.

Jedes Pumpenelement darf direkt nur eine Schmierstelle speisen — mehrere über einen Verteiler (Abb. 32); sonst ist eine gleichmäßige Aufteilung nicht gewährleistet. Zwangs-

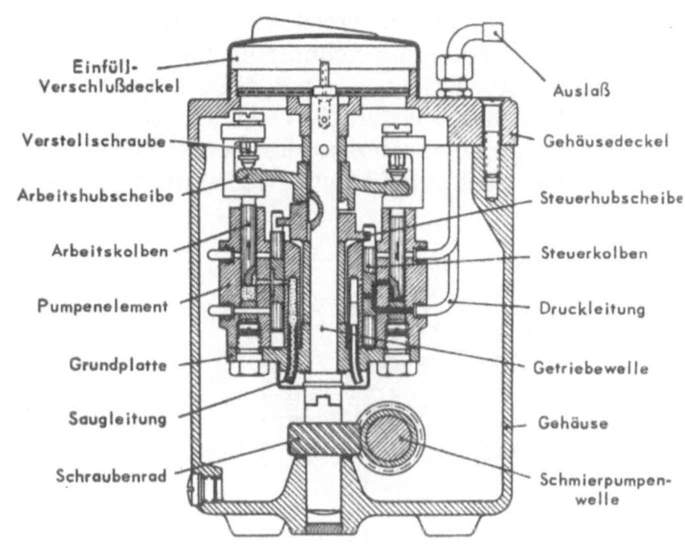

Abb. 30. Schmierölpumpe im eigenen Ölbehälter; je Auslaß ein Steuer- und ein Arbeitskolben (Bosch-Konstruktionsunterlagen)

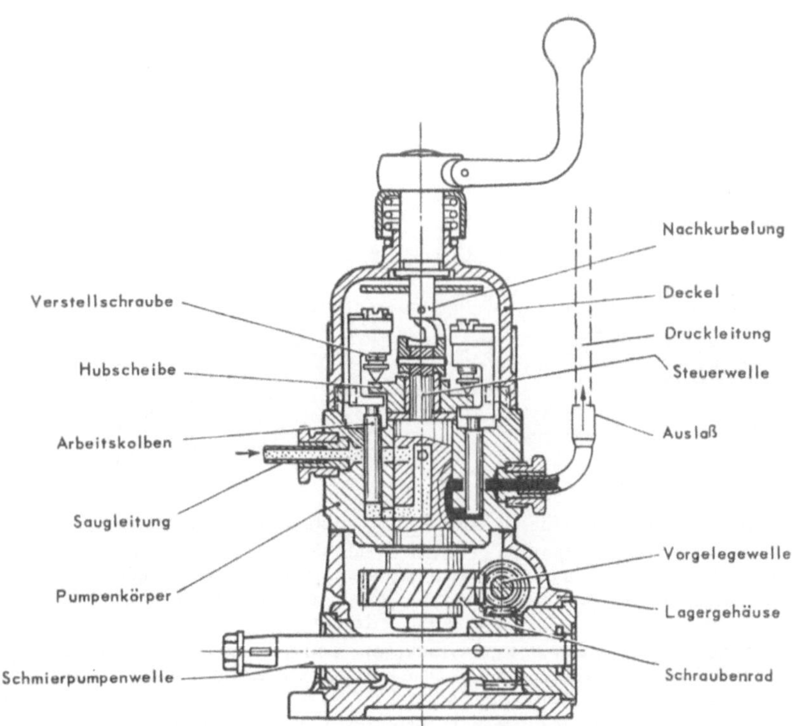

Abb. 31. Schmierölpumpe ohne Ölbehälter; mit einem Arbeitskolben, Ölfluß durch Bohrungen und Nuten in der Welle gesteuert (Bosch-Konstruktionsunterlagen)

läufig wird durch ihn der Schmierstoff gleichmäßig auf vier Schmierstellen verteilt. Kein Anschluß darf blind verschraubt werden. Zusätzlich zum mechanischen Antrieb des Ölers von der Kurbelwelle über einen Rädertrieb ist noch meist ein Handantrieb vorgesehen, damit vor Inbetriebsetzen der Maschine die Ölräume gefüllt werden können.

Oft sind die Pumpenelemente samt Antrieb bereits im Ölbehälter eingebaut. Handelsübliche Schmierölpumpen haben bis zu 32 Auslässe. Eine Heizvorrichtung zum Erwärmen des Ölvorrates im Schmierölbehälter kann vorgesehen werden.

Da die Pumpenscheiben einer Mehrfachpumpe meist durch eine Hubscheibe gesteuert werden, läßt sich durch Verstellen der Hubscheibe und damit des Kolbenhubes die Fördermenge auch *während* des Betriebes einfach einstellen, so daß z. B. eine lastabhängige oder drehzahlabhängige Regelung ohne weiteres durchführbar ist. Nicht ver-

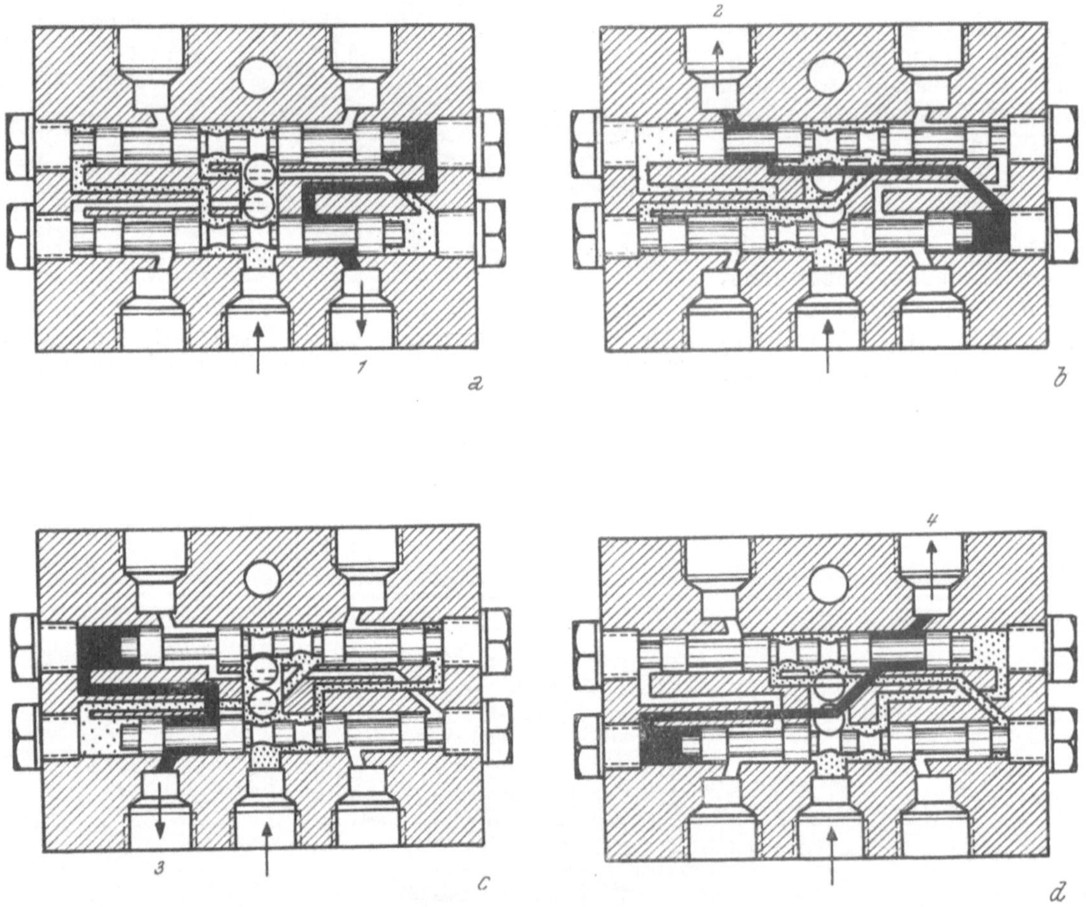

Abb. 32. Verteiler für Öl oder Fett (Bosch-Konstruktionsunterlagen)

Wirkungsweise: Das von der Schmierpumpe geförderte Schmiermittel kommt über den Einlaß in den Verteiler und fließt durch die mit Punkten bezeichneten Kanäle in die einzelnen Druckräume. Durch die schwarz gezeichneten Kanäle wird das Schmiermittel aus dem jeweiligen Druckraum vom Kolben zu den einzelnen Auslässen gedrückt:

a Das Schmiermittel fließt zum linken oberen Druckraum und schiebt den Kolben nach rechts. Dadurch wird das Schmiermittel aus dem rechten oberen Druckraum zum Auslaß *1* gedrückt und die Kugeln werden so verschoben, daß sie den unteren Kolben blockieren.

b Das Schmiermittel fließt zum linken unteren Druckraum und schiebt den Kolben nach rechts. Dadurch wird das Schmiermittel aus dem rechten unteren Druckraum zum Auslaß *2* gedrückt und die Kugeln werden so verschoben, daß sie den oberen Kolben blockieren.

c Das Schmiermittel fließt zum rechten oberen Druckraum und schiebt den Kolben nach links. Dadurch wird das Schmiermittel aus dem linken oberen Druckraum zum Auslaß *3* gedrückt und die Kugeln werden so verschoben, daß sie den unteren Kolben blockieren.

d Das Schmiermittel fließt zum rechten unteren Druckraum und schiebt den Kolben nach links. Dadurch wird das Schmiermittel aus dem linken unteren Druckraum zum Auslaß *4* gedrückt und die Kugeln werden so verschoben, daß sie den oberen Kolben blockieren.

Das vorstehende Arbeitsspiel wiederholt sich, solange dem Verteiler Schmiermittel zugeführt wird.

wendete Anschlüsse dürfen nie verschlossen werden. Sie werden entweder zusammengefaßt, so daß sich hier die mehrfache Ölmenge ergibt, oder sie werden gemeinsam in einer Rücklaufleitung gesammelt.

Das richtige Arbeiten der Schmierölförderung zeigt ein Durchflußanzeiger (z. B. ein Tropfenanzeiger nach Abb. 33) in der Leitung hinter der Ölpumpe an. Zur Kontrolle der Menge des Zylinderschmieröles ist die Tropfenzahl keine gute Bestimmungsgröße. Üblich ist es, die Hubzahl der Schmierölförderpumpe anzugeben (bei bekanntem Verdrängungsvolumen) oder die geförderte Menge in cm³ je drei oder fünf Minuten.

Rückschlagventile in der Zylinderschmierleitung verhindern, daß ein hinter der Pumpe auftretender Druck — Gasdruck im Zylinder — sich zur Pumpe fortpflanzen kann (Abb. 34 und Abb. 29).

Bei der Zylinderschmierung des 5-Zylinder-Zweitaktdiesel nach Abb. 35 (4000 PS bei 147 min⁻¹) wird das Zylinderschmieröl jeder Zylinderlaufbuchse durch neun (*1* bis *9*) Schmierstutzen, die den Kühlwasserraum durchdringen und gegen diesen abgedichtet sind, zugeführt. Von diesen münden sechs in der eingeschrumpften Buchse oberhalb der Schlitze und drei Bohrungen unterhalb der Schlitze am Zylinderumfang. Jede Schmierstelle wird von einem Pumpenelement gespeist.

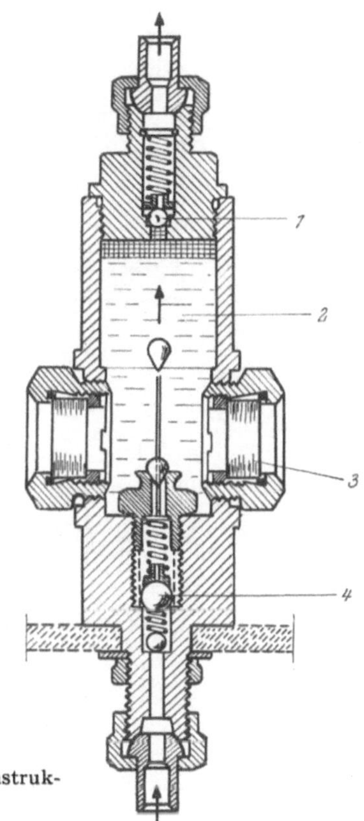

Abb. 33. Schnitt durch einen Tropfenanzeiger (Bosch-Konstruktionsunterlagen)

1, 4 Rückschlagventil *2* Salzwasser *3* Schauglas

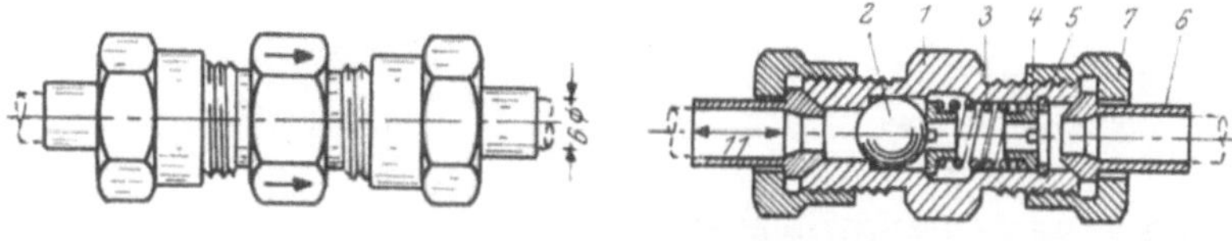

Abb. 34 *a*. Einkugel-Rückschlagventil

1 Ventilkörper *3* Schraubenfeder *5* Sprengring *7* Überwurfmutter
2 Kugel *4* Buchse *6* Dichtkegel

Die neun Pumpenelemente für jeden Zylinder sind jeweils in einer besonderen Bosch-Schmierpumpe zusammengefaßt. Jede Schmierstelle ist zur Überwachung mit einer Sichtkontrolle mit Tropfendurchgang versehen. Die Schmierpumpen werden unabhängig vom Motor von einem Pulsator angetrieben. Dieser besteht aus Zylinder und zweiseitig wirkendem Kolben, der abwechselnd von beiden Seiten mit Schmieröl des Triebwerkskreislaufes beaufschlagt wird. Das wechselseitige Füllen und Entleeren der beiden Zylinderseiten wird durch einen vom Pulsatorkolben selbst angetriebenen Schieber automatisch gesteuert. Diese Bewegung macht nach beiden Seiten eine

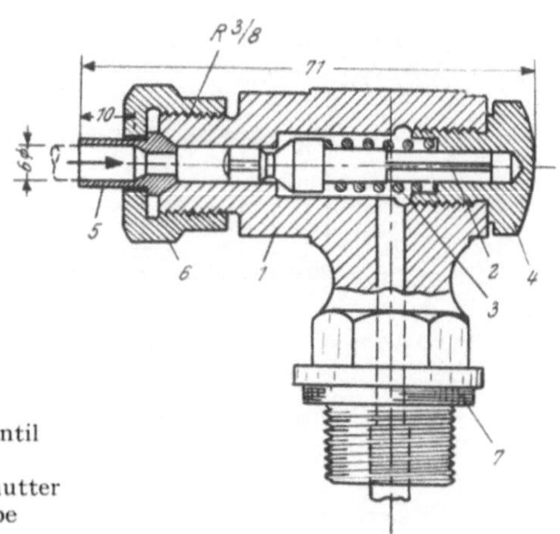

Abb. 34 *b*. Kegel-Rückschlagventil

1 Ventilkörper *5* Dichtkegel
2 Ventilkegel *6* Überwurfmutter
3 Schraubenfeder *7* Dichtscheibe
4 Verschlußschraube

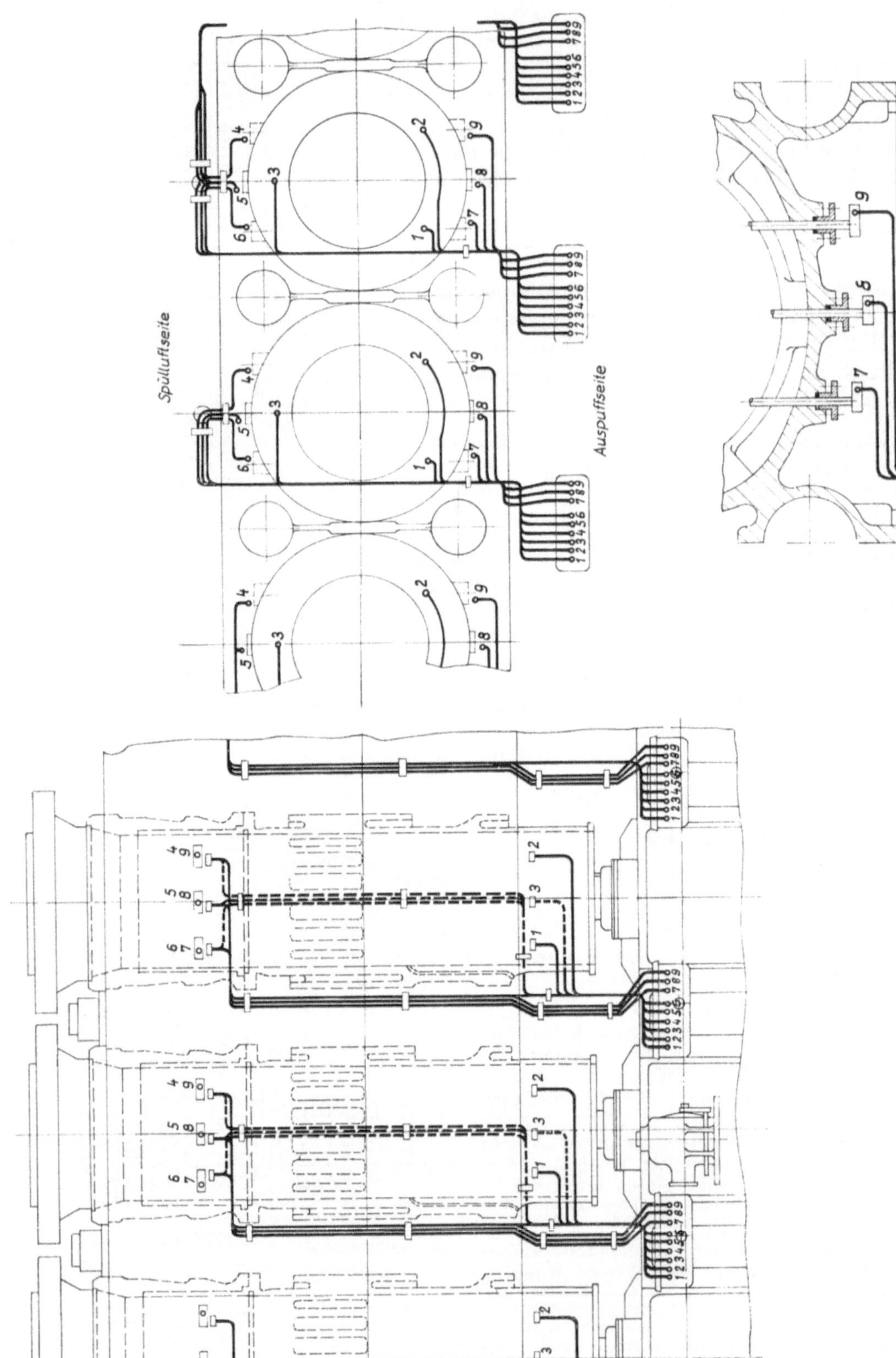

Abb. 35. Schema der Zylinderschmierung des Motors Type 680 (Borsig-Fiat)

Zahnstange mit, die dadurch die hin- und hergehende Bewegung des Pulsatorkolbens auf Zahnräder überträgt. Die Zahnräder sind über einen Freilauf mit der Antriebswelle der Schmierpumpen verbunden, so daß diese immer im gleichen Drehsinn weitergedreht werden. Die regelmäßige Funktion der Zylinderschmierpumpen wird durch ein oder zwei gemeinsam aufleuchtende Kontrollampen auf der Instrumententafel überwacht.

Die Prinzipskizze der Schmierung eines Zweitakt-Kreuzkopfmotors zeigt Abb. 36. Die Zylinderschmierung wird von einer Reihe von kleinen Einkolbenpumpen *1*, die in einen Behälter *2* eingebaut sind, durchgeführt. Diese Pumpen werden hydraulisch durch einen vom Schmierölkreislauf *7* des Motors gesteuerten Antriebsapparat *3* (ähnlich dem früher beschriebenen Pulsator) über die Leitung *4* durch Drucköl bewegt und fördern über eine Leitung *5* das Schmieröl zu den Zylinderschmierstellen *6*.

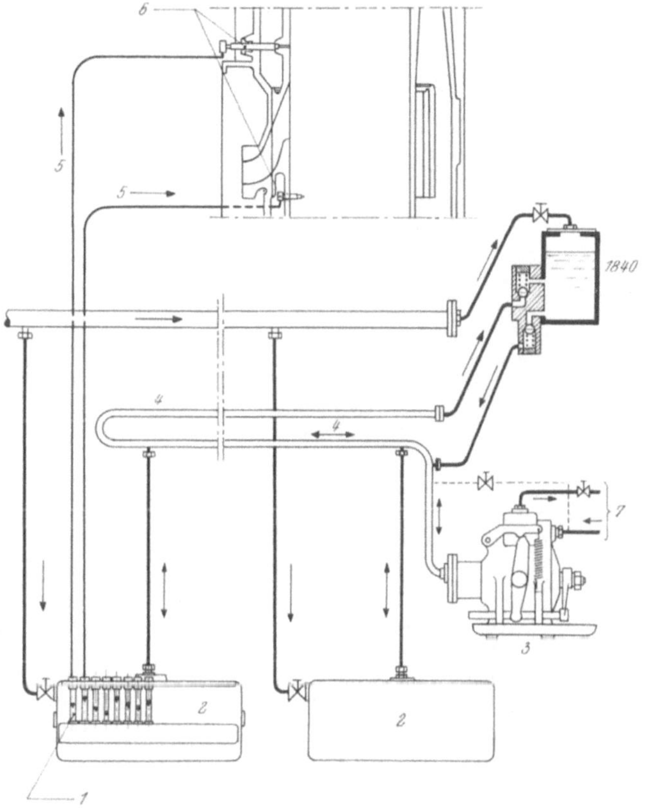

Die Zylinder des Motors GV 23,5/33 der MAN (3 bis 8 Zylinder, Viertaktdiesel mit 145 bis 390 PS bei 514 min^{-1}) werden bei normalem Betrieb durch das Spritzöl geschmiert. Bei sehr kleinen Motordrehzahlen sinkt die Fördermenge der am Motor angebauten Umlaufschmierölpumpe aber so weit, daß sich der normale Schmieröldruck nicht mehr aufbauen kann. Dadurch wird die von den Lagern der Triebwerksteile ablaufende Schmierölmenge stark reduziert. Hierzu kommt noch, daß infolge der kleineren Drehzahl das abfließende Schmieröl nicht bis an die Lauffläche der Zylinderbüchse geschleudert wird, so daß die Schmierverhältnisse zwischen Kolben und Zylinderbüchse gestört wären. Damit aber der Motor mit kleiner Drehzahl längere Zeit fahren kann, ohne daß Kolbenfresser zu befürchten sind, ist eine zusätzliche Zylinderschmiervorrichtung angebaut .(Abb. 37). Sie wird vom Schmieröldruck gesteuert und schaltet sich bei Drehzahlen unter etwa 150 min^{-1} selbsttätig ein. Sie besteht aus dem am Ende der Lagerschmierölleitung angebauten Öldruckschieber *3*, der Verteilleitung *2* entlang des Motors und den Zuführungsleitungen *1* zu den Schmierstellen der Zylinderbüchsen. In das Gehäuse *1* des Öldruckschiebers (Abb. 38) ist ein Steuerkolben *2* eingebaut, der den Ölzulauf zu den Schmierstellen an den Zylinderbüchsen steuert. Er wird auf einer Seite mit dem Drucköl der Lagerschmierung beaufschlagt, auf der entgegengesetzten Seite mit der durch die Verstellschraube *4* einstellbaren Druckfeder *3*. Diese ist so eingestellt, daß der bei Motordrehzahlen über 150 Umdrehungen je Minute herrschende Schmieröldruck den Steuerkolben an den Anschlag der Verschlußschraube *5* drückt. Der Schmierölzulauf zu den Zylinderbüchsen ist dabei geschlossen.

Abb. 36. Schema der Zylinderschmierung eines Kreuzkopfmotors (Fiat)

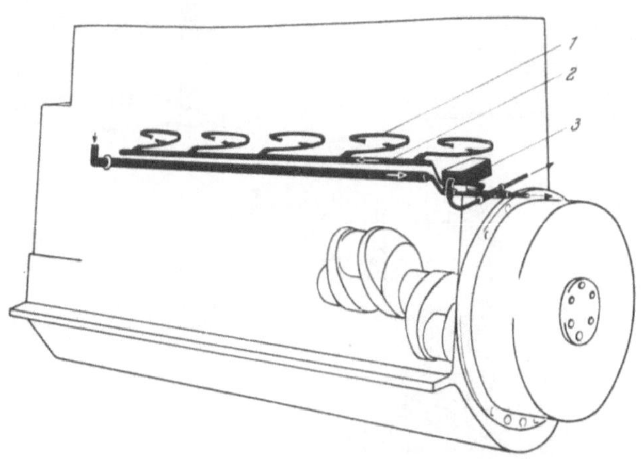

Abb. 37. Zusätzliche Zylinderschmierung des Motors GV 23,5/33 (MAN)
1 Zuführungsleitung   *2* Verteilleitung   *3* Öldruckschieber

Bei Drehzahlen unter 150 min^{-1} sinkt der Schmieröldruck so weit, daß die Federkraft hinter dem Steuerkolben überwiegt und ihn an den Anschlag auf der Schmierölseite drückt. Der Steuerkolben gibt nun den Schmierölzulauf zu der Zylinderbüchse frei. Das Schmieröl strömt dann vom Ende

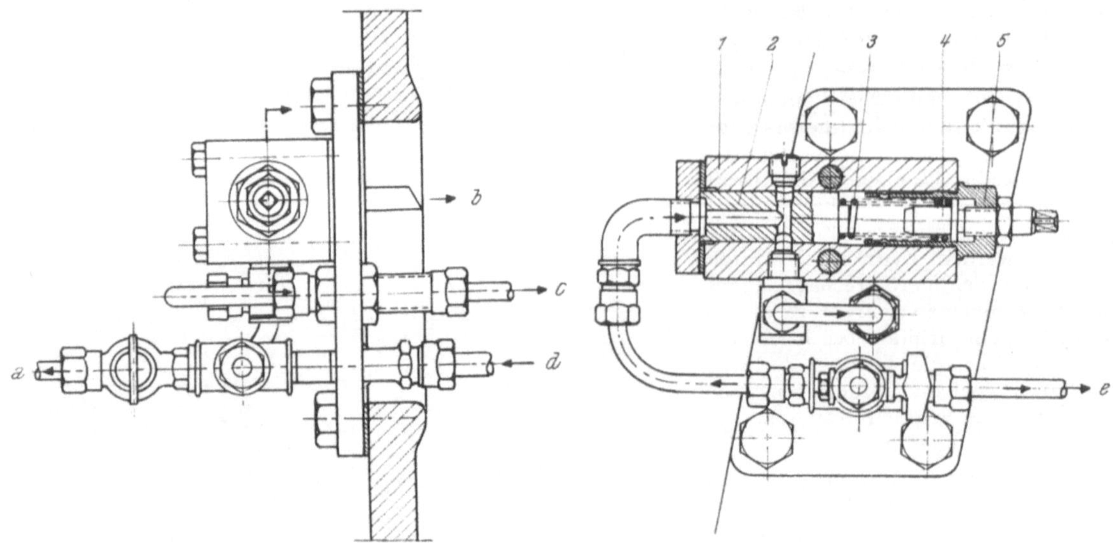

Abb. 38. Öldruckschieber für Zylinderschmierung zu Abb. 37

1 Gehäuse	a zum Manometer an Deck
2 Steuerkolben	b Lecködabfluß vom Öldruckschieber
3 Druckfeder	c zum Verteilrohr der Zylinderschmierung
4 Verstellschraube	d vom Verteilrohr der Lagerschmierung
5 Verschlußschraube	e zum Manometer am Motor

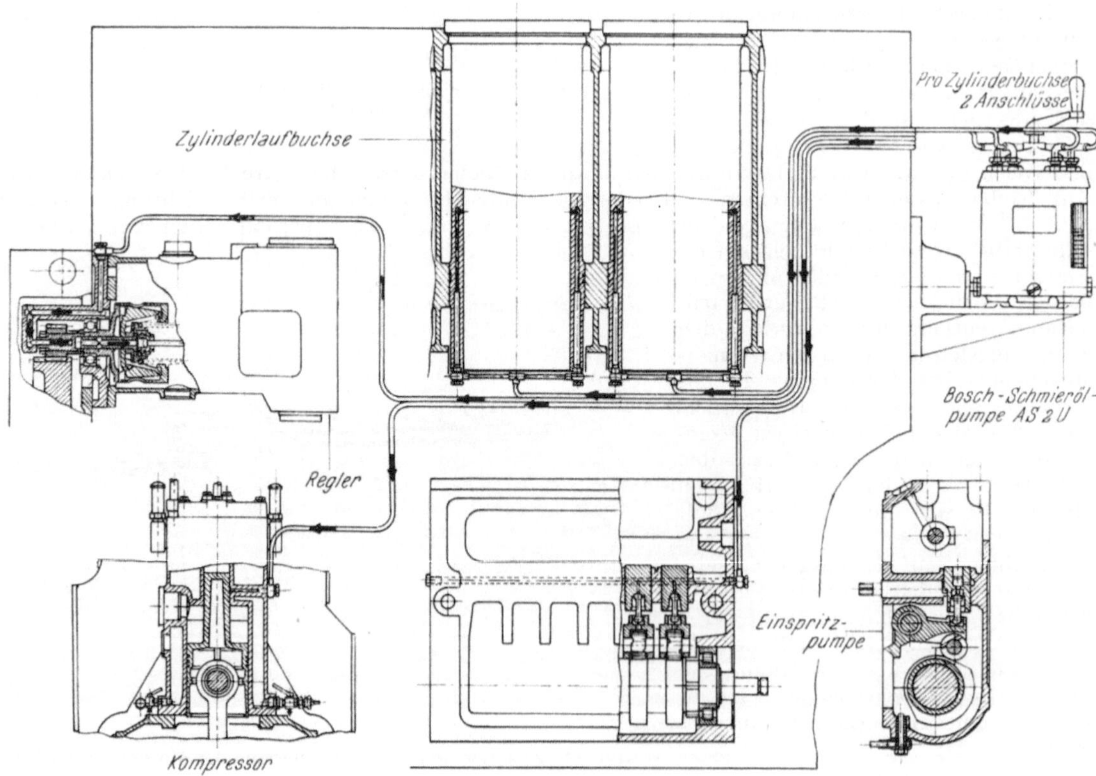

Abb. 39. Schema der Frischölschmierung durch den Schmierapparat für VM- und BVM-Motoren (KHD)

der Lagerschmierölleitung durch den Öldruckschieber und die Verteilleitung zu den Schmierstellen an den Zylinderbüchsen.

Bei der Frischölschmierung der Motoren der VM 545-Reihe der Klöckner-Humboldt-Deutz AG. (Abb. 39) werden durch eine Boschschmierölpumpe nicht nur die Zylinderschmierstellen mit frischem Öl versorgt, sondern auch die Schmierstellen des Reglers, des Kompressors und der Einspritzpumpe.

Da bei einem einfach wirkenden Zweitaktmotor im Triebwerk kein Druckwechsel stattfindet — beim Abwärtsgang des Kolbens wirkt der Zünddruck und beim Aufwärtsgang die Kompression in gleicher Richtung nach unten —, erhalten oft bei großen Motoren die oberen Treibstangenlager, die nur eine Schwingbewegung machen, eine besondere Preßschmierung (Abb. 40). Dies geschieht hier

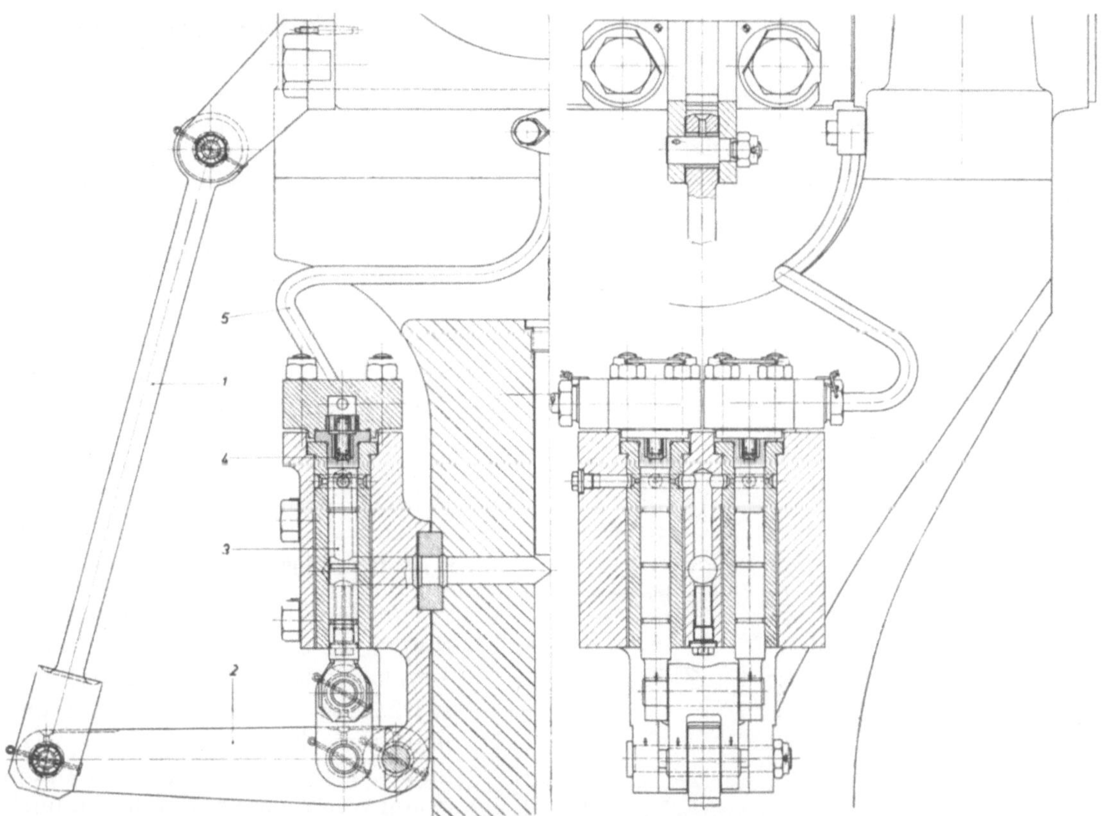

Abb. 40. Schmierpresse für oberes Treibstangenlager (MAN, Type KZ 78/140)
1 Schwinghebel   *2* Pumpenhebel   *3* Pumpenstempel   *4* Rückschlagventil   *5* Druckölleitung

durch eine Öldruckpumpe, die von der Schwingbewegung der Treibstange angetrieben wird. Sie preßt das durch eine Bohrung im Treibstangenschaft zugeführte Öl in die unteren Lagerschalen der oberen Treibstangenlager. Der Antrieb erfolgt durch den am Kreuzkopf angelenkten Schwinghebel *1* über den Pumpenhebel *2*, der den Pumpenstempel *3* bewegt. Beim Abwärtsgang des Stempels entsteht im Pumpenraum Unterdruck. Wenn die Oberkante die seitliche Öffnung frei gibt, wird Öl angesaugt. Beim Aufwärtsgang beginnt nach Abschluß dieser Bohrung die Förderung des Öles durch das Rückschlagventil *4* in die Leitung *5* zur Unterseite der Treibstangenlager. Jedes Lager wird von einem eigenen Pumpenstempel versorgt.

d) Gemischschmierung

Kleine Zweitakt-Ottomotoren mit Kurbelkastenspülung arbeiten meist mit Gemischschmierung. Das heißt, es wird dem Kraftstoff im Verhältnis 1 : 20 bis 1 : 50 Schmieröl beigemischt. Mit dem Kraftstoff gelangt das Öl in den Kurbelkasten. Ein Teil wird dort abgeschieden und schmiert die Lagerstellen. Der Rest geht über die Überströmkanäle in den Verbrennungsraum.

e) Obenschmierung

Bei der Obenschmierung wird besonders bei Viertaktmotoren dem Brennstoff eine, allerdings wesentlich kleinere Schmierölmenge als bei der Gemischschmierung zugesetzt (etwa 0,2 bis 0,3% der Kraftstoffmenge). Es ist dies auch eine Art Gemischschmierung, die aber nur die oberen Zylinderwände und Ventilführungen mit Schmierstoff versorgen kann, weil der Kraftstoff bei diesen Motoren nicht in den Kurbelraum gelangt.

2. Umlaufschmierung

Durchlaufschmierung oder Frischölschmierung wird auch „Verlustschmierung" genannt. Sie bleibt im allgemeinen auf kleine Reibungsleistungen und kleine Lager beschränkt.

Wenn der Schmierstoff auch noch Wärme abführen soll, ist eine *Umlaufschmierung* mit Ölkreislauf und Kühlung erforderlich. Bei ihr wird das Öl aus einem Behälter durch Fördereinrichtungen den Schmierstellen zugeführt, anschließend gesammelt und wieder zum Behälter zurückgeleitet.

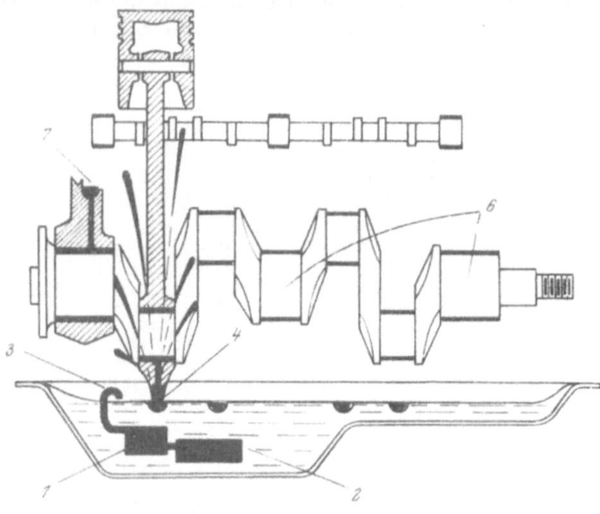

Abb. 41. Schema einer drucklosen Umlaufschmierung

1 Ölpumpe   *4* Ölschöpfer
2 Ölsieb   *6* Hauptlager
3 Austritt in die Ölwanne   *7* Ölsammelmulde

a) Drucklose Umlaufschmierung

Bei der *drucklosen* Umlaufschmierung wird das Öl durch die darin eintauchenden Maschinenteile des Kurbeltriebes im Kurbelraum herum- und an die Zylinderwände gespritzt, dann in Taschen aufgefangen, und gelangt von diesen durch Sammelrinnen oder Bohrungen zu den Lagern und Zahnrädern (Tauch-, Schleuder- oder Spritzschmierung, Abb. 41). Zur Reinigung des Öles kann ein Sieb mit vorgeschalteter Pumpe eingebaut sein. Es ist dies die einfachste Art der Schmierung für Verbrennungskraftmaschinenlager. Sie ist jetzt nur noch bei kleinen Motoren üblich. Kolbenbolzen- oder Kipphebellager, z. B., erhalten Schmierbohrungen, die in eine Mulde auslaufen, um das Öl abzufangen (Abb. 42 und 43). Dabei genügt bei dem geringen Schmierstoffbedarf solcher Lager oft das von der Zylinderwand abgestreifte Öl für die Schmierung der Kolbenbolzen im Kolbenauge (Abb. 44).

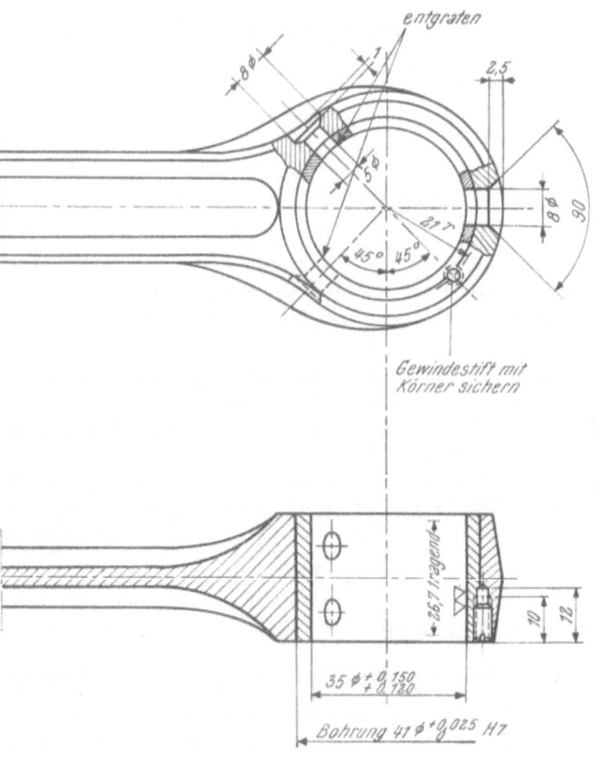

Abb. 42. Kolbenbolzenschmierung im Pleuelauge

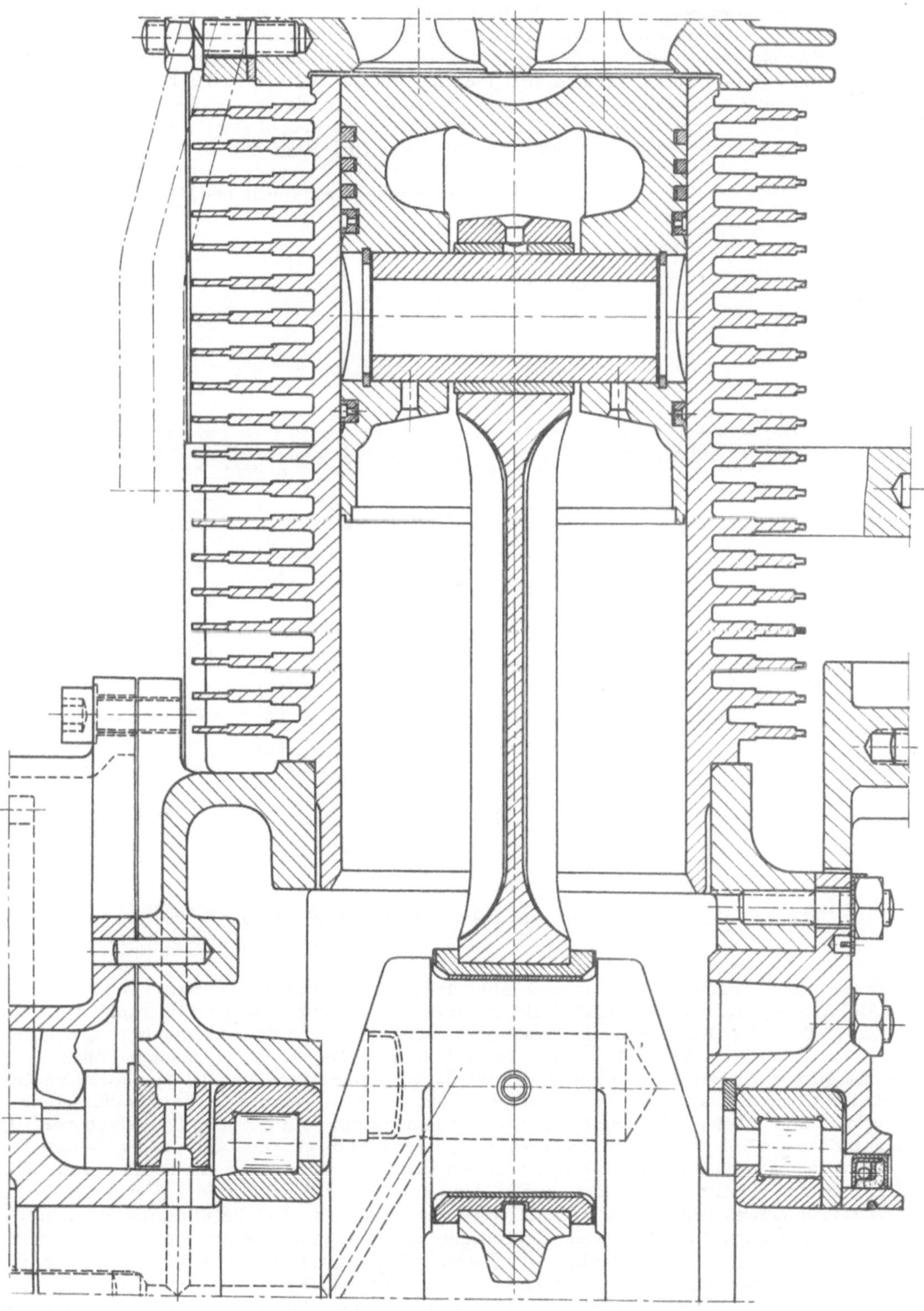

Abb. 43. Pleuellager- und Kolbenbolzensçhmierung (Hatz-Diesel, E 80)

Beim Sachs-Diesel 600 L (Fichtel und Sachs) nach Abb. 45, 12 PS bei 2200 Umdrehungen je Minute, mit Frischölschmierung, arbeitet die Bosch-Ölpumpe SP/G 02/70 R 2 praktisch nur gegen den jeweils in der Kurbelkammer herrschenden Druck. Nach Austritt aus der Ölbohrung an den Lagerstellen im Kurbelgehäuse fließt das Öl den beiden Hauptlagern drucklos zu. Von dort gelangt es über Ringrinnen zum Kurbelzapfen und zum Pleuellager. Der Öldruck in der Pleuellagerzuführung entsteht durch die Zentrifugalkraft des in der Kurbelzapfenbohrung befindlichen Öles. Die Kolbenbolzenlagerung wird durch das am Pleuellager abgeschleuderte und in einer Ansenkung des Pleuelstangenauges aufgefangene Öl geschmiert (Abb. 46). Das Öl gelangt nahezu mit Außentemperatur an die Hauptlager und wird dort auf etwa 40° C erwärmt. Am Pleuellager herrscht eine Temperatur von 75° bis 80° C. Die Temperatur des Kolbens in der Lagerzone liegt bei 150° C.

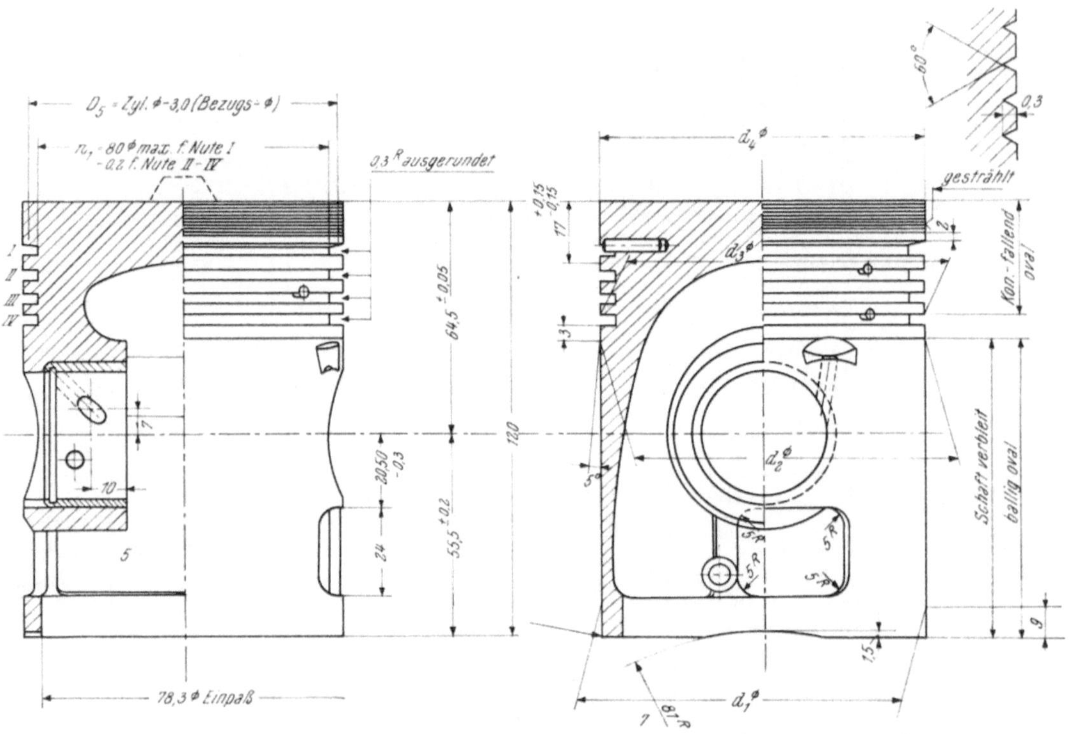

Abb. 44. Schmierölbohrungen und -taschen im Kolben (Fichtel und Sachs, 600 L)

Die an der Ölpumpe eingestellte drehzahlabhängige Fördermenge beträgt 1,6 cm³ min⁻¹ bei einer Motorendrehzahl von 2000 min⁻¹. Bei Zweitaktmotoren mit Frischölschmierung ist es unvermeidlich, daß sich im Kurbelgehäuse Ölreste ansammeln, die durch die Spülkanäle in den Zylinder gelangen und dann den Motor durch den Auspuffschlitz verlassen. In besonderen Fällen, wo auf möglichst ölfreien Auspuff Wert gelegt wird, kann das überschüssige Öl, das sich an der tiefsten Stelle des Kurbelgehäuses ansammelt, der Ölpumpe erneut zugeführt werden. Die Rückförderung des Öles erfolgt über einen Entlüftungsbehälter durch den Pumpvorgang in der Kurbelkammer. Den schematischen Aufbau dieser Rückfördereinrichtung zeigt Abb. 47: Das sich an der tiefsten Stelle des Kurbelraumes ansammelnde Öl wird durch den Überdruck im Kurbelraum in einen zusätzlichen Entlüftungstank gedrückt. Von dort läuft es dann zu einem T-Stück, in dem es sich mit dem aus dem normalen Öltank kommenden Frischöl vereinigt. Frischöl und rückgefördertes Öl laufen dann gemeinsam zur Ölpumpe des Motors am Geräteträger und werden dem Motor wieder zur Schmierung zugeführt. Es ist unbedingt erforderlich, daß der zusätzliche Entlüftungstank oberhalb des normalen Schmieröltankes angebracht wird, da andernfalls, besonders bei schräg stehendem Motor, das Frischöl in den Entlüftungstank laufen würde. Weiterhin muß der Entlüftungstank eine oder mehrere Entlüftungsbohrungen enthalten, die gegen das Eindringen von Schmutz gesichert sind.

In dem als Geräteträger bezeichneten Teil des Motors (Abb. 48), in dem sich der Antrieb für die Öl- und Einspritzpumpe sowie der Regler befinden, wird mit Tauchschmierung gearbeitet. Der Raum ist gegen die Kurbelkammer vollkommen abgedichtet. Die Ölart ist die gleiche wie im Triebwerk. Am Gebläse mit und ohne Lichtmaschine erfolgt die Schmierung durch Wälzlagerfett.

Der Kurbelzapfen besteht aus C 45, vergütet auf 6500 bis 8000 kp cm^{-2}. Die Gleitfläche ist auf etwa 600 HV gehärtet und auf eine größte Rauhtiefe von 1,2 μ bearbeitet. Das Lager ist als Dreistofflager ausgebildet, bestehend aus einem Stahlband 0,2 cm stark, mit einer 0,045 cm dicken Bleibronzeschicht, einem Nickeldamm (1 μ) und der Laufschicht aus elektrolytisch aufgebrachter

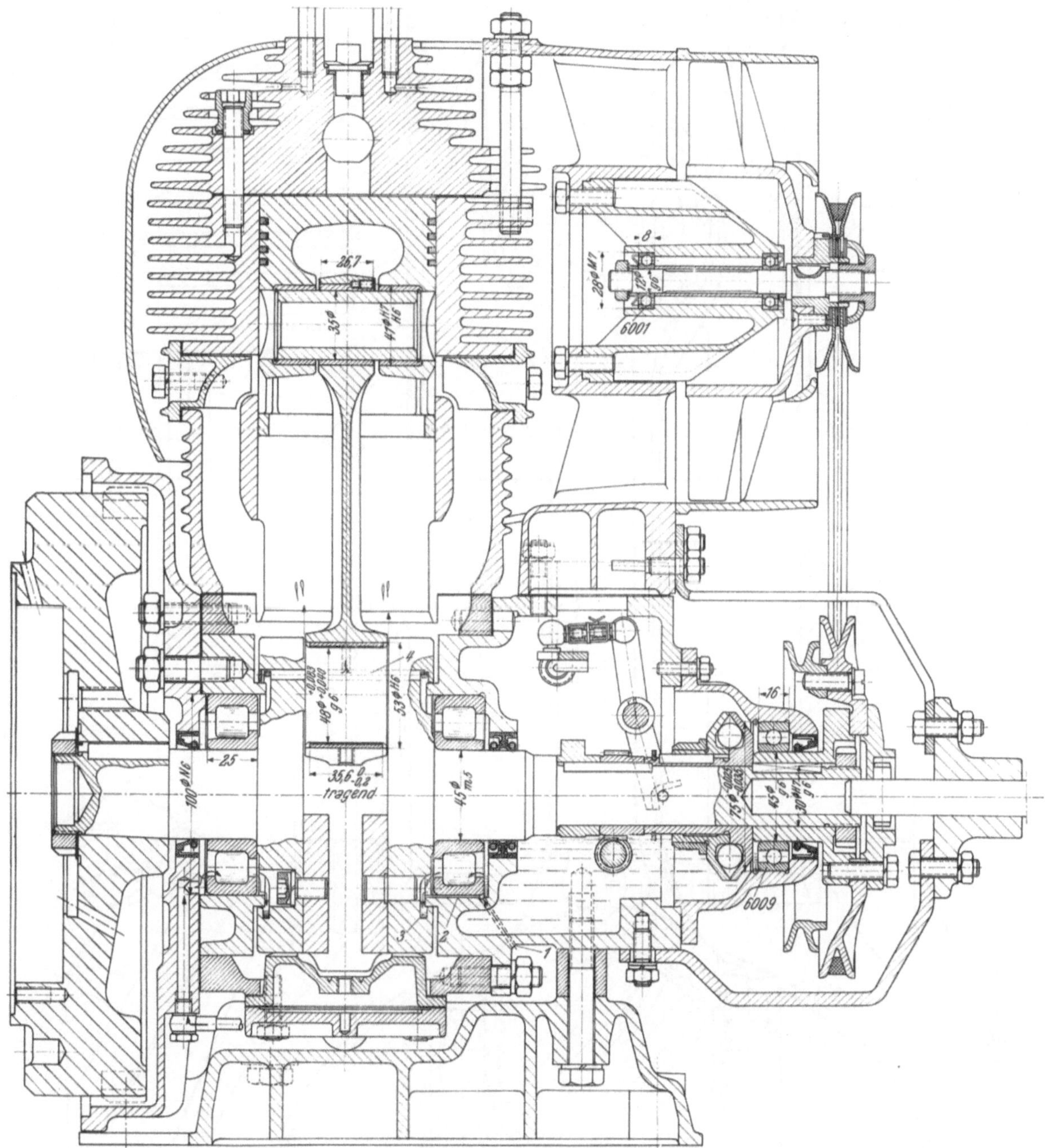

Abb. 45. Längsschnitt durch den Motor 600 L (Fichtel und Sachs)
1 Öleintritt in die Kurbelkammer von der Ölpumpe   3 Ringrinne
2 Ölnut für Anfahren   4 Schmierölbohrung

Legierung aus Blei mit 8 bis 11% Sn und 2 bis 3% Cu, in einer Dicke von 0,0022 cm. Bei einem Durchmesser von 4,8 cm beträgt das relative Lagerspiel $\psi = 1,0$ bis $1,2^0/_{00}$ bei einer Lagerbreite von 3,5 cm. Die Belastung unter dem Zünddruck beträgt etwa 260 kp cm^{-2}. Der Kolbenbolzen, 34 Cr Al 6 oder 33 Cr Al Ni 7, wird auf etwa 500 HV 0,03 bis 0,04 cm tief nitriert. Der Außendurchmesser,

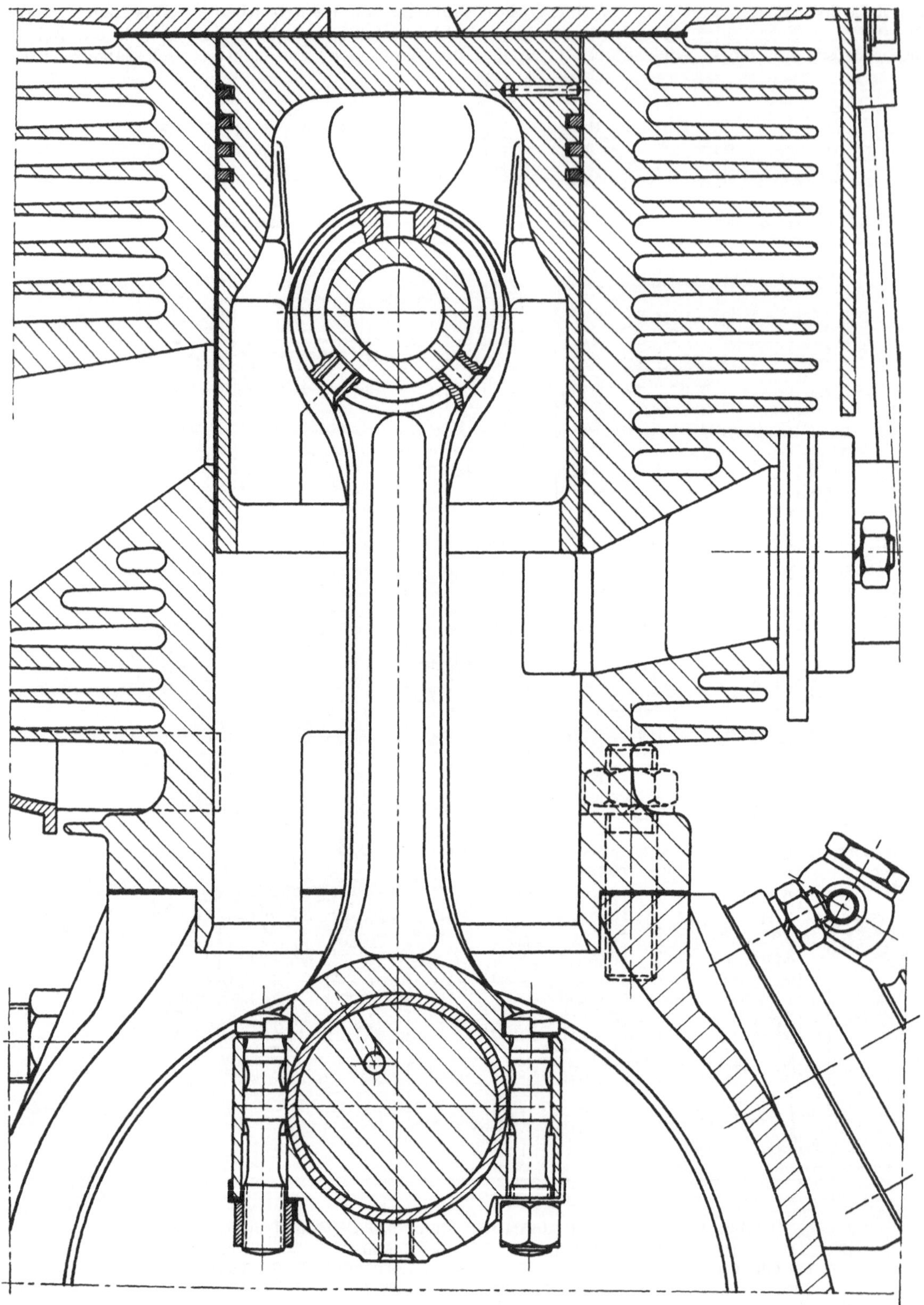

Abb. 46. Kolbenbolzenschmierung durch Spritzöl durch die drei Bohrungen im Pleuelauge
(Fichtel und Sachs, 600 L)

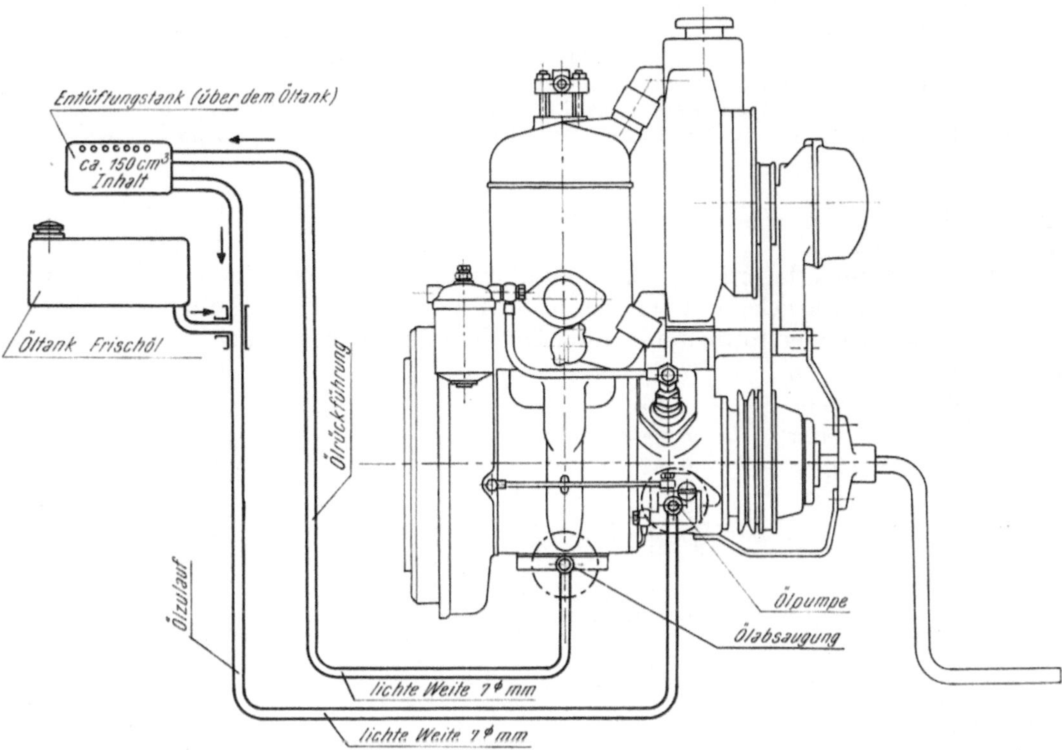

Abb. 47. Schema der Ölrückförderung (Fichtel und Sachs, 600 L.)

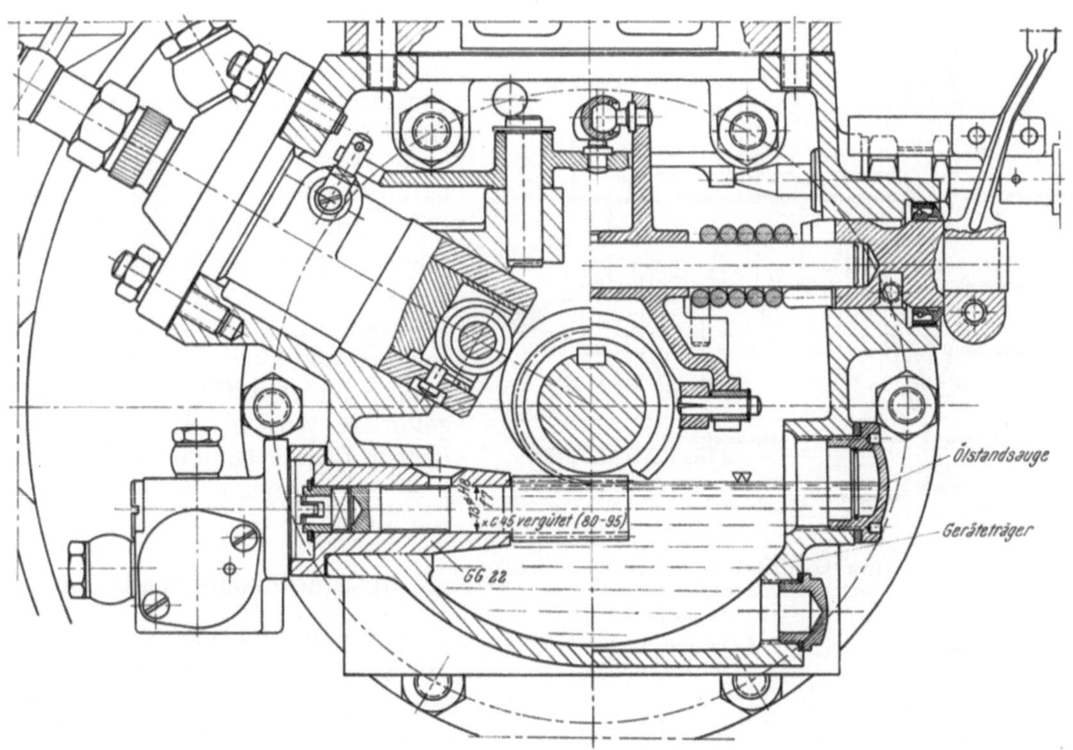

Abb. 48. Lagerung und Schmierung der Ölpumpe (Fichtel und Sachs, 600 L)

3,5 cm ist geschliffen und geläppt. Für das Kolbenauge wird in die Leichtmetallegierung des Kolbens eine Bronzebüchse eingegossen ($\psi = 1{,}0$ bis $1{,}3^0/_{00}$). Die Pleuelbüchse besteht aus einer Pan-Sonderbronze bei einer Breite von 2,67 cm ($\psi = 3{,}5$ bis $4{,}2^0/_{00}$). Der Preßsitz der Büchse in der Bohrung ist 4,1 u6/H7 cm; die maximale Belastung beträgt etwa 510 kp cm^{-2}.

Die Welle des Ölpumpenträgers besteht aus C 45, vergütet auf 8000 bis 9500 kp cm^{-2}, geschliffen, bei einer Drehzahl von 733 min^{-1}. Das Lager ist aus Ge-22, der Durchmesser 1,3 cm und die Passung f7/H8.

Je größer der Motor und je geringer die Drehzahl ist, um so kleiner wird die abgeschleuderte Ölmenge.

Bei den Ringschmierlagern nach Abb. 49 übernimmt im allgemeinen ein in der Mitte des Lagers um die Welle gelegter loser oder fester Ring die Ölförderung durch die Wirkung der Adhäsion des Schmierstoffes am Metall. Die Ölförderung kann auch durch Schleuderscheiben, Ketten, in Öl tauchende Maschinenteile (Getrieberäder) oder Saugpolster erfolgen.

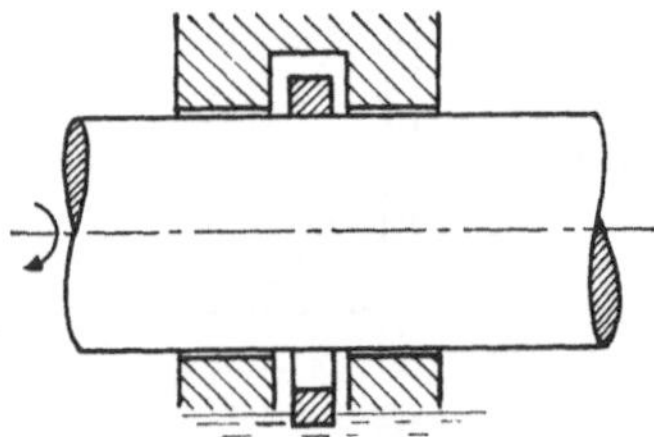

Abb. 49. Ringschmierlager

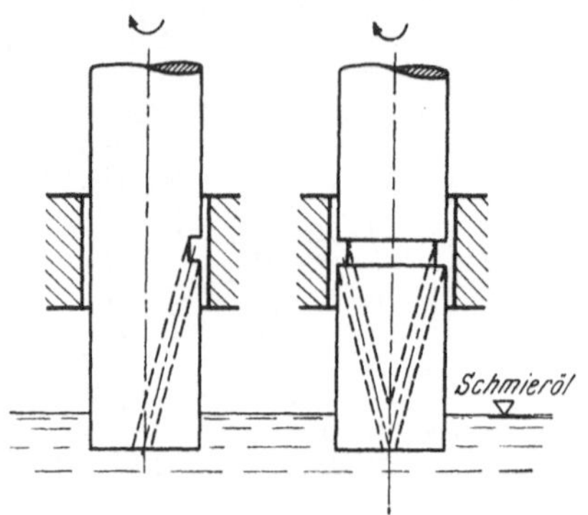

Abb. 50. Schmierölförderung unter Ausnützung der Fliehkraft (durch schräge Bohrungen)

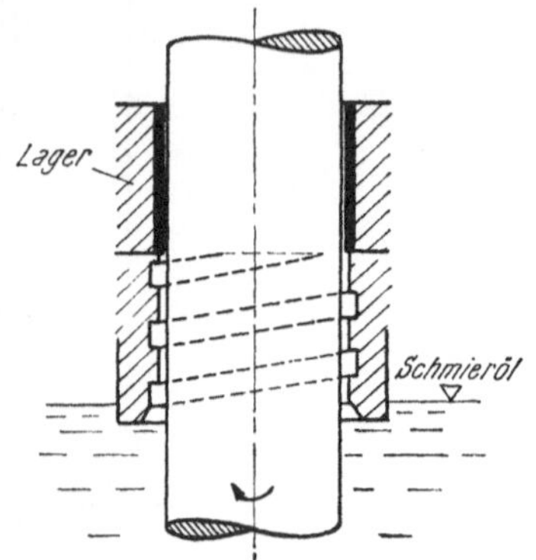

Abb. 51. Schmierölförderung durch ein Gewinde (Adhäsion)

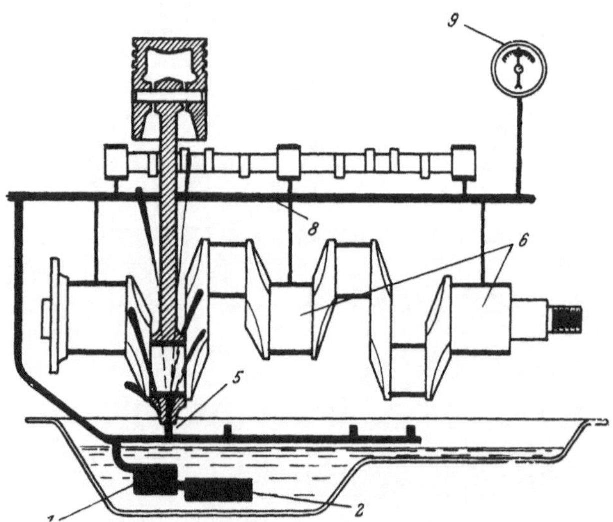

Abb. 52. Schema einer kombinierten Spritz- und Druckumlaufschmierung

1 Ölpumpe	6 Hauptlager	
2 Ölsieb	8 Ölsammelleitung	
5 Spritzdüse	9 Öldruckanzeiger	

Eine Schmierung auf diese Art ist sehr sparsam und einfach. Das herumspritzende Öl wird allerdings sehr stark mit Luft durchmischt und die Oxydationsmöglichkeit ist dadurch groß. In Verbindung mit der Adhäsionswirkung läßt sich die Zentrifugalkraft ausnützen: Abb. 50 zeigt einige Beispiele dafür an lotrechten Wellen.

Auch durch ein Gewinde — besonders an lotrechten Wellen — kann Schmierstoff in den Lagerspalt gefördert werden (Abb. 51). Bei kleiner Lagerbelastung und großem Lagerspiel genügt diese einseitige Zuführung.

b) Druckumlaufschmierung

Den Motorenlagern, besonders von großen und mittleren Motoren, wird das Öl durch eine Pumpe unter Druck zugeführt. Diese Druckumlaufschmierung ist sparsam, billig in der Wartung, sicher im Betrieb und gestattet niedrigere Zähigkeiten als die Durchlaufschmierung. Dies kommt der Forderung, möglichst dünnflüssige Öle zu verwenden, entgegen. Sie garantiert bei richtiger Auslegung eine gleichmäßige und reichliche Versorgung aller Gleitflächen.

Eine Zwischenstufe bildet die kombinierte Spritz- und Druckumlaufschmierung nach Abb. 52. Hierbei werden nur die Kurbelwellenlager, manchmal auch noch die Kurbellager (Abb. 53) mit Drucköl versorgt. Alle übrigen Gleitstellen werden durch das herumspritzende Öl und den Öldunst geschmiert.

Das Öl fließt den einzelnen Schmierstellen bei der Druckumlaufschmierung unter dem natürlichen Gefälle aus einem Hochbehälter zu, in den es zuerst hinaufgepumpt wurde, oder es wird mit dem durch eine Ölpumpe erzeugten Überdruck gefördert. Die verwendete Schmierstoffmenge richtet sich nach der Lagergröße, der Gleitgeschwindigkeit, dem Lagerspiel, der Lagerbelastung und der abzuführenden Wärmemenge.

c) Ölsumpfschmierung — Trockensumpfschmierung

Bei der Ölsumpfschmierung wird das Öl direkt aus der Ölwanne, die den unteren Abschluß des Kurbelraumes bildet, durch eine

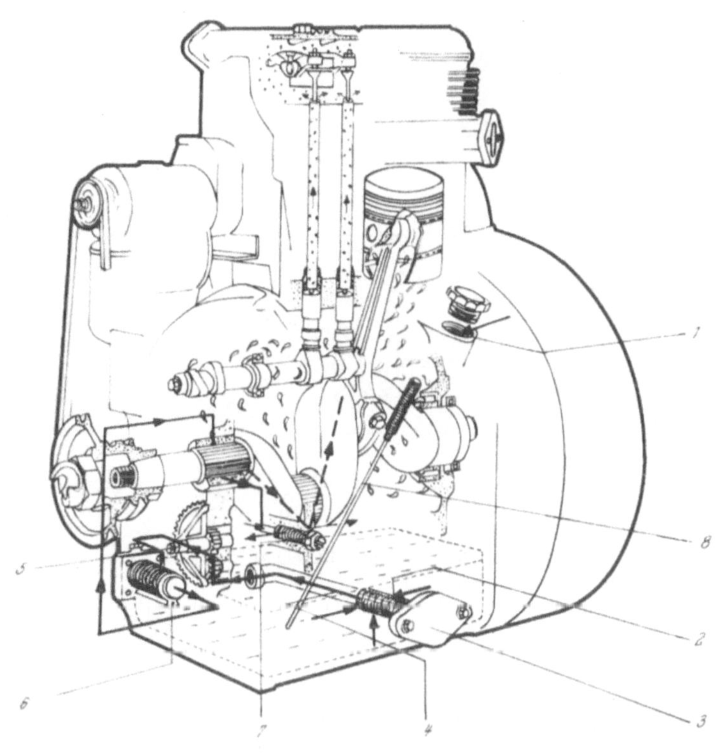

Abb. 53. Schmierölschema des 2 LD, Viertakt-Diesel, 16 PS, 2000 min^{-1} (Güldner-Linde)

1 Öl-Einfüllung	*5* Zahnrad-Ölpumpe
2 Schmierölsaugfilter	*6* Spaltfilter
3 Öl-Ablaß	*7* Öldruck-Regulierventil
4 Saugrohr	*8* Öl-Meßstab

Pumpe abgesaugt und den Lagerstellen zugeführt, während bei der Trockensumpfschmierung der Motor aus einem zusätzlichen außen liegenden Tank geschmiert wird. Hierzu fördert eine Pumpe das abrinnende Öl aus der Kurbelwanne in diesen Öltank, und eine zweite bringt es daraus im Umlauf. Im allgemeinen ist die erste Förderpumpe wegen des größeren Luftgehaltes im Öl für eine größere Menge ausgelegt als die zweite. Jedoch genügt es, beide Pumpen gleich groß zu machen, da beim geringeren Gegendruck der ersten Pumpe deren Wirkungsgrad und damit auch die Fördermenge ohnehin größer ist.

Abb. 54 zeigt die grundsätzliche Anordnung einer Ölsumpfumlaufschmierung (eine eigene Zylinderschmierung ist darin nicht enthalten): Die Schmierölpumpe *3* (meist eine Zahnradpumpe) wird über einen Rädertrieb oder als Kolbenpumpe von einer Nockenwelle aus angetrieben und fördert das Öl aus der Ölwanne oder dem Kurbelgehäuseunterteil über Filter *8* und Ölkühler *6* zu den einzelnen Schmierstellen. Ein Sicherheitsventil in der Schmierölpumpe und ein Überströmventil *14* am Ende der Schmierölsammelleitung regeln den Öldruck in der Zuleitung (das Sicherheitsventil den Höchstdruck und das Überströmventil den Betriebsdruck). Während des Betriebes kann der Mindestöldruck noch durch einen Öldruckwächter *10* oder einen Strömungsanzeiger überwacht werden. Sobald der Druck unter den eingestellten Wert absinkt, gibt der Öldruckwächter hydraulisch, pneumatisch oder elektrisch eine Anzeige oder einen Impuls zum Abstellen des Motors. — Bei der Inbetriebnahme ist der Öldruck im Motor wesentlich höher als bei betriebswarmem Motor, weil die Ölviskosität mit steigender Temperatur abnimmt. Daher ist ein geringes Absinken des Öldruckes bei Erreichen der Be-

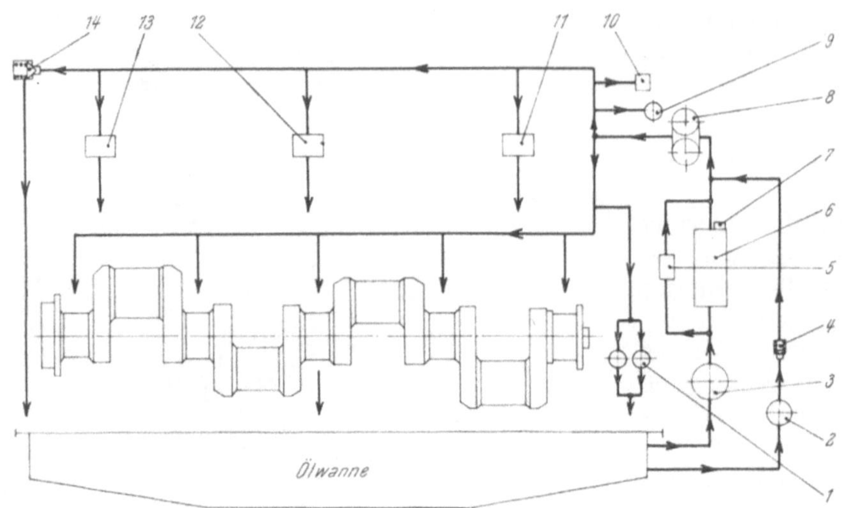

Abb. 54. Schmierölkreislauf eines Zweitakt-Dieselmotors (KHD)

1 Nebenstrom-Feinfilter	*8* Umschaltbares Doppelsieb-Filter
2 Elektrische Vorschmierpumpe	*9* Manometer hinter Filter
3 Schmierölpumpe	*10* Öldruck-Wächter
4 Rückschlagventil	*11* Regler
5 Kurzschlußventil, Öffnungsdruck 2,9 atü	*12* Antrieb der Einspritzpumpe
6 Wärmetauscher	*13* Gebläse
7 Anschluß für Fern-Thermometer	*14* Ölüberströmventil

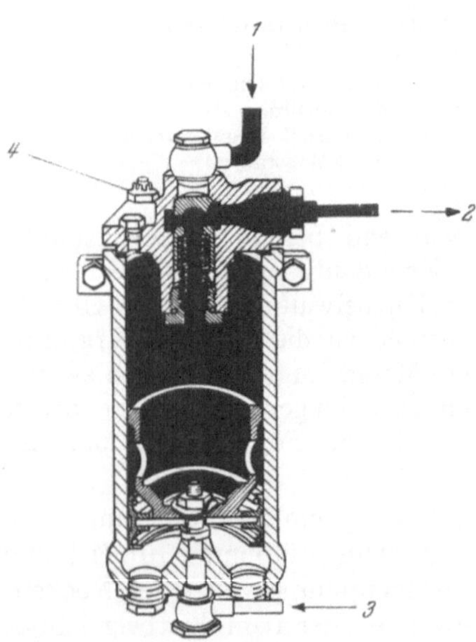

Abb. 55. Druckluftbetätigte Vorschmierpumpe (KHD)

1 von der Schmierölsammelleitung
2 zu den vorzuschmierenden Lagern
3 Druckluft
4 Rückschlagventil

triebstemperatur kein Grund zur Beunruhigung. — Das gesamte Öl muß vor Erreichen der Schmierstellen gereinigt werden. Dafür ist im Hauptstrom ein Grobfilter *8* eingebaut. Die Feinstreinigung kann im Nebenstrom durch ein Feinfilter *1* erfolgen. Vor dem Anlassen des Motors wird durch eine zusätzliche Pumpe *2* (von Hand oder elektrisch), die durch ein Rückschlagventil *4* vom übrigen Motorschmierölkreislauf getrennt ist, das gesamte Schmiersystem aufgefüllt. (Der Mindestdruck des Schmierölkreislaufes muß dabei nicht erreicht werden!) Mit dieser Pumpe läßt sich auch bei entsprechender Schaltung die Ölwanne leerpumpen. Einzelne Lager mit besonders großen Umfangsgeschwindigkeiten (Gebläse) können bei Bedarf entweder automatisch (durch Pumpen oder einen hydraulischen Akkumulator) oder von Hand vor dem Start des Motors aufgefüllt werden, damit auch bei schnellem Erreichen hoher Drehzahlen sofort genügend Öl zur Verfügung steht.

Abb. 55 zeigt eine druckluftbetätigte Vorschmierkolbenpumpe, deren oberer Raum bei normalem Betrieb mit Motorschmieröl aufgefüllt ist. Beim Anfahren wird durch Einblasen von Druckluft auf der Unterseite der Ölvorrat unmittelbar zu den gefährdeten Lagern gedrückt.

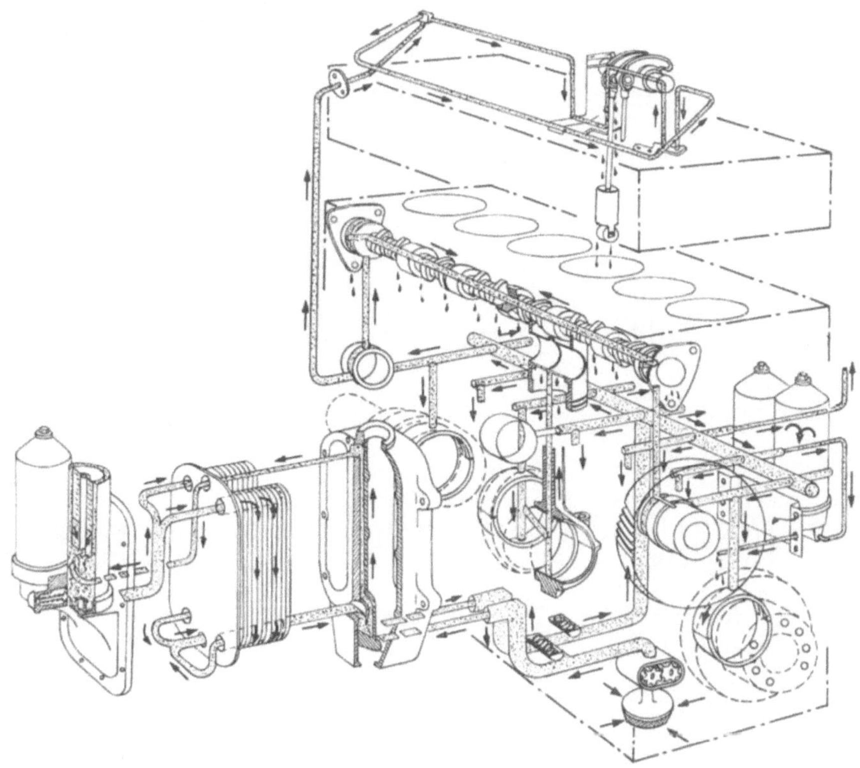

Abb. 56. Schmierölkreislauf eines Zweitakt-Dieselmotors (GM, Reihe 110)

Erfolgt die Schmierung eines angebauten Aufladegebläses durch das Motoröl, so schont ein eigenes Ölfilter vor dem Gebläse dessen Lager.

Alle Teile des Umlaufsystems müssen gut zugänglich und leicht zu reinigen sein. Bei jedem Schmiersystem, ob mit Umlaufschmierung oder Frischölschmierung, sollten Kontrolleinrichtungen vorhanden sein (Druckmessung, Durchflußmessung, Temperaturmessung, Ölstandskontrolle durch Standanzeiger, Schaugläser, Standrohre, Peilstäbe oder Schwimmer). Temperaturanzeiger können mit Warn- oder Abstellgeräten kombiniert werden. Bei Preßölern zeigen Sichtschmiergläser in den Druckleitungen den Durchfluß an. Prüfhähne erfüllen in einfachen Großanlagen denselben Zweck.

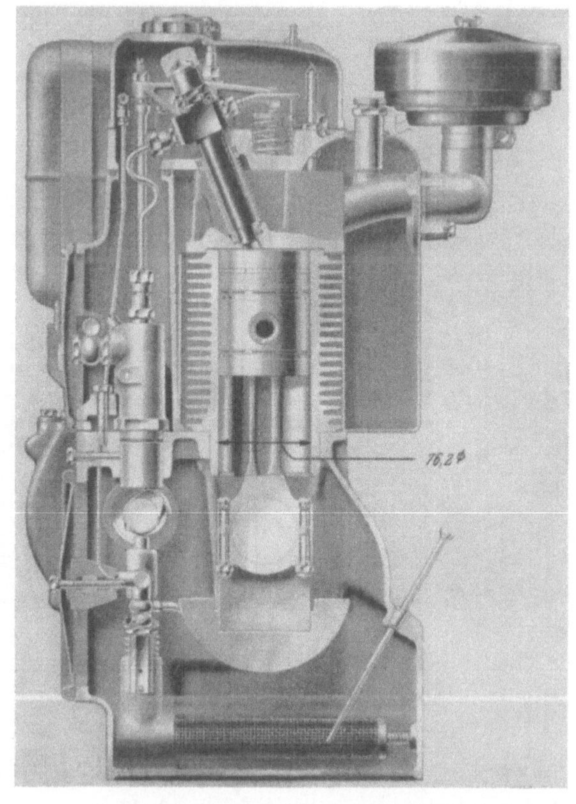

Abb. 57. Schnitt durch den Motor LD 1, Viertakt-Diesel; 3,5 PS, 1800 min^{-1} (Lister Blackstone)

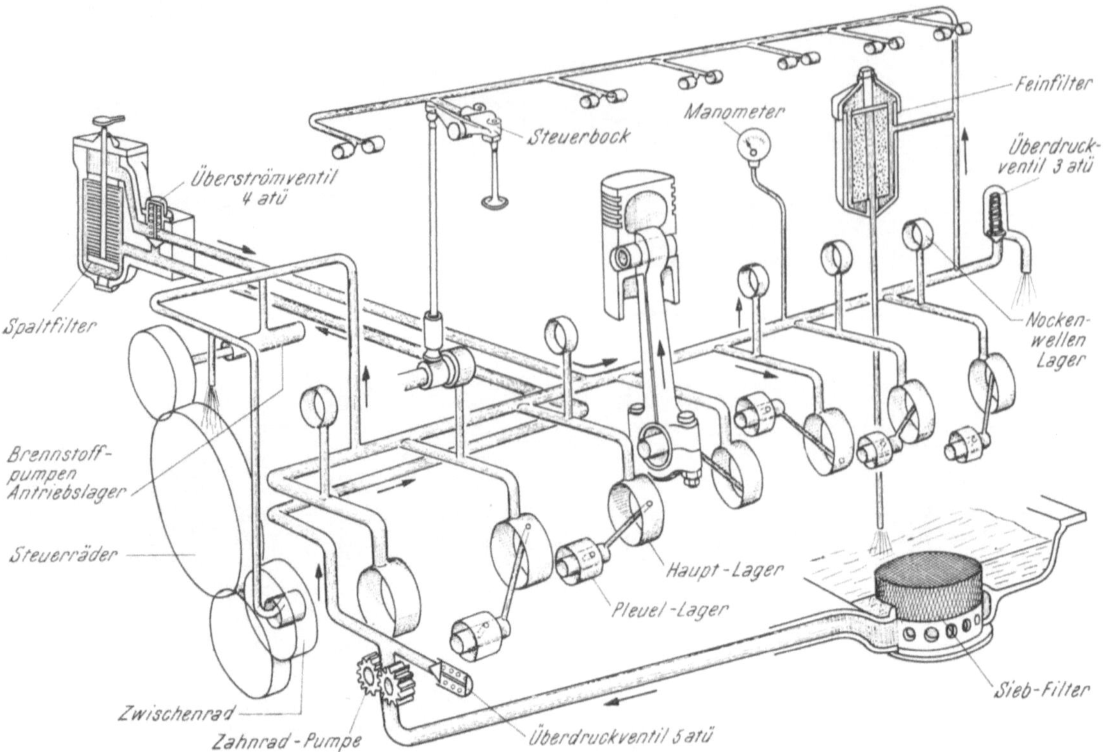

Abb. 58. Schmierölumlaufschema (Kaelble-Diesel, GN 1305)

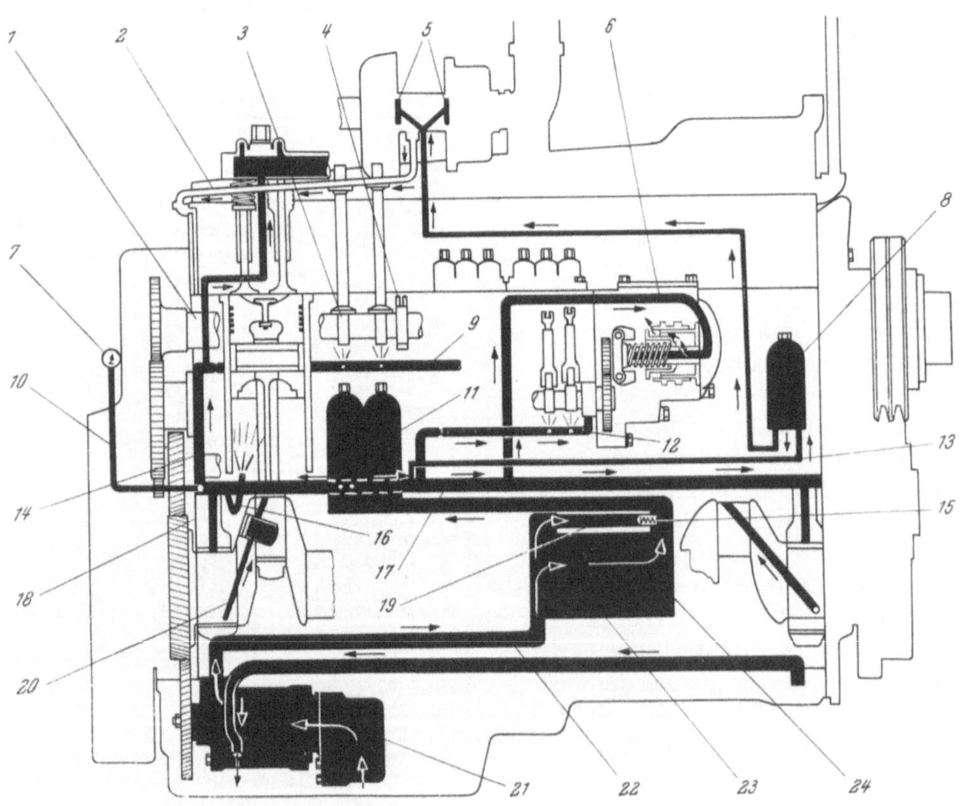

Abb. 59. Schmierölkreislauf (Caterpillar DW 21)

1 Nockenwellenlager	6, 10, 13, 14, 18, 19, 20, 22, 23	12 Einspritzpumpenschmierung
2 Ölrücklauf	Ölleitungen	15 Überströmventil
3 Nocken	7 Druckmesser	16 Spritzdüse
4 Schmierölbohrung	8 Schmierölfilter für Gebläselager	17 Schmierölsammelleitung
5 Abgasturbolader-Lager	9 Sprührohr für die Nockenwelle	21 Ölpumpe und Sieb
	11 Doppelfilter	24 Kühler

Abb. 56 (S. 63) zeigt den Schmierölkreislauf eines Viertaktdiesel mit Ölsumpfschmierung der General-Motors-Corporation: Von der Ölpumpe wird das Schmieröl an einem Überströmventil vorbei zum Filter und Kühler geleitet. Von dort strömt es an dem Druckregelventil vorbei zur Hauptverteilleitung, von wo aus die Hauptlager mit den Pleuellagern und den Kolbenbolzen, die Nockenwellenlager und die übrigen Steuerungsteile mit Schmieröl versorgt werden.

Abb. 60. Schmierölkreislauf MB 820 (Mercedes Benz)

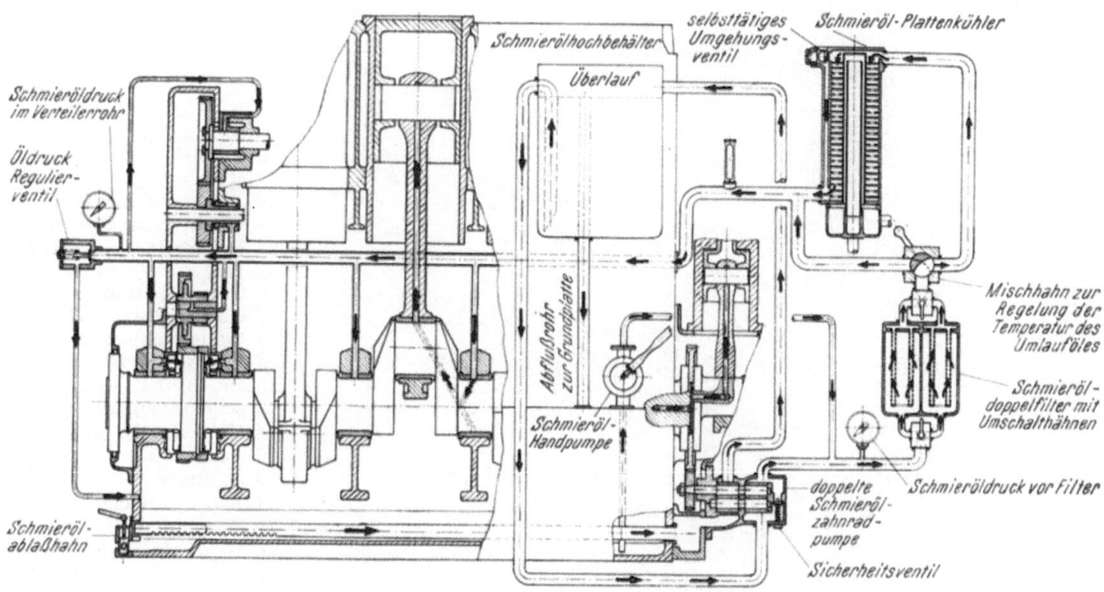

Abb. 61. Schmierölkreislauf VM 545 (Schiffsmotor, KHD)

Im Motor nach Abb. 57 (S. 63) erfolgt die Schmierung durch eine Plungerpumpe, angetrieben durch die Nockenwelle. Das Saug- und Druckventil ist ein einfaches Kugelventil. Der Schmieröldruck beträgt 3,5 kp cm^{-2}. Geschmiert werden durch die Pumpe die Grundlager, das Kurbelwellenritzel, das Pleuellager und die Kipphebel, einschließlich der Ventile, Stößel und Stößelstangen. Dagegen werden

die Nockenwellenlager (aus Sinterbronze), sowie die Kolbengleitbahn durch Spritzöl geschmiert. Der Kurbelwellendurchmesser beträgt 5,7 cm und
der des Pleuelzapfens 5,5 cm.
Das höchstzulässige Lagerspiel
ist etwa $\psi = 2^0/_{00}$. Die Pleuellagerschalen bestehen aus einer

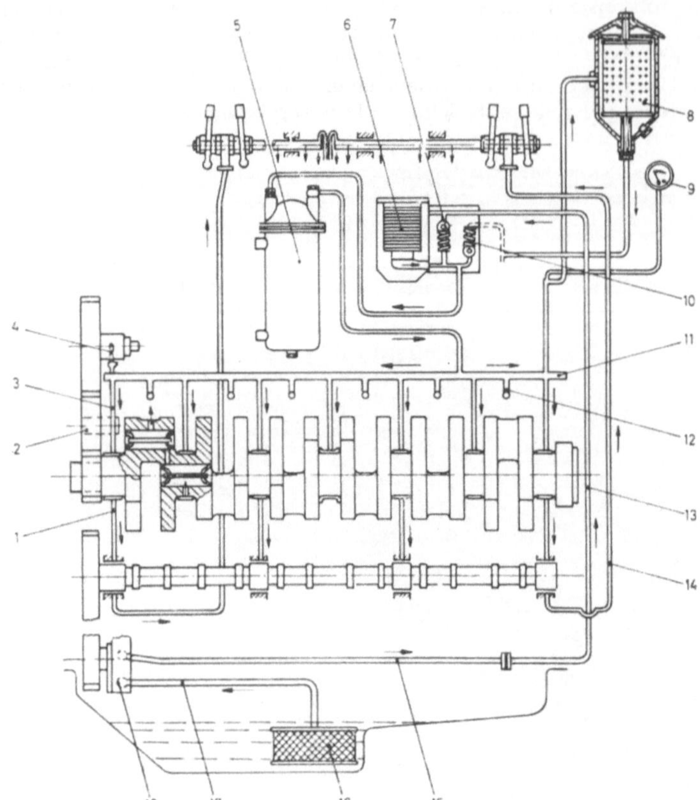

Abb. 62. Schmierölkreislauf
D 1246 M (MAN, 87 PS, 1500 min^{-1})

1 Schrägbohrung (Nockenwellenlager)
2 Lagerbolzen (Zwischenrad)
3 Schrägbohrung (Kurbelwellenlager)
4 Rohrleitung zum Einspritzpumpenantrieb
5 Schmierölkühler
6 Hauptstrom-Ölfilter
7 Umgehungsventil
8 Nebenstrom-Ölfilter
9 Ölmanometer
10 Überdruckventil
11 Verteilerleitung
12 Ölspritzdüse
13 Ölbohrung zum Hauptstromfilter
14 Zuführung (Kipphebelachse)
15 Druckleitung (Ölpumpe)
16 Saugkorb
17 Saugleitung
18 Schmierölpumpe

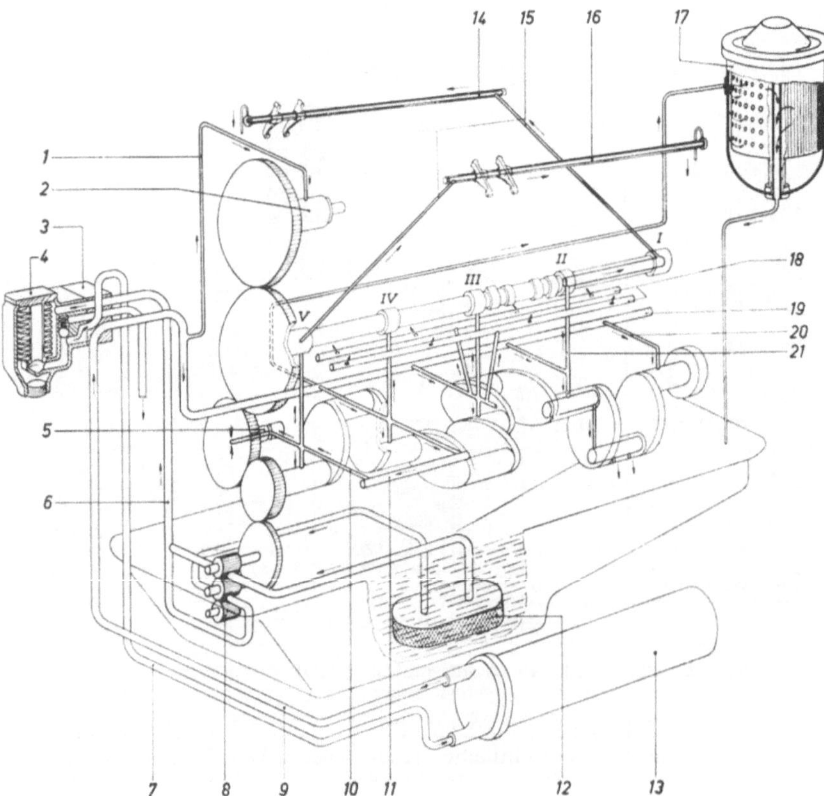

Abb. 63. Schmierölkreislauf D 1548 M (MAN,
Viertakt-Diesel, 150 PS,
1500 min^{-1})

1 Rohrleitung zum Einspritzpumpenantrieb
2 Antriebswelle (Einspritzpumpe)
3 Zwischenflansch
4 Hauptstrom-Ölfilter
5 Lagerbolzen (Zwischenrad)
6 Öldruckleitung
7 Ölleitung zum Ölkühler
8 Schmierölpumpe
9 Ölleitung vom Ölkühler
10 Ölbohrung zum Zwischenradlagerbolzen
11 Verteilerrohr (links)
12 Saugkorb
13 Ölkühler
14 Kipphebelachse (rechts)
15 Ölsteigrohr (Kipphebel)
16 Kipphebelachse (links)
17 Nebenstrom-Ölfilter
18 Ölleitungen mit Ölspritzdüsen
19 Verteilerrohr (rechts)
20 Ölbohrung vom Verteilerrohr (rechts)
21 Ölbohrung zwischen
   Haupt- und Nockenwellenlager

Kupfer-Blei-Legierung; bei den Grundlagern ist die obere Gleitfläche aus Weißmetall und die untere Hälfte auch aus einer Kupfer-Blei-Legierung.

In den Abb. 58 bis 66 sind weitere Beispiele für Schmierölkreisläufe mit Ölsumpfschmierung dargestellt.

Den Schmierölweg zum Kurbellager des Motors **F4L 612** (Klöckner-Humboldt-Deutz AG.) zeigt Abb. 67.

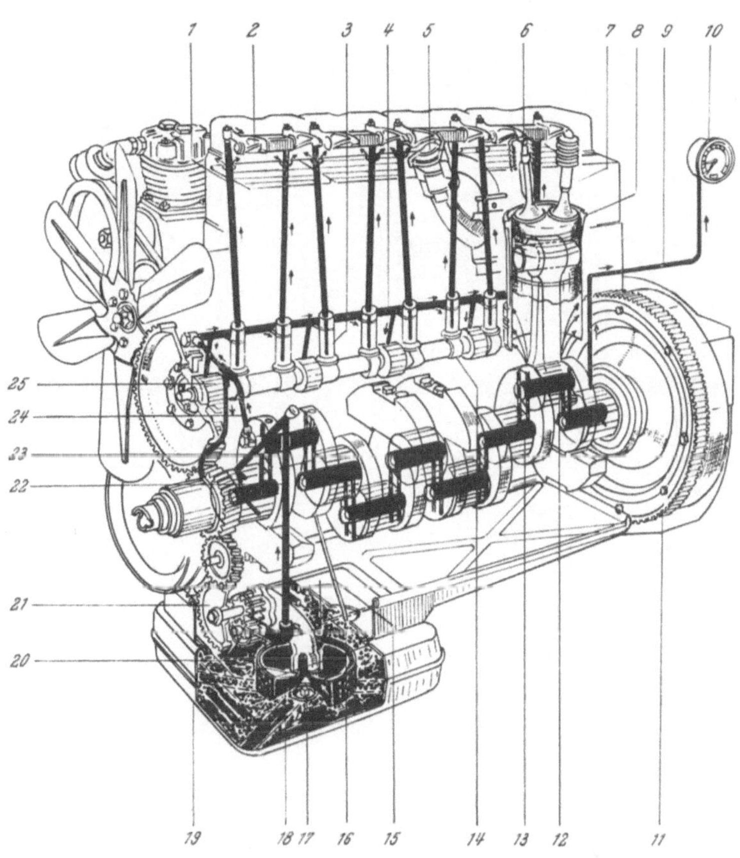

Abb. 64. Schmierölkreislauf WD **413** c (Steyr-Daimler-Puch A.G.-Diesel, 95 PS, 2300 min^{-1})

1 Stößelstange	*10* Öldruckmanometer (am Armaturenbrett)	*19* Ölwanne
2 Kipphebel		*20* Ölpumpe
3 Ventilstößel	*11* Schwungrad mit Starterkranz	*21* Antriebsrad zur Ölpumpe
4 Schmieröl-Verteilerbohrung	*12* Pleuelstange	*22* Senkrechte Zuleitungsbohrung zur Kurbelwelle
5 Öleinfüllstutzen	*13* Kurbelwelle	
6 Ventil	*14* Nockenwelle	*23* Schräge Zuleitungsbohrung zur Kurbelwelle
7 Ventilführung	*15* Ölmeßstab	
8 Zylinderlaufbüchse	*16* Anbaufläche für Spaltölfilter	*24* Zuleitung zur Verteilerbohrung
9 Leitung zum Öldruckmanometer	*17* Ölablaßschraube mit Magnet	*25* Nockenwellenlager
	18 Saugtrichter mit Ölsieb	

Auf den Abb. 68 und 69 (S. 71) ist die Schmierung des Ventilantriebes von einigen der früher dargestellten Motoren zu sehen. In Abb. 70 ist der äußere Schmierölkreislauf und der Kühlwasserweg des Motors MB 820 eingezeichnet.

Das dem Kreuzkopf in Abb. 71 und 72 durch Gelenkrohre aus der Druckumlaufschmierung zugeführte Schmieröl gelangt über die Kreuzkopflager und die hohlgebohrte Treibstange zum unteren Treibstangenlager (Kurbellager). Die Grundlager sind an ein besonderes Sammelrohr angeschlossen. Bei dieser Art der Lagerschmierung sind in den Wellen- und Kurbellagern keine Sammelnuten erforderlich, die die Ausbildung des Schmierfilmes stören könnten.

Der Kreuzkopf des Motors nach Abb. 73 und 74 besteht aus einem kräftigen, geschmiedeten Stahlkörper mit zwei seitlichen Zapfen, auf denen die Kreuzkopflager der Schubstange gleiten. Der angeschraubte Gleitschuh aus Stahlguß mit Weißmetallfutter überträgt die im Kurbeltrieb auftretenden Horizontalkräfte auf die Gleitbahn. Am Kreuzkopf sind der Antriebsarm für die Spülluftpumpe und die Gelenkrohre für die Zu- und Ableitung des Öles für die Kolbenkühlung und Schmierung

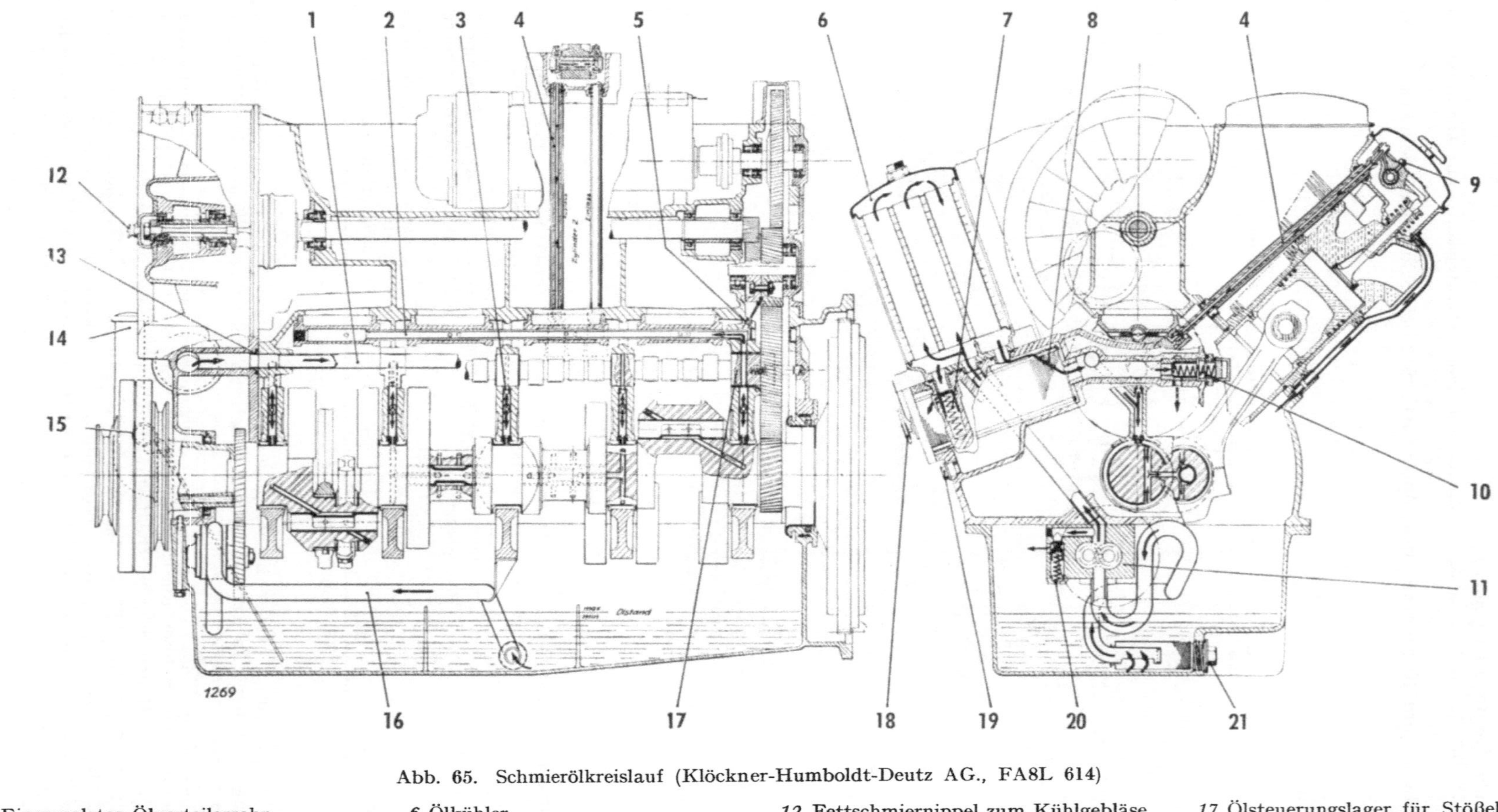

Abb. 65. Schmierölkreislauf (Klöckner-Humboldt-Deutz AG., FA8L 614)

1 Eingewalztes Ölverteilerrohr
2 Eingewalztes Ölrohr in den Stößelbrücken
3 Eingepreßte Düsen
4 Auslaßstoßstange mit Kipphebel und Ventilschmierung
5 Ölspritzdüse für Zahnradschmierung
6 Ölkühler
7 Umgehungsventil
8 Schmierölfilter
9 Einstelldüse zur Kipphebelschmierung
10 Druckregelventil
11 Zahnradölpumpe
12 Fettschmiernippel zum Kühlgebläse
13 Zwischenstück mit Gummidichtring
14 Öleinfüllstutzen mit Entlüftung
15 Ölmeßstab
16 Ölansaugleitung
17 Ölsteuerungslager für Stößel- und Kipphebelschmierung
18 Ölfilterratsche
19 Schlammablaßschraube
20 Überdruckventil in der Zahnradölpumpe
21 Filterkorb in der Ölwanne

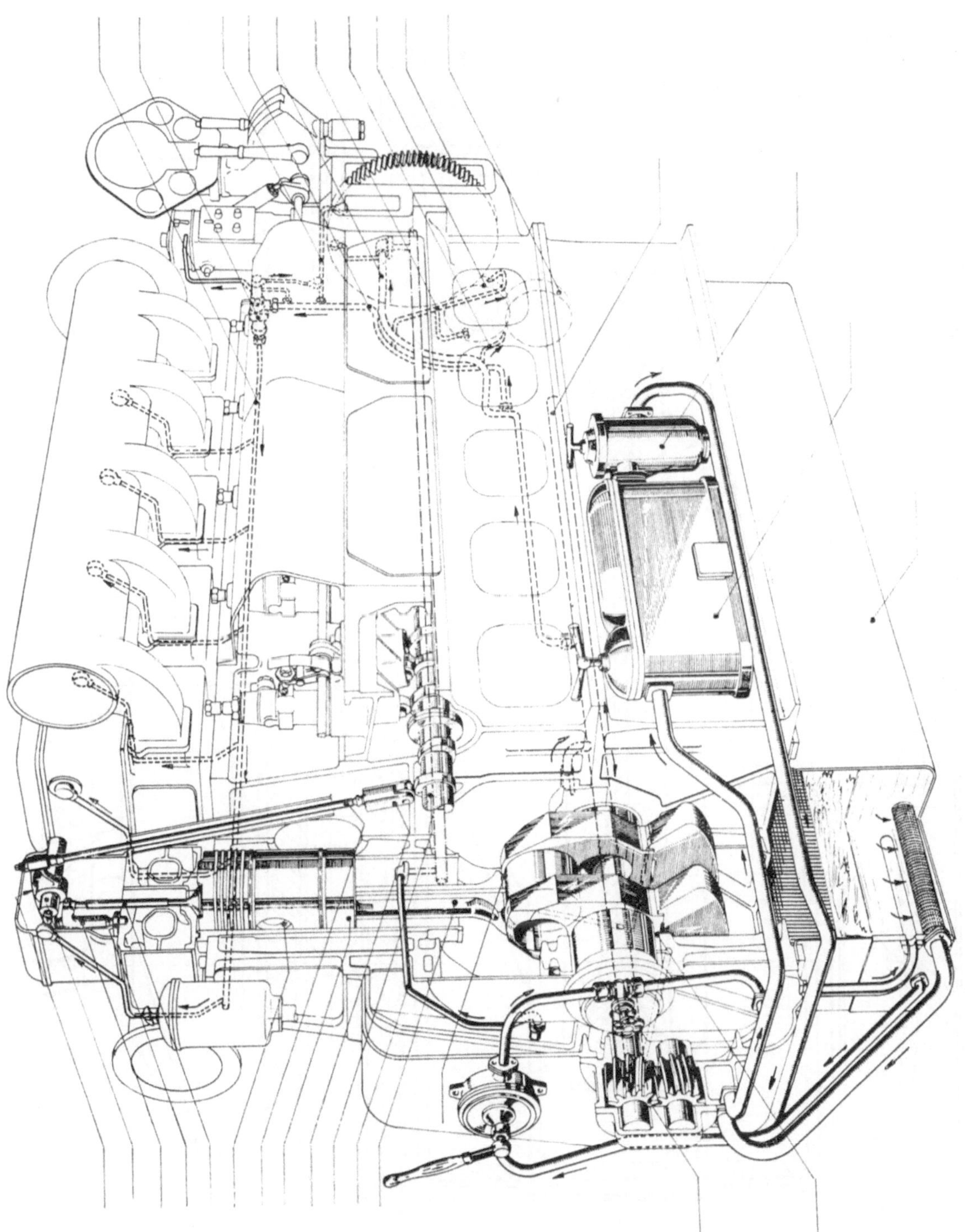

Abb. 66. Schmierölkreislauf **236 E** (Fiat)

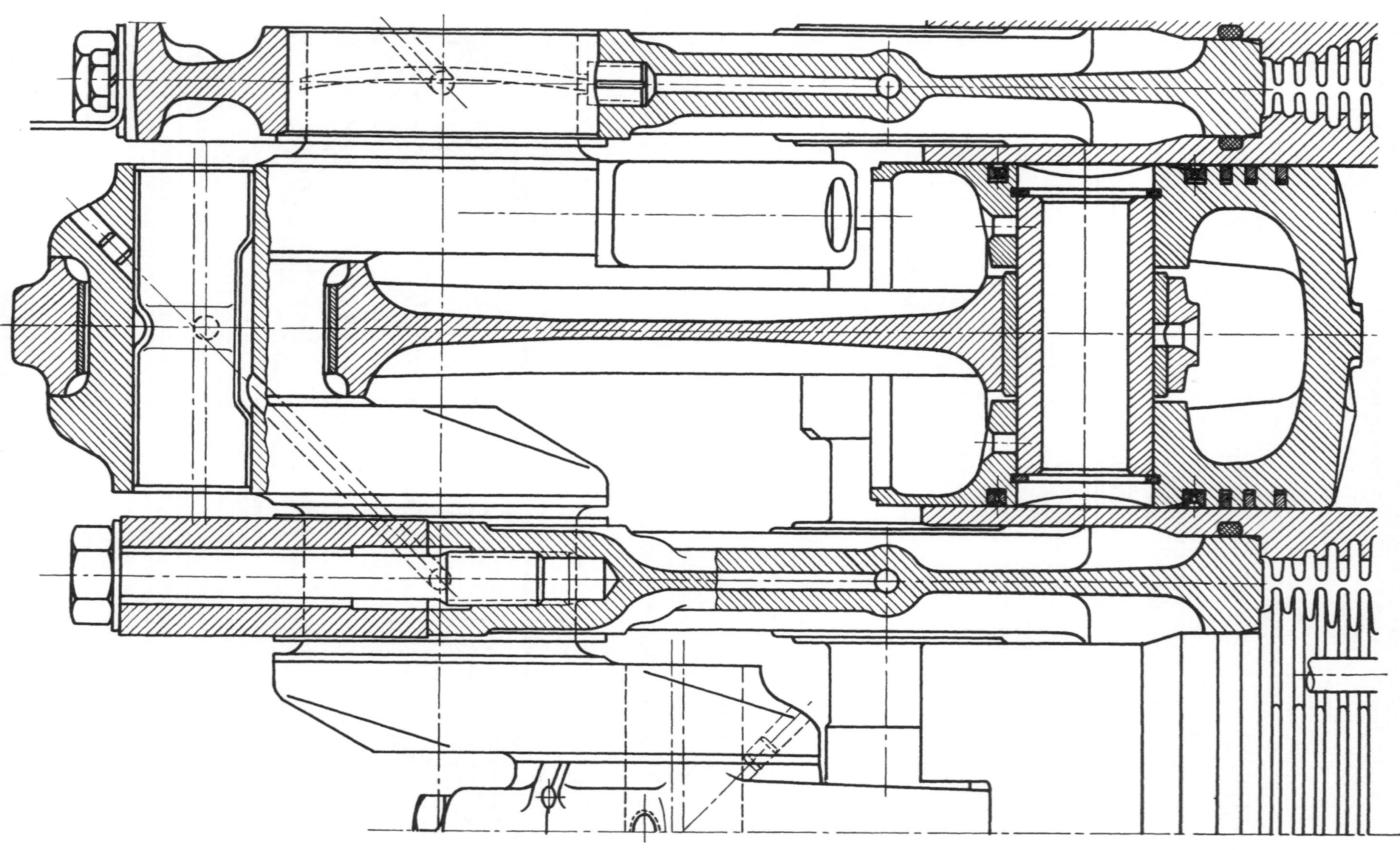

Abb. 67. Ausbildung der Schmierölleitung von den Wellen- zu den Kurbellagern (KHD, F4L 612, 60 PS, 2800 min⁻¹)

befestigt. Die Schubstange ist eine hohl gebohrte, aus Stahl geschmiedete Stange mit schwach konischem Schaft. Die beiden Kreuzkopflager an den Gabelenden sind geteilt. Die untere, die Verbrennungsdrücke aufnehmende Lagerhälfte ist als Dreistofflager (Stahl-Bronze-Weißmetall) aus-

gebildet, während die Lagerdeckel nur Weißmetallausguß haben. Das Kurbellager am Flanschende hat Weißmetallausguß, und zwischen Schubstangenschaft und Kurbellager sind Zwischenlagen zum Abstimmen des Kompressionsraumes bzw. des Verdichtungsverhältnisses eingebaut. Kreuzkopf- und Kurbellager werden über die Gelenkrohre vom Kreuzkopf druckgeschmiert.

Die BBC-Abgasturbolader haben ihre eigene, vom Motor unabhängige Schmierung. Die Schmierung der Napier-Abgasturbolader ist an den Schmierölkreislauf des Motors angeschlossen. Besondere Filter sind eingebaut.

Abb. 75 zeigt den Längsschnitt eines Zweitakt-Dieselmotors, aus dem der größte Teil der Schmierölführung und dazu erforderliche Konstruktionsdetails zu sehen sind.

d) Schmierölbehälter

Um das Öl zu schonen und nicht mehr als nötig umzuwälzen, ist der Inhalt des Behälters — bei kleinen und mittleren Motoren immer die Ölwanne — möglichst groß. Es ist dies die einzige Stelle, wo sich das Öl beruhigen kann, Luftbläschen an die Oberfläche gelangen, Schmutz sich absetzt und, falls kein eigener Ölkühler vorhanden ist, das Öl auskühlt. Dazu soll durch die Rückführung des Öles von der Maschine der Ölspiegel möglichst wenig aufgewirbelt werden. Einzelne Querbleche in der Ölwanne beruhigen die Ölströmung und versteifen die Wanne. Eine Abdeckung gegenüber dem

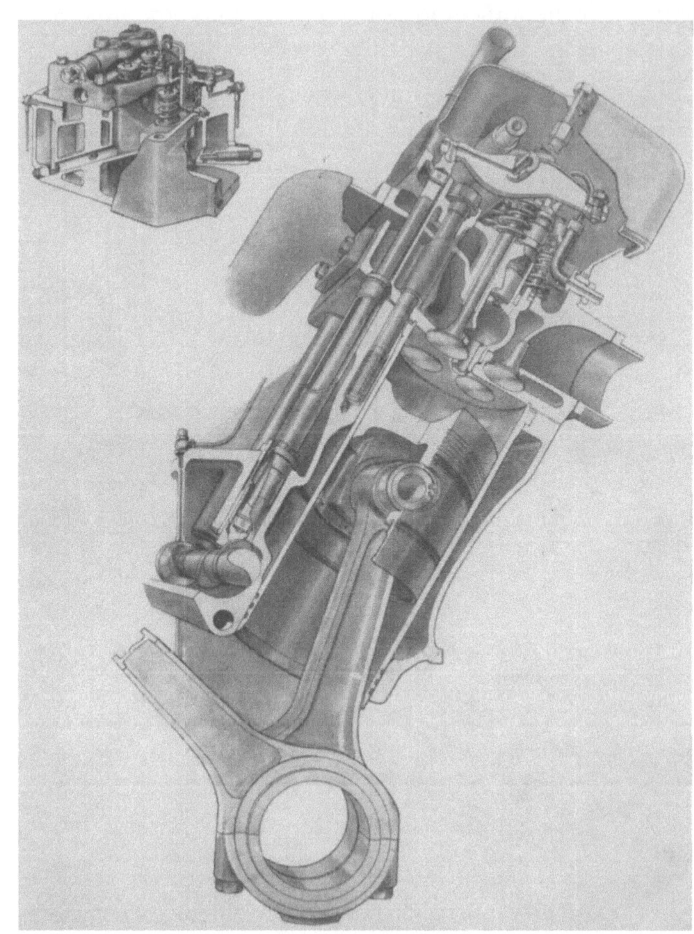

Abb. 68. Schmierölführung an der Ventilsteuerung des Motors nach Abb. 60

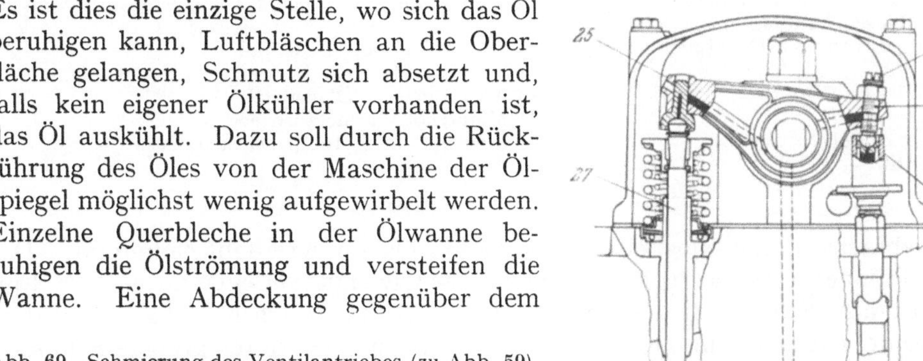

Abb. 69. Schmierung des Ventilantriebes (zu Abb. 59)

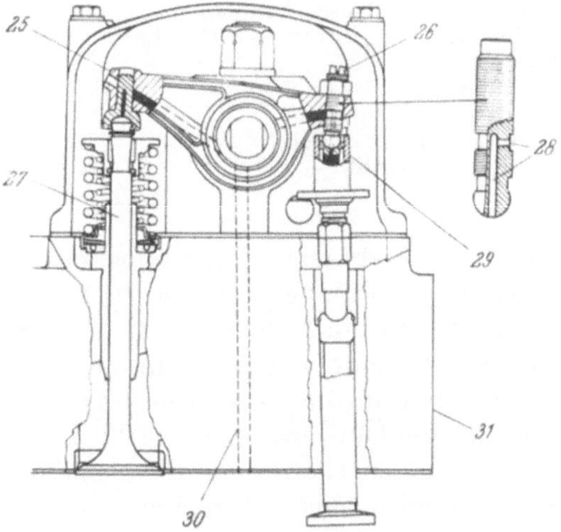

25 Kipphebel
26 Einstellschraube
27 Ventil
28, 30 Schmierölbohrungen
29 Hydraulische Verstellung
31 Zylinderkopf

Kurbelraum mittels Lochblechen bezweckt das gleiche. Rücklaufmündungen von Rohren haben möglichst großen Querschnitt, um die Austrittsgeschwindigkeit klein zu halten. Wenn Platz ist, läßt man das Rücklauföl über eine schräge Fläche in die Ölwanne einströmen. Rücklauf- und Saugstellen sind an einander entgegengesetzten Stellen des

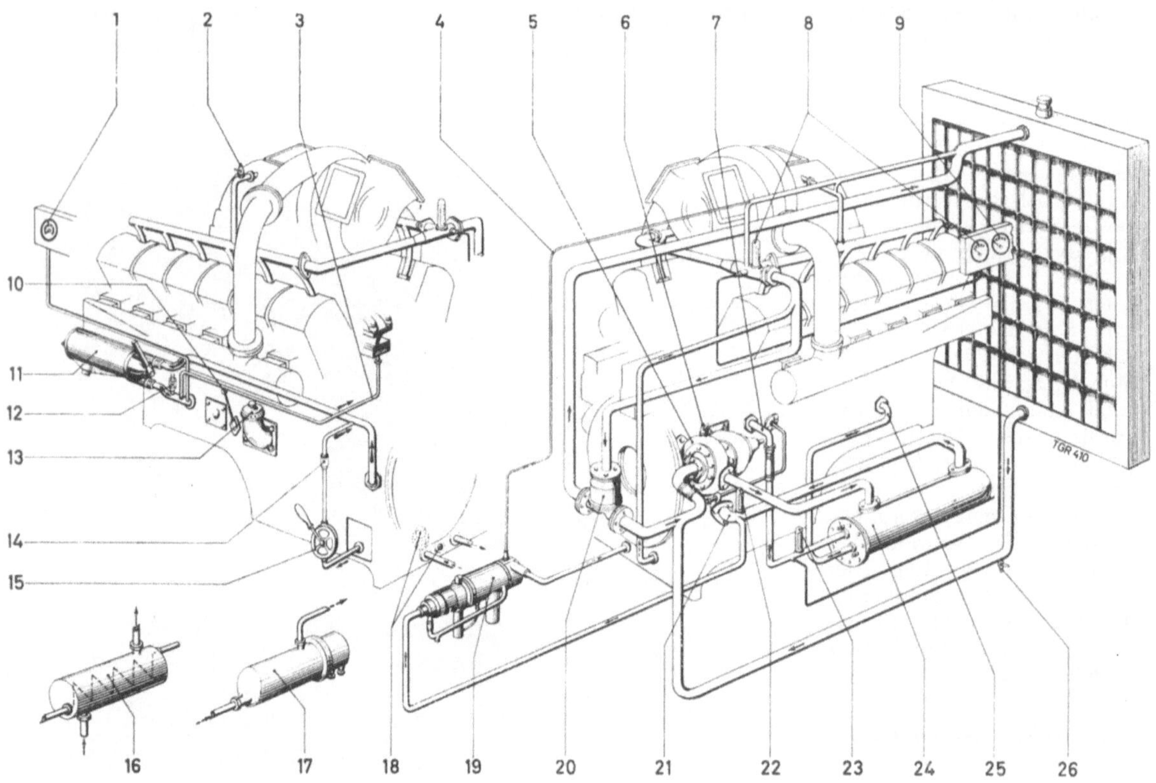

Abb. 70. Motorschmieröl- und Kühlwasserkreislauf des Motors nach Abb. 60

1 Ölmanometer
2 Entlüftungshahn (Kühlwasser)
3 Ölleitung zum Öldrucksicherheitsabsteller
4 Entlüftungsleitung (Kühlwasser)
5 Kühlwasserpumpe
6 Entlüftung (Kühlwasser)
7 Ölaustritt aus Motor (Ölwärmetauscher)
8 Temperaturmeßinstrumente (Kühlwasseraustritt)
9 Motometer (Ölaustritt zum Ölwärmetauscher)
10 Ölmeßstab
11 Ölfilter
12 Öldruckschalter
13 Entlüftungs- und Füllstutzen (Öl)
14 Rückschlagventil
15 Handpumpe zum Vorpumpen (Öl) auf Wunsch elektrisch
16 Kühlwasseranwärmegerät (Heißwasser) auf Wunsch
17 Desgleichen (elektrisch) auf Wunsch
18 Ölablaß und Schlammablaß
19 Kühlwasseranwärmegerät (Webasto) auf Wunsch
20 Temperaturregler (Kühlwasser)
21 Kühlwassereintritt in Motor
22 Thermometer (Kühlwassereintritt) auf Wunsch
23 Thermometer (Ölaustritt)
24 Motorenöl-Wärmetauscher
25 Öleintritt in Motor (Ölwärmetauscher)
26 Entwässerung

Behälters angebracht, damit möglichst das gesamte Öl am Kreislauf teilnimmt. Das Saugrohr zur Pumpe ist an der ruhigsten Stelle der Ölwanne verlegt und auf der Einströmseite mit einem Schutzkorb (Drahtsieb) oder einem mehrfach in radialer Richtung geschlitzten Rohr versehen, um die Pumpe vor Beschädigungen durch größere Schmutzteilchen zu schützen. Ein Öleinfüllstutzen (Abb. 76) und ein Ölmeßstab ermöglichen das Auffüllen der Ölwanne, bzw. die Kontrolle des Ölstandes. Selbstverständlich ist, daß der Öleinfüllstutzen ebenso wie die Ablaßöffnung, die sich an der tiefsten Stelle befindet, gut zugänglich sind. Manchmal ist der Ölbehälter zum Vorwärmen des Schmieröles heizbar. Er soll innen an allen Stellen gut zugänglich und leicht zu reinigen sein. Auch

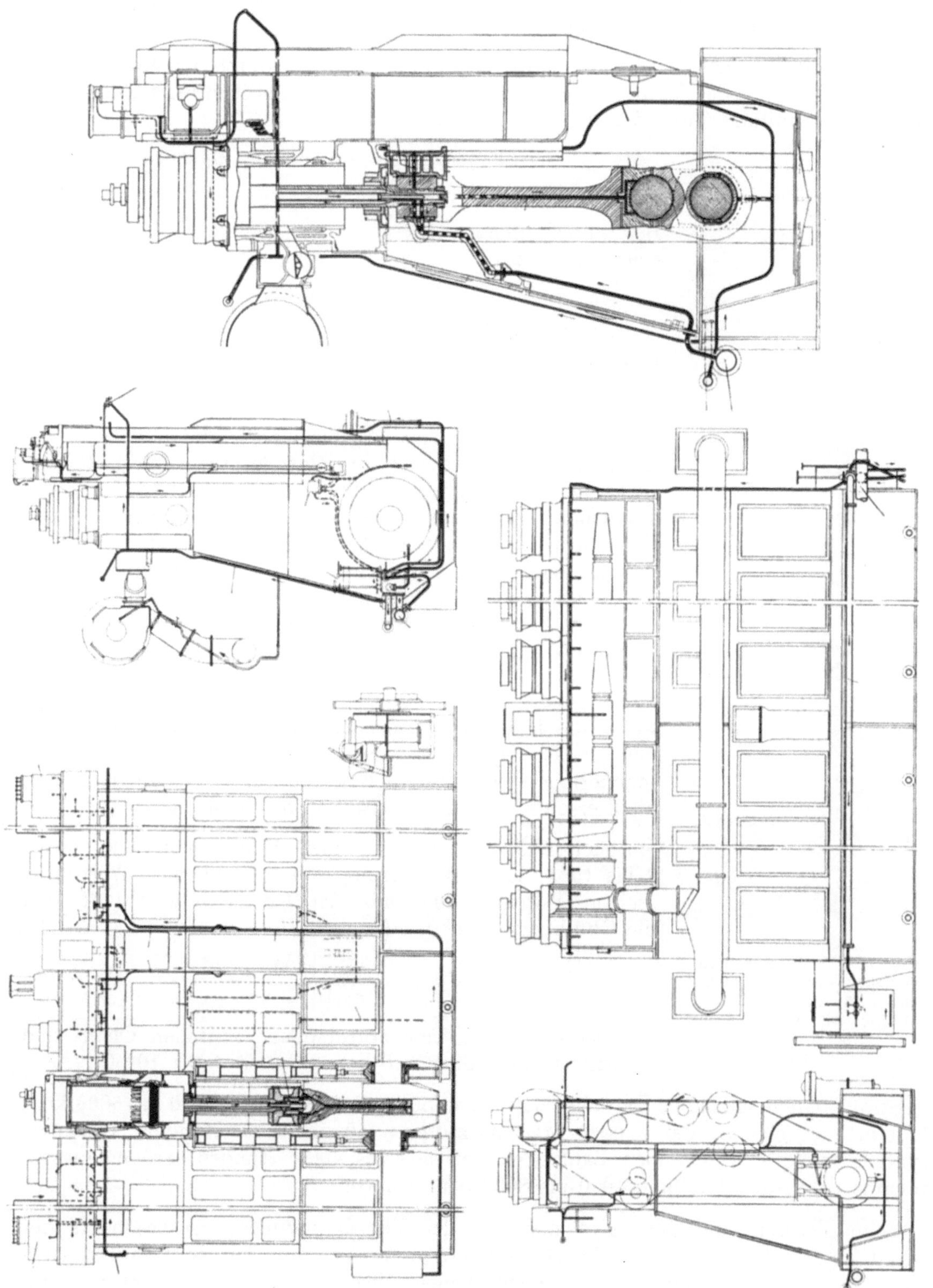

Abb. 71. Schmierölkreislauf eines aufgeladenen Zweitakt-Kreuzkopf-Schiffsdieselmotors (Gebr. Sulzer, RSAD76, 1300 PS/Zyl., 119 min^{-1})

wenn die Ölwanne des Motors nicht den Ölbehälter bildet, wird eine Entlüftung zum Abführen von Abgasen und Öldämpfen vorgesehen.

Je öfter die *Schmierölfüllung* $V_Ö$ innerhalb einer gewissen Zeit durch den Motor kreist,
um so schneller wird das Öl altern. Die *Umwälzzahl* Z gibt an, wie oft in jeder Stunde die
vorhandene Ölfüllung durch den Motor gepumpt wird:

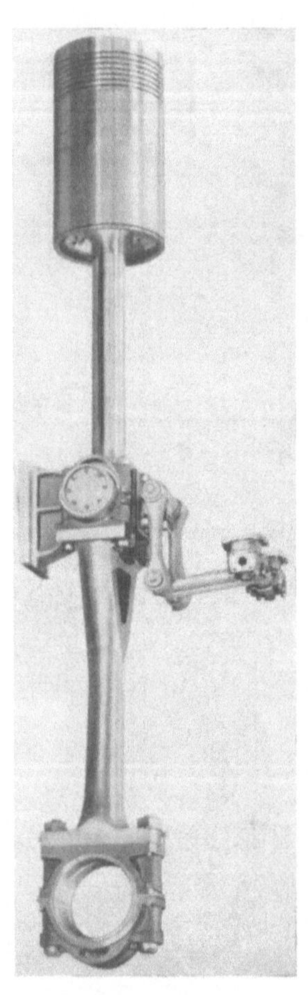

$$Z = \frac{\text{stündliche Pumpenleistung}}{\text{Ölfüllung}} = \frac{Q_Ö \cdot 3600}{V_Ö} . \qquad (10)$$

Bei schnellaufenden Dieselmotoren rechnet man etwa mit
einer Umwälzzahl

$$Z = 40 \text{ bis } 90 \text{ h}^{-1}.$$

Bei deutschen Kraftwagenmotoren ergeben sich Werte
von

$$Z = 120 \text{ bis } 150 \text{ h}^{-1}.$$

Bei so großen Umwälzzahlen muß die Ölfüllung oft
erneuert werden, da sich die *Ölwechselzeit* auch nach der
Größe der Ölfüllung richtet, durch die die relative Menge des
anfallenden Schmutzes, die Ölqualität und die Arbeitstemperatur beeinflußt werden. Eine möglichst große Ölfüllung bei Umlaufschmierung und gute Kühlung senken
die Öltemperatur und verlängern daher die Lebensdauer des
Öles. Als übliche Menge gilt etwa das 1,5- bis 8-fache Hub-
volumen des Motors:

$$V_Ö = (1,5 \text{ bis } 8) \cdot V_H,$$

wobei die höheren Werte zu bevorzugen sind. Ölfüllungen
von großen Schiffsdieselmotoren mit getrennter Zylinderschmierung sind wesentlich größer und werden jahrelang
nicht ersetzt. Die Umwälzzahl ist hier sehr klein.

Auch aus der abzuführenden Wärmemenge W (etwa
7 bis 15% der Motorleistung: — die kleinen Werte bei
kleinen Motoren) und aus der Umwälzzahl Z läßt sich
die Ölfüllmenge rechnen (s. auch [68]):

Abb. 72. Treibstange und
Kreuzkopf mit Gelenk-
rohren für die Schmieröl-
führung im Motor nach
Abb. 73 und 74

$$V_Ö = \frac{W \cdot 3600}{c \cdot \Delta\vartheta \cdot Z \cdot \gamma} \qquad (11)$$

($\Delta\vartheta$ ist dabei die Temperaturspanne zwischen Ölein- und
-austritt beim Kühler und beträgt etwa 5 bis 10° C).

Straßenfahrzeuge haben Ölwechselzeiten von 50 bis 250 Stunden (1500 bis 5000 km),
Baufahrzeuge ebenso, Bahn- oder Stationärmotoren 50 bis 2000 Stunden. Kleinere
Schiffsdieselmotoren schreiben Laufzeiten von 500 bis 4000 Stunden, große langsam
laufende Schiffsdieselmotoren 1000 bis 8000 Stunden vor.

Beim Verbrennungsmotor gibt meistens der Verschmutzungsgrad, besonders der
Gehalt an fremden Feststoffen im Öl, und nicht die Alterung den Zeitpunkt des Öl-
wechsels an; deshalb sind die hier angegebenen Ölwechselzeiten nur Richtlinien für
normale Betriebsverhältnisse. Um die richtigen Zeiten für jeden Einzelfall festzulegen,
müssen gelegentlich Ölproben aus dem Ölbehälter in einem Laboratorium untersucht
werden. Zur schnellen Untersuchung, ob ein Öl noch zu gebrauchen ist, dient nach einer
Shell-Mitteilung die „Tropfenprobe". Durch sie ergibt sich unmittelbar an Ort und

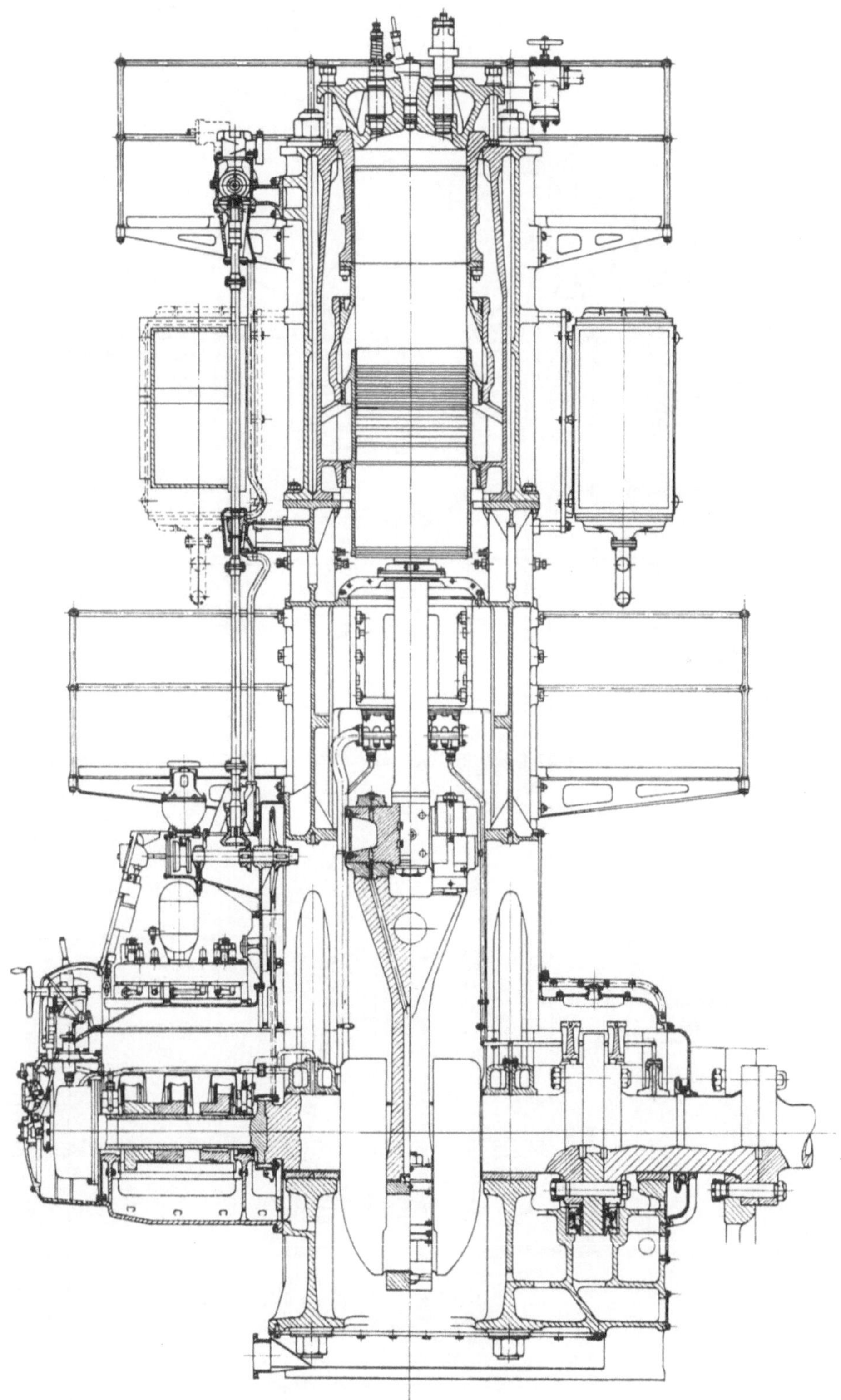

Abb. 73. Längsschnitt des Motors C 680 S (Borsig-Fiat)

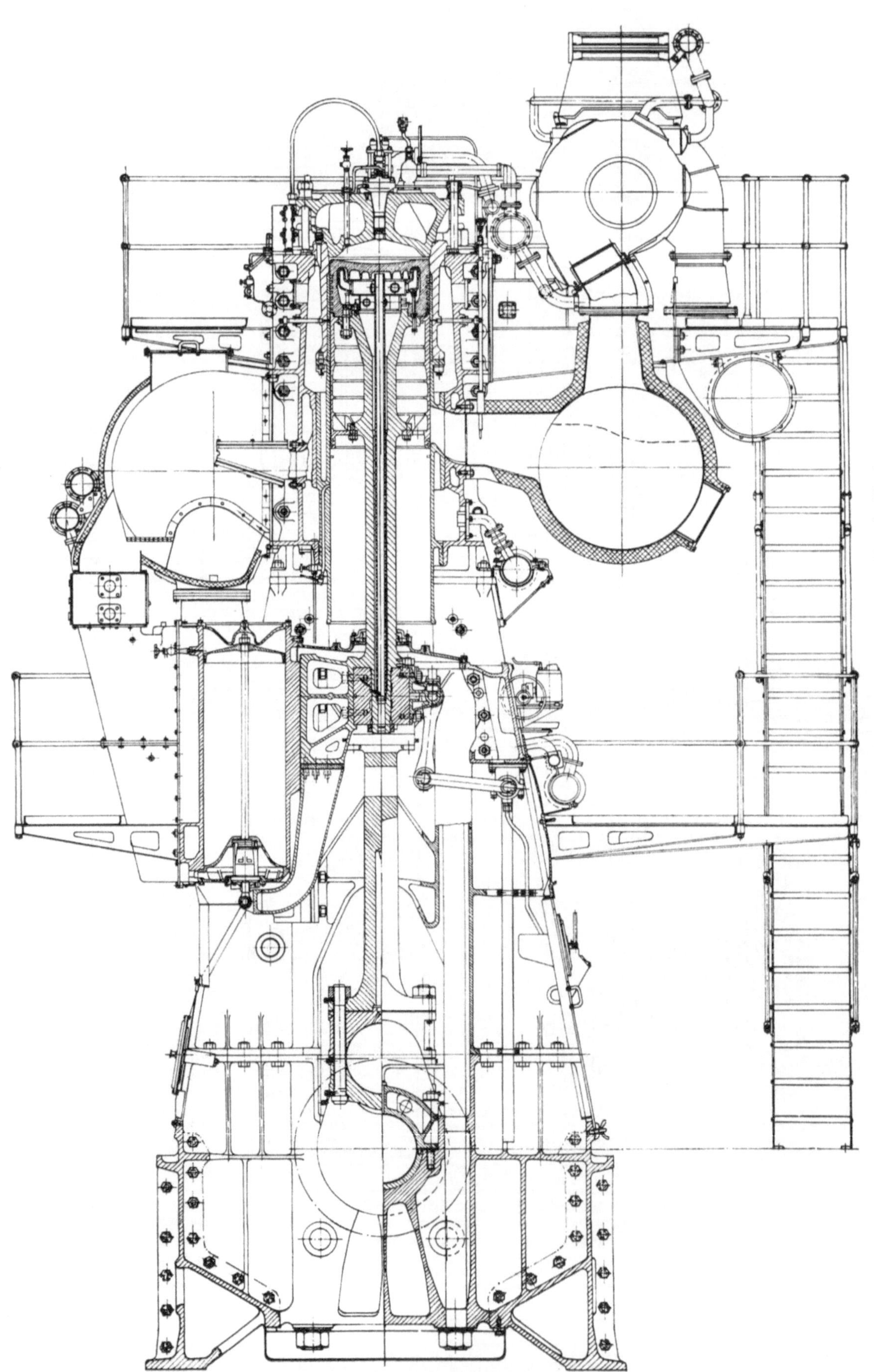

Abb. 74. Querschnitt des Motors C 680 S (Borsig-Fiat)

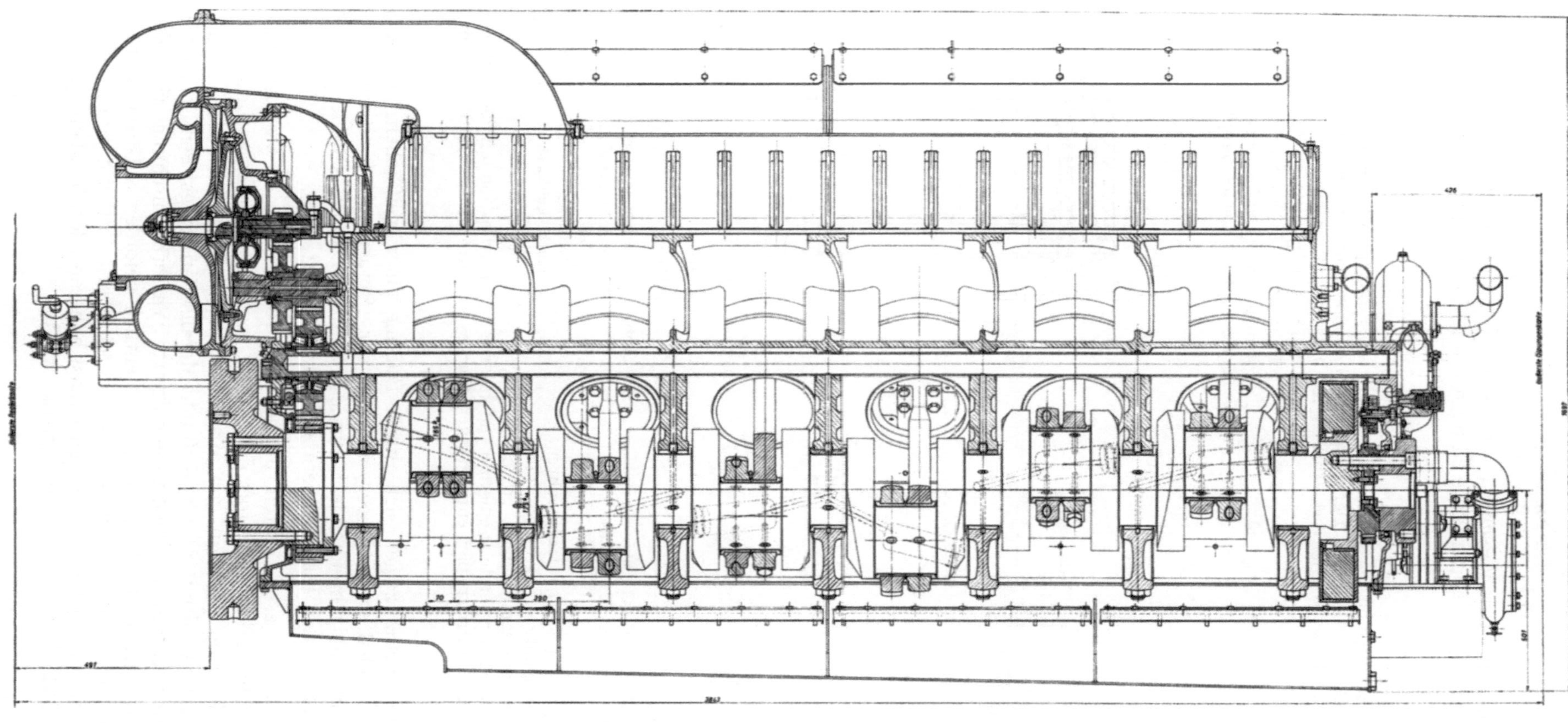

Abb. 75. Längsschnitt des Motors JW 1500 (Jenbacher Werke, s. auch Abb. 29)

Stelle beim Motor ein Bild über den Verschmutzungsgrad. Bei einiger Übung kann man damit feststellen, ob das im Motor vorhandene Öl noch brauchbar ist oder ausgewechselt werden muß.

Ein Tropfen des gebrauchten Öles wird dazu auf ein Stück saugfähiges Papier (Filtrierpapier) getropft. Darauf wird sich nur die reine Flüssigkeit gut ausbreiten. Es bleibt ein mehr oder weniger dunkler Kern aus Schmutzteilchen (Abb. 78). Der nach einigen Stunden entstandene Fleck läßt an der Ausbildung der Färbung und den Flächenverhältnissen von Kern und Ring die Verschmutzung, den Feststoffgehalt und den Wassergehalt für die Praxis genügend genau erkennen. Zweckmäßig ist es, für jeden Motor laufend solche Tropfenproben

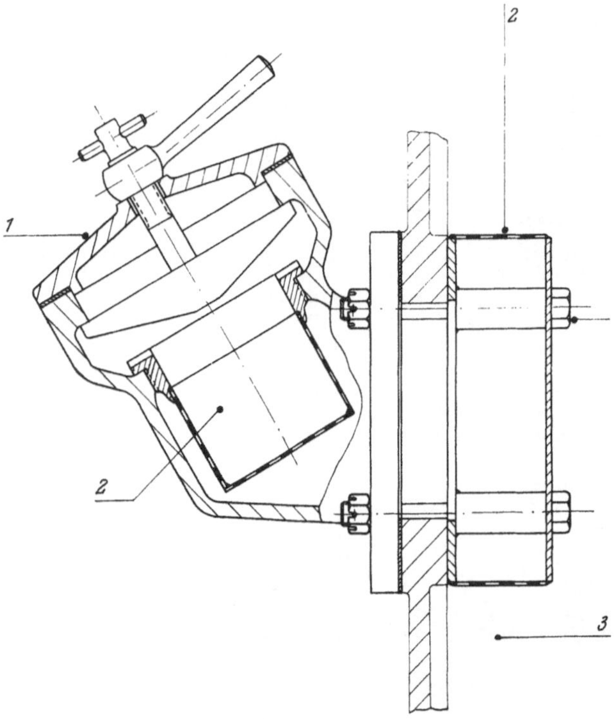

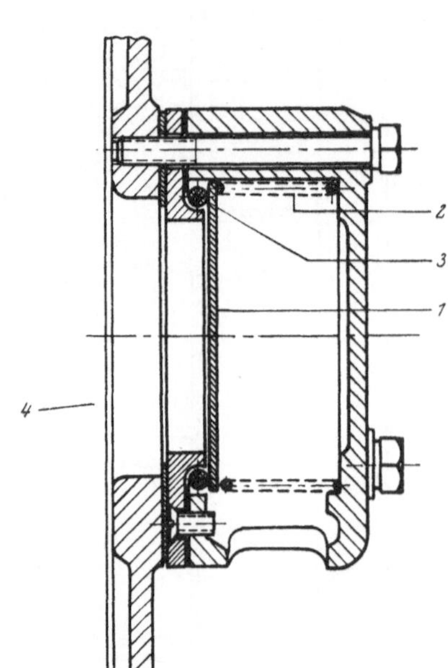

Abb. 76. Öleinfüllstutzen (KHD)
1 Verschluß   *2* Sieb   *3* Kurbelgehäuse

Abb. 77. Entlastungsventil (KHD)
1 Verschlußmembran
2 Feder
3 Dichtring
4 Kurbelgehäuse

zu machen und die Bilder zum Vergleich aufzubewahren. Vergleichstafeln, die die ausgeführten Tropfenproben mit verschiedenem Verschmutzungsgrad zeigen, erleichtern die Arbeit. Durch zusätzliche Anwendung einer p_H-Indikatorlösung (zur Bestimmung des Säuregehaltes), die am Rand des am Filtrierpapier entstandenen Fleckes aufgetropft wird, läßt sich der Wirkstoffanteil kontrollieren.

Größere Mengen von Wasser zeigen sich durch Bildung einer weißlichen Wasser-Schmieröl-Emulsion im Ölbehälter des Motors an. Bei der „Spratzprobe" wird der ölbenetzte Peilstab über eine ruhig brennende Flamme gehalten. Das im Schmieröl enthaltene Wasser verdampft in der Flamme geräuschvoll und spritzt ab.

Fahren mit kaltem Motor, z. B. durch häufige Unterbrechung des Motorlaufes, fördert die Ölverdünnung durch den Kraftstoff, den Zutritt von unvollständig verbrannten Treibstoffanteilen und die Kondensation von Wasserdampf an kühlen Flächen. Das so in das Öl gelangte Wasser wird mit Staub, Ruß und Metallseifen innigst gemischt und führt zur Schlammbildung. Durch eine größere emulgierte Wasserbeimischung wird die Viskosität des Öles vergrößert und die Korrosion wesentlich gefördert. Durch starke Verschmutzung steigt gewöhnlich die Viskosität an, durch Kraftstoffbeimengung wird sie gesenkt. Im Betrieb soll die untere Grenze der nächst höheren oder die obere Grenze der nächst niedrigeren SAE-Stufe nicht überschritten werden.

Es ist besser, die Ölwechselperiode nach dem Kraftstoffverbrauch und der Ölumlaufmenge einzuteilen, als nach der Kilometerzahl oder Laufstundenzeit; denn die verbrauchte Kraftstoffmenge läßt am besten auf die Anstrengung und Verschmutzung des
Motors schließen, unabhängig von Motorumdrehung, Belastungsgrad, Zeit oder Strecken-
länge, aber abhängig von der gesamten im Umlauf
befindlichen Schmierölmenge. Die nach den Betriebs-
vorschriften üblichen Ölwechsel an Dieselmotoren erfolgen etwa nach einem mittleren Kraftstoffverbrauch von
6,5 l/PS. Der Ölwechsel erfolgt bei warmer Maschine,
kurz nach dem Abstellen, da sich dann der Schmutz
noch nicht abgesetzt hat und mit dem dünnflüssigen Öl
abrinnt. Nach dem Ablassen kann der Motor mit Spül-
oder Motorschmieröl gewaschen werden, wobei es genügt,
das Öl nur bis zum niedrigsten Stand einzufüllen. Beim
Ausleeren wird der meiste restliche Schmutz aus-
geschwemmt. Beim Nachfüllen sollte stets dieselbe
Sorte verwendet werden. Mischen von Ölen verschiedener Herkunft kann die Schmiereigenschaften und
auch die Wirkung der Legierungszusätze verschlechtern
(s. S. 42). Beim Ölwechsel kann aber ohne weiteres auf
eine andere Sorte übergegangen werden, da eine Mischung, bei der ein Teil sehr klein ist (etwa unter 10%)
nicht schadet. Jedoch muß beim Übergang von Normal-
Öl auf HD-Öl die Ölfüllung ein- bis zweimal nach
einigen Betriebsstunden erneuert werden (Filter dabei
immer reinigen!), um die eventuell gelösten alten
Ablagerungen möglichst schnell aus dem Kreislauf aus-
zuscheiden. Bei Neukonstruktionen empfiehlt es sich,
diese mit normalem Öl einzufahren und erst nach der
Einlaufzeit auf HD-Öl — unter der oben besprochenen
Sicherheitsmaßnahme — überzugehen. Der Einlaufvorgang wird nämlich durch HD-Öl verzögert.

Der Schmierstoffverbrauch eines Lagers oder einer
Maschine setzt sich zusammen aus dem Schmierstoffbedarf und dem Ölverbrauch oder *Ölverschleiß*. (Da
das Öl auch als Werkstoff angesehen wird, ist der
Ausdruck „Verschleiß" für Verlustöl gerechtfertigt.)
Der spezifische Ölverschleiß beträgt heute für Diesel-
oder Gasmotoren mit Druckumlaufschmierung

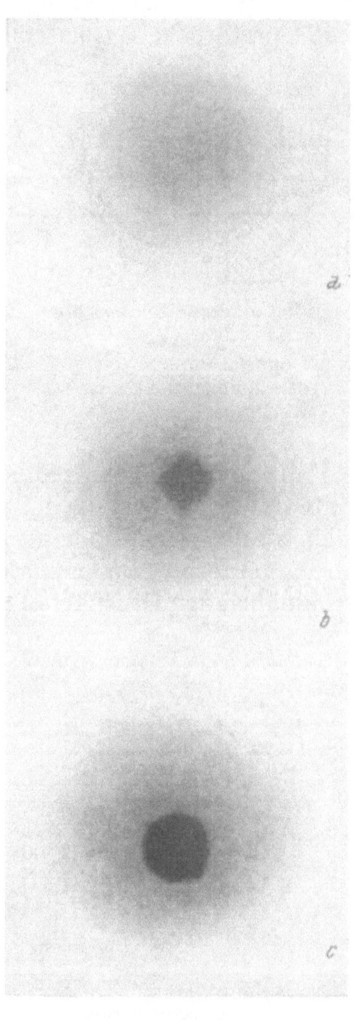

Abb. 78. Schmieröltropfenprobe
auf Filtrierpapier (aus: Shell
Technischer Dienst)
a Frisches Öl
b Leicht verschmutztes Öl
c Stark verschmutztes Öl

bis 100 PS etwa 3 bis 5 p/PSh Nennleistung,

bis 1500 PS etwa 1,5 bis 3 p/PSh,

über 1500 PS etwa 1 bis 2 p/PSh (einschließlich Zylinder-
und Stopfbüchsenschmierung).

Bei Ottomotoren beträgt der Mittelwert etwa 1,2 bis 5 p/PSh. Beste Werte für Zylinder-
schmierungen bei großen Motoren erreichen 0,3 p/PSh [6, 34].

Der Konstrukteur hat es in der Hand, schon bei der Anlage einer Schmierung, be-
sonders eines Umlaufsystems, verschiedene die Alterung beschleunigende Umstände zu
vermeiden. Kupferhaltige oder andere die Alterung fördernde Werkstoffe sollen mit dem
Öl möglichst wenig in Berührung kommen. Sehr wichtig ist eine gute Reinigung des
Ölumlaufes (Behälter mit Absetzmöglichkeit, Schlammablaß, Filter usw.). Jeglicher
Unterdruck im ganzen Schmiersystem muß vermieden werden, da sich sonst Luft aus dem
Öl ausscheidet und das Öl zu schäumen beginnt.

e) Rohrleitungen

Damit der Druckabfall in den Rohrleitungen und sonstigen Öldurchflußbohrungen nicht zu groß wird, sollten je nach Ölzähigkeit alle Strömungsquerschnitte so ausgebildet werden, daß die Strömungsgeschwindigkeit für dünnflüssige Öle maximal 300 cm s^{-1} beträgt. In der Saugleitung sollten sie unter 100 cm s^{-1} liegen. Dort können durch zu große Unterdrücke Gasblasen entstehen oder Luft in das Öl gelangen. Dies beeinträchtigt

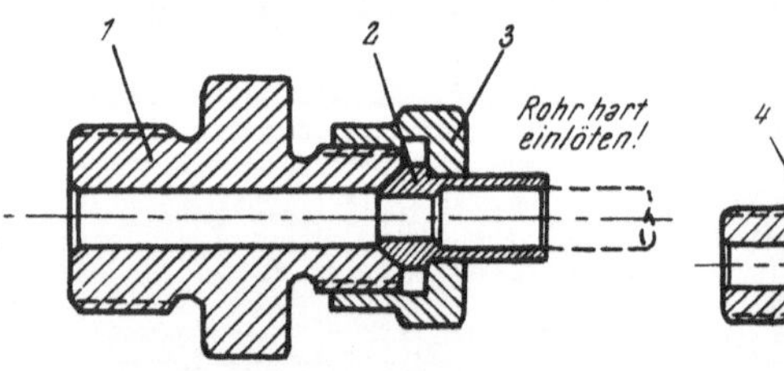

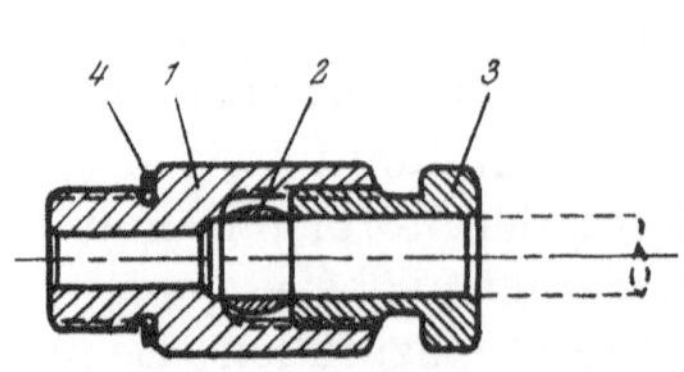

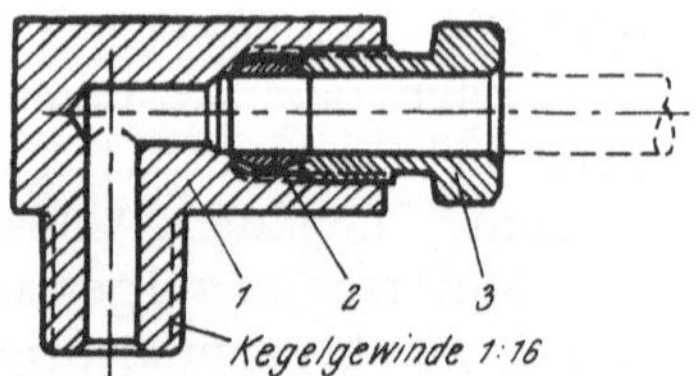

Abb. 79. Lötbarer Rohranschluß (Bosch ORV)

1 Doppelschraubstutzen
2 Anschlußkegel
3 Überwurfmutter

Abb. 80 a. Lötloser Rohranschluß (Bosch SPRV)

1 Schraubstutzen
2 Doppelkegeldichtring
3 Gewindebuchse
4 Dichtring

Abb. 80 b. Lötloser Winkelrohranschluß (Bosch SPRV)

1 Winkelschraubstutzen
2 Doppelkegeldichtring
3 Gewindebuchse

die Funktion der Ölpumpe und die Tragfähigkeit der Lager. Der von der Ölpumpe erzeugte Druck muß groß genug sein, um die Leitungswiderstände zu den einzelnen Schmierstellen zu überwinden, damit dort mindestens der für die Lagerschmierung erforderliche Öldruck herrscht. Besonders bei kleinen Rohrquerschnitten und langen Leitungen ist es zweckmäßig, den Druckabfall in der Rohrleitung zu kontrollieren, um sich zu vergewissern,

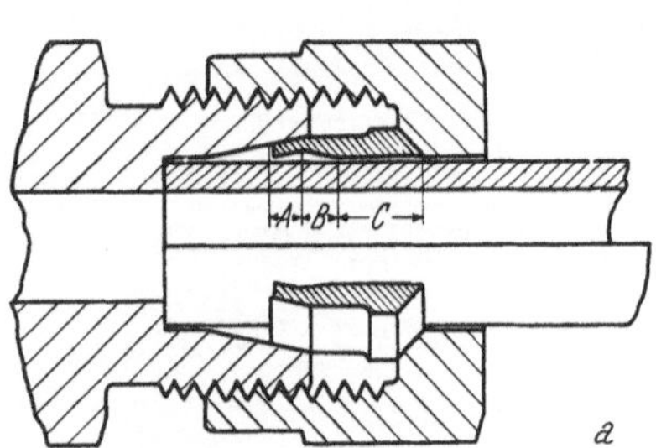

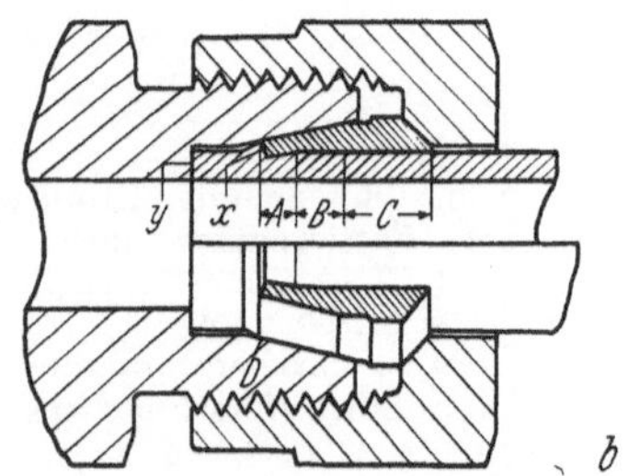

daß bei vorgeschriebener Pumpenleistung der an der Schmierstelle gewünschte Druck tatsächlich vorhanden ist [6].

Abb. 81. Rohrverbindung mit Schneidring (Ermeto Armaturen GmbH., Windelsbleiche-Bielefeld)

A Schneidender Teil
B Verkeilender Teil
C Schiebender Teil
D Der sichtbare Bundaufwurf garantiert eine einwandfreie und sichere Verbindung.

Nach dem Anzug der Überwurfmutter ist der Teil A mit der Hohlschneide x in die Rohrwand eingedrungen und hat den sichtbaren Bund D aufgeworfen. Der Teil B hat sich zwischen Rohrwand und Innenkonus verkeilt und begrenzt so den weiteren Vorschub des Ringes. Das in die Überwurfmutter ragende Ende des Teiles C legt sich fest um das Rohr, wodurch Schwingungen desselben an dieser Stelle gedämpft, dann vom Teil B aufgefangen werden und somit nicht an den Rohreinschnitt bei x gelangen können. Das Rohrende ist zwischen der Hohlschneide x und dem Anschlag y innerhalb der Verschraubung kurz und fest eingespannt und gegen jede Axialverschiebung gesichert.

Der Druckabfall in Rohrleitungen beträgt

$$\Delta p = 0{,}5 \cdot \lambda \cdot \varrho \cdot v^2 \cdot 1/d_i. \tag{12}$$

Bei laminarer Strömung (für Re < 2320) ist der Rohrreibungsbeiwert

$$\lambda = 64/\mathrm{Re}, \tag{13}$$

worin die dimensionslose Reynoldssche Zahl

$$\mathrm{Re} = v \cdot d_i/\nu \tag{14}$$

ist.

Bei den meisten im Motorenbau vorkommenden Schmierölströmungen kann der Druckabfall so gerechnet werden, als ob laminare Strömung herrschen würde. Dann ist der Druckabfall Δp nach Einsetzen von (13) und (14) in (12) und unter Verwendung von (8):

$$\Delta p = 32 \cdot \eta \cdot v \cdot l/d_i^2. \tag{15}$$

Als Beispiel seien zwei Rohrleitungen durchgerechnet: Die Rohrlänge beträgt bei beiden $l = 100$ cm, die Ölzähigkeit (SAE 30) $\eta = 2,8 \cdot 10^{-6}$ kp s cm^{-2}/20° C, die Strömungsgeschwindigkeit $v = 200$ cm s^{-1}, und der Rohrdurchmesser ist im ersten Rohr $d_i = 0,5$ cm. Es ergibt sich hierbei ein verhältnismäßig großer Druckabfall $\Delta p = 7,2$ kp cm^{-2}.

Ist der lichte Durchmesser $d_i = 1$ cm, so verkleinert sich der Druckabfall auf ein Viertel:

$$\Delta p = 1,8 \text{ kp cm}^{-2}.$$

Daraus sieht man, wie wichtig es sein kann, den Druckverlust in Rohrleitungen für die Auslegung der Pumpe oder für die Ölverteilung zu berücksichtigen.

Als Rohrleitungen werden für Öl und Fett im allgemeinen nahtlos gezogene Stahlrohre verwendet. Für Druckleitungen zu beweglichen Schmierstellen oder zur Verbindung von Teilen, die sich gegeneinander bewegen können, sind biegsame Schlauchleitungen besser geeignet. Sie dürfen aber nie zu straff verlegt werden, da die im Betrieb eintretenden Längenänderungen bei Dehnung der Schläuche zur Verletzung dieser oder der Anschlüsse führen. Die Rohrverschraubungen müssen mehrfach gelöst und wieder montiert werden können. Sie müssen bei allen Betriebsbedingungen und auch bei Stößen und Schwingungen der Rohrleitungen dicht sein. Lösbare Verschraubungen sind solche mit angelötetem Nippel (Abb. 79), mit Klemmring (Abb. 80 a und b), mit be-

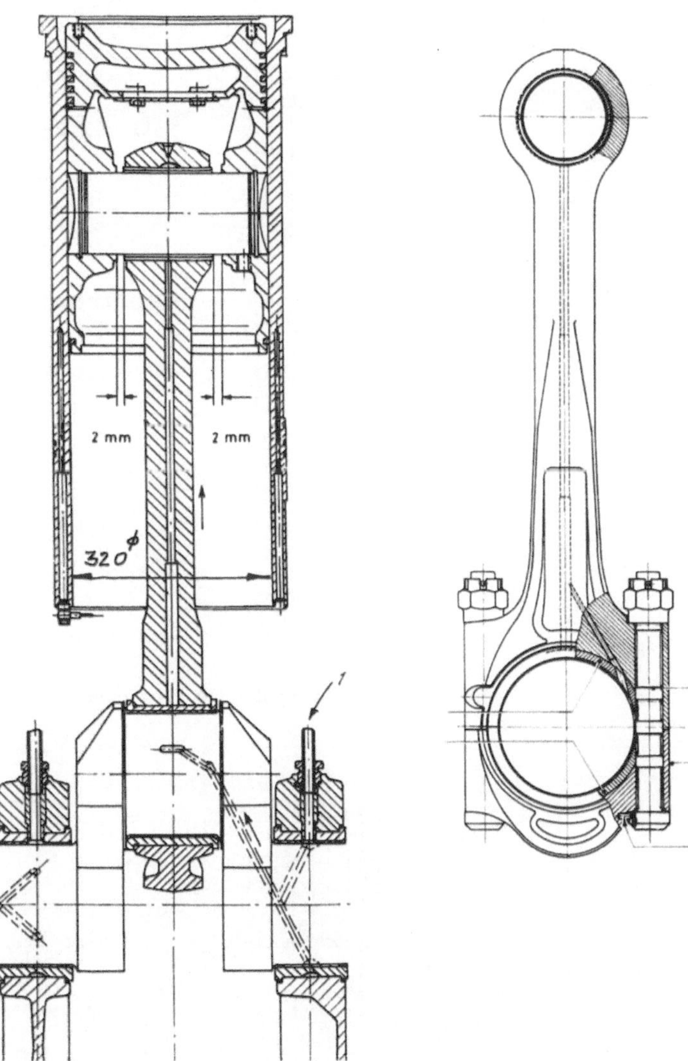

Abb. 82. Schmierölführung vom Hauptlager zum Kolben (KHD, VM 545, Viertakt-Diesel; 82,5 PS/Zyl., 375 min^{-1}) *1* von der Schmierölverteilleitung

bördelten Rohren, mit Formschluß durch Schulterring und mit Schneidring (Abb. 81) und Flanschverbindungen. Dichtungen und Schläuche aus nicht ölbeständigem Gummi verschmutzen das Öl. Dichtungen wie bei Wasserleitungen mit Hanf und dergleichen sind verpönt! Vorsicht muß bei allen nichtmetallischen Werkstoffen geübt werden: Sie können öllöslich sein (Farbanstriche, Lacke). Abgeschlossene Bohrlöcher und Toträume sollten vermieden werden, da sich darin gerne Schmutz und Schlamm ablagert und gelegentlich in großen Klumpen losbricht. Die Leitungen sollen möglichst gerade und einfach verlegt und

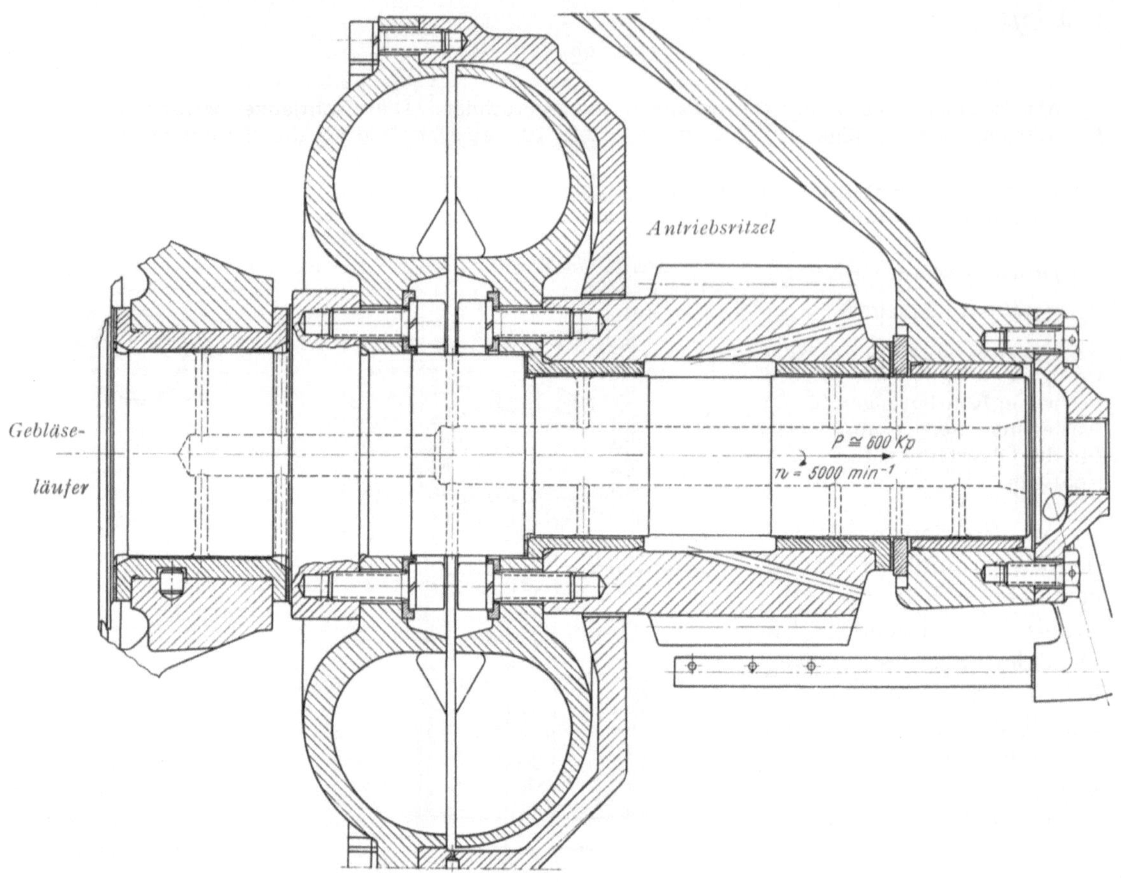

Abb. 83. Spülluftgebläselagerung eines Zweitakt-Dieselmotors

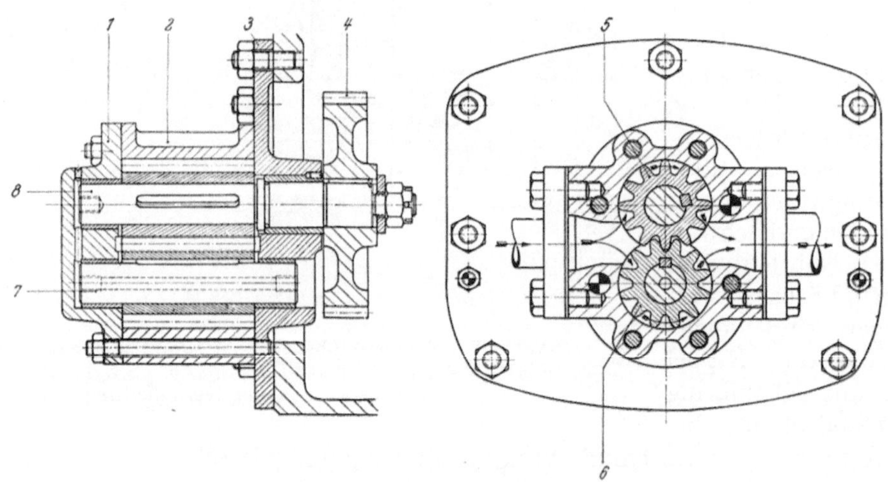

Abb. 84. Schmierölpumpe (MAN)

1 Vorderer Deckel	*3* Hinterer Deckel	*5* Pumpenzahnrad, treibend	*7* Laufachse
2 Pumpengehäuse	*4* Antriebszahnrad	*6* Pumpenzahnrad, getrieben	*8* Antriebswelle

so angeschellt werden, daß sie nicht schwingen oder vibrieren können. Oft führt der Schmierölweg eines Motors von der Pumpe durch eine Sammelleitung im Kurbelgehäuse zu den einzelnen Hauptlagern, von wo das Öl durch Bohrungen in der Kurbelwelle in die Pleuellager und weiter zum Kolbenbolzen und eventuell zur Kolbenkühlung befördert wird (Abb. 82). Bei kurzen Motoren kann das Öl auch an einem Ende der Kurbelwelle durch eine Brille in die Welle eingeführt werden. Es kommt dann zu den einzelnen Hauptlagern und von dort wie oben beschrieben zu den Pleuel- und Kolbenbolzenlagern. Bei der in Abb. 83 dargestellten Spülluftgebläse-lagerung gelangt das Schmieröl durch die Gebläsewelle über radiale Bohrungen zu jeder einzelnen Lagerstelle. Die nur gering belasteten Achsiallager werden aus dem benachbarten Radiallager mit dem Ablauf-öl versorgt.

f) Motorschmierölpumpen

Die Ölförderung besorgt im Motorschmierölkreislauf meist eine Zahnradpumpe, manchmal auch eine Kolbenpumpe. Bei größeren Motoren ist zusätzlich eine Hilfspumpe vorhanden, die vor Anlauf des Motors alle Schmierölleitungen auffüllt, damit bereits von der ersten Umdrehung an die Lager mit genügend Öl versorgt sind. Die Hilfspumpe kann eine Handflügelpumpe (Kolbenpumpe) oder eine elektrisch angetriebene Zahnradpumpe sein. Bei der Zahnradpumpe (Abb. 84 und 85) laufen zwei ineinander greifende Räder, von denen eines angetrieben

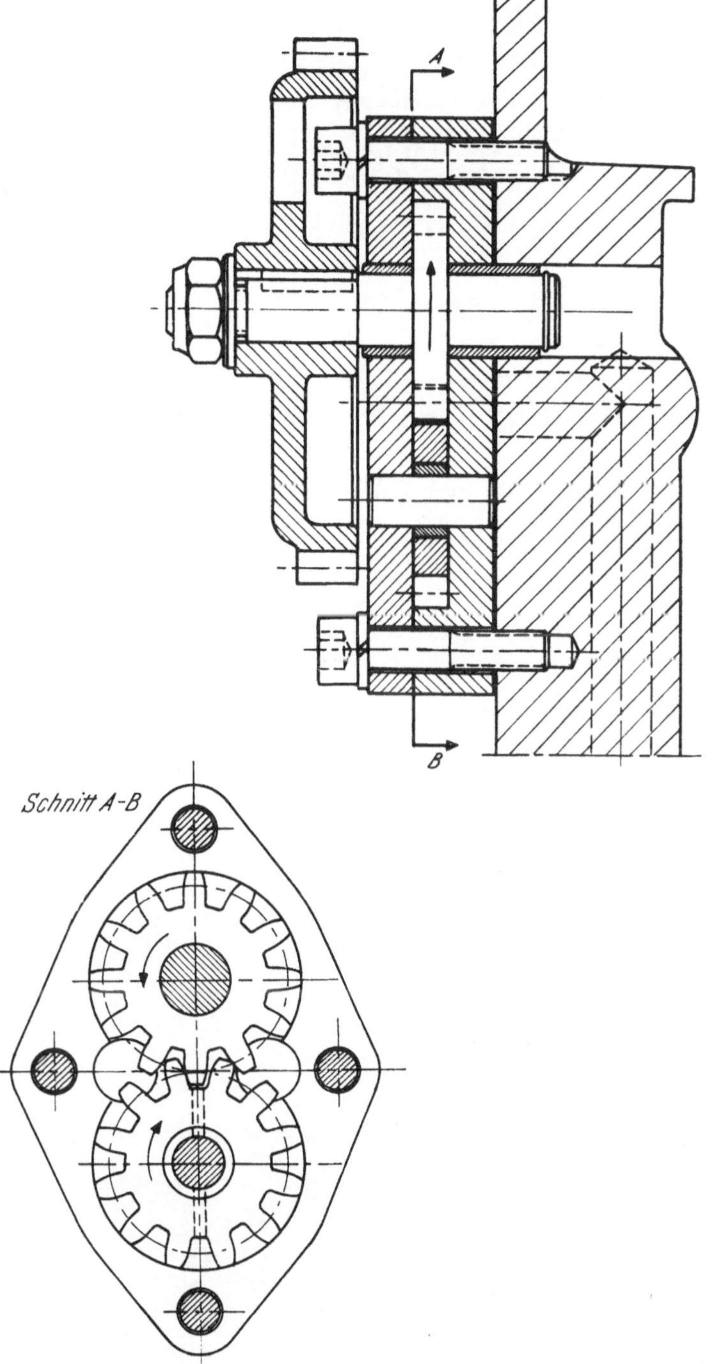

Abb. 85. Schmierölpumpe (Hatz)

wird, in einem eng anliegenden geschlossenen Gehäuse. Das in jeder Zahnlücke eingeschlossene Flüssigkeitsvolumen wird durch die Drehung der Räder außen entlang der Gehäusewand von der Saugseite auf die Druckseite befördert. Der Zahneingriff bildet

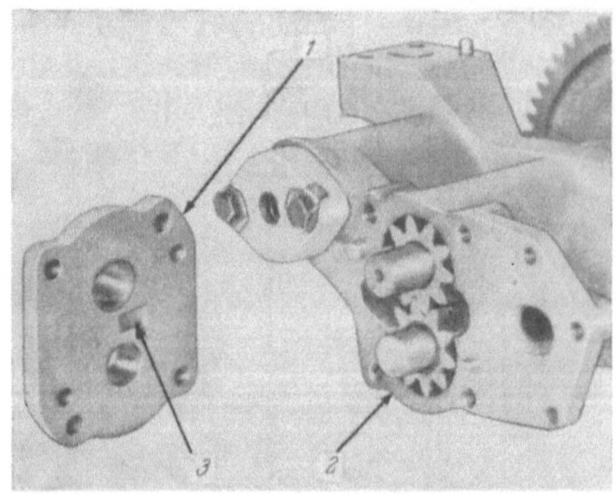

gleichzeitig die Dichtung zwischen Druck-
und Saugseite. Die Umfangsgeschwindigkeit
der Zahnräder liegt im allgemeinen unter
400 cm s^{-1}, das Verhältnis der Zahnbreiten
zum Teilkreisdurchmesser ist kleiner als 2
und der Modul meist zwischen 2 und 7. Das
Lagerspiel beträgt je nach Lagermaterial und
Wirkung der Entlastung (s. unten!) etwa
1,0 bis 2,0⁰/₀₀ des Wellendurchmessers.

Abb. 86. Schmierölpumpe (Caterpillar)
1 Gehäusedeckel
2 Pumpengehäuse
3 Entlastungsnut

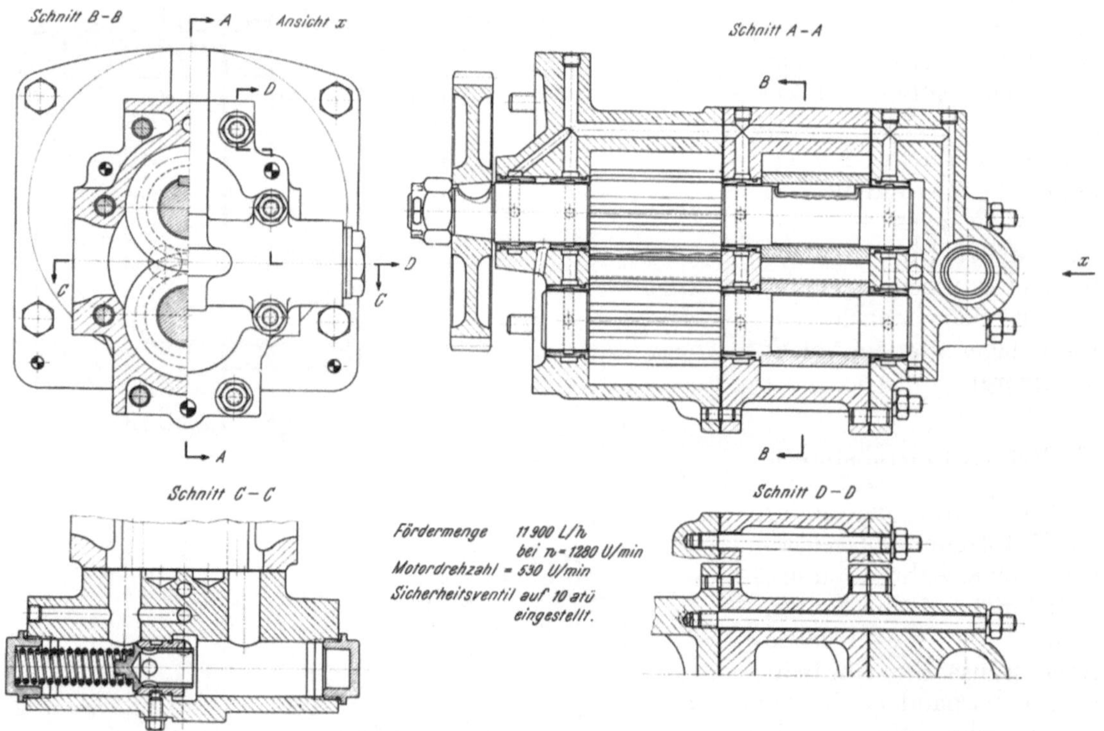

Abb. 87.   Schmieröldoppelpumpe
(Jenbacher Werke, 200 l/min,
1280 min^{-1})

Abb. 88.   Schmierölpumpe (MAN)
1 Antriebswelle
2 Sauganschluß
3 Förderräder
4 Druckanschluß
5 Pumpengehäuse
6 Abschlußdeckel
7 Antriebsrad
8 Sicherungsblech
9 Mutter

Zur Entlastung der Pumpenlager — meist Gleitlager — muß, besonders bei breiten Rädern, eine Ausweichmöglichkeit für das im Zahneingriff zwischen den Zähnen herausgequetschte Öl vorgesehen werden. Diese sogenannte „Entlastung" wird durch Bohrungen oder Nuten im Gehäuse, die bis fast zur Mitte des Zahneingriffes führen, vorgenommen (Abb. 86). Auch durch größeres Flankenspiel, als bei Zahnrädern im allgemeinen üblich (etwa 10 bis 15% des Moduls), kann dieselbe Wirkung bei breiten Rädern erreicht werden. Der Überströmquerschnitt für die Entlastung darf aber nicht zu groß sein, da dadurch ein Kurzschluß zwischen Saug- und Druckseite hergestellt würde. Dann könnte es vorkommen, daß Pumpen, die *über* dem Ölspiegel angeordnet sind (Saugpumpen), Luft umwälzen.

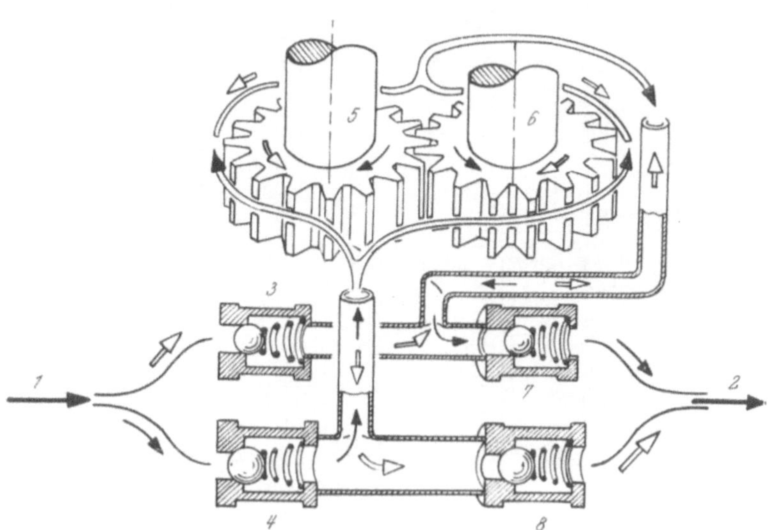

Abb. 89 *a*. Schematische Darstellung einer Motorschmierölpumpe für beide Drehrichtungen

1 Schmieröleintritt
2 Schmierölaustritt
3, 4 Saugventile
5, 6 Pumpenräder
7, 8 Druckventile

Abb. 87 zeigt eine Doppelpumpe, in der ein Zahnradpaar für die Umlaufschmierung und das zweite für die Kolbenkühlung oder, bei Trockensumpfschmierung, für das Leerpumpen der Ölwanne dient.

Der Motor nach Abb. 63 verwendet zur Schmierölförderung eine dreirädrige Doppelzahnradpumpe (Abb. 88). Sie ist im vorderen Kurbellagerdeckel eingebaut und wird von der Kurbelwelle aus angetrieben.

Die theoretische Förderleistung einer Zahnradpumpe beträgt:

$$Q_{\ddot{o}, \text{theor}} = \frac{\pi \cdot m^2 \cdot b \cdot z \cdot n}{3 \cdot 10^3}, \tag{16}$$

worin z die Zähnezahl, m der Modul (in mm!), b die Zahnbreite und n die Drehzahl der Räder in min⁻¹ bedeutet. Die tatsächliche Fördermenge wird durch den volumetrischen Wirkungsgrad, der von der Zahnform, den Spielen, vom Druck, von der Drehzahl und von der Zähigkeit abhängt, verkleinert (80 bis 95%) [68, 98].

Einen guten Vergleichswert für die erforderliche Schmierölumlaufmenge gibt die Leistung des Motors:

Die Fördermenge beträgt durchschnittlich

10 bis 35 l/PSh.

Wird das Öl auch zur Kolbenkühlung (besonders bei aufgeladenen Motoren) verwendet, so ist sie um

10 bis 25 l/PSh

zu erhöhen. Falls angeflanschte Kompressoren (nicht zu verwechseln mit Anlaßluftkompressoren!) von der Motorschmierölpumpe mit versorgt werden sollen, so ist für diese noch eine zusätzliche Menge von

15 bis 20 l/PSh

anzusetzen.

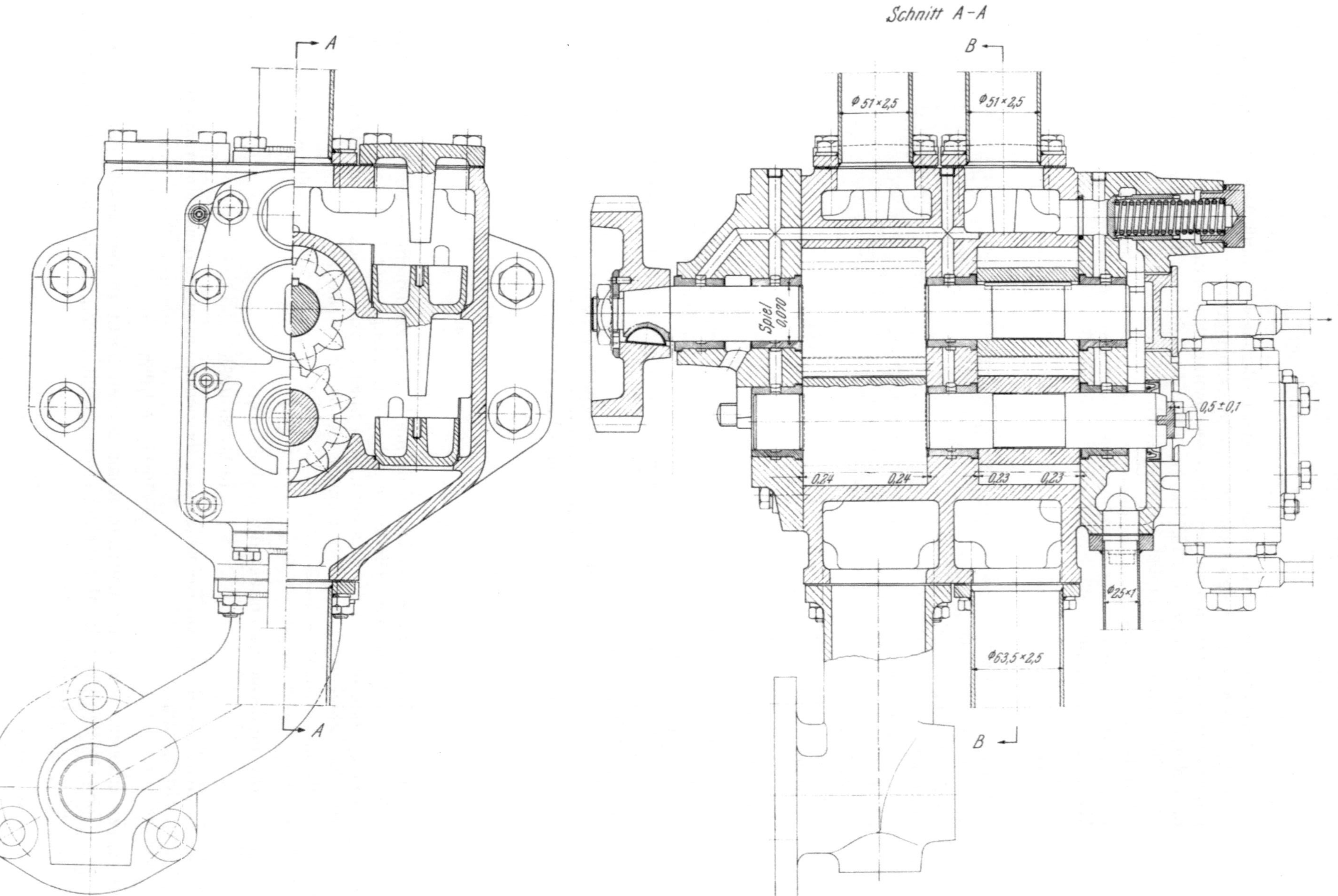

Abb. 89 b. Zusammenstellung (Zeichnung) einer Motorschmierölpumpe für beide Drehrichtungen

Dient die Schmierölpumpe zur Versorgung von Weißmetallagern mit kleinem Lagerspiel, so können die unteren Werte angenommen werden, während bei Bleibronzelagern mit ihrem größeren Spiel die höheren einzusetzen sind. Diese Werte sind so reichlich, daß die Fördermenge immer ausreicht. Etwa die Hälfte würde meist auch genügen; dann wäre aber keine Reserve mehr vorhanden, wenn das Öl zu dünn wird, die Lagerspiele durch Verschleiß im Betrieb größer werden, oder wenn, was auch vorkommt, die Leistung eines Motors ohne wesentliche Änderung forciert werden soll. Das in den Lagern und zur Kühlung nicht gebrauchte überschüssige Öl wird über das Überströmventil direkt wieder in das Kurbelgehäuse, bzw. das Ölreservoir, geleitet.

Zur genauen Berechnung der erforderlichen Ölfördermenge muß der Schmierölbedarf jedes einzelnen Lagers unter Berücksichtigung des größten zulässigen Lagerspieles und der Druckverluste in den Leitungen bei Kaltstart und im Betrieb ermittelt werden [49].

Bei umsteuerbaren Motoren erhalten die Zahnradpumpen Rückschlagventile, die so angeordnet sind, daß bei beiden Motordrehrichtungen bzw. bei beiden Drehrichtungen der Pumpenzahnräder, die Förderrichtung der Pumpe gleich bleibt (Abb. 89). Um die Pumpe auch nach längerem Stillstand immer gefüllt und sofort betriebsbereit zu erhalten, wird oft, besonders bei großer Saughöhe, ein Bodenventil an der Saugseite angeordnet. Dann kann bei Stillstand des Motors das Schmieröl nicht aus dem Pumpengehäuse zurück in die Ölwanne abrinnen.

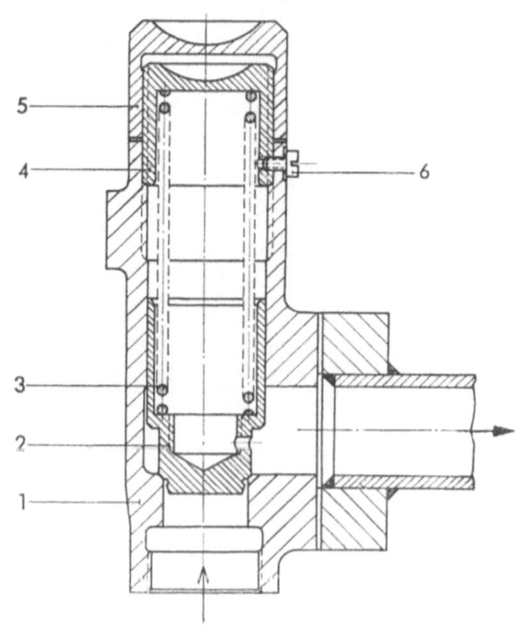

Abb. 90. Sicherheitsventil (MAN)

1 Ventilgehäuse	4 Federkappe
2 Ventilkegel	5 Überwurfmutter
3 Druckfeder	6 Sicherungsschraube

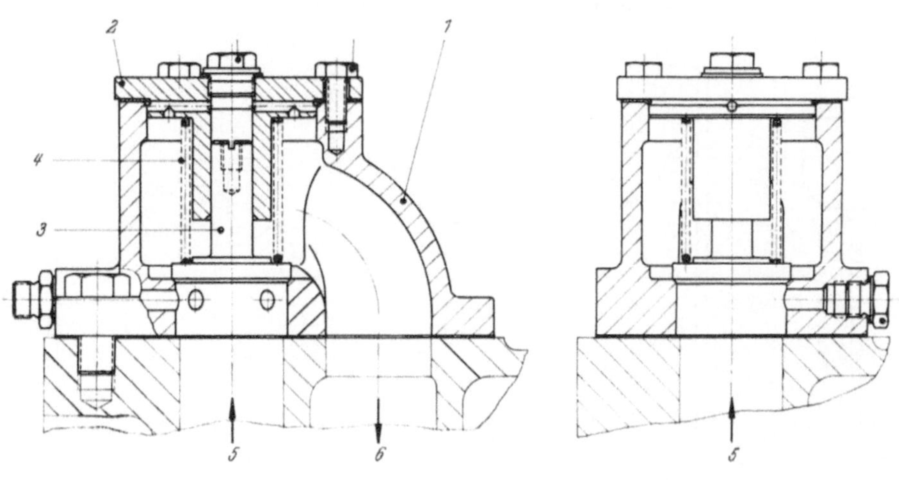

Abb. 91. Öldruckregelventil (KHD)

1 Gehäuse	3 Ventilkegel	5 Schmierölverteilleitung
2 Deckel	4 Feder	6 zur Kurbelwanne

Ein Sicherheits-, Kurzschluß- oder Überströmventil (Abb. 90) in der Pumpe verhindert bei zu hohem Gegendruck (besonders bei kaltem Öl) eine Überbeanspruchung. Der Öffnungsdruck beträgt im allgemeinen 8 bis 10 kp cm^{-2}. Der Öldruck im Schmiersystem beträgt etwa 0,3 bis 4 kp cm^{-2}, gemessen hinter dem im Hauptstrom liegenden Schmierölfilter. Der vorgeschriebene Schmieröldruck wird durch ein Überström- oder Öldruck-

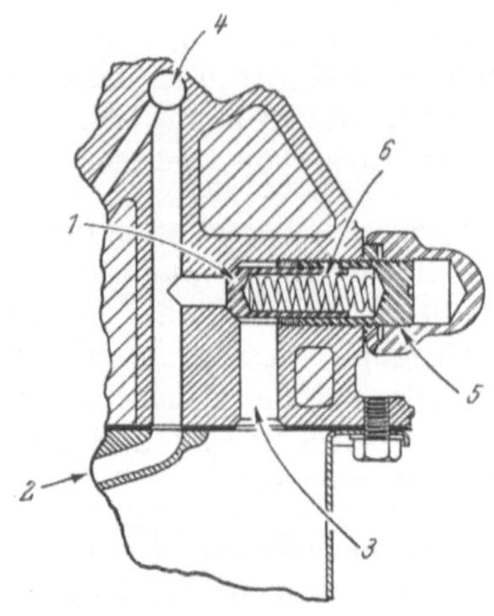

Abb. 92. Schmieröldruckregelventil (MAN)
1 Druckfeder
2 Ventilkegel
3 Ventilgehäuse
4 Federkappe
5 Überwurfmutter
6 Knebelschraube
7 Lederdichtung
8 Sechskantmutter

Abb. 93. Schmieröldruckregelventil
(Federal Mogul Division)
1 Ventil
2 von der Schmierölpumpe
3 Schmierölablauf
4 Schmierölverteilleitung
5 Einstellschraube
6 Feder

regelventil (Abb. 91, 92 und 93) — meist am Ende der Schmierölverteilleitung — geregelt und kann durch ein Kontrollinstrument überwacht werden.

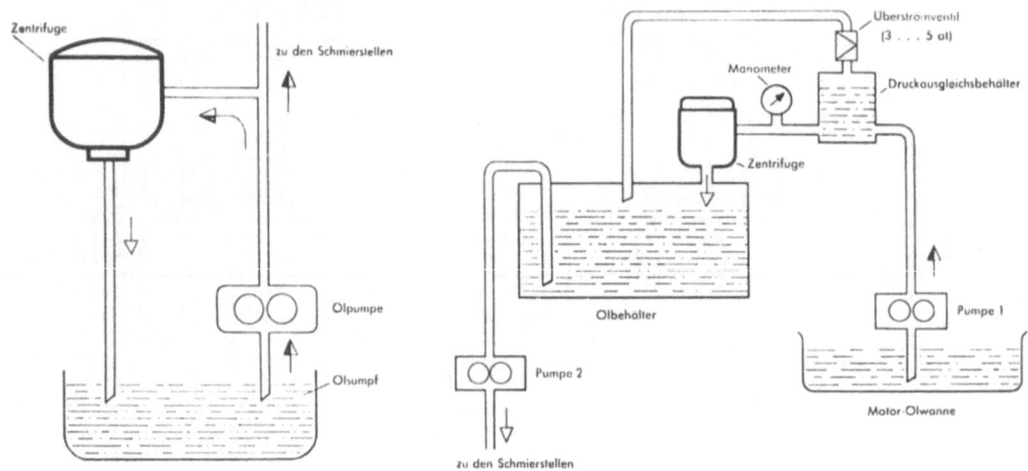

Abb. 94 *a* und *b*. Schmierölreinigung durch Zentrifugen

Eine Regelung der Schmierstoffmenge für die Einzelverbraucher erfolgt durch entsprechende Wahl der Zuleitungsquerschnitte oder durch Drosselstellen.

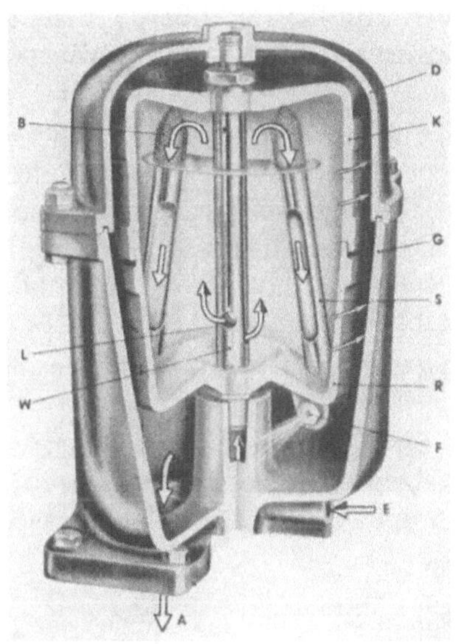

Abb. 95. Freistrahl-Zentrifuge (Mann)

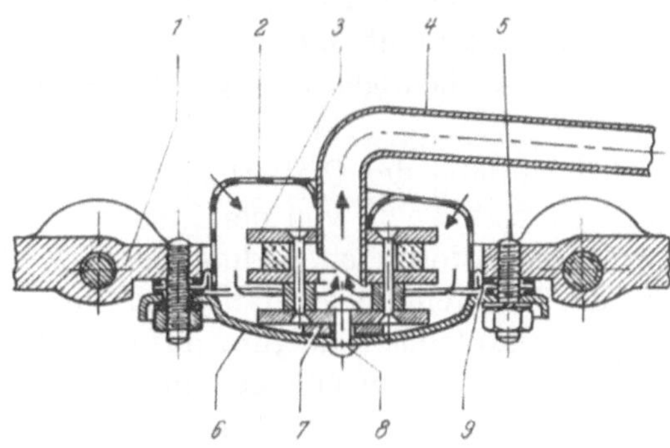

Abb. 96. Ölsieb mit magnetmechanischem Filter
(VW, Porsche)

1 Kurbelgehäuse	*6* Ölsiebverschlußdeckel
2 Ölsieb	*7* Scheibe
3 Magnetfilter	*8* Niet
4 Ölansaugrohr	*9* Dichtung
5 Stiftschraube	

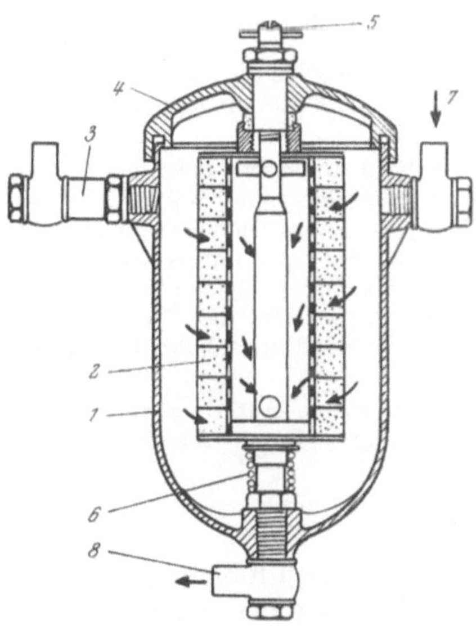

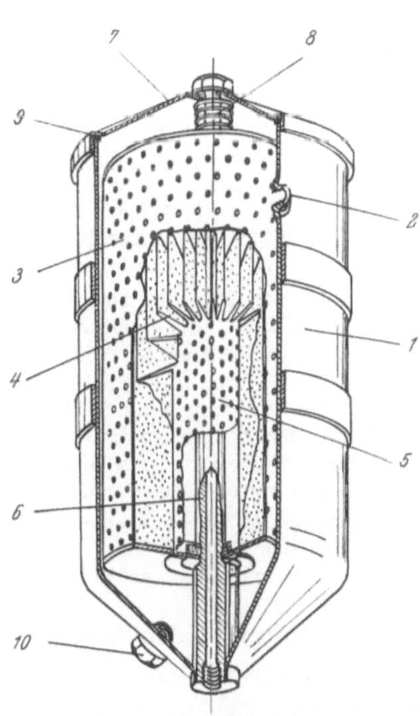

Abb. 97. Filzplattenfilter (aus Bosch-
Konstruktionsunterlagen)

1 Gehäuse
2 Filzplatten-Filtereinsatz
3 Überströmventil
4 Deckel
5 Entlüftungsschraube
6 Feder
7 Schmieröleintritt
8 Schmierölaustritt

Abb. 98. Nebenstromschmierölfilter
(KHD)

1 Filtergehäuse
2 Schmieröl-Einlaufstutzen
3 Auswechselbare Filterpatrone
4 Imprägniertes Filtermaterial
5 Durchlaufrohr für das feingefilterte
Schmieröl
6 Zentrales Stütz- und Abflußrohr
7 Filterdeckel, abnehmbar
8 Spannschraube mit Druckfeder
9 Ringdichtung für den Filterdeckel
10 Schlammablaß

g) Reinigung des Motorschmieröles

Die Reinigung des Öles hat einen ausschlaggebenden Einfluß auf die Lebensdauer der Motoren. Die modernen Konstruktionen sind wegen geringer Schmierfilmdicken in den Lagern gegen Verschmutzung des Schmieröles besonders empfindlich. Außerdem ist die relative Ölmenge heutigentags gegenüber früher verringert, so daß die Umwälzzahl größer ist.

Art und Umfang der Ölalterung und Verschmutzung und damit der erforderlichen Reinigung sind abhängig von der Struktur des Öles und des verwendeten Kraftstoffes, sowie von den motorischen Bedingungen (Konstruktion, Oberflächenbeschaffenheit der Gleitflächen, Verbrennungsverfahren, Temperatur- und Druckverhältnisse). Jedenfalls verhindert eine laufende Reinigung das vorzeitige Altern, weil dem Öl dadurch von Anfang an die schädlichen Beimengungen möglichst schnell entzogen werden.

Soll sich der Schmutz durch sein eigenes Gewicht absetzen, so sind dafür große Behälter mit geringer Flüssigkeitsbewegung erforderlich.

Bei großen Anlagen (Schiffs- oder Stationärmotoren) wird das Öl oft im Nebenstrom in Zentrifugen (Abb. 94 *a* und *b*) gereinigt. Die Abscheidegeschwindigkeit der Schmutzteilchen wird durch die Fliehkraft bei der schnellen Drehung so erhöht, daß sich das Öl wesentlich schneller als durch Absetzen reinigt.

Mit einer Art Turbinenantrieb durch das Schmieröl kann der Motor selbst die Antriebsenergie für die Zentrifuge indirekt über die Ölpumpe liefern.

Die Mann-Freistrahlzentrifuge (Lizenz Glacier, Abb. 95) besteht im wesentlichen aus einem Gehäuse G mit Deckel D und einem Rotor R mit Kappe K in Aluminiumgußausführung. Der Rotor läuft in Bleibronzebüchsen.

Das vom Hauptstromkreislauf in eine Nebenstromleitung abgezweigte Öl strömt durch den Einlaß E in die Zentrifuge und gelangt durch den im Gehäuse eingegossenen Kanal in die Hohlwelle W und weiter zum Rotor R. Das Öl füllt den Rotor, strömt dann unter Druck durch die Siebe B in die Standrohre S und aus den Düsen F in das Gehäuse G. Von da fließt es durch den Reinölaustritt A drucklos zurück in die Motorölwanne oder einen getrennt vom Motor angeordneten Ölbehälter (z. B. bei Trockensumpfschmierung).

Die bei dem Austritt des Öles aus den Düsen entstehenden Rückstoßkräfte bewirken — entsprechend dem jeweils vorhandenen Öldruck — eine Drehbewegung des Rotors mit hoher Geschwindigkeit. Infolge der dabei erzeugten Zentrifugalkraft werden die im Öl enthaltenen Schmutzteilchen an die Innenwand des Rotortopfes geschleudert, an der sie haften bleiben. Im Laufe des Betriebes bildet sich an der Topfwandung eine Schicht, die leicht mit einem Spachtel o. dgl. entfernt werden kann. Im Gehäuse der Zentrifuge kann ein Abschaltventil eingebaut werden, das den Ölzustrom zur Zentrifuge sperrt und damit den Motor vor zu geringer Ölzufuhr schützt, sobald der Öldruck im Schmierölkreislauf unter einen bestimmten Wert absinkt.

Um eine ausreichende Drehzahl des Rotors und damit eine wirksame Filterung zu erhalten, sollte normalerweise der Öldruck 2 kp cm^{-2} übersteigen. Der günstigste Betriebsbereich liegt bei Öldrücken zwischen 3 und 5 kp cm^{-2}.

Meist werden Filter in den Schmierölkreislauf geschaltet:

Ihre Reinigungswirkung soll bei hoher Standzeit, und die Durchflußmenge bei möglichst geringem Druckabfall groß sein. Diese Forderungen bedingen aber eine unwirtschaftliche Filtergröße; denn je feiner man filtert, um so größer wird der je Zeiteinheit vorhandene Schmutzanfall.

Zwei Filtergattungen sind gebräuchlich:

Siebfilter, als Oberflächenfilter für Feinfilterung mit einer Durchlaßweite von $> 60\,\mu$ (Magnetfilter mit Drahtsieb, Abb. 96; Stahl- oder Drahtwolle, Kant- oder Spaltfilter oder Großflächenfilter) und als Tiefen- oder Absorptionsfilter für Feinstfilterung, lichte Maschenweite unter $60\,\mu$ (das Filtermaterial besteht hier aus Baumwolle, Zellulose, Rinde, Garn, Nylon; Filz, Abb. 97; Flanell; Wolle; Haar; Papier, Abb. 98; Glaswolle; Quarz; Kieselgur; Asbest). Auch Feinstfilter halten nur ungelöste Stoffe (Wasser, Schmutz usw.) zurück.

Das Spaltfilter (Abb. 99 und 100) kann mit seinen ringförmigen Stahllamellen durch Drehen des Plattenpaketes einfach während des Betriebes gereinigt werden (Abscheidung $> 50\,\mu$). Der abgekratzte Schmutz fällt in einen Schlammraum, der von Zeit zu Zeit entleert werden muß. Bei den Siebscheibenfiltern wird das Öl durch ein feinmaschiges Metallsiebgewebe gereinigt (Maschenweite $> 50\,\mu$, Abb. 102).

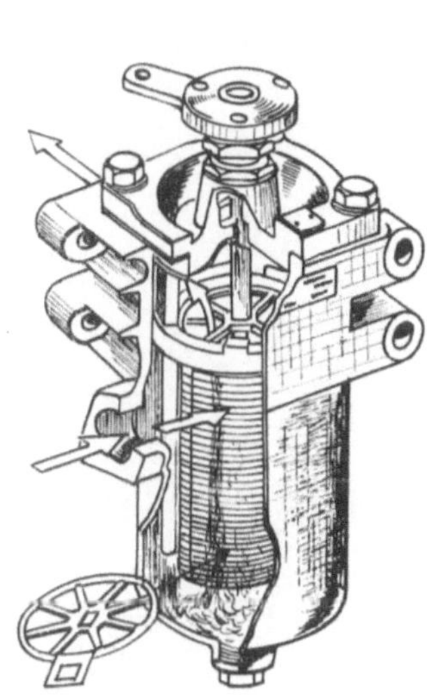

Abb. 99. Spaltfilter (Mann)

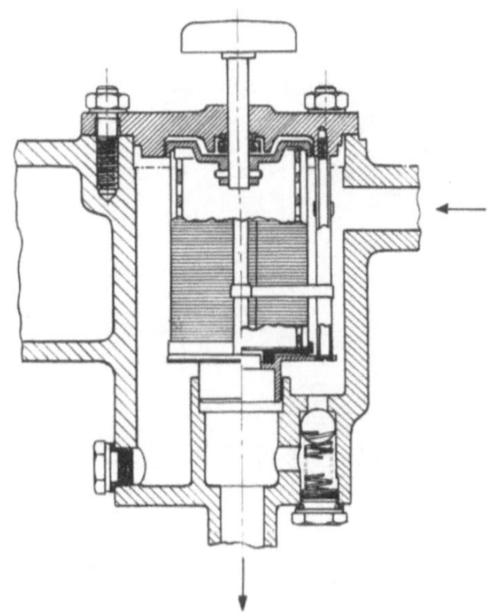

Abb. 100. Einbauspaltfilter mit Reinigungs-
vorrichtung und Überdruckventil (Knecht)

Chemisch aktive Filter (mit einer Füllung aus Holzkohle, aktivem Ton oder ähnlichem). Ihre Verwendung kommt bei legierten Mineralölen nicht in Frage, da sie teilweise die Zusatzstoffe zurückhalten.

Bei der Hauptstromreinigung entsprechend Abb. 101 wird das gesamte umlaufende Öl hinter der Pumpe durch ein Filter geleitet. Je feiner dieses ist, um so größer ist der Filterwiderstand. Ein Überströmventil verhindert, daß bei verschmutztem Filter entweder zu wenig Öl zu den Schmierstellen gelangt oder sich vor dem Filter ein zu großer Druck aufbaut. Beim Anfahren bei tiefen Temperaturen öffnet meist das Überströmventil sofort und das Hauptstromfilter bleibt so lange außer Tätigkeit, bis bei wärmer werdendem Motor der Filterwiderstand sinkt und das Ventil wieder schließt. Dadurch wird verunreinigtes

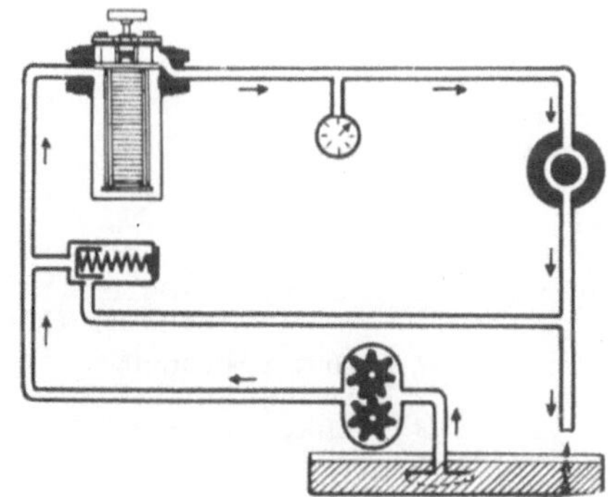

Abb. 101. Filter im Hauptstrom

Schmieröl an die Lagerstellen gebracht und es werden bei den sowieso schon ungünstigen Anfahrbedingungen die Reibungs- und Verschleißverhältnisse noch verschlechtert.

Die Filter im Hauptstrom werden meist als umschaltbare Zweifachfilter ausgebildet, damit bei Reinigung eines Filterteiles der Ölstrom durch den zweiten Filterteil geleitet werden kann und der gefilterte Ölstrom nicht unterbrochen wird.

In den unteren Teil des Filtergehäuses *10* der Abb. 102 mit den Anschlüssen für die Zu- und Abflußleitung des Schmieröles ist das Dreiweghahnküken *8* eingebaut, das durch eine Fixierschraube *9* im Gehäuse in der Längsrichtung fixiert wird. Zur Abdichtung des Spaltes zwischen Gehäusebohrung und Küken sind Dichtringe *7* angebracht, die durch die Mutter *5* über die Scheibe *6* angedrückt werden. Der obere Teil der Filtergehäuse ist topfartig ausgeführt und nimmt den Siebfiltereinsatz *3* auf. Dieser besteht aus Siebscheiben, die auf einen Bolzen gesteckt sind, der oben im Abschlußflansch befestigt ist. Der Siebfiltereinsatz ist von oben in das Filtergehäuse eingebaut und mit seinem Abschlußflansch, in den eine Entlüftungsschraube *1* eingebaut ist, an diesem befestigt. Zwischen dem Abschlußflansch und dem Filtergehäuse ist ein Bunaring *2* eingeklemmt. Die seitlich am Filtergehäuse angeordneten Reinigungsbohrungen sind mit Verschlußschrauben *4* verschlossen.

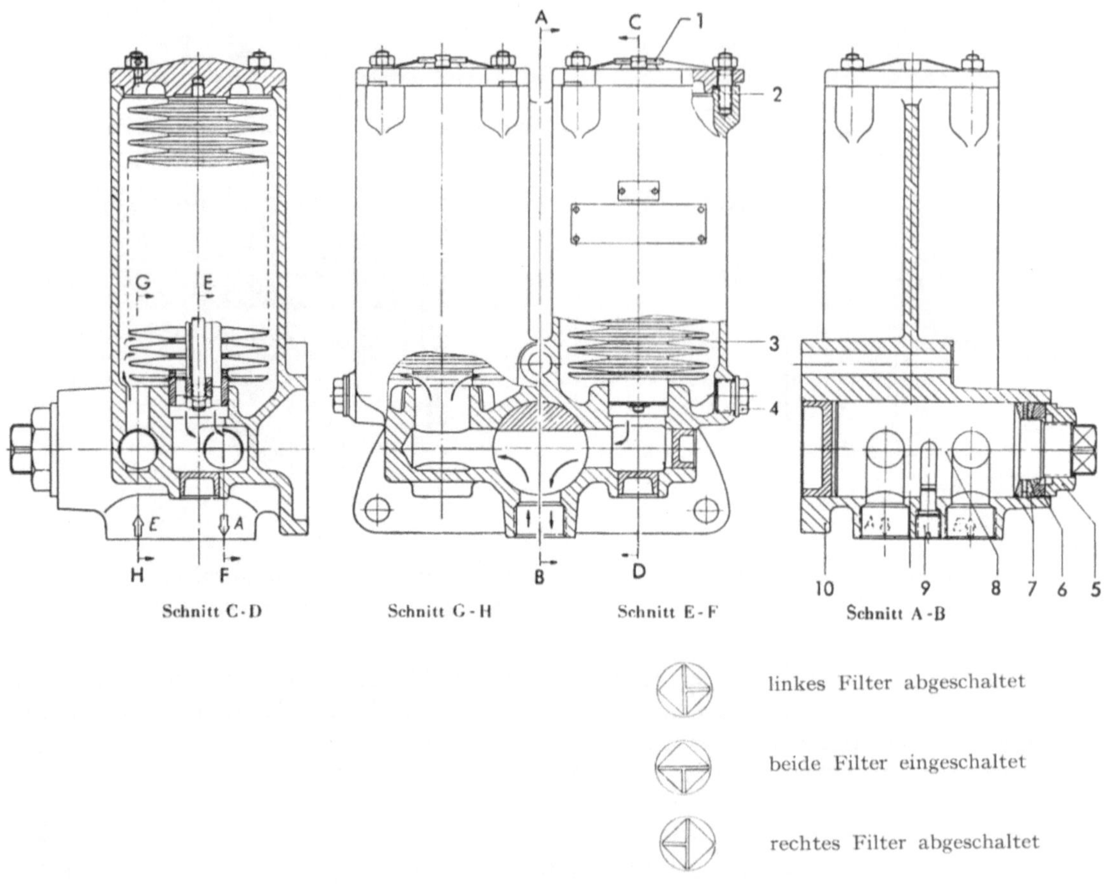

Abb. 102. Umschaltbares Schmieröldoppelfilter (Mann)

1 Entlüftungsschraube	*4* Verschlußschraube	*8* Hahnküken
2 Bunaring	*5* Mutter	*9* Fixierschraube
3 Siebfiltereinsatz	*6* Scheibe	*10* Filtergehäuse
	7 Dichtring	

Das von der Schmierölpumpe geförderte Schmieröl gelangt von der mit *E* gekennzeichneten Anschlußbohrung durch den Dreiweghahn in das Filter und füllt das gesamte Gehäuse. Infolge der Schwere scheiden sich die gröberen Verunreinigungen von selbst aus und setzen sich im Unterteil des Filtergehäuses ab. Das Schmieröl fließt nun weiter durch das feinmaschige Siebscheibenpaket und lagert alle noch enthaltenen Verunreinigungen an der Oberfläche der einzelnen Siebscheiben ab. Das gereinigte Schmieröl sammelt sich im Mittelrohr und fließt durch den Dreiweghahn durch die an der mit *A* gekennzeichneten Anschlußbohrung angeschlossene Leitung dem Motor zu. Für Dauerbetrieb werden beide Filter parallel geschaltet.

Oft befindet sich vor und hinter dem Filter je ein Öldruckanzeiger. An der Differenz in der Anzeige kann die Verschmutzung des Filters festgestellt werden.

Um den Widerstand im Hauptstrom nicht zu groß zu machen, wird hier meist nur ein Feinfilter zwischengeschaltet und ein an den Lagerstellen vorbeigeführter Strom, Nebenstrom, wird durch ein Feinstfilter gereinigt. Bei dieser Nebenstromfilterung (Abb. 103) fließt nur ein Teilstrom (etwa 1 bis 10%) des Öles ständig durch das Filter. Diese Menge genügt aber vollkommen, um alles umlaufende Öl kontinuierlich feinst zu reinigen. Nach dem Filter wird dieser Strom direkt in den Ölbehälter oder Ölsumpf zurückgeführt. Durch eine Verstopfung des Nebenstromfilters kann an den Lagern kein Ölmangel auftreten; der Ölinhalt wird jedoch stärker verunreinigt. Es ist dies die einzige wirtschaftliche Methode, dauernd eine Feinstreinigung durchzuführen.

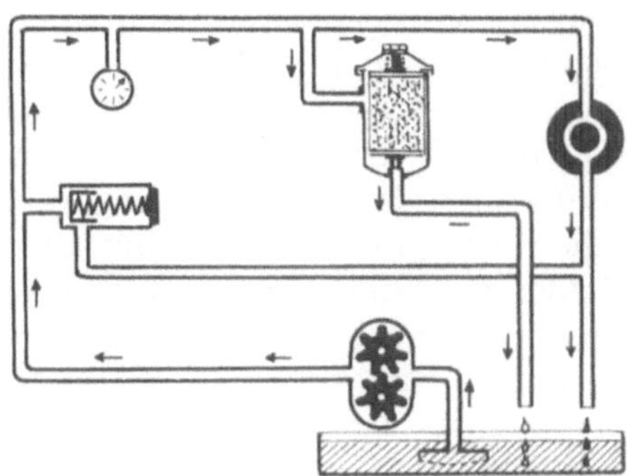

Abb. 103. Filter im Nebenstrom

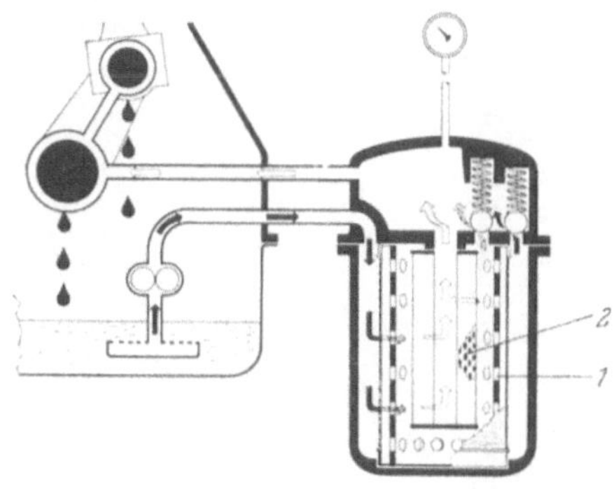

Abb. 104. Schematische Darstellung des Stufenfilters nach Abb. 105
1 Feinfilter   *2* Feinstfilter

Man sollte natürlich bemüht sein, die Filteranordnung so auszuwählen, daß von der ersten Umdrehung an der gesamte Ölkreislauf erfaßt wird. Besonders in den ersten Laufstunden eines Motors bilden Schmutz aus der Fertigung und Abrieb eine große Gefahr. Die Feinstfilter sollten nur Schmutzteilchen durchlassen, die kleiner als die kleinste Schmierfilmdicke der Lager sind. Teilchen von geringerer Größe sind für die Lager nicht mehr gefährlich. Daher genügt eine Filterung bis etwa $5\,\mu$. Feinst verteilter Kohlenstoff unter $1\,\mu$ wird jedes Filter passieren. Er gibt dem Öl schon nach kurzem Betrieb die dunkle Färbung, ist aber für die Lagerschmierung ohne Bedeutung.

Verunreinigungen bis ungefähr $60\,\mu$ können noch wirtschaftlich im Hauptstrom ausgefiltert werden, während die Schmutzteilchen in der Größe bis zu $5\,\mu$ praktisch nur im Nebenstrom ausgeschieden werden können. Auch die Feinstfilterung sollte nicht zu einer wesentlichen Erhöhung der Ölwechselzeiten verleiten, besonders nicht bei legierten Ölen; sonst werden die durch die Feinstfilterung erzielten Verbesserungen, wie geringerer Motorverschleiß und Erhöhung der Betriebssicherheit, wieder aufgehoben. Das Filter kann ja weder die chemische noch die physikalische Veränderung des Öles im Betrieb verhindern. Erst durch die legierten Öle wurde eigentlich der Einsatz der Feinstfilter notwendig; denn bei normalen Ölen ballen sich die sehr feinkörnigen Verunreinigungen zusammen und bilden einen Schlamm, der sich an Stellen niedriger Ölgeschwindigkeit absetzt, bzw. — soweit er im Öl bleibt — dessen Zähigkeit erhöht. Die nicht abgesetzten Verunreinigungen sind aber groß genug, um von Feinfiltern abgeschieden zu werden. Bei

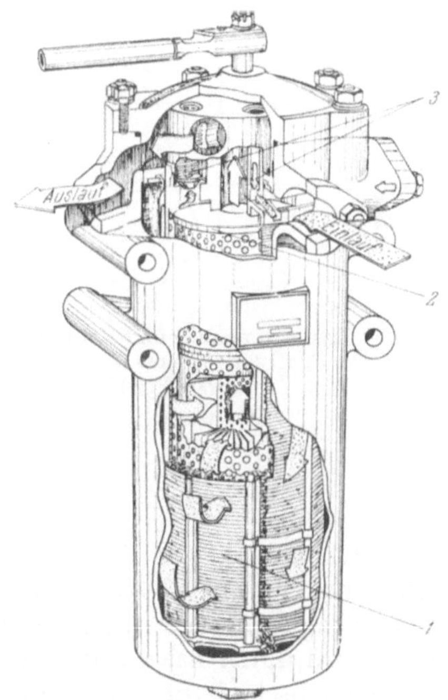

Abb. 105. Stufenfilter (Knecht)
1 Spaltfilter
2 Feinstfilter
3 Überdruckventile

legierten Ölen mit Detergent- und Dispersanteffekt können sich die feinsten Teilchen jedoch gar nicht erst zusammenballen. Hier versagt also die Feinfilterung des Umlauföles. Durch die Feinheit der Schmutzteilchen bedingt, müssen hier eben Filter verwendet werden, die auch kleinere Teilchen abscheiden. Anderseits darf dies aber nicht so weit getrieben werden, daß die Ölzusätze abgefangen werden.

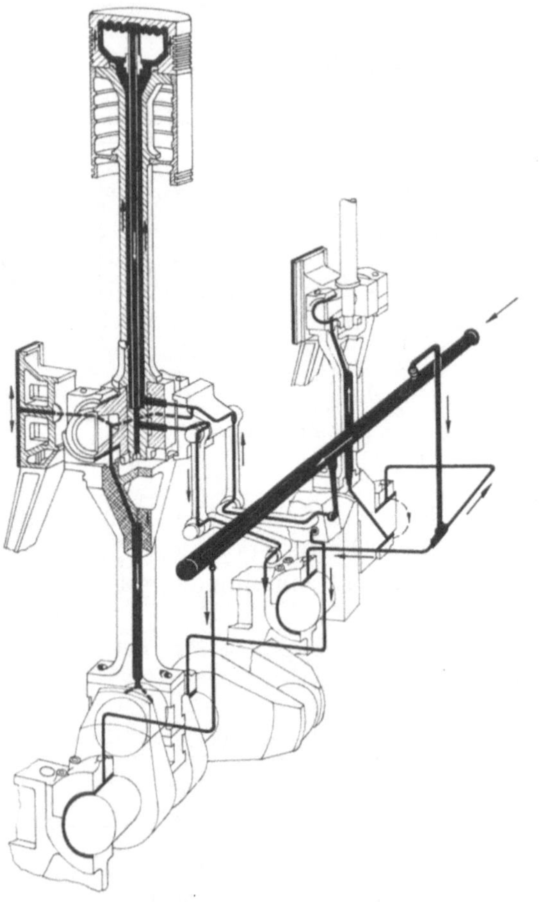

Durch Hintereinanderschalten von groben und feinen Filtern im Ölstrom mit entsprechender Anordnung von Sicherheits- oder Überströmventilen — zuerst Grobfilterung, dann Feinfilterung — wird bei gleichen äußeren Filterabmessungen ein höherer Abscheidungsgrad im Hauptstrom erreicht als bei einzeln angeordneten Filtern im Haupt- und Nebenstrom. Dieses System der Filterung kann auch in einem Gehäuse vereinigt werden (Abb. 104 und 105). Mit zunehmender Verschmutzung arbeitet die Feinfilterstufe immer mehr im Nebenstrom. Beide Filterstufen sind durch Überdruckventile gesichert.

Beim Ölwechsel ist zu berücksichtigen, daß die Filter auch eine gewisse Menge Schmierstoff aufnehmen. Daher ist es zweckmäßig, den Motor nach dem Ölwechsel kurz laufen zu lassen und anschließend nochmals den Ölstand zu kontrollieren.

Eine Aufbereitung und Wiederverwendung von gebrauchtem, unlegiertem Öl ist möglich. Die mechanische Reinigung erfolgt durch Filtrieren oder Schleudern. Die chemische Reinigung wird durch Regenerieren mit Bleicherde im Absorptionsverfahren oder nach dem Säureverfahren mit Hilfe von konzentrierter Schwefelsäure vorgenommen.

Abb. 106. Lagerschmierung und Kolbenkühlung eines Zweitakt-Fünfzylinder-Kreuzkopf-Dieselmotors (Borsig-Fiat)

h) Ölkühlung

Das Öl hat nicht nur die Aufgabe, alle Gleitstellen zu schmieren; es muß auch die dort entstehende Wärme ableiten. Meist wird dazu eine größere Ölmenge notwendig sein, als zur Schmierung erforderlich wäre. Auch ein Teil der im Kolben anfallenden Wärmemenge wird durch das Öl abgeführt. Das Öl für die Kolbenkühlung ist mit dem der Druckumlaufschmierung des Triebwerkes meist in einem Kreislauf zusammengefaßt: Bei kleinen und mittleren Maschinen wird das über das Hauptlager, das Pleuellager und durch die Pleuelstange zum Kolbenbolzen geleitete Öl durch geeignete Leitungen oder Spritzdüsen gegen den Kolbenboden gespritzt oder durch eingebaute Kühlrohre (Rohrschlangenkolben) oder besonders angeordnete Kühlräume (Shaker-Kolben) gezwungen, Wärme vom Kolben abzuführen. Um einen besseren Wärmeübergang zu erreichen, kann der Kolbenboden auch noch an der dem Verbrennungsraum abgekehrten Seite verrippt werden. Bei langsam oder mittelschnell drehenden Motoren wird das Öl über einen eigenen

Kühlölkreislauf zugeführt oder von der Schmierölhauptpumpe abgezweigt. Es wird aus Düsen auf den Kolbenboden gespritzt oder über ein Rohrgestänge zum Kolbenboden geleitet.

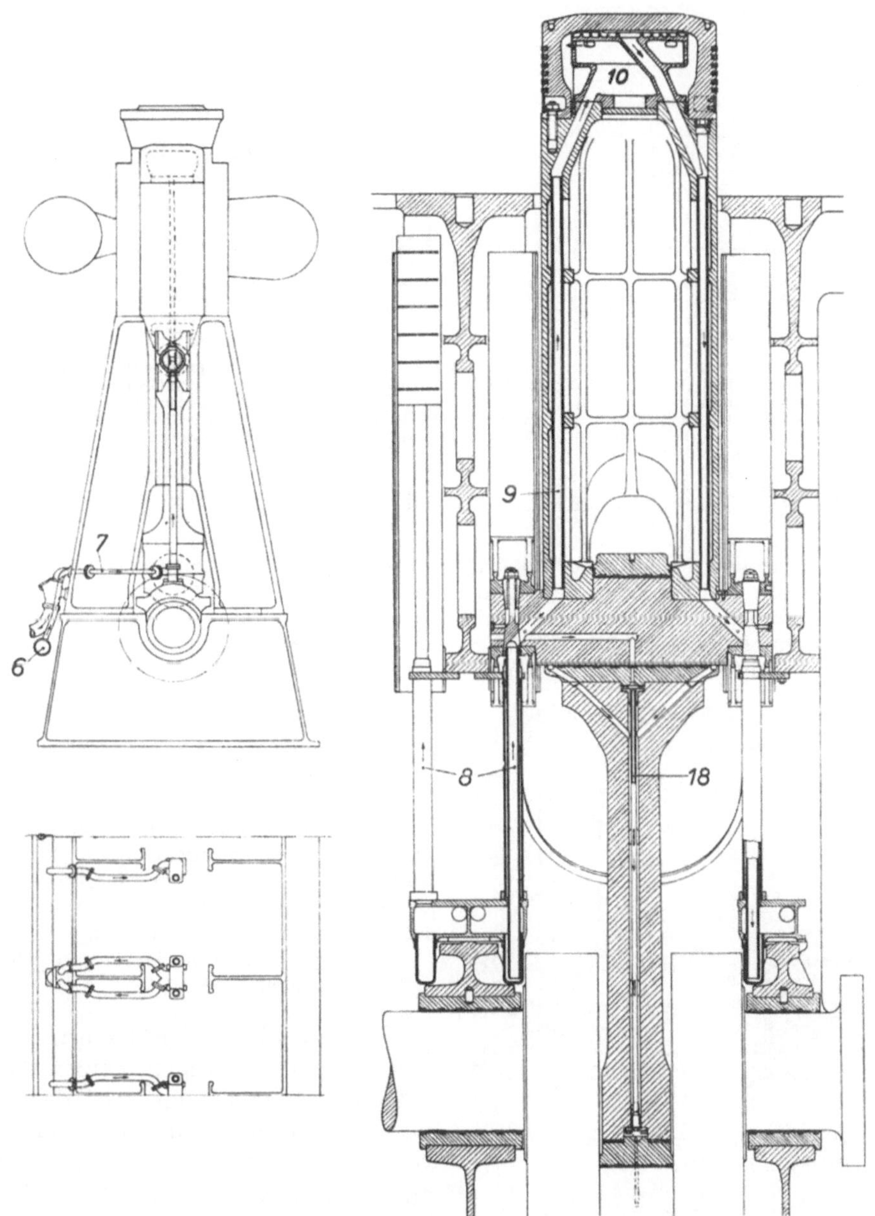

Abb. 107. Kolbenkühlung (Gebr. Sulzer)
Schmierölweg: *6 → 7 → 8 → 9 → 10*
18 zum Kurbellager

Bei der Schmierölführung nach Abb. 106 wird von der Schmierölsammelleitung der größere Teil des Öles über Gelenkrohre zum Kolben, der andere Teil zu den Grundlagern und zu allen übrigen Gleitstellen geleitet. Der Kolben wird mit Öl gekühlt, das durch die Kniegelenkrohre zu- und abgeführt wird. Das feste Ende des Gelenkrohrsystems ist am Ständer, der bewegliche Teil am Kreuzkopf befestigt. Die Gelenkrohre sind aus Stahlguß mit Lagern aus Bronze. Das Öl, das aus der Schmieröldruckleitung zugeführt wird, geht durch ein Gelenkrohr, den Kreuzkopf und durch die hohlgebohrte Kolbenstange zum Kühlölverteiler im Kolbenkopf, kühlt die Seitenwände des Kolbenkopfes, in die die Kolbenringnuten eingestochen sind, dann den Kolbenboden und fließt durch das in der hohlgebohrten Kolbenstange zentral angeordnete Abflußrohr durch ein Gelenkrohr in die Ölwanne zurück. Der Kühlölverteiler im Kolbenkopf sorgt für eine hohe Umlaufgeschwindigkeit des Kühlöles, verhindert dadurch Ölkohleansätze auf der Innenseite des Kolbenbodens und bewirkt durch unveränderlich gute Wärmeableitung niedrige Kolbentemperaturen mit verringerter Rückstandsbildung in der Kolbenringzone. Zwecks Überwachung des Ölflusses und der Öltemperaturen

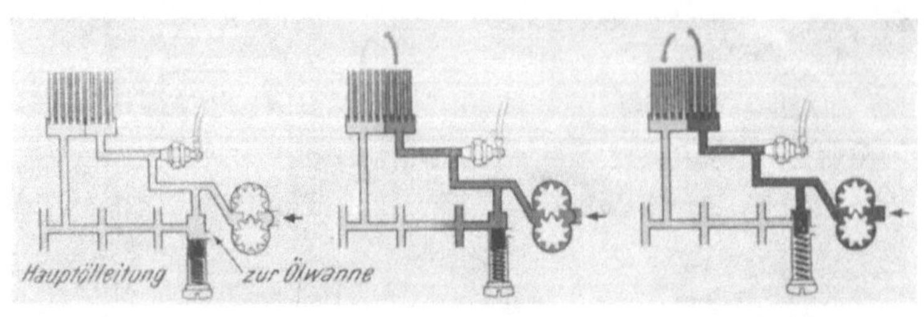

<table>
<tr><td>

Der Motor ist kalt,
das Öl dickflüssig:
  Öldruck sehr hoch
  Kolben in tiefster Stellung
  ein Teil des Öles fließt
  direkt in das Kurbelgehäuse
  zurück

</td><td>

Der Motor erwärmt sich,
das Öl wird dünnflüssiger:
  Öldruck sinkt
  Kolben verschließt Rücklauf
  Öl fließt direkt und durch
  den Ölkühler zu den
  Schmierstellen

</td><td>

Der Motor ist betriebswarm,
das Öl dünnflüssig:
  Öldruck gering
  Kolben in höchster Stellung
  Öl kann nur durch den
  Ölkühler zu den Schmier
  stellen fließen

</td></tr>
</table>

Abb. 108. Steuerung des Kühlerdurchflusses durch ein Öldruckregelventil (VW)

wird ein Teil des abfließenden Kühlöles in eine an jedem Ständer vorhandene Sichtkontrolle mit Thermometer geleitet. Ist ein Kolben oder ein Zylinder defekt und muß ohne diesen Kolben weitergefahren werden, so wird die Ölzufuhr dorthin gesperrt. Im Schmierölkreislauf ist außerhalb des Motors ein Umgehungsventil zur Regulierung des Öldruckes vorgesehen. Ein Teil des durch die Gelenkrohre zur Kolbenkühlung fließenden Öles wird zur Schmierung der Kreuzkopflager und des Gleitschuhes verwendet. Zum Kurbellager fließt das Schmieröl durch das Kreuzkopflager und durch die Bohrungen des Schubstangenschaftes.

Für die Grundlager wird das Schmieröl von der Sammelleitung direkt abgezweigt. Ebenso werden die Schmierstellen des Manöverstandes mit Öl versorgt, das vom Hauptkreislauf abgezweigt wird. Außerdem sind an den Schmierölkreislauf der Regler, der Brennstoffpumpenantrieb und der Antrieb der Anlaßnocken angeschlossen.

Ähnlich ist die Schmieröl- und Kühlölführung des Motors nach Abb. 107.

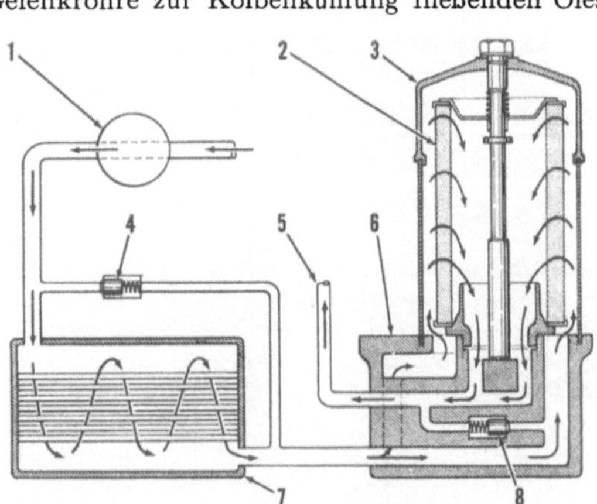

Abb. 109. Steuerung des Ölstromes durch Überströmventile (Caterpillar)

1 Ölpumpe	5 zum Motor
2 Filtereinsatz	6 Filtergehäusebasis
3 Filtergehäuse	7 Kühler
4 Überströmventil	8 Ölfilter-Überströmventil

Die sowohl aus den Lagern als auch vom Kolben und sonstigen heißen Wandungen aufgenommene Wärme muß dem Öl wieder entzogen werden. Da das Öl ein schlechter Wärmeleiter ist und bei laminarer Strömung nur die der Kühlwand nahen Schichten abkühlen, ist für die Kühlung eine möglichst turbulente Strömung günstig. In die Ölbehälter eingelegte Kühlschlangen haben keine sehr große Wirkung. Sie müssen aber jedenfalls unter dem niedrigsten Ölspiegel liegen, damit sich kein Kondenswasser darauf niederschlagen kann.

Am häufigsten werden Ölkühler in Form von Öl-Wasser- oder Öl-Luft-Wärmetauschern verwendet. Hier fließt das Öl im Zwangsumlauf an den gekühlten Flächen vorbei. Solange das Öl kalt ist, bildet der Kühler einen verhältnismäßig großen Widerstand für den Öldurchfluß. Der Ölstrom gelangt deshalb über das Überströmventil, am Kühler vorbei, in den Motor (Abb. 108 und 109); das heißt die Kühlung entfällt, und das Umlauföl wird dadurch schneller auf Betriebstemperatur gebracht. Erst beim allmählichen Erwärmen beginnt ein Teil durch den Kühler zu fließen. Das Ventil muß so eingestellt sein, daß bei betriebswarmer Maschine das gesamte Öl durch den Kühler geht. Der Ölkühler sollte zerlegbar sein, damit anfallender Schlamm gut entfernt werden kann. Meistens besteht er aus einem aus dem Kühlergehäuse ausziehbaren wasserdurchflossenen Rohrbündel. Ein auf der Kühlwasserseite kleinerer Druck als auf der Ölseite verhindert bei Brüchen den Eintritt von Wasser in den Schmierölkreislauf. Zwischen den Dichtflächen von Öl

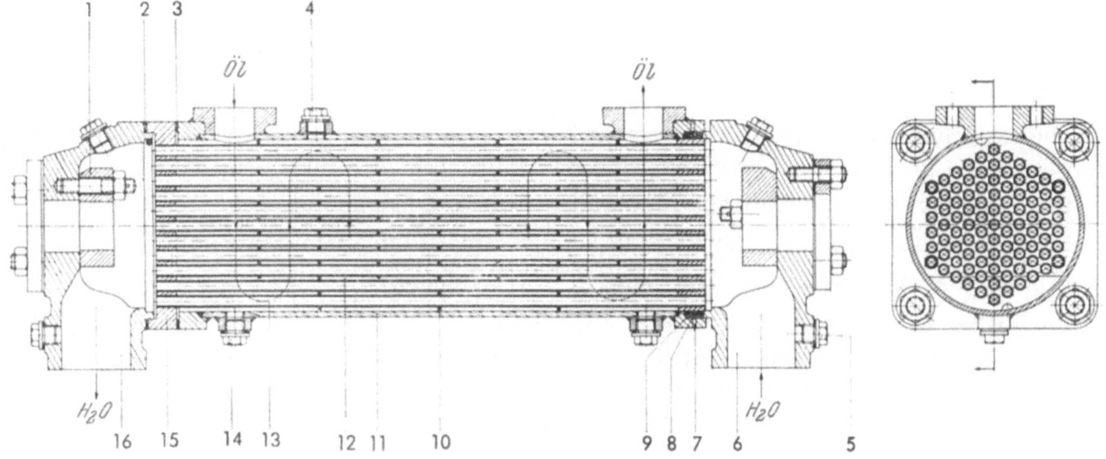

Abb. 110. Schmierölkühler (MAN)

1 Zinkring	9 Bunaring
2 Dichtung	10 Zwischenblech
3 Dichtung	11 Kühlermantel
4 Entlüftungsschraube	12 Kühlerbündel
5 Entleerungsschraube für Kühlwasser	13 Kühlrohre
6 Abschlußdeckel	14 Entleerungsschraube für Schmieröl
7 Leckbohrung	15 Rohrboden
8 Stopfbüchsring	16 Abschlußdeckel

und Wasser soll immer ein Luftraum sein. Bei Anlagen mit großen wärmeabstrahlenden Flächen und langen Rücklaufleitungen können diese bei der Berechnung der Kühlung berücksichtigt werden.

Die erforderliche Kühlfläche beträgt nach [68] etwa

$$0,005 \ \mathrm{m^2/PS}$$

und bei Motoren mit ölgekühlten Kolben etwa

$$0,03 \ \mathrm{m^2/PS}.$$

Der Schmierölkühler in Abb. 110 ist als liegender Röhrenkühler gebaut und an die Auspuffseite des Motorgestells angeflanscht. Er besteht aus dem Kühlerbündel 12, Kühlermantel 11 und den beiden Abschlußdeckeln 6 und 16. Zur Erzielung einer guten Kühlwirkung sind Zwischenbleche 10 eingebaut, welche das Schmieröl im Kreuzstrom zwischen den Kühlrohren hindurchführen. Distanzhülsen halten die Zwischenbleche in gleichmäßigem Abstand. Die Kühlrohre 13 sind an den Enden in die Rohrböden 15 eingestemmt. Das Rohrbündel wird vom Kühlermantel umgeben, an dem die Anschlüsse für die Schmierölleitung angeschweißt sind. Als Abschluß des Kühlermantels sind an dessen Stirnseiten die Abschlußdeckel angeflanscht, durch die das Kühlwasser zu- bzw. abgeführt wird. Zum Schutz gegen galvanische Anfressungen sind in den Abschlußdeckeln Zinkringe 1 eingebaut. Das Kühlerbündel wird durch den Abschlußdeckel 16 mit dem vorstehenden Rohrboden über Dichtungen 2 und 3 an den Kühlermantel gedrückt und dichtet dabei den Kühlwasser- und Schmierölraum nach außen ab. Die Abdichtung des Schmierölraumes gegen den Kühlwasserraum auf der anderen Seite erfolgt durch Bunaringe 9, die mit dem Stopfbüchsenring 8 in die Stopfbüchse eingelegt sind und durch den Abschlußdeckel 6 zusammengepreßt werden. Eventuell durchgedrungenes Lecköl oder Leckwasser sammelt sich in der Nut des Stopfbüchsenringes und kann durch die Leckbohrung 7 im Flansch des Kühlermantels abfließen. Zur Entleerung des Schmierölraumes ist an der Unterseite des Kühlmantels eine Entleerungsschraube 14 vorgesehen. Für den Ablauf des Kühlwassers dient eine Entleerungsschraube 5 in den Abschlußdeckel. Das im Motor erwärmte Schmieröl strömt, durch Zwischenbleche geführt, in Windungen zwischen den vom Kühlwasser durchflossenen

Kühlrohren durch den Kühlerraum und gibt dabei Wärme an das Kühlwasser ab. Der Prüfdruck beträgt für den Schmierölraum 10 kp cm^{-2} und für den Kühlwasserraum 6 kp cm^{-2}. Um wirkungsvolles Arbeiten des Schmierölkühlers zu gewährleisten, ist es unerläßlich, diesen von Zeit zu Zeit je nach den Betriebsverhältnissen gründlich zu reinigen.

E. Konstruktion und Fertigung

Die Ausbildung des einzelnen Lagers muß sich organisch der gesamten Motorkonstruktion anpassen und die Gewähr geben, daß das Lager immer einwandfrei läuft.

Das Schmieröl muß möglichst in der drucklosen Zone in das Lager eintreten.

Im Lagerspalt muß sich der erforderliche Schmierfilm ausbilden können.

Die Wärme muß gut abgeleitet werden.

Es dürfen keine Kantenpressungen auftreten.

Alle diese Punkte sind vom Konstrukteur zu beachten. Belastung, Drehzahl, Hauptabmessungen, Schmieröltemperatur, Wellen- und Lagermaterial, Wellen- und Lagerlaufflächenhärte und -rauheit, Schmierölpumpenfördermenge, sowie Schmierölreinigung und -kühlung sind von Einfluß auf die Gestaltung des Lagerspaltes. In der Berechnung wird vorausgesetzt, daß im Betrieb die Oberflächen ideal glatt und die Formen geometrisch genau sind. Es ist Sache des Konstrukteurs, den Gleitflächen durch seine Konstruktion die Möglichkeit zu geben, sich diesem Ideal weitgehend zu nähern. Abweichungen von der geforderten geometrischen Form müssen von der Werkstatt bei der Bearbeitung möglichst vermieden werden.

Durch die Bearbeitung wird an einem Werkstück eine neue Oberfläche gebildet. Diese soll sowohl in ihrer Grobgestalt (geometrische Form) als auch Feingestalt (Oberflächenrauheit) möglichst genau der gewünschten Form entsprechen. Da es aber unmöglich ist, ideal glatte, geometrisch genaue Oberflächen herzustellen, werden immer Ungenauigkeiten auftreten. Ihre Größe hängt von der Bearbeitungsmaschine und dem Bearbeitungsverfahren ab. Da mit steigender Genauigkeit der Herstellungspreis wächst, darf sowohl für die Grobgestalt als auch für die Feingestalt nie mehr verlangt werden, als unbedingt notwendig ist (zu weit getriebene Toleranzangaben in der Konstruktionszeichnung!). Auch die in der Werkstatt möglichst richtig hergestellte geometrische Form der Gleitflächen darf bei der Montage nicht durch Einpassen oder Einschaben der Gleitflächen geändert werden. Ein richtig ausgebildeter Schmierkeil in einem normalen Radiallager verlangt genau kreiszylindrische Wellen- und Lageroberflächen; durch das Einschaben wird die Bohrung unrund und erhält eine ungleichmäßige Oberfläche. Außerdem werden die Krümmungsverhältnisse gegenüber der Rechnung geändert.

So wie bei den Wälzlagern die Wälzkörper und die Laufringe als Hauptbestandteile des Lagers angesehen werden, die Einzelteile mit engsten Toleranzen hergestellt und die Wälzkörper nach geringsten Durchmesserunterschieden ausgesucht werden, so müssen auch der Schmierfilm und die Gleitflächen in einem Gleitlager mit besonderem Verständnis und großer Genauigkeit gestaltet werden. Geringste Ungleichmäßigkeiten der Schmierspaltdicke über die Lagerbreite im belasteten Bereich beeinflussen die Öldruckverteilung und setzen dadurch unter Umständen die Belastbarkeit herab.

Man neigt oft dazu, bei Schäden an einem Lager zunächst dem Öl die Schuld zuzuschieben. Manchmal kann das Ändern des Öles tatsächlich eine Besserung bringen und den Schaden das nächste Mal verhindern; meist aber ist die Störung durch ungünstige Formgebung des Schmierspaltes bedingt.

I. Grobgestalt

Aus den Voraussetzungen für die Berechnung eines Lagers nach der hydrodynamischen Schmiertheorie ergeben sich folgende Forderungen für die Grobgestalt der Lauffläche im Betrieb:

Ausbildung eines keilförmigen Schmierspaltes in Bewegungsrichtung und möglichst gleichmäßige Spaltdicke quer zur Bewegungsrichtung.

Beim Radiallager entsteht, von Ausnahmen abgesehen, der keilförmige Schmierspalt durch die exzentrische Lage der Welle in der größeren Lagerbohrung von selbst. Bei Achsiallagern müssen die Keilflächen erst hergestellt werden. Die Forderung nach gleichmäßiger Spaltdicke quer zur Bewegungsrichtung wird durch starre Gleitflächen, einen entsprechend geformten Schmierspalt und symmetrischen Bau der Lager zur Kraftrichtung erreicht. Da aber starre Gleitflächen weder bei der Welle noch am Gehäuse praktisch zu verwirklichen sind, müssen sich die tragenden Lagerteile den Verformungen der Welle anpassen und Werkstatt- und Montageungenauigkeiten in geringem Maße ausgleichen. Dadurch wird eine gleichmäßige Druckverteilung im Lagerspalt quer zur Bewegungsrichtung und das Rechnungsideal auch bei verformbarer Welle und nachgiebigem Lager mit genügender Genauigkeit erreicht. Die Gleitwerkstoffe werden dabei günstig ausgenützt und das Lager hat die größte Tragfähigkeit.

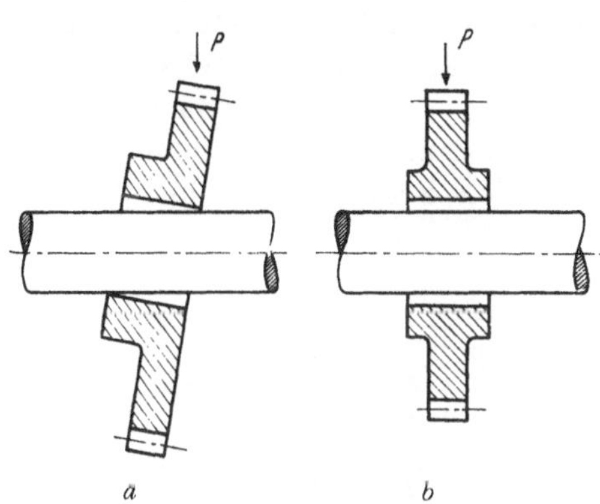

Abb. 111. Zwischenradlagerung

Wesentlich dafür ist, daß die äußere Belastung und der Flächenaufbau symmetrisch zur Unterstützung sind! Unsymmetrische Anordnung der Gleitflächen zur Belastung bedingt ungleiche Schmierfilmdicken und damit die Gefahr einer Kantenpressung, wie

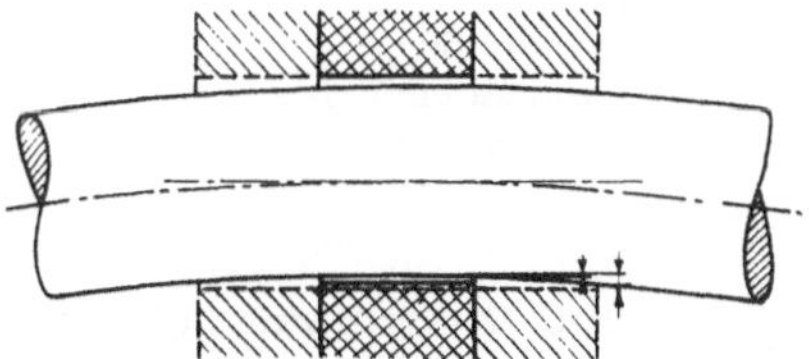

Abb. 112. Beeinflussung des kleinsten Schmierspaltes durch die Lagerbreite bei einer Verformung der Welle

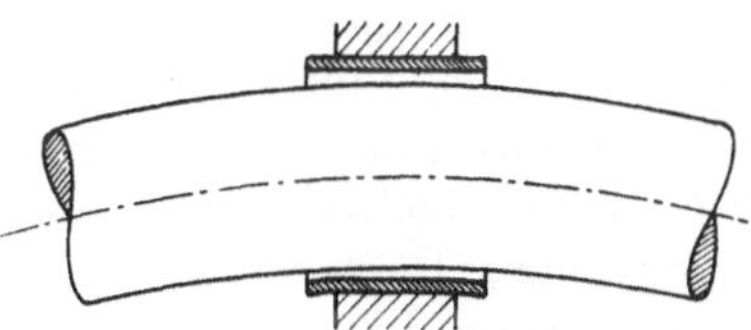

Abb. 113. Anpassungsfähige Lagerenden

zum Beispiel bei der unsymmetrischen Ausführung des Zahnrades nach Abb. 111 a eines Rädertriebes.

Je kleiner das Breitenverhältnis b/d eines Radiallagers ist, um so weniger können Durchbiegungen oder Schiefstellungen durch Werkstatt- oder Montageungenauigkeiten ungünstige Kantenpressungen hervorrufen; denn bei kurzen Lagern wird die Pfeilhöhe der Bogensehne über der Lagerbreite bei gleicher Verformung kleiner als bei breiten Lagern sein (Abb. 112). Wenn sie kleiner als die kleinste Schmierspaltdicke ist, ist sie unschädlich. Kantenpressungen können durch freitragende Lagerenden, die sich einer Wellenverformung gut anpassen (Abb. 113), oder auch durch selbsteinstellende Lagerschalen oder weicheren Werkstoff vermieden werden. Kugelig einstellbare Lagergehäuse ermöglichen nur bei Montage ein gutes Anpassen der Gleitflächen. Im Betrieb sind derartige über Reibungschluß arbeitende Einstellmöglichkeiten nicht beweglich, da die Reibungszahl der ungeschmierten Flächen groß und bei Verkantungen oder Schiefstellungen die zur Einstellung notwendige Kraft nicht vorhanden ist, so daß trotz der Einstellbarkeit Kantenpressung am Lager auftreten kann. Auch durch balliges Ausdrehen der Lagergleitfläche kann ein Anpassen der Lageroberfläche an die Wellenkrümmung und eventuell an geringe Pendelbewegung der Welle erreicht werden.

Kurze Lagerabstände ergeben ebenso wie ein steif ausgebildetes Lagergehäuse kleine Durchbiegungen und vermeiden dadurch schief liegende Zapfen. Besonders hingewiesen sei auf den ungünstigen Einfluß von senkrecht zur Bewegungsrichtung zueinander geneigten Gleitflächen, wie zum Beispiel bei kegelig abgedrehten Wellenbunden zur Aufnahme des Achsialschubes (Abb. 114). Das aus dem Radiallager ausströmende Schmieröl wird zwar durch die Fliehkraft nach außen gedrückt; da die Gleitflächen aber quer zur Bewegungsrichtung nicht parallel sind, kann sich kein Schmierfilm bilden. Auch

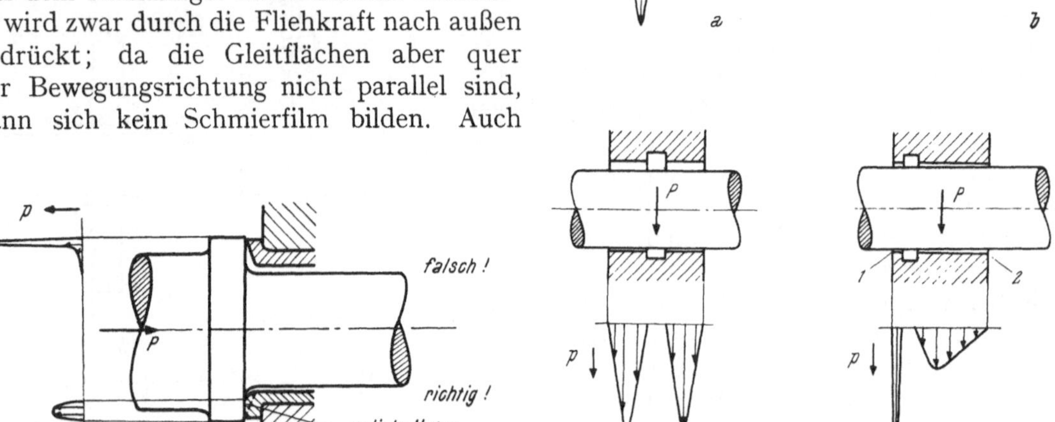

Abb. 114. Ausführung von Bunden an Radiallagern zur Aufnahme eines Achsialschubes

Abb. 115. Einfluß auf die Schmierfilmdruckverteilung senkrecht zur Bewegungsrichtung durch:　*a* Verkantung
　　　b Durchbiegung
　　　c umlaufende Nut
　　　d einseitig umlaufende Nut
　　　(unsymmetrische Lagerausführung)

ein in einer Büchse schief stehender Zapfen (Abb. 115 *a* und *b*, durch Durchbiegung der Welle oder Verformung des Lagergehäuses) hat ebenso große Nachteile wie ein Zapfen in einer konischen Büchse [4]. Es entsteht dadurch eine unsymmetrische Schmierfilmdruckausbildung über der Lagerbreite mit großen Höchstdrücken. Schon allein eine einseitig angebrachte Ölfangnut oder Ölverteilnut nach Abb. 115 *d* wird die Schmierfilmdruckspitze gegenüber der äußeren Belastung sehr verschieben. Die Öldrücke müssen der äußeren Belastung das Gleichgewicht halten; dies ist bei der gezeichneten Lagerflächenverteilung nur möglich, wenn sich im linken Teil der Gleitfläche ein größerer Öldruck ausbilden kann als im rechten. Das wieder kann aber nur dann sein, wenn sich die Welle oder das Lager so verformen, daß an der Stelle *1* der Spalt enger als an der Stelle *2* ist. Dadurch beginnt dort bei großer Belastung die Zerstörung (z. B. bei Lagern in Pleuelstangen).

Bei zu nachgiebigen Lagerenden entspannt sich der Druck im Schmierfilm nach außen schnell, und die äußere Belastung muß in der mittleren Zone unter großem Druck übernommen werden (Abb. 116 *b*). Der Einfluß von Versteifungen des Lagerkörpers oder Rippen auf die Schmierfilmdruckausbildung ist aus Abb. 116 *c* zu sehen.

Die Lagerschalen müssen im Gehäuse satt aufsitzen, weil sie sich sonst unter dem hohen Schmierfilmdruck elastisch oder plastisch verformen. Eine Ausbeulung, zum Beispiel in der Lagermitte durch eine außen liegende Nut (Abb. 117), kann gemeinsam mit der Wellendurchbiegung zu einem Druckabbau an dieser Stelle führen, so daß die Kanten noch mehr als sonst zum Tragen herangezogen werden.

Grundsätzlich läuft immer die weichere Fläche auf der härteren, das heißt, die härtere Gleitfläche ist breiter. Die weichere verschleißt im allgemeinen schneller; ist sie schmäler, so wird sie über der ganzen Laufbreite abgetragen, und in keinem der Gleitwerkstoffe kann sich eine wesentliche Laufrille ausbilden. Wäre die härtere Fläche schmäler, so könnte sie sich in den weicheren Stoff einschneiden und die Verschiebbarkeit senkrecht zur Bewegungsrichtung verhindern.

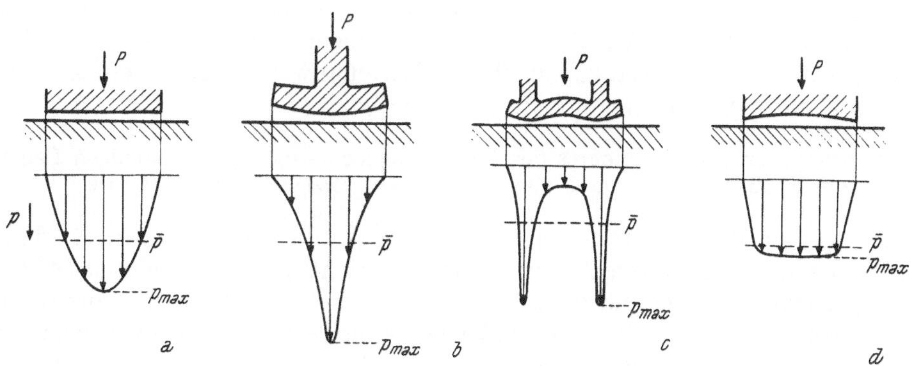

Abb. 116. Schmierfilmdruckausbildung senkrecht zur Bewegungsrichtung bei verschiedenen Spaltformen (nach [4] und [12])

a Paralleler Spalt   *b, c* Einfluß von Rippen   *d* „Gleichdruckspalt"

Wesentlichen Einfluß auf die Anpassungsfähigkeit der Gleitflächen haben die Gleitwerkstoffe. Je härter Wellen- und Lagerflächen sind, um so genauer müssen die Lagerbohrungen fluchten, damit der Schmierspalt parallel bleibt. Harte Lagerwerkstoffe, wie Gußeisen oder Zinnbronzen passen sich an die Gegenlauffläche kaum an. Hier können nur durch die Gestaltung der Lagerkörper örtliche Pressungen

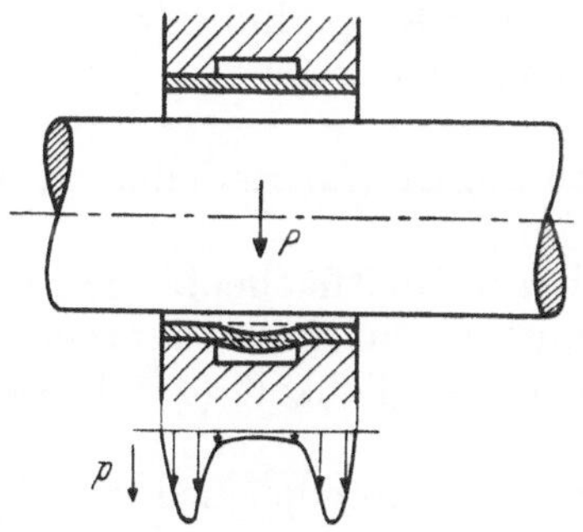

Abb. 117. Einfluß einer außen liegenden Nut

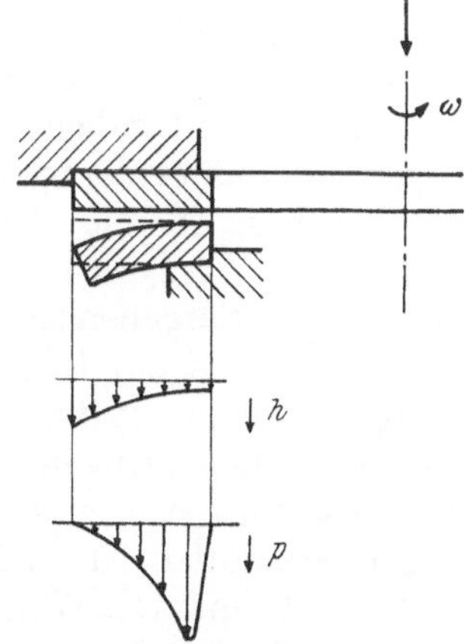

Abb. 118. Schmierspaltform und Schmierfilmdruckverteilung bei ungünstig unterstützten Achsialringen

vermieden werden: Durch sorgfältige Auswahl der Gehäuseform ergibt sich eine gute Anpassung der Lagerflächen über den ganzen Verlauf. Bei Werkstoffen mit großem Elastizitätsmodul empfiehlt es sich jedoch, die Nabenenden dünnwandig zu gestalten, damit sie sich den Verformungen der Welle anpassen können. Wenn ein gleich dicker Schmierfilm über die gesamte Lagerbreite erreicht werden kann, dann sind harte Lagerlegierungen wegen ihrer höher liegenden Quetschgrenze mehr belastbar als weiche und weniger feste Werkstoffe.

Beträgt durch ungünstige Konstruktion die Änderung der Schmierspaltdicke entlang der Lagerbreite im belasteten Zustand auch nur mehrere Hundertstel Millimeter, so kann die beste Oberfläche mit Rauhtiefen unter 1 μ das Lager vor Zerstörung nicht schützen. Ein Abweichen der Drehachsen von Welle und Lager von ihrer parallelen Lage muß deshalb über der Lagerbreite immer wesentlich kleiner sein als die zu erwartende Schmierspaltdicke. Ebenso darf das Abweichen der Lager von zueinander senkrechten Gleitflächen nicht größer sein. Die zulässige Unrundheit bei zylindrischen Gleitlagern soll nicht mehr als 10% des Lagerspieles betragen. Diese Formangaben müssen in der Zeichnung vermerkt werden! Die Angaben für die zulässigen Abweichungen von der Grobgestalt erfolgen durch Toleranzangaben für die Mittenabweichungen, Schlag in achsialer oder radialer Richtung und Unrundheit (DIN 406).

Die Angabe des Anzugsdrehmomentes der Befestigungsschrauben bei zweiteiligen Lagerkörpern verhindert die Verformung des Gehäuses durch zu starkes Anziehen der Schrauben.

Es muß also eine Konstruktion angestrebt werden, die dafür garantiert, daß immer ein paralleler Schmierspalt senkrecht zur Bewegungsrichtung vorhanden ist (Abb. 116 *a*). Dann ist etwa parabelförmige und damit günstige Öldruckverteilung quer zur Bewegungsrichtung gegeben. Noch günstigere Verhältnisse erhielte man allerdings, wenn sich der Schmierspalt gegen die Seite hin etwas verengen würde (Abb. 116 *d*). Durch eine derartige Form wäre es möglich, den darin auftretenden größten Lagerdruck über eine größere Breite zu erhalten als bei parallelem Spalt und damit die Tragfähigkeit bei gleichem maximalen Schmierfilmdruck zu erhöhen [4, 12]. Solche Sonderformen sind in der Werkstatt aber schwierig herzustellen.

Bei Achsiallagern können sich die Laufringe bei ungünstiger Unterstützung unter dem Schmierfilmdruck außen mehr voneinander abheben als innen (Abb. 118). Der Schmierfilm wird daher an der Innenseite der Laufflächen dünner als außen. Bei Ölmangel oder zu großer Belastung beginnt dort die Zerstörung. Daher gilt auch bei Achsiallagern, ebenso wie bei Radiallagern, die Forderung nach einer zur Belastung und Bewegung symmetrischen Auflagefläche, die senkrecht zur Bewegungsrichtung immer einen parallelen Schmierspalt ermöglicht. Bei Kippklotzlagern sollte man daher folgerichtig den Kippklötzen die Möglichkeit geben, nicht nur in Bewegungsrichtung, sondern auch quer zu ihr zu kippen. Bei einer derart zentralen Unterstützung der Kippschuhe (z. B. auf einer Kugel) müssen diese aber so steif ausgebildet sein, daß sie sich unter dem Öldruck nicht verformen.

Zusammengefaßt ergeben sich für die Gestaltung von Lagern (für Radiallager, Achsiallager und Gleitführungen) folgende Grundregeln:

Belastung und Unterstützung müssen symmetrisch zur Gleitflächenbreite liegen.

Bei steifen Wellen bringen kurze Lagerabstände mit einwandfreier Bearbeitung der starren Gehäuse und starren Lager die größte Belastungsmöglichkeit (der Einsatz von harten Lagerwerkstoffen ist dafür günstig).

Bei leicht verformbaren Wellen und nicht einwandfrei fluchtenden Lagern sollten bei Verwendung von harten Lagermaterialien die *Gehäuse* und bei Verwendung von weichen Lagerwerkstoffen bei starren Gehäusen die *Lager* so ausgebildet sein, daß sie sich den Wellenverformungen anpassen können.

II. Feingestalt

1. Oberflächenrauheit

Die Feingestalt der Oberfläche wird durch die Angabe der Oberflächenrauheit definiert (Abb. 119). Hierunter versteht man den Höhenunterschied der immer vorhandenen — im Bild stark vergrößert gezeichneten — Berge und Täler in der Oberfläche. Derzeit gibt es noch keine einheitliche internationale Bezeichnung dafür. In vielen nationalen Normen ist von Rauheit die Rede. Meistens ist hiebei die gesamte Höhe, vom Talgrund gemessen, gemeint; manchmal sind es arithmetische oder quadratische Mittelwerte. Hier soll unter Rauheit immer der Größtwert des Höhenunterschiedes verstanden werden: „Rauhtiefe" (entsprechend DIN 4760). Je geringer die Rauhtiefe ist, um so größer ist die Oberflächenqualität (s. auch [18, 51, 56]).

2. Traganteil

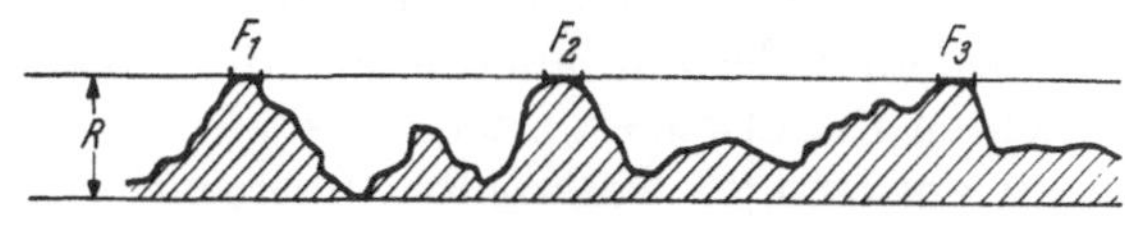

Eng mit dem Begriff Rauheit verbunden ist der Begriff Traganteil. Das ist das Verhältnis der tragenden zur gesamten Oberfläche (s. auch S. 7).

Abb. 119. Rauhtiefe R
$$ta = \Sigma(F_1 + F_2 + \ldots)/F$$
$ta =$ Traganteil
$F =$ Flächen

Die Anforderungen an die Güte einer Oberfläche ergeben sich aus der verlangten Tragfähigkeit in Verbindung mit Gleitgeschwindigkeit und Schmierung. Sie steigen mit weiterschreitender Entwicklung der Technik laufend an. Abgesehen von der Verbesserung der Werkstoffeigenschaften durch Verbundmaterial ermöglicht es eine entsprechende Oberflächenwahl, die gesteigerten Anforderungen zu erfüllen. Je höher die Flächenbelastung, je geringer die Gleitgeschwindigkeit und je härter die Gleitflächen sind, um so höher muß die Gleitflächengüte sein. Durch Erhöhen der Oberflächengüte erreicht man eine Verbesserung der mechanischen Eigenschaften (Verkleinern der Kerbwirkung und dadurch Erhöhen der Wechselfestigkeit) und eine Verbesserung der Gleiteigenschaften; sie verhindert Abnützungsverluste und vergrößert den Traganteil.

Bei Kolben- oder Kipphebelbolzen z. B. ist bei einseitiger Belastung eine Rauheit von etwa 0,3 μ erforderlich. Wechselt die Belastungsrichtung, so genügen etwa 0,6 μ, weil die Schmierverhältnisse günstiger sind.

Die einzelnen Laufflächen sollten nun so bearbeitet werden, daß das Einlaufen beim Betriebsbeginn kurz gehalten werden oder, besser noch, ganz entfallen kann. Da der eingelaufene Zustand etwa dem des polierten entspricht, sollte also eine solche Oberflächenqualität schon bei der Bearbeitung annähernd erreicht werden.

Früher mußte ein Motor wegen der unvollkommenen Oberflächenbeschaffenheit eingefahren werden, um die Berge der Oberflächenrauheiten vorsichtig abzutragen und die Laufflächen zu glätten, sowie die Lager an die Form der Welle anzupassen. Dabei wurde oft Öl gewechselt, um die abgeriebenen Teilchen aus dem Motor zu entfernen. Erst so ergab sich ein gutes und gleichmäßiges Tragbild. Durch immer bessere Bearbeitungsverfahren wurde die Oberflächengüte soweit verbessert, daß ein Einlauf nun praktisch nicht mehr notwendig ist.

Die Oberflächengüte wird allein vorgeschrieben von der zu erwartenden Schmierfilmdicke h_0. Diese muß immer größer sein als die Summe der Rauhtiefen: Je glatter die beiden Laufflächen, je kleiner ihre Rauhtiefe, um so kleiner kann der engste Schmierspalt h_0 und damit das gesamte Lagerspiel werden, ohne die Flüssigkeitsreibung in Frage zu stellen. Und je kleiner das gesamte Lagerspiel ist, um so größer ist die Tragfähigkeit. Dabei muß die Rauhtiefe der harten Wellenoberfläche geringer sein als die des weicheren Lagerwerkstoffes, da die harte Oberfläche sich nur sehr langsam einebnen läßt. Offensichtlich können Oberflächen mit größerem Traganteil auch bei gemischter oder Trockenreibung eine höhere Belastung ertragen als rauhere Flächen, da ja die absolute Belastung je tatsächlicher Berührungsfläche geringer ist.

3. Herstellung der Oberflächen

Die Herstellungsart der Oberflächen ist grundsätzlich gleichgültig, wenn die Strukturveränderung außer acht gelassen wird. Die Oberfläche kann durch Gießen, Pressen oder Drücken, durch Stanzen, Ziehen, Kugelstrahlen, Trommeln, Glattwalzen und durch spanabhebende Bearbeitung erzeugt werden. Wesentlich ist immer nur die Qualität der Oberflächenbeschaffenheit. Das Oberflächen- oder Bearbeitungszeichen auf einer Zeichnung bedeutet deshalb auch nicht, daß eine spanabhebende Bearbeitung bis zu der gewünschten Rauhtiefe erforderlich ist; es gibt lediglich an, daß die geforderte Oberflächenrauheit am fertigen Stück nicht überschritten werden darf. Sofern aber ein bestimmtes Verfahren verlangt wird, so ist dieses auf dem Bearbeitungszeichen anzugeben (Abb. 120).

Bei der spanlosen Verformung werden die kleinsten Gefügebestandteile verlagert und dadurch meist zusätzlich die Oberflächenschichten verdichtet und verfestigt (Glätten oder Prägepolieren durch Abrollen von polierten Walzen auf der Lauffläche, Kugelstrahlen oder Ziehen einer Kugel durch eine Bohrung). Schleifen ist hingegen ein spanabhebender Vorgang, weil jedes einzelne Schleifkorn als Drehmesser wirkt, während man beim Polieren die erhabenen Teilchen der Oberfläche in die Vertiefung hineindrückt, wodurch die Oberfläche geglättet wird (Rauhtiefe beim mechanischen Polieren 0,5 bis $1,3\,\mu$). Je weicher ein Werkstoff ist, um so höher ist bei der spanabhebenden Bearbeitung die Schnittgeschwindigkeit. Bei harten Werkstoffen werden durch Läppen, ein Feinstziehschleifen mit sehr feiner Schleifpaste, die feinsten Oberflächen erhalten. Es bildet sich dabei eine oxyd- oder nitridreiche Oberflächenschicht, die wesentlich zur Laufverbesserung bei Mischreibung beiträgt. (Die sehr guten Laufeigenschaften einer Nitridschicht sind wahrscheinlich nicht nur in ihrer Härte begründet; sie neigt auch weniger

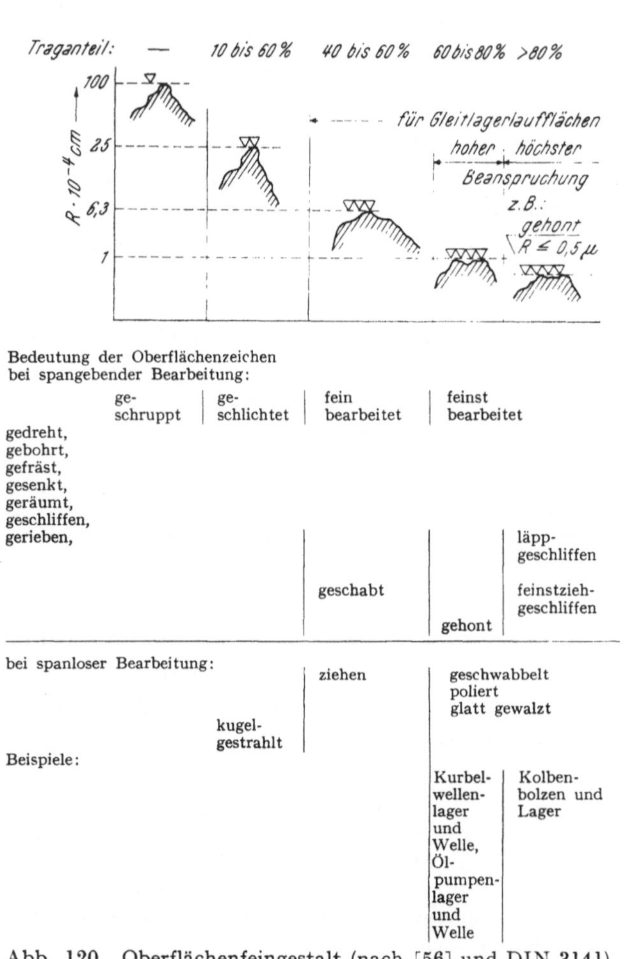

Bedeutung der Oberflächenzeichen bei spangebender Bearbeitung:

	geschruppt	geschlichtet	fein bearbeitet	feinst bearbeitet
gedreht, gebohrt, gefräst, gesenkt, geräumt, geschliffen, gerieben,				
				läppgeschliffen
		geschabt		feinstziehgeschliffen
			gehont	

bei spanloser Bearbeitung:

	kugelgestrahlt	ziehen	geschwabbelt poliert glatt gewalzt
Beispiele:		Kurbelwellenlager und Welle, Ölpumpenlager und Welle	Kolbenbolzen und Lager

Abb. 120. Oberflächenfeingestalt (nach [56] und DIN 3141)

zum Verschweißen oder zum Fressen mit der Gegenlauffläche.) Honen ist ein Materialabtragen mit einem Schleifstein (Honstein) unter ständiger Berührung mit dem Werkstück durch elastisches Andrücken. Die Schleifrichtung wird dabei periodisch gewechselt. Die dadurch entstandenen Oberflächen weisen parallele und sich kreuzende Bearbeitungsspuren auf. Es läßt sich hiedurch allerdings nur die Feingestalt verbessern, also nur die Oberfläche glätten, nicht aber die Grobgestalt verändern. Unrunde Bohrungen bleiben daher auch nach dem Honen unrund (was beim Ausbessern von Kolbengleitbahnen z. B. nicht erwünscht ist). Feinstdrehen mit Diamant oder Hartmetall bringt dagegen geometrisch genaue Oberflächen, also die verlangte Grobgestalt, ebenso das Räumen von Bohrungen und das Ausreiben.

III. Schmierölzuführung

Das Schmieröl wird dem hydrodynamisch geschmierten Gleitlager an einer möglichst drucklosen Stelle, in Bewegungsrichtung gesehen vor dem Schmierkeil, zugeführt (Abb. 121). Für die Ermittlung dieser Stelle und zur Festlegung etwa anzubringender Nuten ist die Kenntnis der Lage des Druck-maximums und der drucklosen Zone wesentlich.

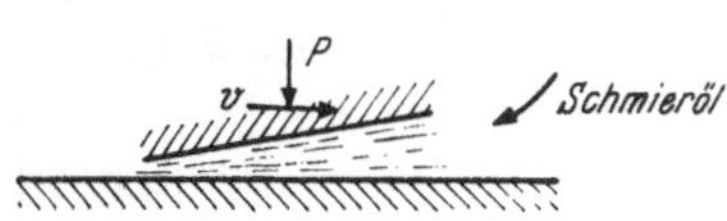

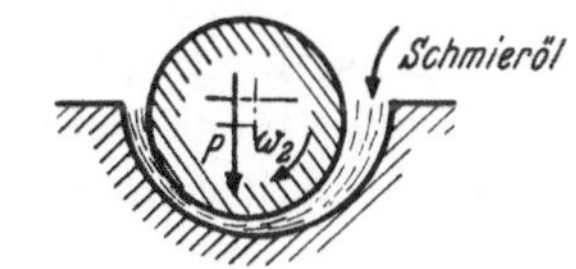

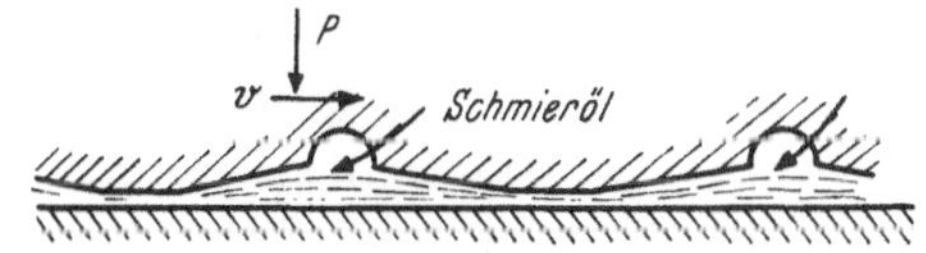

Abb. 121. Schmierölzuführung

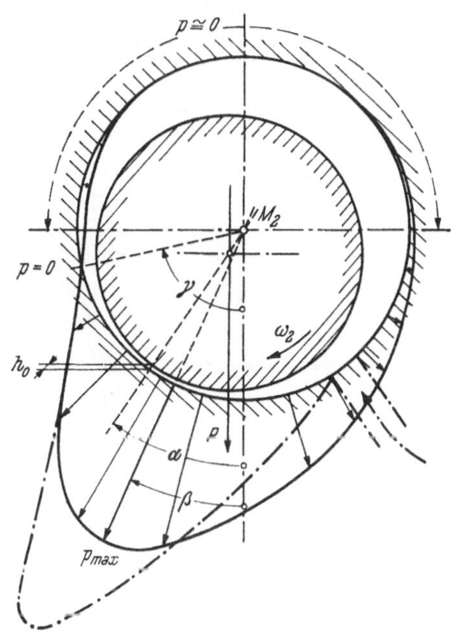

Abb. 122. Druckverteilung entlang des Lagerumfanges

1. Schmierfilmdruckverteilung

Grundsätzlich sieht die Öldruckverteilung im Radiallager wie in Abb. 122 gezeigt aus. Vorausgesetzt ist hier ein ganz umschließendes Lager und ein von der Ölzuführung nicht gestörter Druckaufbau. Wird das Schmieröl an einer Stelle zugeführt, wo sich bereits ein Schmierfilmdruck ausbilden könnte — in Abb. 122 strichpunktiert eingezeichnet —, so ändert sich der Aufbau der Druckverteilung, weil an dieser Stelle nur eine dem Zu-führungsdruck entsprechende Größe vorhanden sein kann.

2. Wellenverlagerung

Abhängig von der relativen Schmierfilmdicke δ und in geringem Maße vom Breiten-verhältnis b/d eilt die Lage der engsten Stelle h_0 oder der Wellenverlagerung (Verbindungs-gerade zwischen Wellen- und Lagermittelpunkt) dem Kraftvektor um den Winkel

$$\alpha = 15 \text{ bis } 50° \quad (\alpha = f_4(b/d, \delta); \text{ Abb. 123}),$$

das *Druckmaximum* um den Winkel

$$\beta = 6 \text{ bis } 19° \text{ (im Mittel } \sim 13°)$$

und das *Druckende* um den Winkel

$$\gamma = 22 \text{ bis } 64° \text{ (im Mittel } \sim 40°)$$

voraus [79]. Der Schmierfilmdruck (Druckberg) beginnt etwa 90° hinter dem Kraft-vektor. Im Bereich γ bis $(\alpha + 180°)$ kann sich sogar ein Unterdruck ausbilden, der das

Auftreten von Kavitation oder Abblättern einer schlecht aufgebrachten Laufschicht erklärt.

3. Lage der Schmierstoffzufuhr für verschiedene Bewegungsverhältnisse

Sofern die Last- und Bewegungsverhältnisse im Lager konstant sind, läßt sich die richtige Lage der Schmierstoffzufuhr danach einfach festlegen:

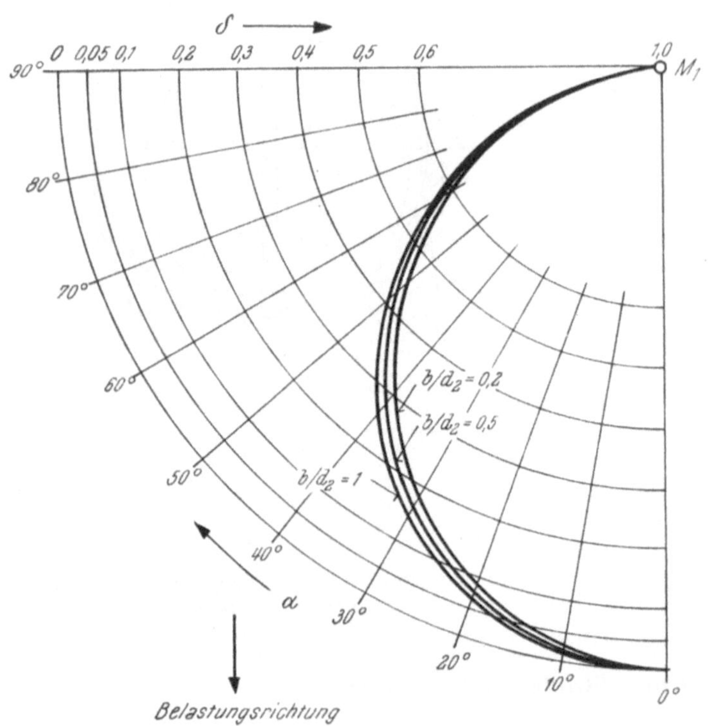

Abb. 123. Verlagerungswinkel $\alpha = f_4(b/d, \delta)$ (aus [79])

1. Wenn also Lager und Belastung stillstehen und sich nur die Welle dreht, wie in Abb. 122 dargestellt $(\omega_1 = \omega_p = 0, \omega_2)$, so wird der Schmierstoff in dem strichliert eingezeichneten Bereich durch das Lager zugeführt. Eine achsiale Ölverteilungsnut kann hier angebracht werden. Notwendig ist sie im allgemeinen nicht. Der Schmierstoff verteilt sich in den meisten Fällen im unbelasteten Ringraum genügend. Eine Zuführung durch die Welle darf nur als Zuleitung zu der oben bezeichneten Zone des Lagers aufgefaßt werden (Abb. 124 a und b): bei jedem Durchgang der Bohrung durch den unbelasteten Lagerspalt tritt der Schmierstoff dort aus und füllt den Halbringraum.

Zusätzlich kann eine in der unbelasteten Lagerhälfte angebrachte achsiale Nut den Schmierstoff sammeln und gleichmäßig über die Lagerbreite verteilen (strichliert eingezeichnet). Diese Ausführung sollte aber nur gewählt werden, wenn aus dringenden konstruktiven Gründen der Schmierstoff durch die Welle zugeführt wird, denn bei jedem Durchgang der Zuführungsbohrung durch die belastete Zone wird der Druck im Schmierfilm zerstört. Wenn eine zusätzliche Ringnut und die Schmierstoffzuführung an einer Seite des Lagers angebracht werden, wie in Abb. 124 b, so ergeben sich unsymmetrische Druckverteilungsverhältnisse, die — wie bereits erwähnt — besonders bei hoher Belastung vermieden werden sollten.

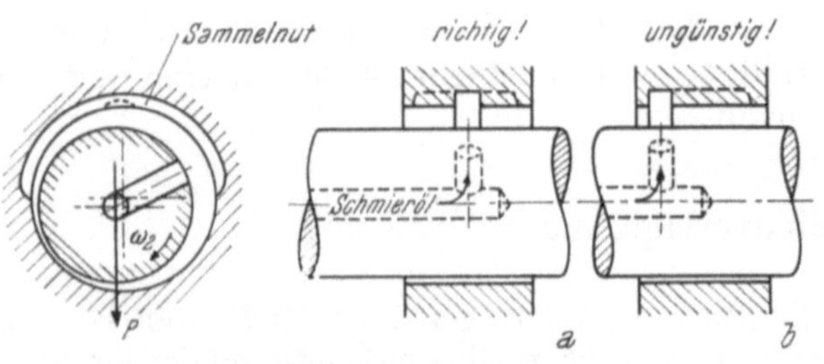

Abb. 124. Schmierölzuführung bei $\omega_1 = \omega_p = 0, \omega_2$

2. Wenn Belastung und Welle gleich schnell bei stehendem Lager umlaufen $(\omega_2 = \omega_p, \omega_1 = 0$; z. B. rotierende Massenkräfte erster Ordnung), so erfolgt die Schmierstoffzuführung am besten mit umlaufend durch die Welle nach Abb. 125 a auf der der Belastung

entgegengesetzten Seite. Muß die Schmierstoffzuführung durch das Lager erfolgen, so bringt eine Ringnut im Lager den Schmierstoff in den unbelasteten Lagerspalt (Abb. 125 b). Eine Längsnut im Zapfen würde nicht stören, ist aber im allgemeinen nicht notwendig, da auch hier der unbelastete Ringspalt für die Schmierstoffverteilung im allgemeinen genügt. Eine seitlich angebrachte Nut würde den Lageraufbau unsymmetrisch gestalten.

3. Wenn nur das Lager umläuft, Belastung und Welle (= Achse) still stehen (ω_1, $\omega_2 = \omega_p = 0$; z. B. Lagerung eines Zwischenrades in einem Zahnradantrieb auf einer Achse), wird der Schmierstoffeintritt durch die Achse an der der Belastung entgegengesetzten Seite die günstigste Lösung sein (Abb. 126 a). Es ist dies eine dem Fall 1

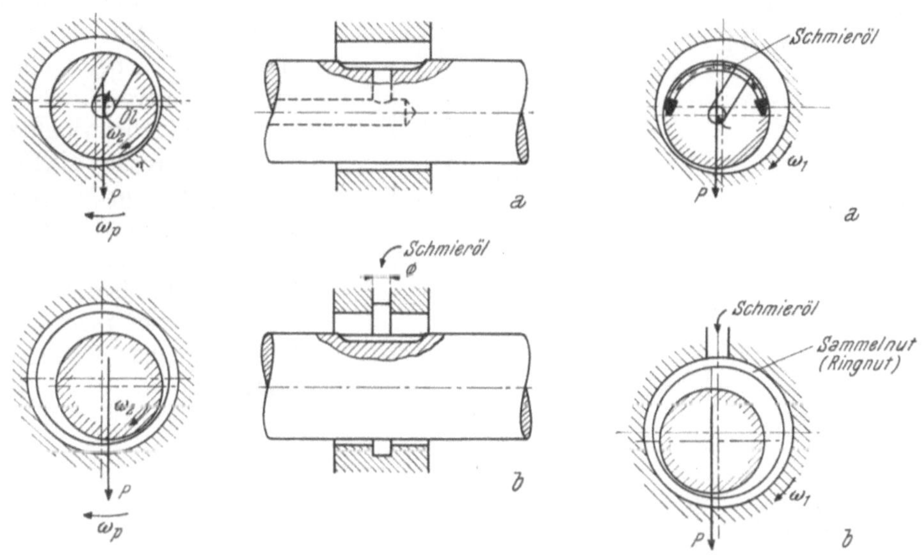

Abb. 125. Schmierölzuführung bei $\omega_1 = 0$, $\omega_2 = \omega_p$
a durch die Welle
b durch das Lager

Abb. 126. Schmierölzuführung bei $\omega_2 = \omega_p = 0$, ω_1
a durch die Welle
b durch das Lager

entsprechende Belastung, wobei Welle und Lager vertauscht sind, und eine dem Fall 2 entsprechende, bei der dem ganzen System die Winkelgeschwindigkeit — ω_2 erteilt wird. Die Achse muß dabei gegen Verdrehung gesichert sein. Wird der Schmierstoff durch das Lager zugeführt, so sorgt wieder eine Ringnut nach Abb. 126 b für die Weiterleitung des Schmierstoffes zur unbelasteten Zone.

4. Wenn aber die Belastungsrichtung und die Drehrichtung von Welle und/oder Lager pendelt (z. B. Kolbenbolzen), ist es schwierig, immer wieder frischen Schmierstoff an die belasteten Gleitflächen heranzubringen.

Bei Kolbenbolzen z. B. verläuft die Bewegung nicht kontinuierlich, sondern oszillierend, und wird durch Stillstände in den Umkehrpunkten unterbrochen. Es kann sich daher nur sehr schwer ein geschlossener Schmierfilm ausbilden.

Bei Viertaktmotoren oder doppelt wirkenden Kompressoren heben sich, durch die wechselnde Belastungsrichtung bedingt, unter dem Einfluß der Arbeits- und Massenkräfte, die Gleitflächen ein- oder mehrmals während eines Arbeitsspieles ab; sie „atmen". Dabei wird jedesmal frischer Schmierstoff angesaugt, und der Schmierspalt von neuem gefüllt. Bei derartigen Belastungsverhältnissen wird der Schmierstoff in den Zonen der geringsten Belastung (meist etwa senkrecht zur Hauptkraftrichtung) durch Bohrungen aus dem Lager oder der Welle zugeführt. Nuten sind gar nicht oder nur sehr weit auseinandergezogen erforderlich.

Abb. 127 (interessant ist hier die Zunge Z, die bei der fertigen Büchse in eine passende Ausnehmung A am anderen Ende eingreift, um eine Verschiebung der Stoßflächen zu verhindern) und Abb. 128 zeigen Beispiele.

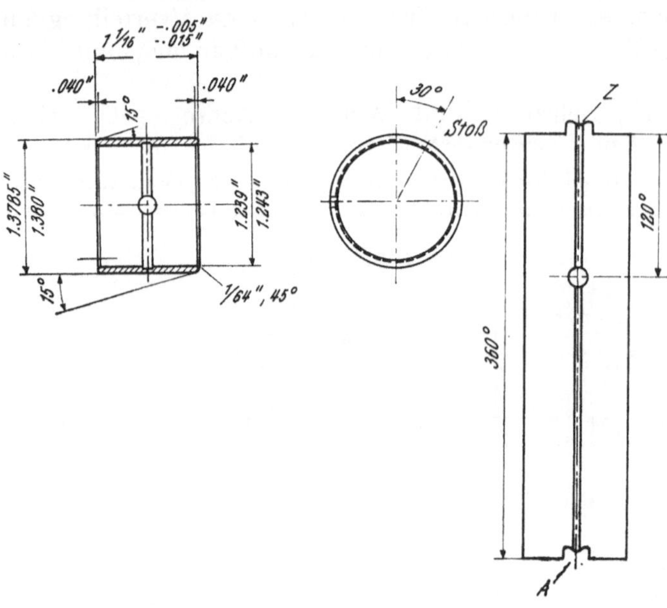

Abb. 127. Pleuelbüchse aus Bandmaterial

Es entsteht auf Grund der Verdrängungswirkung eine tragende Schmierschicht. Die Tragfähigkeit wächst hierbei mit der Belastungsfrequenz; daher haben Motoren, die mit hoher Drehzahl und im Viertakt arbeiten, selten Schwierigkeiten im Kolben- oder Kreuzkopfbolzenlager, obwohl hier manchmal sehr hohe Belastungen auftreten [2].

Bei einfach wirkenden Zweitaktmaschinen ist die Belastung der Lager (von Massenkräften abgesehen) meist nur einseitig; die Gleitflächen atmen nicht. Hier besteht also nur die Möglichkeit, Schmierstoff zwischen die belasteten Flächen zu bringen,

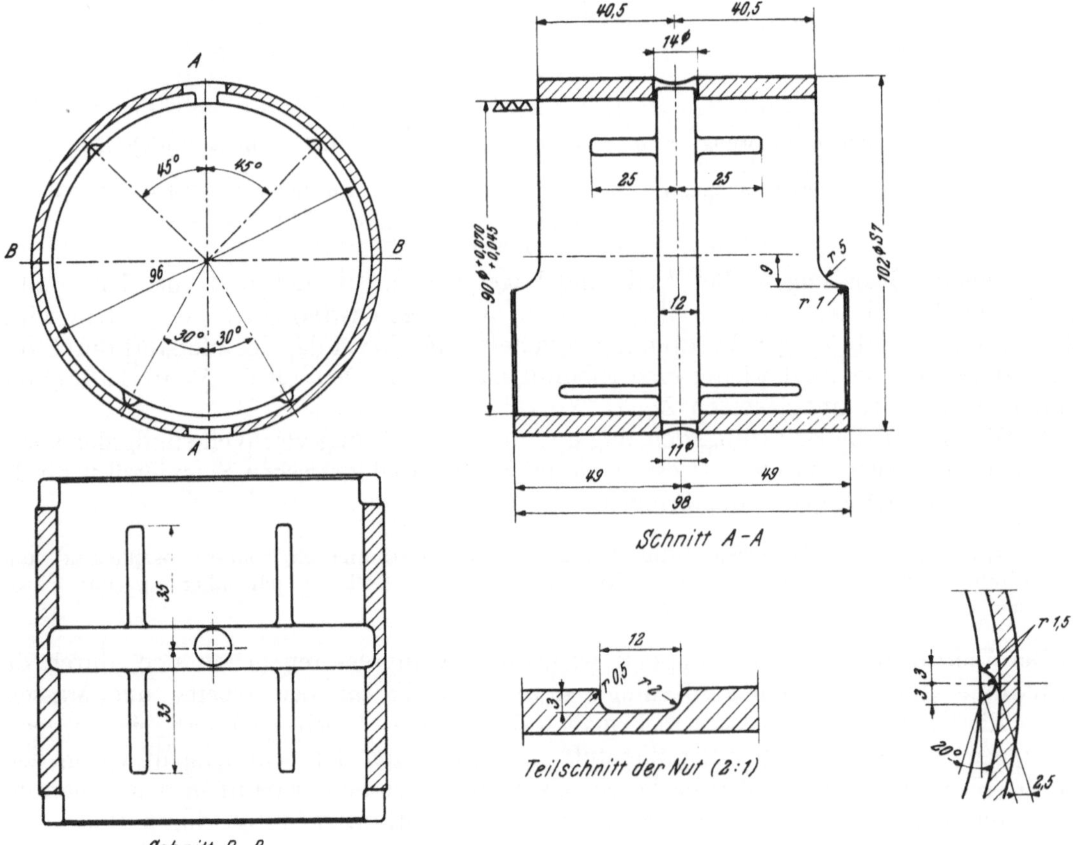

Abb. 128. Kreuzkopfbolzen-Lager (Fiat) (Material: Kupfer-Zinnbronze)

wenn alle Voraussetzungen für eine hydrodynamische Schmierung wenigstens für einen Teil der Bewegung bestehen: Während der Hin- und Herbewegung wechselt die Relativgeschwindigkeit der Gleitflächen zwischen Null und einem Größtwert. Von der Schmierstoffeintrittsstelle im belasteten Schmierspalt des Lagers wird der Schmierstoff bei der Bewegung mitgenommen und bildet, solange die Gleitgeschwindigkeit groß genug ist, einen tragfähigen Schmierkeil. Bei geringerer Gleitgeschwindigkeit, bei Bewegungsumkehr bzw. Stillstand der Relativbewegung der Gleitflächen muß der vorhandene Schmier-

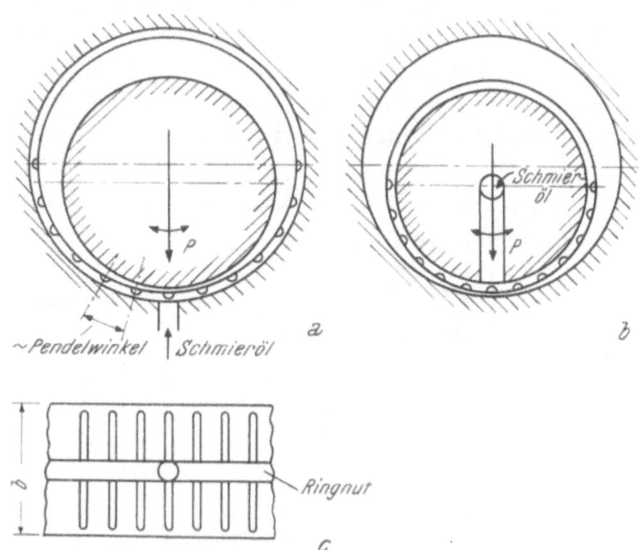

Abb. 129. Schmierölzuführung bei pendelnder Belastung und (oder) pendelnder Bewegung
a durch das Lager
b durch die Welle
(a und b Querschnitte durch die Lagermitte)
c Abwicklung entlang des Lager- bzw. Wellenumfanges

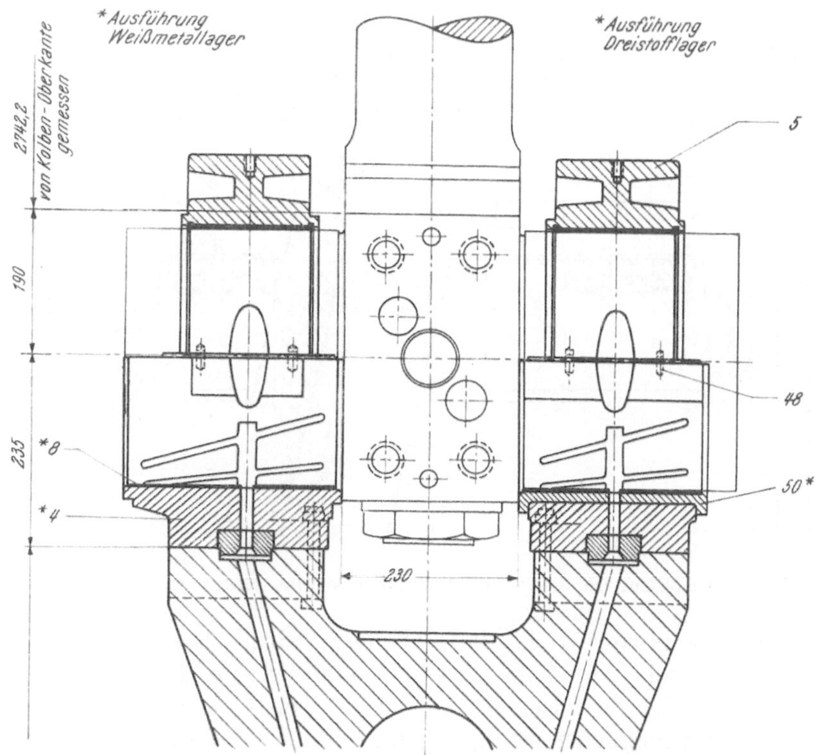

Abb. 130. Kreuzkopfbolzenlagerung des Motors nach Abb. 73
4 Lagerschale   48 Fixierstifte
5 Lagerdeckel   50 Lagerschale
8 Weißmetallausguß

stoff erst aus dem Lagerspalt verdrängt werden, bevor sich die Gleitflächen berühren können. Wenn nun die Zurückbewegung wieder eine Geschwindigkeit erreicht hat, bei der sich ein hydrodynamischer Flüssigkeitsdruck aufbauen kann, bevor Mischreibung eintritt, so wird der ganze Vorgang nur bei flüssiger Reibung vor sich gehen. Dazu muß der Schmierstoff in genügender Menge so zwischen die Gleitflächen gelangen können, daß bei jedem

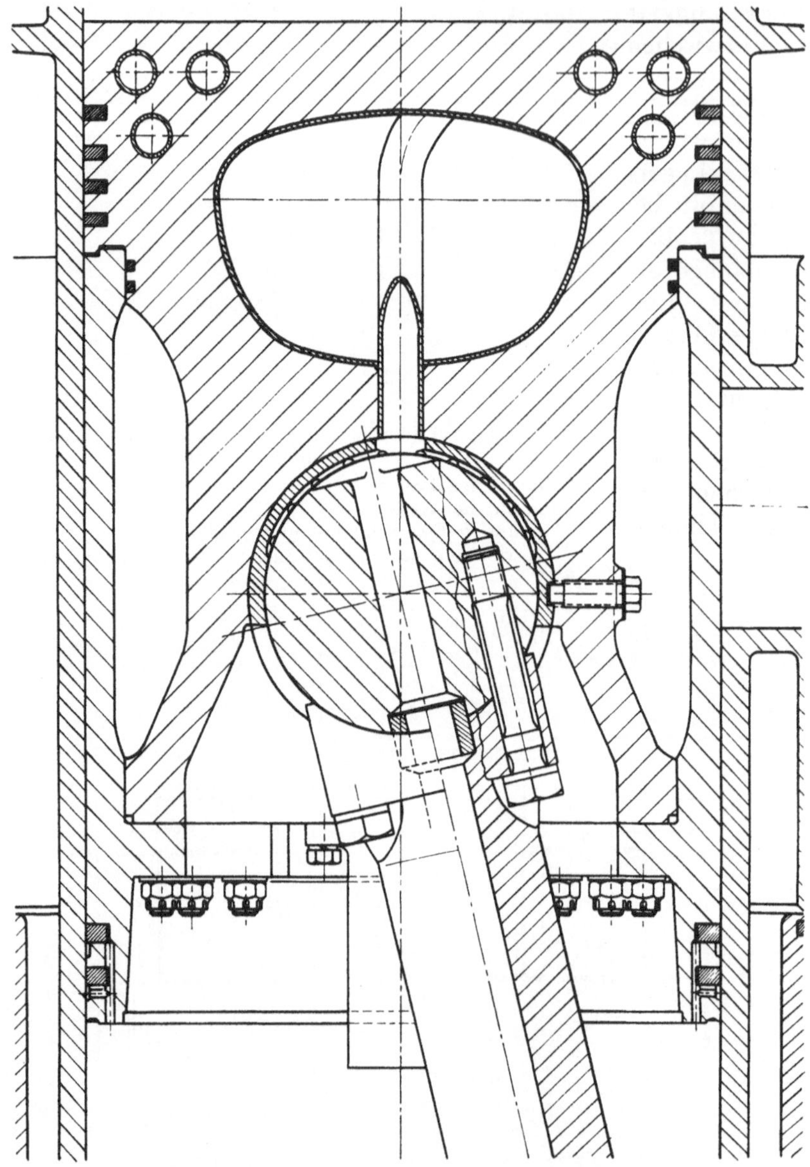

Abb. 131. Kolbenbolzenlagerung (Jenbacher Werke, Motor 42/56, Zweitakt)

Hin- und Hergang die gesamte Gleitfläche benetzt wird. Dies geschieht dann, wenn Zuführungsnuten in der belasteten Zone etwa im Abstand des Pendelwinkels voneinander angeordnet sind und laufend mit frischem Öl versorgt werden (Abb. 129). Sie sind natürlich sehr schmal, damit möglichst wenig tragende Fläche verloren geht. Die Übergänge in die Gleitfläche sind einwandfrei abgerundet. Damit der Schmierstoff aus den Verteilnuten nicht zu schnell abfließt, sind diese meist nicht bis zur vollen Lagerbreite eingearbeitet. Je höher aber die Belastung ist, um so näher werden sie an den Rand herangeführt oder sogar nach außen zu offen gelassen.

Hier müssen also, im Gegensatz zu Lagern mit konstanten Bewegungsverhältnissen, Nuten in Achsrichtung senkrecht oder, als Spiralnuten, annähernd senkrecht zur Gleitrichtung in der belasteten Fläche (im Zapfen oder im Lager) vorhanden sein. Eine Ringnut im Lager oder im Zapfen bringt den Schmierstoff von der Zuführungsstelle zu den Verteilnuten.

Abb. 130 zeigt solche Lager, eingebaut in die Schubstange eines Kreuzkopfbolzens an einem großen Zweitakt-Schiffsdieselmotor, und Abb. 131 die Lagerung eines Kolbenbolzens in einem Stuhlkolben eines Zweitakt-Dieselmotors. Die Abb. 132 bis 135 zeigen weitere Lager für Kreuzkopf-, Kolbenbolzen- und Kipphebellager.

Bei Gleitbahnführungen (Kreuzkopfführungen, Ventilführungen oder

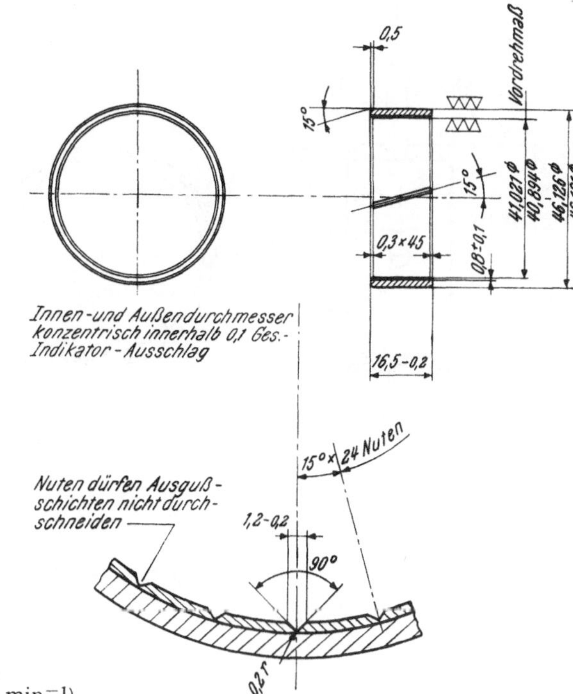

Abb. 132. Pleuelbüchse
(Cerlist, Zweitakt, 25 PS, 3000 min⁻¹)

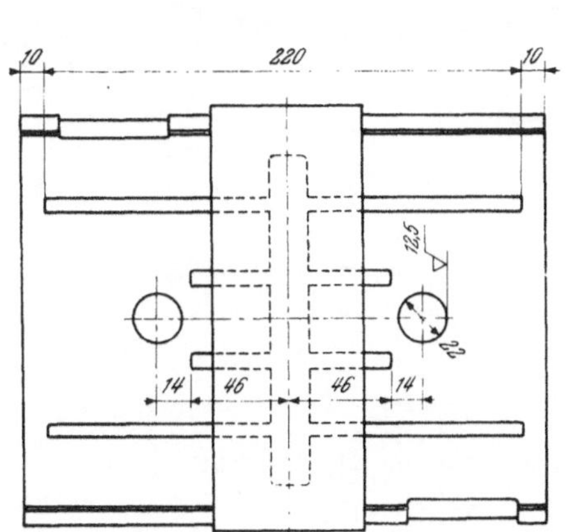

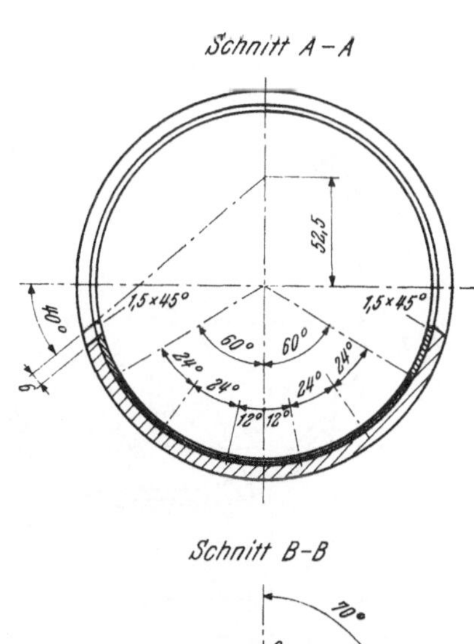

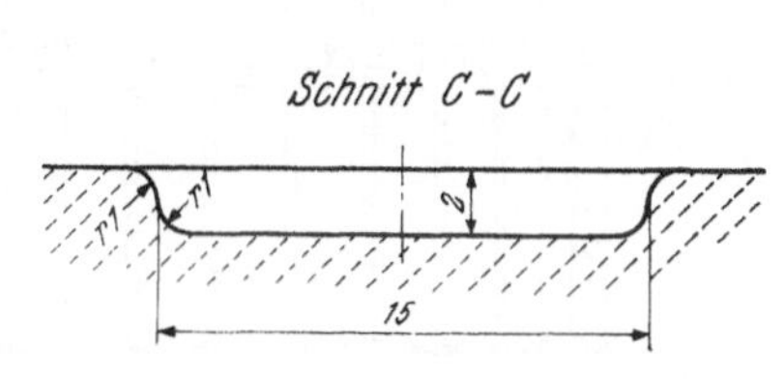

Abb. 133. Kreuzkopfbolzenlager des Motors nach Abb. 36

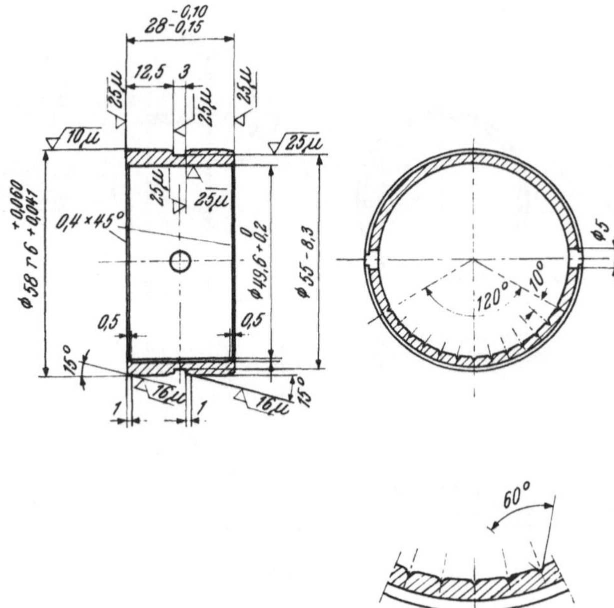

Rollenstösselführungen) ergeben sich ähnliche Bewegungs- und Schmierverhältnisse, wie in einem Kolbenbolzenlager. Auch hier soll sich während eines Teiles der Bewegung ein Schmierkeil bilden können. Die weitere Tragfähigkeit bleibt durch die Verdrängungswirkung erhalten. Dabei wird das Schmieröl in der noch unbelasteten Zone durch eine quer zur Bewegungsrichtung verlaufende Nut N vor dem sich bildenden Schmierkeil auf eine der beiden Gleitflächen gebracht

Abb. 134. Büchse für Kipphebellagerung (Schwenkwinkel $\sim 7°$, Belastung ~ 150 kp cm^{-2}, Nockenwellendrehzahl 450 min^{-1})

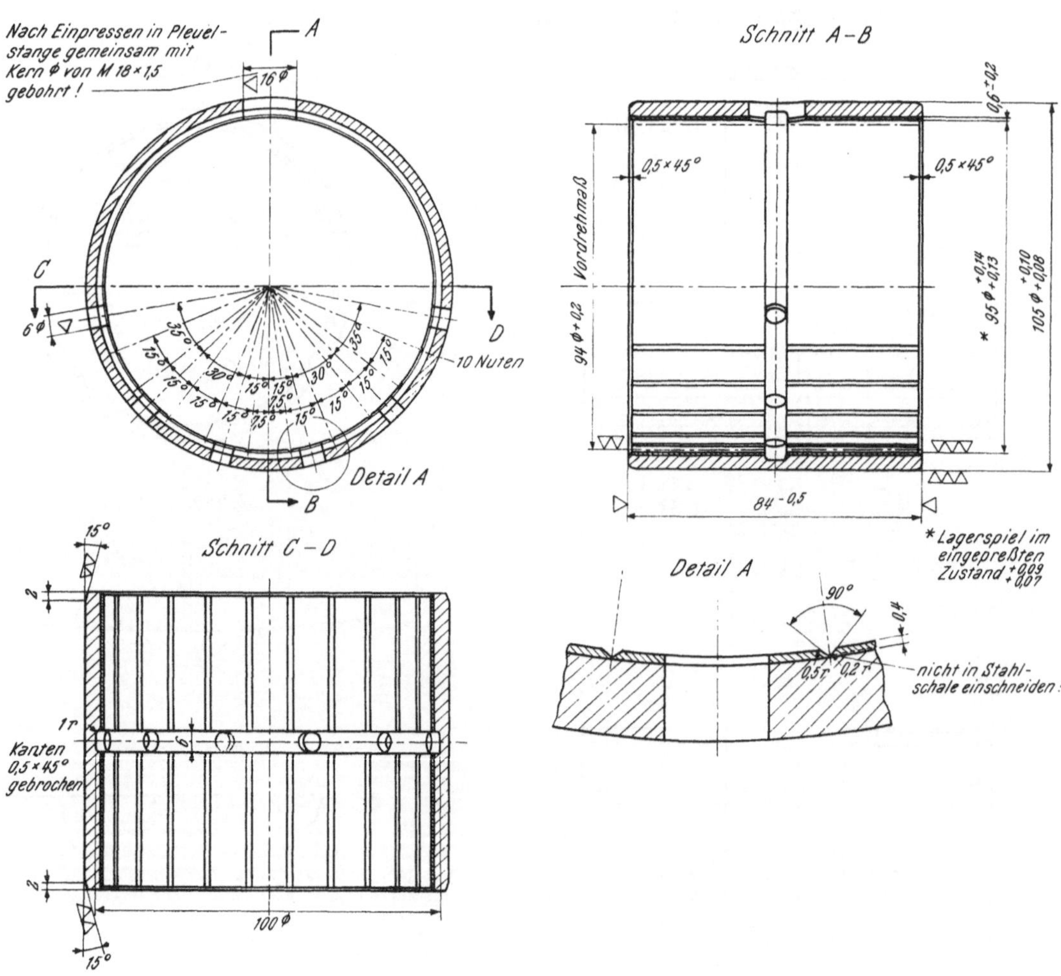

Abb. 135. Pleuelbüchse (Jenbacher Werke, Motor A1, Zweitakt)

(Abb. 136 *a*). Die Zuführung zur Nut kann durch den Gleitschuh oder durch die Gleitbahn erfolgen. Werden zwei oder mehr Keilflächenpaare in jeder Bewegungsrichtung angeordnet, so wird beim Hin- und Hergang die zugeführte Schmierstoffmenge noch besser ausgenützt als bei einfachen Keilflächen. Es versorgt nämlich jede Nut (außer den Randnuten) beim Hin- und Hergang je eine Keilfläche mit Schmieröl (Abb. 136 *b*). Daher werden in jeder Bewegungsrichtung jeweils zwei Keilflächen die Belastung aufnehmen. Wenn während der Bewegung genügend Schmieröl zwischen die Gleitflächen gelangt, so wird auch in den Umkehrpunkten nie Festkörperberührung eintreten, zumal die Bahndruckkräfte in der Nähe der Totpunkte sehr klein sind. Die Hauptbelastung, vom Gewicht abgesehen bei liegenden Führungen, wirkt an den Umkehrpunkten ganz oder annähernd parallel zur Gleitbewegung.

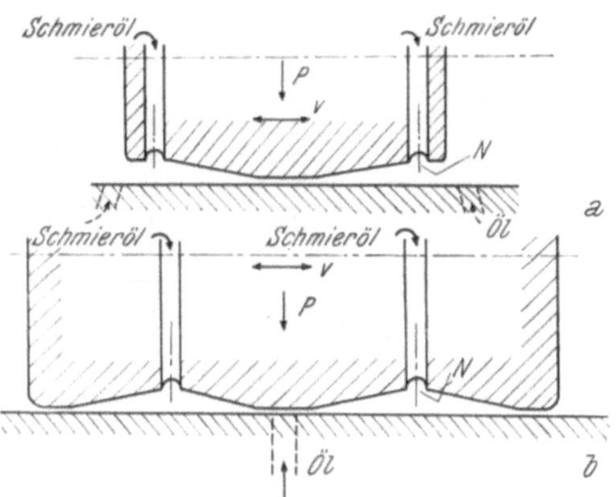

Abb. 136. Schmierölzuführung bei Gleitschuhen *N* Schmierölverteilung

5. Bei nach Größe und Richtung veränderlicher Belastung und veränderlicher Drehschnelle von Welle und Lager (Wellen- und Kurbellager) lassen sich erst nach genauer Kenntnis der Belastungs- und Bewegungsverhältnisse Schlüsse ziehen, wo die Schmierölzuführung angebracht werden kann.

6. Wenn die Lastrichtung unbekannt ist, wie z. B. bei schnell drehenden Wellen mit Unwuchtkräften, so sollte nur durch ein oder zwei gegenüberliegende Schmierölzuführungsbohrungen allein das Lager mit Schmierstoff versorgt werden. Die Lage am Umfang ist gleichgültig; ebenso, ob die Zuführung durch die Welle oder das Lager erfolgt (natürlich immer in der Mitte der Gleitflächenbreite!). Zur Schmierölverteilung genügt der unbelastete Lagerspalt (besonders bei schnell drehenden Wellen, weil hier das Lagerspiel relativ groß ist). In einem solchen Fall kann es durchaus vorkommen, daß die Schmierstoffzuführung in Unkenntnis der Kraftrichtung gerade dort angebracht wird, wo im Betrieb der größte Lagerdruck auftritt. Eine Verteilnut würde hier den Schmierfilmdruck über die ganze Lagerbreite absinken lassen, während eine Bohrung allein nicht so sehr stört (Abb. 83, 139).

4. Schmierölzuführungsdruck

Der *Zuführungsdruck* muß so groß sein, daß das Öl sicher in den Schmierspalt gelangt und keine Luft angesaugt wird. Wenn der zufließende Schmierstoff mindestens mit der im Lagerspalt vorhandenen mittleren Geschwindigkeit an der Zuführungsstelle in den Lagerspalt eintritt, dann ist diese Bedingung erfüllt. Wird weniger Öl zugeführt, so saugt sich das Lager selbst das an, was gerade zu erreichen ist. Meist ist dies Luft, deren Beimischung zur Schaumbildung und damit Verschlechterung der Schmierstoffeigenschaften führt. Der Zuführungsdruck $p_Ö$ soll also mindestens der mittleren Geschwindigkeit des Schmierstoffes im Lagerspalt entsprechen:

$$p_Ö = \frac{v_Ö{}^2 \cdot \gamma}{2 \cdot g},\tag{17}$$

wobei

$$v_Ö = 0{,}25 \cdot d_2 \cdot |\omega_{re}|$$

(ω_{re} s. S. 142; dreht sich nur die Welle, so ist $\omega_{re} = \omega_2$). Wenn für $\gamma = 0{,}89 \cdot 10^{-3}$ kp cm^{-3} angenommen wird, ergibt sich für diesen Zusammenhang die Kurve auf Abb. 137.

Wird dem Lager Schmierstoff unter höherem Druck zugeführt, so beeinflußt dies die Tragfähigkeit des Lagers nur unwesentlich, da dieser Ölzuführungsdruck meist immer noch viel kleiner als der Schmierfilmdruck im Lager ist. Zu viel Schmierstoff jedoch erhöht die Reibungsleistung und erwärmt das Lager.

Daß der Schmierstoff möglichst in der Mitte der Lagerbreite zugeführt wird, entspricht der Forderung nach symmetrischem Aufbau der Gleitflächen. Er wird dabei gleichmäßig über die ganze Gleitflächenbreite verteilt. Ungünstig ist es daher, wie in Abb. 138 a, den Schmierstoff zwischen zwei Lager einzuführen. Hier kann er sich nur bei großem Lagerspiel in der drucklosen Zone über die ganze Breite verteilen. Sicherer ist es, wie in Abb. 138 b, jedes Lager getrennt mit Schmierstoff zu versorgen.

In Abb. 139 ist die Lagerung eines Spülgebläseantriebes dargestellt. Hier hat jedes einzelne Radiallager seine eigene Schmierstoffzuführung. Nur die Achsiallager werden mit dem von den Radiallagern ausfließenden Schmieröl versorgt.

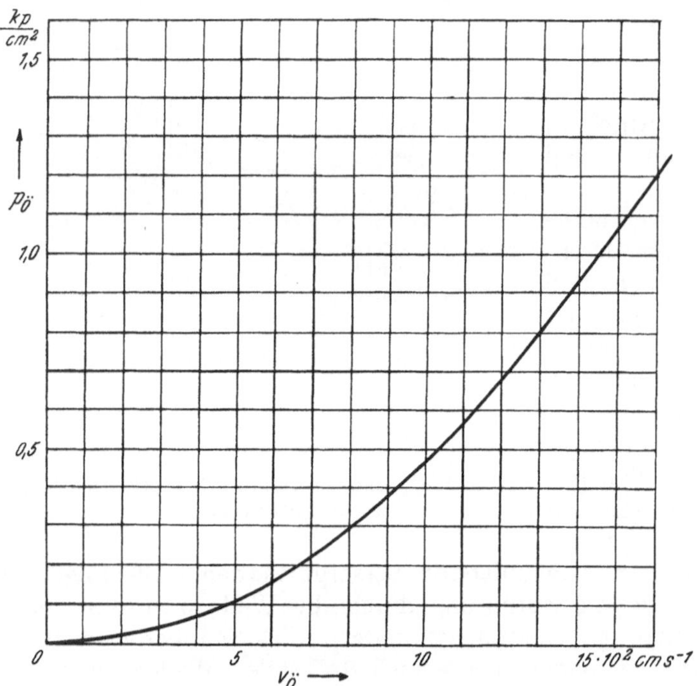

Abb. 137. Erforderlicher Öleintrittsdruck in den Lagerspalt, abhängig von der darin herrschenden mittleren Ölgeschwindigkeit

5. Nuten

Wenn sich nun der Schmierstoff von der Eintrittstelle in das Lager bis zum Beginn der Druckausbildung über die ganze Lagerbreite gleichmäßig verteilen kann, ist keine Nut notwendig. Ist, durch die Bewegungsverhältnisse bedingt, jedoch nur ein schmaler belastungsfreier Bereich für die Schmierstoffzuführung frei oder das Lagerspiel sehr klein, so soll sich der Schmierstoff an der Zulaufstelle schon gleichmäßig über die ganze Gleitflächenbreite verteilen. Eine Nut oder

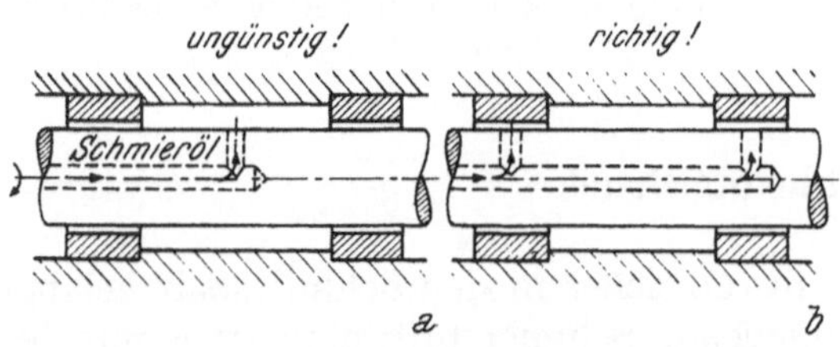

Abb. 138. Schmierölversorgung von Radiallagern

Schmiertasche senkrecht zur Gleitbewegung ermöglicht dies. Solche Nuten werden nur bis knapp an den Rand der Gleitfläche herangeführt, damit der Schmierstoff dort nicht frei abströmen kann. Soll das Lager jedoch zusätzlich durchgespült werden (zur Kühlung), dann läßt man diese Nuten nach außen zu offen. Derartige Verteilnuten werden bei Radiallagern grundsätzlich nur in achsialer Richtung angeordnet. Bei Achsiallagern wird der Schmierstoff von radialen Schmierölnuten aus zwischen die Gleitflächen verteilt. Die Nuten sind an den An- und Ablaufkanten sehr gut abgerundet, um den Schmierfilm nicht zu zerstören. Keinesfalls dürfen Kreuznuten oder ähnliches in der belasteten Zone eingearbeitet werden. Sie würden Stellen mit hohem und niedrigem Schmierfilmdruck verbinden und durch den entsprechenden Druckausgleich die Belastungsfähigkeit herabsetzen. Außerdem würde der restliche Teil der Gleitflächen überlastet (Abb. 115 *c*). Der Höchstdruck kann dabei bis über den zehnfachen Wert der mittleren Flächenpressung ansteigen, obwohl der Flächenverlust nur sehr gering ist.

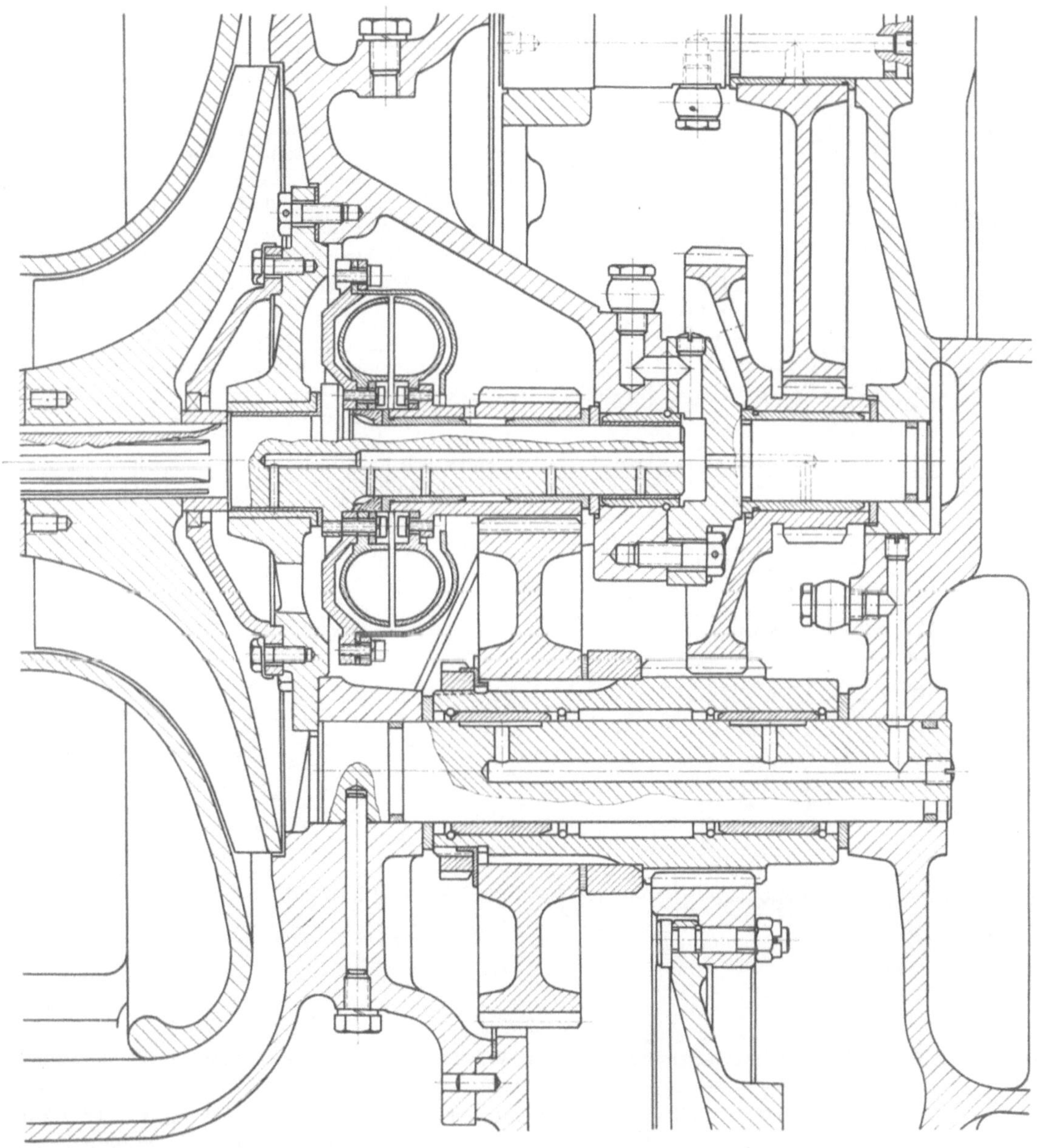

Abb. 139. Lagerung der Antriebsräder und der Flüssigkeitskupplung eines Zweitakt-Dieselmotors (Jenbacher Werke)

Bei geteilten Lagern von Kurbeln oder Kurbelwellen erfolgt die Schmierstoffzuführung meist durch die Welle oder das Gehäuse und weiter über eine Ringnut in der unbelasteten Lagerschalenhälfte bis zum Verteilraum an der Trennfuge zwischen beiden Hälften (Abb. 140 *b*). Darin muß sich der Schmierstoff über die ganze Lagerbreite verteilen können. Auch bei der Anordnung in Abb. 141 ist dies möglich. Wenn aber, wie in Abb. 140 *a*, der Auslauf der Nut in die tragende Lagerschale verlängert wird, so hat das Schmieröl nicht die Möglichkeit, gleich über die ganze Lagerbreite auseinanderzufließen.

8*

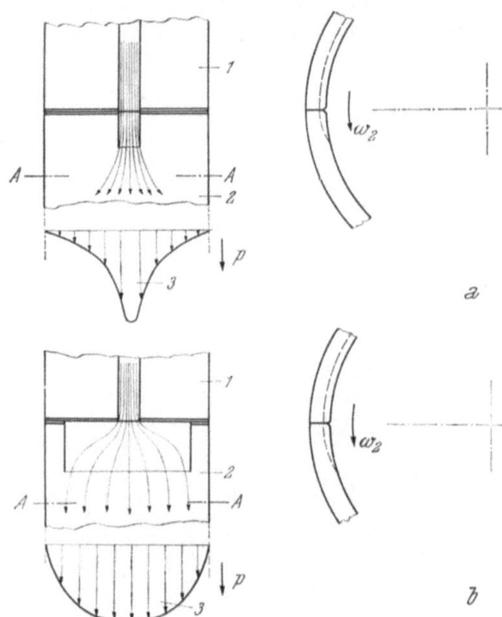

In Verlängerung der Nut, im belasteten Teil, ist daher das Schmierstoffangebot wesentlich größer als daneben, und es trägt nicht die ganze Lagerbreite, sondern nur ein schmaler Streifen in Verlängerung der Nut. Die Folge davon ist eine Überbeanspruchung des mittleren Teiles des Lagers.

Es hat sich in vielen Fällen gezeigt, daß in Verlängerung solcher Nuten der Verschleiß wesentlich größer ist als seitlich davon.

Die Meinung aber, daß der Übergangswinkel von der Schmiertasche zur Gleitfläche möglichst klein sein soll, um einen keilförmigen Schmierspalt zu bilden, ist irrig. Der bei der Fertigung her-

Abb. 140. Einfluß des Auslaufes von Nuten auf die Schmierölfilmdruckverteilung

a bei verlängerter Nut
b bei verbreitertem Nutauslauf (Schmiertasche)
1 schwach belastete Lagerhälfte
2 stark belastete Lagerhälfte
3 Schmierfilmdruckverteilung im Schnitt AA

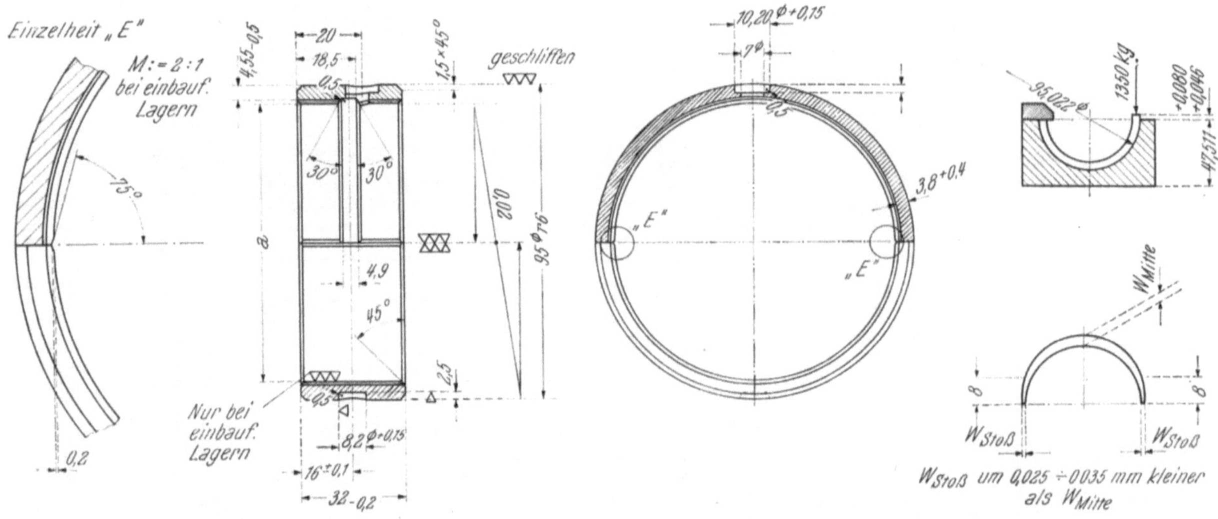

Abb. 141. Kurbelwellenlager (Steyr-Daimler-Puch AG., WD 413c, Viertakt-Dieselmotor, 95 PS, 2300 min^{-1})

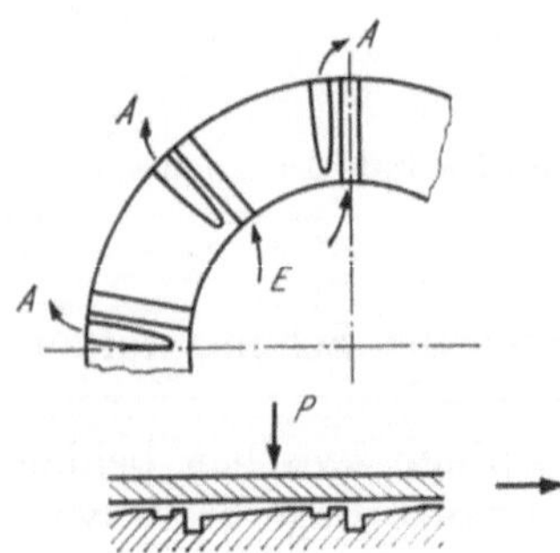

Abb. 142. Schmierölableit-
nuten in einem Achsiallager
E Schmieröleintritt
A Schmierölaustritt

stellbare Keilwinkel ist viel zu groß, um einen Beitrag zur Tragfähigkeit des Lagers an dieser Stelle leisten zu können. Deshalb genügt es, den vorhin genannten achsialen Verteilraum mit einem gut abgerundeten Übergang in die Lagerfläche einmünden zu lassen.

In manchen Fällen kann es auch erwünscht sein, den Schmierstoff möglichst schnell wieder aus dem Lager zu entfernen, um frischem Platz zu machen. Sammelnuten am Ende des Druckberges, die die Strömung stören und die ganze Laufbreite erfassen, helfen dabei. In dem auf Abb. 142 dargestellten Lager wird die Schmierstoffströmung hinter dem Keilspalt durch eine radiale Nut gestört, das Öl gesammelt und nach außen abgeleitet. Beim nächsten Gleitschuh steht dann nur frisches, kühles Öl zur Verfügung.

Die Schmiernuten haben also die Aufgabe, den Schmierstoff von der Zuführung her über die ganze Gleitflächenbreite vor der belasteten Zone zu verteilen. Wird Schmierstoff an einer belasteten Stelle zugeführt, so müßte der Zuführungsdruck mindestens so hoch gewählt werden, daß er dem Schmierfilmdruck an dieser Stelle das Gleichgewicht hält, damit überhaupt Schmierstoff in das Lager eintreten kann. Andernfalls wird sich dort der Schmierfilmdruck auf den in der Zuleitung vorhandenen abbauen, und die Tragfähigkeit des Lagers sinkt dadurch. Bei umlaufender Belastung muß, wie bereits gezeigt (s. S. 106), deshalb auch die Schmierstoffzuführung mit der Belastung umlaufen.

Autoreifen haben an ihrer Lauffläche Rillen und Nuten, damit bei feuchter Straßenoberfläche das zwischen Reifen und Straßenoberfläche eingeschlossene Wasser, das zur Bildung gemischter oder gar flüssiger Reibung beiträgt, möglichst schnell abfließt und Trockenreibung herrscht.

Bei einem Lager ist aber gerade Flüssigkeitsreibung erwünscht. Deshalb sollen keine Schmiernuten in der belasteten Zone angebracht werden, durch die das Öl entweichen könnte.

Das Lager hat jedoch oft nicht nur die Aufgabe, die Lagerdrücke aufzunehmen; manchmal muß es gleichzeitig auch einen Teil des ihm zugeführten Schmierstoffes in ein anderes Lager weiterleiten (Hauptlager → Kurbellager → durch die Pleuelstange zum Kolben- oder Kreuzkopflager, eventuell noch angelenkte Pleuel z. B. eines Kompressors). In diesen Fällen müssen Nuten so angebracht sein, daß sie einerseits den tragenden Ölfilm nicht mehr als unbedingt notwendig stören, anderseits aber genügend Querschnitt freigeben, um den gesamten nicht benützten Schmierölanteil durchströmen zu lassen. Sie sind in Bewegungsrichtung, also bei Radiallagern in Umfangsrichtung, eingearbeitet.

Wenn durch Nuten für Kühlöl die Lagerfläche auch verkleinert wird und die mittlere Flächenpressung ansteigt, so wird durch die Zähigkeitssteigerung doch die Tragfähigkeit manchmal erhöht werden können.

Eine umlaufende Nut kann bei längerem Betrieb einen Absatz in der Wellenoberfläche entstehen lassen. Um dies zu verhindern, wird eine solche Nut manchmal unter einem gegen die Achse schwach geneigten Winkel hergestellt.

In geschlossenen Lagerringen können halb umlaufende Nuten durch außermittiges Eindrehen in eine Lagerschalenhälfte hergestellt werden.

Schmierstoffzuführungsnuten quer zur Bewegungsrichtung und die zugehörigen Keilflächen (besonders bei Achsiallagern) sollten immer nur in den weicheren Werkstoff eingearbeitet werden. Bei Verschleiß werden sie zwar schnell abgetragen, doch ist die Beanspruchung der mit Einarbeitungen versehenen Werkstoffoberfläche geringer als die der glatten:

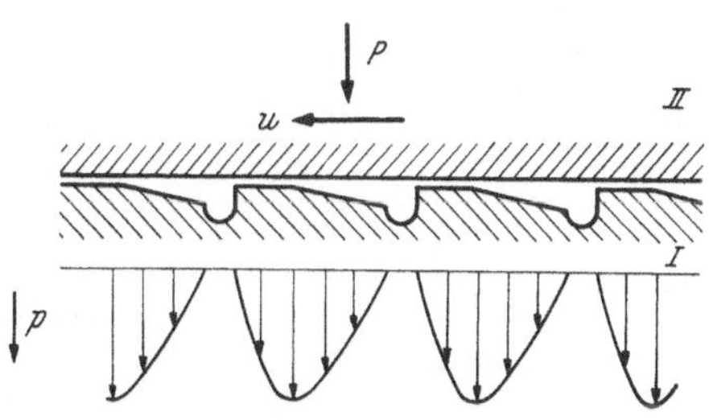

Abb. 143. Druckverteilung bei einem Achsiallager (Abwicklung entlang d_m)

Nach Abb. 143 wird sich beim Gleiten im Werkstoff der Fläche *I* eine Spannungsverteilung ausbilden, die der Schmierfilmdruckverteilung entspricht. Diese Spannungsverteilung bleibt zur Oberfläche *I* immer in der gleichen Lage. Jedes Werkstoffteilchen erhält dadurch ständig die gleiche Belastung, sofern die äußere Belastung konstant ist. Im Werkstoff *II* entsteht zwar die gleiche Spannungsverteilung, jedoch bewegt sie sich relativ zur Oberfläche. Dadurch entsteht in dem Werkstoff *II* eine schwellende oder Wechselbeanspruchung, die der festere Werkstoff natürlich besser erträgt als der weichere.

IV. Radiallager

Die Grundform für Radiallager ist der einfache, glatte Ring (Abb. 144). Im Verbrennungskraftmaschinenbau wird die Welle vom Lager ganz umschlossen (Lager von Waggonachsen sind dagegen meist halbumschließende Lager). Kann bei Montage die Welle nicht achsial in das Lager eingeschoben werden, so müssen geteilte Ringe (Lagerschalen) verwendet werden. Die Trennfuge des zweiteiligen Ringes liegt möglichst in druckloser Zone. Damit die Stoßkanten nicht nach innen ausweichen können, werden sie abgeschrägt (auch zur Schmierstoffverteilung; Abb. 141 und 145). Die Lagersitze im Gehäuse sind so hergestellt, daß die

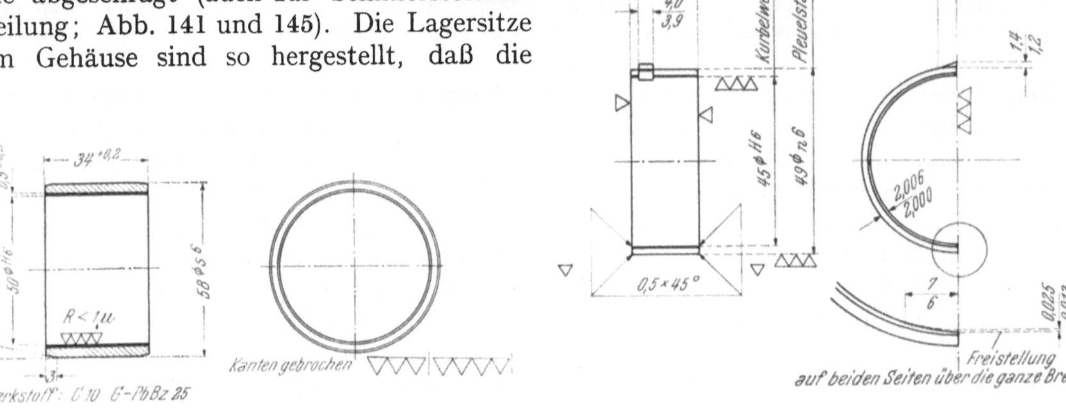

Abb. 144. Radiallager für Gebläse nach Abb. 139   Abb. 145. Kurbellagerschale (Steyr-Daimler-Puch AG., Material: CK 10 + Bleibronze)

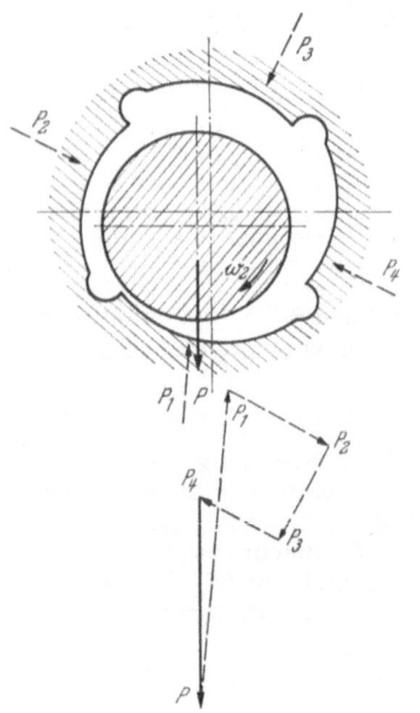

Lager ohne Nacharbeit ausgetauscht werden können. In je mehr Lagern eine durchlaufende Welle gelagert ist, um so genauer ist die Gehäusebohrung zu bearbeiten (Herstellung aller Lagersitze einer Welle in einer Aufspannung auf einer Werkzeugmaschine!). Sollen Radiallager kleine achsiale Kräfte aufnehmen, so werden sie mit Bunden versehen.

Gering belastete Wellen mit hohen Drehzahlen (Gebläse, Aufladeturbinen Abb. 161 usw.) laufen im Lager oft unruhig. Sowohl durch Verkleinerung der Ölzähigkeit als auch durch Vergrößerung des Lagerspieles und der spezifischen Lagerbelastung (schmäleres Lager) könnte dies vermieden werden (kleineres Lagerspiel würde nur die Instabilität noch mehr erhöhen). Die Schmierölzähigkeit kann aber nicht immer geändert werden, weil sie meist für den ganzen Motor und damit für alle Lagerstellen gegeben ist (sofern nicht ein Schmierölkühler vor der betroffenen Lagergruppe eingebaut wird). Das Lagerspiel darf oft nicht vergrößert werden, weil sonst Ungenauigkeiten auftreten, die unzulässig sind (Zahneingriff eines Rädertriebes, Streifen eines Gebläseläufers am Gehäuse usw.). In solchen Fällen sind Sonderkonstruktionen erforderlich (Mehrflächengleitlager).

Abb. 146. Mehrflächengleitlager und Kraftplan

1. Mehrflächengleitlager

Durch zusätzliche Keilflächen im Lager nach Abb. 146 treten innere Kräfte auf, und für jeden einzelnen Schmierkeil wird die Schmierfilmdicke kleiner als für das kreiszylindrische Lager. Die Bewegungsmöglichkeit der Wellenachse wird dadurch eingeschränkt und ihre Lage beruhigt. Die Schmierfilmdicken auf der belasteten Seite sind natürlich kleiner als auf der unbelasteten. Dadurch erhöhen sich die Schmierfilmdrücke dort und verringern sich auf der entgegengesetzten Seite. Es entsteht eine resultierende Kraft entgegen der äußeren Belastung [40, 41, 43].

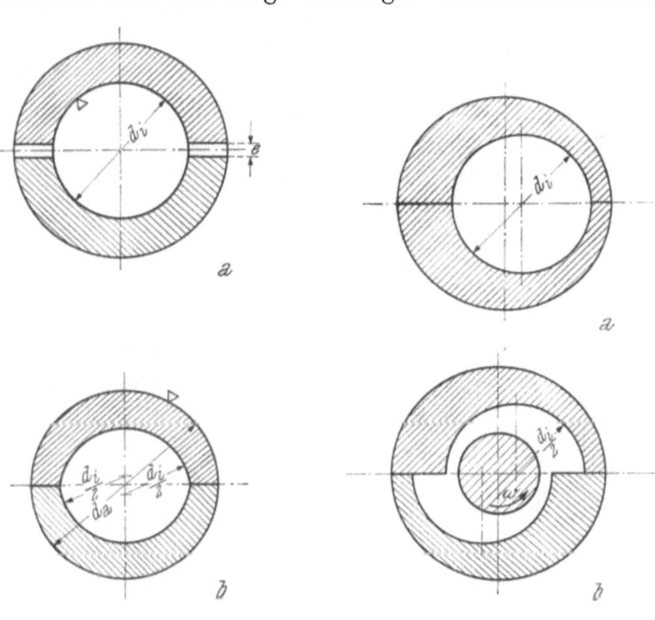

Abb. 147. Lager mit Zitronenspiel
a Herstellen von d_i
b Herstellen von d_a

Abb. 148. Zweikeilflächenlager mit versetzten Lagerhälften
a Bearbeitung
b Montage

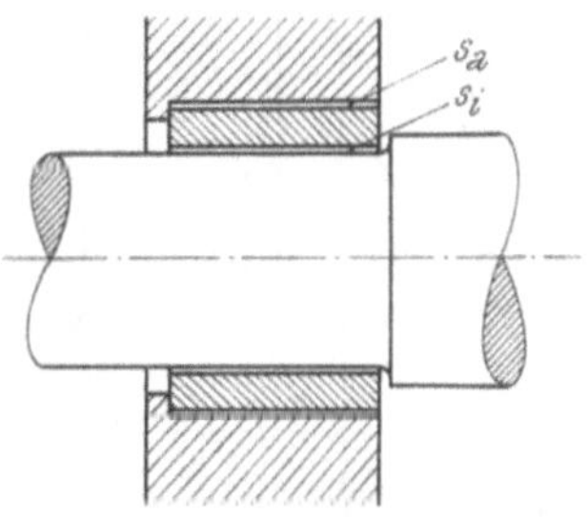

Abb. 149. Schwimmende Büchse
s_i = inneres Lagerspiel
s_a = äußeres Lagerspiel

Im einfachsten Fall (Abb. 147) wird die Bohrung eines geteilten Lagerringes mit Zwischenlagen in der Trennfläche ausgedreht (d_i) und der Außendurchmesser (d_a) ohne Zwischenlagen bearbeitet. Beim Einbau in das Gehäuse ohne Zwischenlagen entsteht ein Zweiflächengleitlager mit „Zitronenspiel". Seine Bohrung ist also aus zwei Kreisbögen zusammengesetzt, deren Mittelpunkte um $e/2$ aus der Lagermitte versetzt sind [76].

Wird bei der Herstellung einer zweiteiligen Lagerschale die Lauffläche exzentrisch zur Außenfläche gebohrt, so entstehen bei versetztem Zusammenbau bei Montage wieder zwei Keilflächen zwischen Welle und Lager (Abb. 148). Im Gegensatz zum Lager mit Zitronenspiel ist das versetzte Lager nur für eine Drehrichtung verwendbar. Zwei derartige Lagerschalenpaare, um 90° gegeneinander verdreht, in *einem* Lager fixieren die Welle in zwei Richtungen, während sie bei einfachen Zweiflächenlagern nur in einer Richtung fixiert wird [88].

Derartige Mehrflächengleitlager (Lager mit Zitronenspiel und versetzte Lager) sind verhältnismäßig einfach herzustellen. Einbaufertig sind verschiedene andere Formen zu erhalten [32, 40, 43, 67].

Auch durch elastische Verformung von Lagerbüchsen, die z. B. nur an drei Stellen am Umfang im Gehäuse außen anliegen, oder durch Kippklotz-Radiallager können Mehrflächengleitlager gebildet werden [16]. Besonders die letztgenannte Ausführung erfordert für den Motorenbau unnötig großen Aufwand und wird meist nur im Werkzeugmaschinenbau, wo es auf äußerste Laufgenauigkeit ankommt, verwendet.

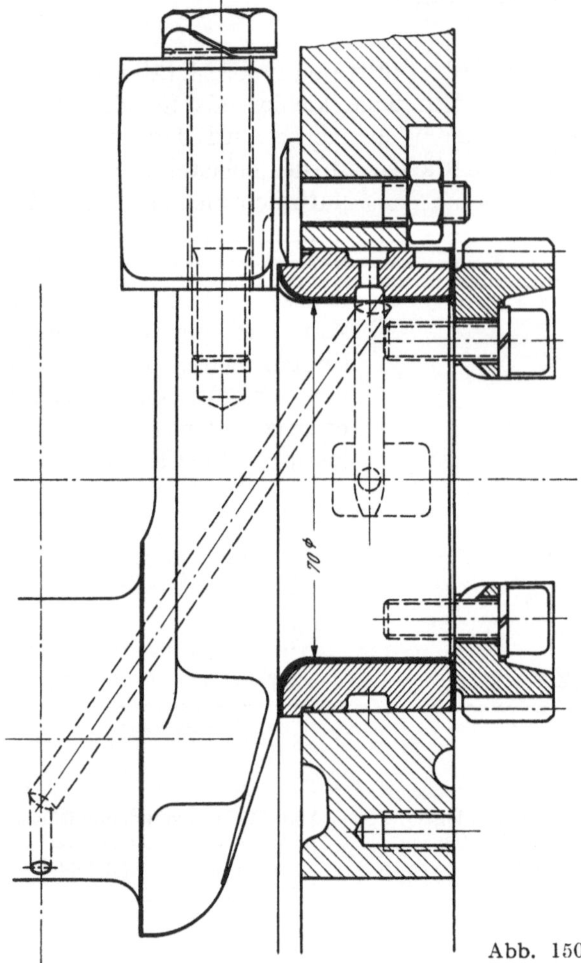

Abb. 150. Wellenlager (Güldner, 2 LKN)

2. Schwimmende Büchsen

Bei Lagern für höchste Drehzahlen verringern schwimmende Büchsen durch Verdoppeln der Lauffläche die Geschwindigkeit in den Schmierspalten auf die Hälfte. Hier hat das Lager auf der Welle *und* im Gehäuse Laufsitz (Abb. 149). Durch das doppelte Lagerspiel (außen und innen) können sich die schwimmenden Büchsen sehr gut der Wellenbewegung und -verformung anpassen.

3. Verdrehungssicherung

Gegen Verdrehung im Gehäuse können die Lager durch Keile, durch Wurmschrauben (Abb. 42 und 45), Kopfschrauben (Abb. 150) oder Einpressen gesichert werden. Gut bewährt hat sich als Verdrehungssicherung bei zweiteiligen Lagern das Einstemmen kleiner Haltenasen in die Trennfuge jeweils einer Seite einer Lagerschalenhälfte (Abb. 151 a und b). Diese eingestemmte Nase paßt dann in Ausnehmungen im Gehäuse. Eine ge-

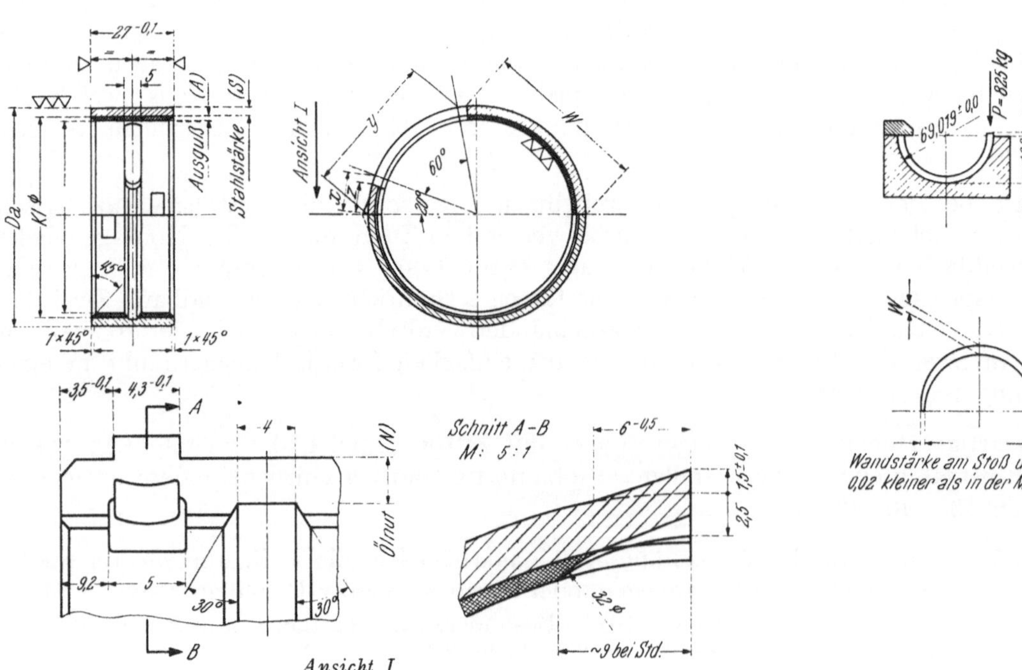

Ansicht I

Abb. 151 a. Kurbellager (Jenbacher Werke, JW 70)

ringe Spreizung der Halbringe fixiert die Lagerhälften beim Einlegen in die Gehäuse-hälften und erleichtert die Montage. Auch kleine Scheibchen oder Bolzen (Abb. 152), meist in der Mitte der Lagerschale, sichern diese gegen Verdrehung.

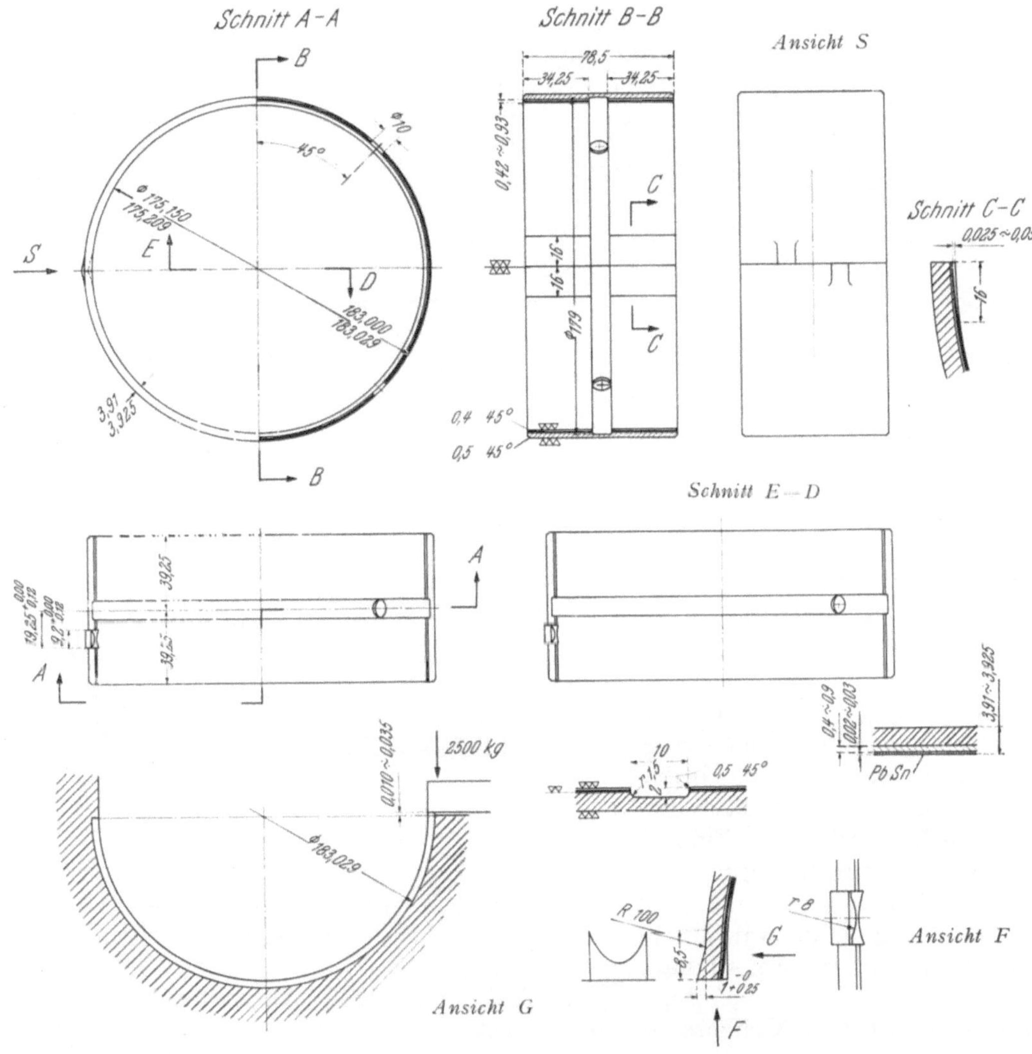

Abb. 151 b. Kurbellager (Fiat, 2312 SF)

Eingepreßte Büchsen aus Vollmaterial, die ja meist eine größere Wärmedehnung als das umgebende Gehäuse haben und dadurch leicht locker werden, sollten immer gegen Verdrehung gesichert sein. Eine Feder oder eine gemeinsam mit dem Gehäuse einge-schnittene Wurmschraube genügt meistens. Stifte dürfen nicht eingepreßt werden, da sie die Gleitfläche verformen könnten. Bei Verletzung des Lagers und Festsitzen auf der Welle hilft aber auch eine Verdrehungssicherung nicht. Man geht im allgemeinen heute immer mehr auf Verbundlager über, weil deren Sitz im Gehäuse wesentlich fester ist und auch die Notlaufeigenschaften besser als bei Vollagern sind. Wenn aber Büchsen aus Vollmaterial verwendet werden, so müssen sie vor dem Einpressen — sofern fester Sitz verlangt wird — durch Auskochen in Wasser oder Öl behandelt werden (auf der Konstruktionszeichnung sollte dies angegeben werden). Die Gefahr einer Formänderung wird dadurch verkleinert. Die Wandstärke solcher Lager darf nicht zu klein sein, damit die Einpreßspannung nicht zu gering ist (im Motorenbau nicht unter 4 bis 5 mm).

Bei Kurbelwellenlagern zum Beispiel, die meist teilbar sind, werden die Lagerschalen im Außendurchmesser mit Übermaß hergestellt, so daß sie beim Anziehen des Lagerdeckels in den Lagersitz eingepreßt sind (bei Verbundlagern 0,7 bis 1,0 $^0/_{00}$ des Bohrungsdurchmessers).

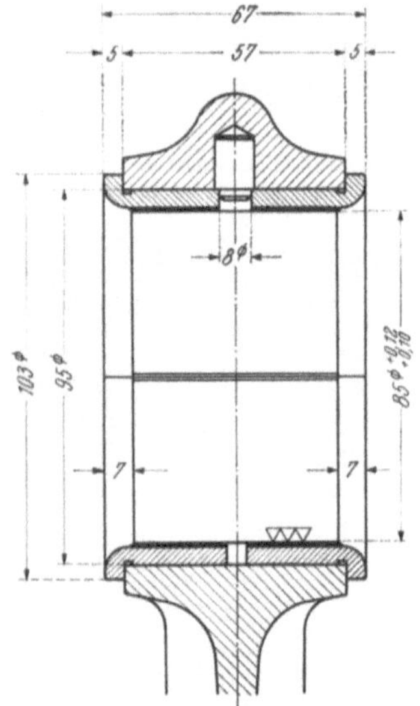

Abb. 152. Kurbellager
(Kaelble, GN)

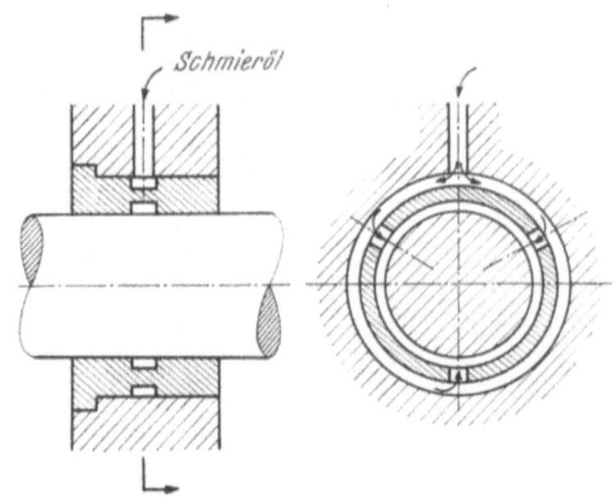

Abb. 153. Eingepreßte Büchse mit Ringnuten

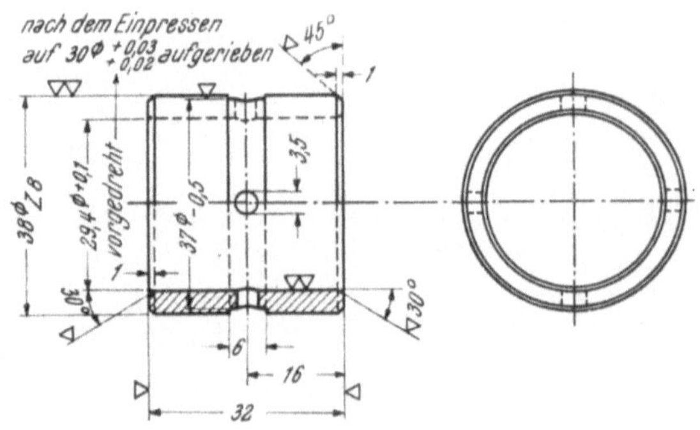

Abb. 154. Kolbenbolzenlager (Hanomag)
Werkstoff: Cuprodur-Bronze, 60 bis 70 kp/mm² Festigkeit, 8 bis 15% Dehnung, 160 bis 180 HV

Bei nicht gegen Verdrehung gesicherten, eingepreßten Lagerbüchsen werden außen und innen Nuten angebracht, um bei Verdrehen der Büchse oder bei verdrehtem Einbau die Schmierölzulaufbohrungen immer frei zu halten (Abb. 153 und 154). Das Lager wird zwar durch die innere Ringnut in zwei schmale Hälften aufgeteilt, die Schmierölversorgung aber auf alle Fälle sichergestellt. Die äußere Ringnut kann auch im Gehäuse eingedreht sein.

4. Einfluß der Wärmedehnungen

Die *Wärmedehnung* des Lagerwerkstoffes soll der des stützenden Teiles möglichst ähnlich sein. Da sie meistens durch den Stützkörper behindert wird und die Temperatur innen höher als außen ist, kann sich das Lagermaterial nur nach innen ausdehnen. Dadurch wird die Bohrung im Betrieb kleiner, und zwar um so mehr, je dicker die Laufschicht ist. Dicke Lagerbüchsen aus Vollmaterial können trotz vorhergehender Wärmebehandlung gestaucht, das heißt bei Erwärmung über die Fließgrenze hinaus beansprucht werden. Sie sind dadurch für dauernd verformt. Das beim Einbau gegebene Lagerspiel ist dadurch geringer; außerdem schrumpft beim Erkalten die Lagerbüchse mehr als das Gehäuse. Sie wird sich daher im Gehäuse lockern oder sogar auf der Welle festsetzen. Bei Verbundlagern mit sehr dünner Laufschicht ist die Änderung des Betriebslagerspieles jedoch nur gering. Deshalb werden bei Lagern mit engem Spiel, die gleichzeitig hohen Temperaturen ausgesetzt sind, mit Vorteil gerollte Verbundbüchsen verwendet.

Der Wärmeausdehnungskoeffizient dieser Verbundstoffe unterscheidet sich nur wenig von dem des Stützmaterials. Außerdem gewährleisten sie durch den hohen Elastizitätsmodul und die große Warmstreckgrenze einen besseren Festsitz im Gehäuse als Büchsen aus Vollmaterial. All diese Schwierigkeiten sind wesentlich geringer, wenn Lagerschale und Gehäuse aus ähnlichem Material sind (z. B. Aluminiumlager in einem Leichtmetallgehäuse oder Verbundbüchsen auf Stahlgrund in einem Stahlguß- oder Gußeisengehäuse). Wesentlich für eine gute Wärmeableitung ist, daß die Lagerschale satt auf ihrer Auflagefläche im Gehäuse aufsitzt (eventuell durch allseitiges Verzinnen; s. S. 25).

5. Montage

Bei der Montage von Lagern, besonders bei komplizierten Gehäusen, ist es zweckmäßig, nach jedem einzelnen Arbeitsgang, nach jedem Festziehen einer Schraube die bereits eingebaute Welle durchzudrehen. Die geringste Unstimmigkeit macht sich dann sofort bemerkbar und kann behoben werden. (Auch Kurbelwellen von ganz großen Motoren lassen sich gut durchdrehen, wenn alles richtig paßt.)

Vor dem Zusammenbau werden die Teile zusammengezeichnet und ihre Lage im Gehäuse bezeichnet. Bei Reparaturarbeiten können dann alle Teile leicht wieder an ihrer alten Stelle eingesetzt werden.

Zum Ausdrehen von Lagerhälften aus den Gehäusesitzen bei eingebauter Welle wird ein Bolzen mit Kopf nach Abb. 155 in die Schmierölbohrung gesteckt. Dieser Ausdrehbolzen ist aus einer weichen Aluminiumlegierung, um weder die Welle noch das Lager zu verletzen. Auf die gleiche Art kann ein neues Lager eingedreht werden. (Kratzer im Lager durch kleine Abriebteilchen sind noch kein Austauschgrund.) Größere Fremdkörper in der Laufschicht oder auch im Lagersitz verformen die Lauffläche ungünstig. Größte Sauberkeit ist bei Montage daher selbstverständlich.

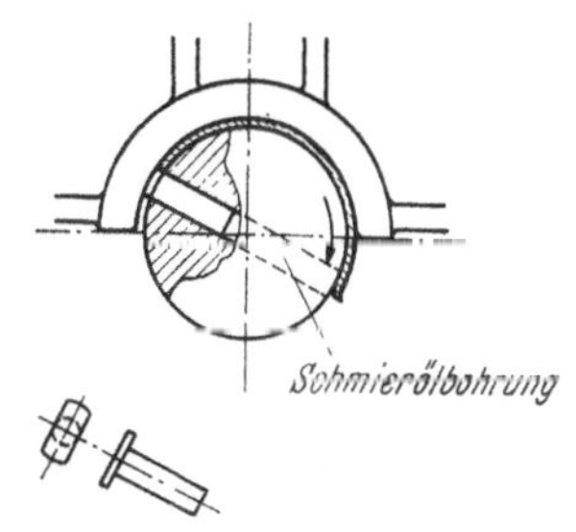

Abb. 155. Ausdrehbolzen

V. Achsialgleitlager

Bei hydrodynamisch geschmierten Achsialgleitlagern wird der keilförmige Schmierspalt durch fest eingearbeitete Keilflächen in einem der beiden Laufringe hergestellt, oder er bildet sich durch kippbewegliche Gleitschuhe je nach Betriebszustand selbst. Entsprechend ihrer Ausführungsart lassen sich Ringe mit plastisch oder elastisch verformbaren Laufflächen (Abb. 156) in eine der beiden genannten Gruppen einordnen. Bezüglich des Gleitverhaltens wirken alle Bauformen gleich, sofern die Schmierkeile gleich gestaltet sind.

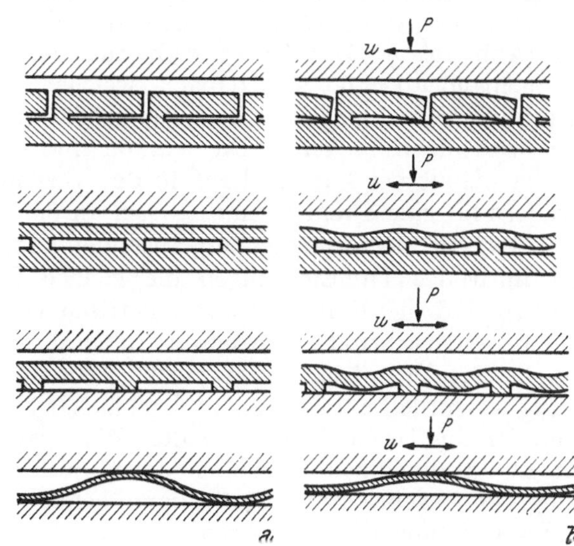

Abb. 156. Achsiallager mit elastisch oder plastisch verformbaren Gleitflächen (Schnitt-Abwicklung entlang d_m)
a unbelastet
b belastet

1. Ringe mit fest eingearbeiteten Keilflächen

Ringe mit fest eingearbeiteten Keilflächen erzeugen den Schmierfilmdruck nur für *einen* Betriebszustand genau richtig, da ihre Keilflächen sich nicht nach Belastung und Drehzahl einstellen können. Für jede Belastung und Umfangsgeschwindigkeit ist daher ein bestimmter Keilwinkel am günstigsten. In den weitaus meisten Fällen genügt bei richtiger Ausführung diese Art mit fest eingearbeiteten Keilflächen. Die Keilflächen

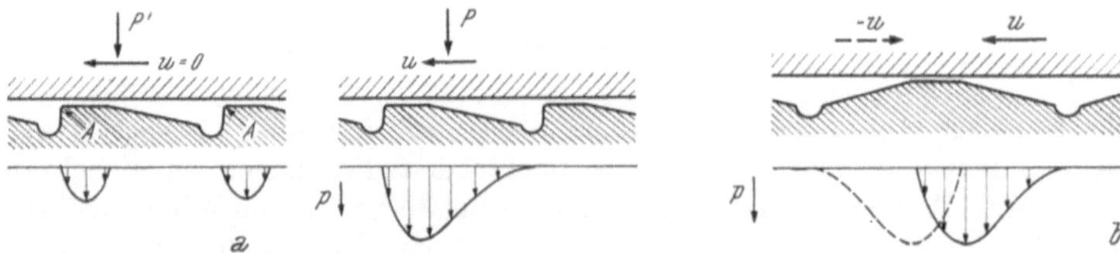

Abb. 157. Schmierfilmdruck in Achsiallagern mit fest eingearbeiteten Keilflächen
a bei Stillstand   *b* bei Drehung
(Schnitt-Abwicklung entlang d_m)

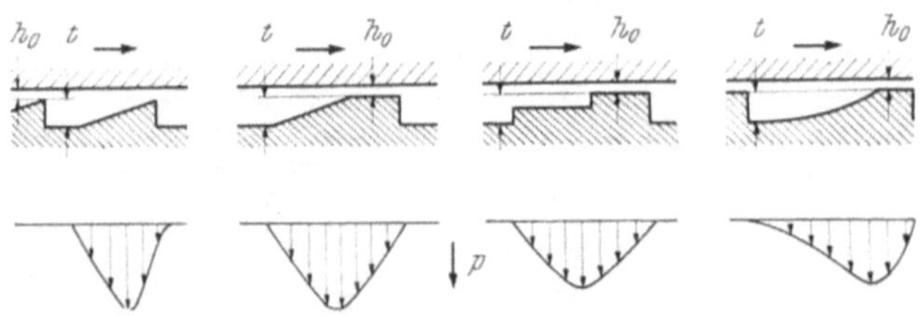

Abb. 158. Schmierspaltformen und Druckausbildung

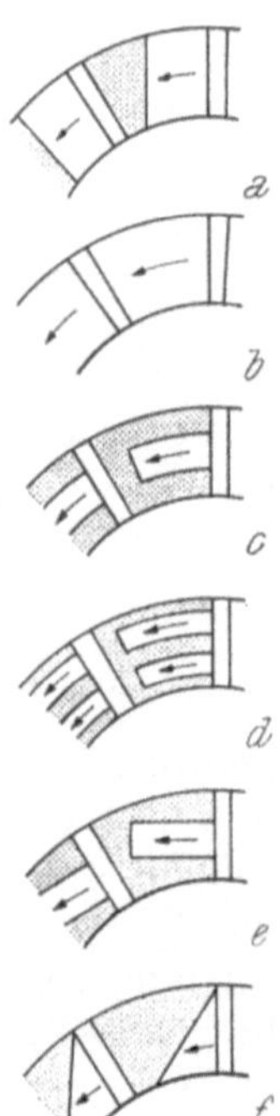

Abb. 159. Grundformen der Gleitflächen von Achsiallagern mit fest eingearbeiteten Keilflächen

punktiert: parallele Fläche
←: ansteigende Fläche
teilweise nach [45]

werden in den weicheren Teil eingearbeitet (s. S. 117). Sie dürfen nicht zu lang sein, sonst wird im tiefen Teil der Abstand zur Gegenlauffläche zu groß; zu viel Schmieröl kann seitlich austreten und die Tragfähigkeit sinkt.

Bewährt haben sich für eine und für beide Drehrichtungen die in den Abb. 2 *a* und *b* dargestellten grundsätzlichen Ausführungsformen. Bei Stillstand trägt hier fast ausschließlich die Rastfläche (Abb. 157 *a*), bei Drehung Keil- und Rastfläche (Abb. 157 *b*). Das Größenverhältnis der beiden Flächen zueinander richtet sich danach, welche Belastung bei Stillstand der Maschine noch wirkt. Je größer diese ist, desto größer wird die Rastfläche. Die Kanten sind sorgfältig abgerundet, damit bei kurzem Lauf in der Gegenrichtung — bei Lagern für eine Drehrichtung — sich an der Stelle *A* (in Abb. 157 *a*) ein kleiner Druckberg ausbilden kann. Soll das Lager in beiden Drehrichtungen die gleiche Tragfähigkeit haben, so sind die Keilflächen symmetrisch von der Rastfläche aus eingearbeitet. Die jeweils in Drehrichtung rückwärts geneigte Keilfläche trägt nicht. Daher ist diese Ausführung wesentlich ungünstiger in der Flächenausnützung als die nur für eine Drehrichtung gebaute. Wenn eine Welle normalerweise in einer Richtung dreht und anzunehmen ist, daß sie nur ab und zu kurzzeitig, eventuell mit geringer Belastung, in Gegenrichtung läuft, dann genügt es, die Keilflächenausbildung nur für eine Laufrichtung durchzuführen.

Möglichst schmale Laufringe verringern die Fertigungsschwierigkeiten und die Erwärmung; denn bei schmalen Lagern kann durch die relativ große, seitlich austretende Ölmenge auch mehr Wärme abgeführt werden als bei breiten Ringen. Im günstigsten Fall bleiben die Schmierölzuführungsnuten bei Ölüberschuß nach außen zu offen, um möglichst viel Schmierstoff zur Kühlung durch das Lager fließen zu lassen. Bei geringerem Schmierstoffangebot verengen sie den Querschnitt nach außen hin oder schließen ihn bis zum äußeren Durchmesser ganz ab. Der gesamte vorhandene Schmierstoff wird so zu den Gleitflächen geführt. Die Durchflußgeschwindigkeit durch die Nuten soll nicht mehr als etwa 1000 cm s^{-1} betragen.

Zur Ausbildung eines tragfähigen Schmierfilms müssen in Bewegungsrichtung keine eben begrenzten Keile vorhanden sein. Es genügt, einen „Stauraum" zu schaffen, der von Stufen begrenzt sein oder auch verschiedene andere Formen haben kann, vorausgesetzt, daß der Spalt quer zur Bewegungsrichtung parallel verläuft (Abb. 158; stark überhöht gezeichnet).

Bei Versuchen ergab sich, daß die Größe des Schmierfilmdruckes nicht wesentlich von der geometrischen Form abhängt. Durch Überbrückung des toten Winkels im Stauraum bildet sich ein strömungstechnisch günstiger Schmierkeil aus.

Bei der Bearbeitung braucht also in der Werkstatt nicht sehr genau auf eine ebene Keilfläche geachtet zu werden [30, 53]. Wesentlich ist, daß die *Tiefe* der Einarbeitung richtig ist. Sie ergibt im Verhältnis zur Keillänge die richtige Druckausbildung.

Auch in der Draufsicht kann die Form der eingearbeiteten Keilflächen verschieden sein (Abb. 159). Ist viel Kühlung erforderlich und soll deshalb der Schmierstoffdurchfluß groß sein, dann reichen sie über die ganze Ringbreite (Abb. 159 a und b). Ist nur wenig Schmieröl vorhanden und die Erwärmung im Betrieb nicht sehr groß, dann können die Keilflächen an drei Seiten von Rastflächen umgeben sein (Abb. 159 c, d und e).

Die Herstellung der fest eingearbeiteten Keilflächen von 1,0 bis 5,5°/$_{00}$ Steigung kann durch Pressen, Fräsen oder Schaben erfolgen. Mit dem Feinkopierverfahren, ausgeführt auf einer Drehbank, kann sogar mit großer Genauigkeit eine Keilneigung von weniger als 1°/$_{00}$ maschinell ausgeführt werden [44]. Die Keiltiefen betragen dabei je nach Lagergröße 3 bis 100μ. Sehr kleine Winkel ergeben zwar große Tragfähigkeit, lassen diese aber bei Überschreiten der zulässigen Grenze schnell abnehmen und bei geringstem Verschleiß ganz verschwinden. Bei geringer Stückzahl können die Ringe von Hand durch Schaben oder Schmirgeln bearbeitet werden.

2. Bundlager

Die einfachste Ausführung eines Achsiallagers, allerdings nur für kleinere Kräfte, besteht aus seitlich an einem Radiallager angebrachten *Bunden* (Anlaufbunden), gegen die eine Scheibe oder ein Wellenbund anläuft (Abb. 160 und 161).

Abb. 161 zeigt eine Turbogebläselagerung mit achsialen Anlaufbunden.

Die Schmierung erfolgt hier durch das Überschußöl aus dem Radiallager oder besser aus einer eigenen Schmierölbohrung. Bei schlechter Ölführung kann es vorkommen, daß die belastete Seite des Lagerbundes zu wenig Schmieröl erhält (Abb. 162), weil dieses den Weg des geringeren Widerstandes geht. Es fließt auf der entlasteten Seite durch den größeren Spalt aus und gelangt nicht oder nur in sehr geringen Mengen

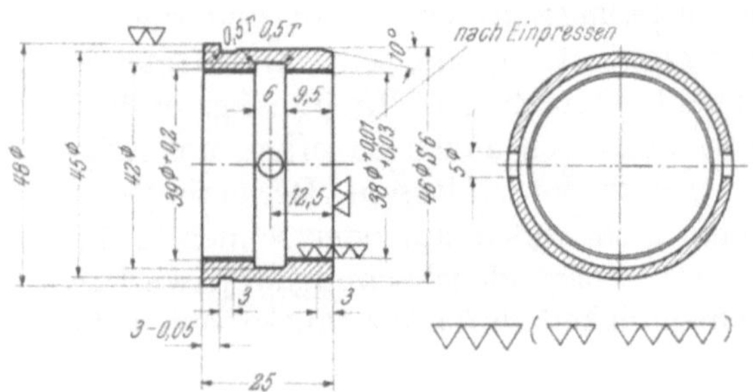

Abb. 160. Bundbüchse zur Ölpumpe nach Abb. 87
Werkstoff: C 10 + G-PbBz 25 + Sn-Laufschicht

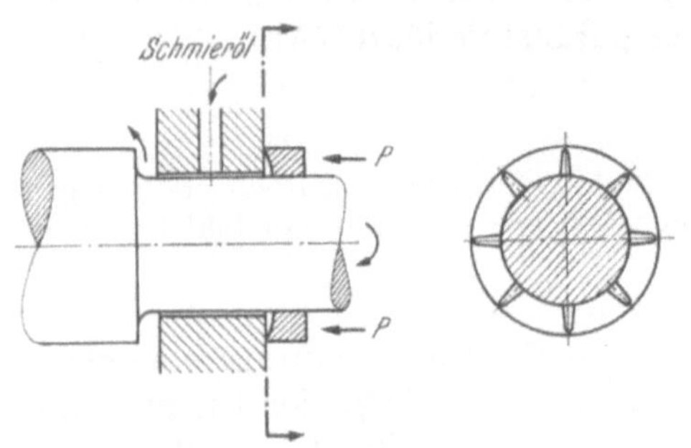

Abb. 162. Schmierölweg bei Bundlagern

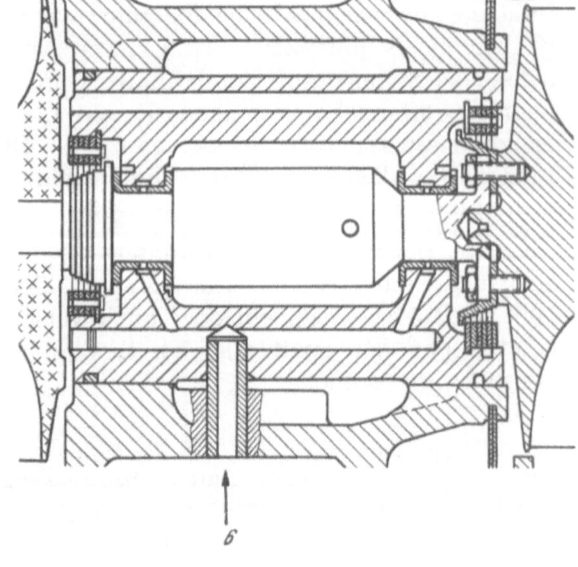

Abb. 161. Lagerung eines Aufladegebläses (Caterpillar)
6 Schmieröleintritt

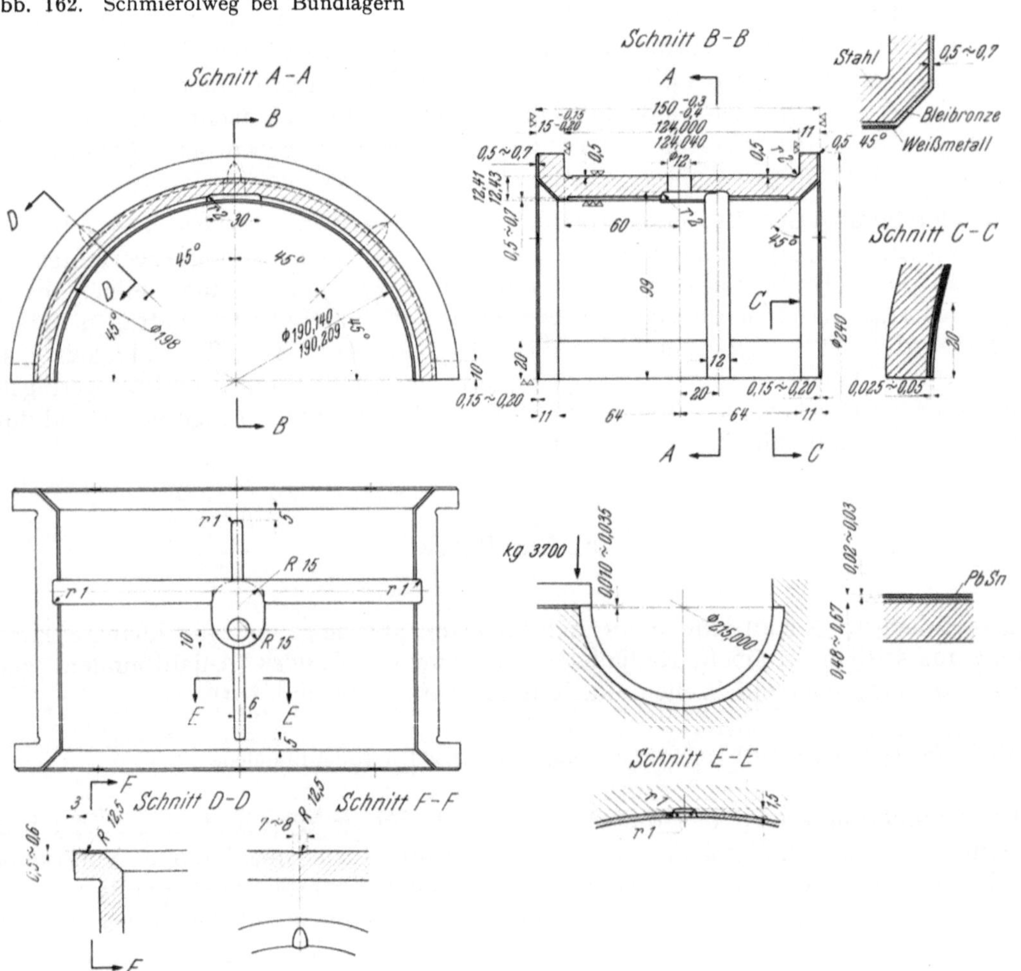

Abb. 163. Kurbelwellenlager mit Anlaufbunden (obere Hälfte) (Fiat, 2312 SF)

zwischen die belasteten Flächen, wenn nicht eine eigene Schmierölzuführung vorgesehen ist und radiale Nuten im Bund angeordnet sind (Abb. 163 und 164). Lager in dieser Ausführung sind verwendbar für achsiale Drücke bis etwa $\bar{p} \leqq 10$ bis 20 kp cm^{-2}. Um die Tragfähigkeit zu erhöhen, müssen zusätzlich noch Keilflächen in Umfangs-

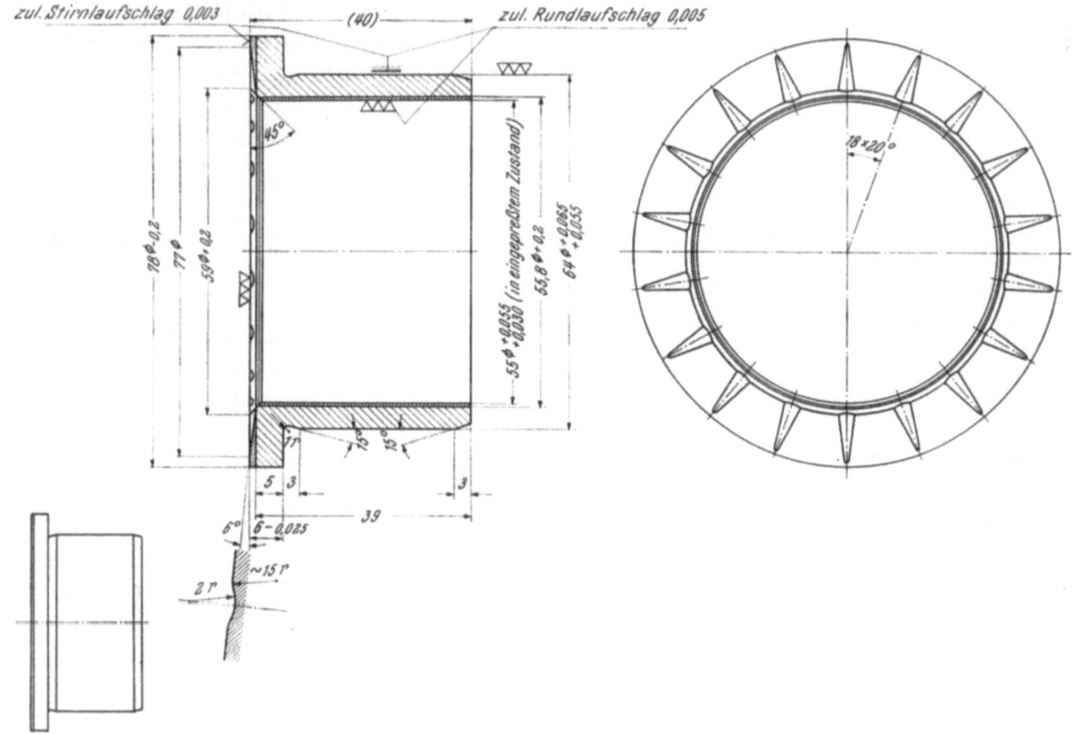

Abb. 164. Bundbüchse, Werkstoff: C 10 + Bleibronze

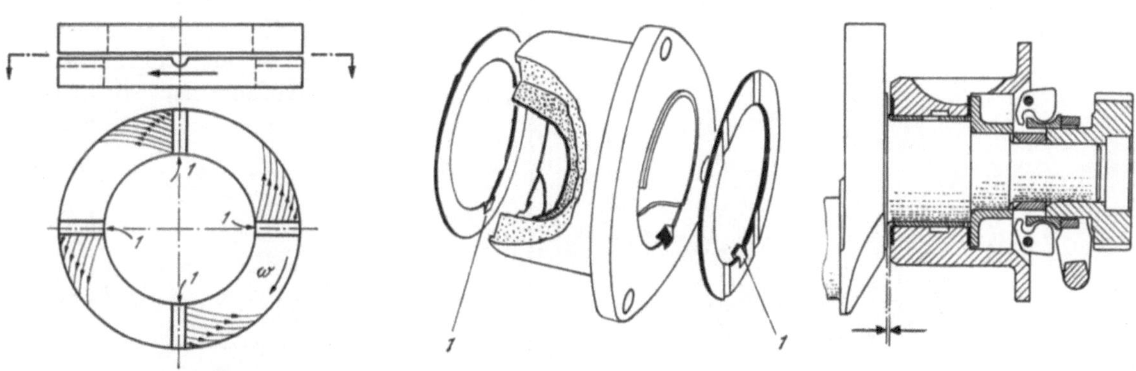

Abb. 165. Schmierölverteilung im Achsiallager
1 Schmierölzuführung

Abb. 166. Achsiallagerringe für Paßlager (Petter Diesel Engine, Type PCl; 3,25 PS, 2000 min^{-1})
1 Haltenase

richtung eingearbeitet werden. Sie verteuern zwar die Bearbeitung, lassen aber auch bei höherer Belastung ($\leqq \sim 50$ kp cm^{-2}) immer Flüssigkeitsreibung erwarten. Für eine überschlägige Berechnung kann hier angenommen werden, daß hinter jeder Schmierölzuführungsnut eine Fläche trägt, deren Breite etwa gleich der des Ringes und deren Länge etwa gleich der Breite ist, da das Schmieröl spiralförmig den Lagerspalt durchfließt (Abb. 165). Sind zu wenig Nuten vorhanden, so ist leicht einzusehen, daß nicht die ganze verfügbare Ringfläche zum Tragen herangezogen wird.

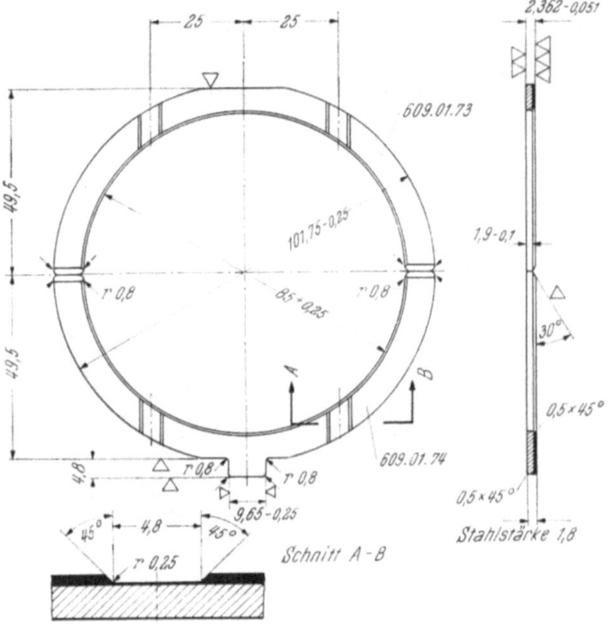

Abb. 167. Zweiteilige Anlaufscheibe (Steyr-Daimler-Puch AG.)
Werkstoff: Stahlband C 10 + Lagermetall

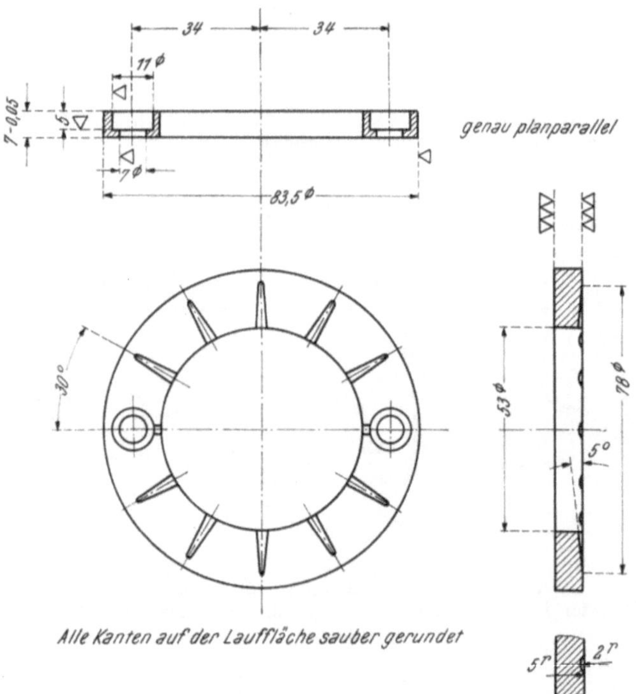

Abb. 168. Achsiallagerring zur Gebläselagerung nach Abb. 185

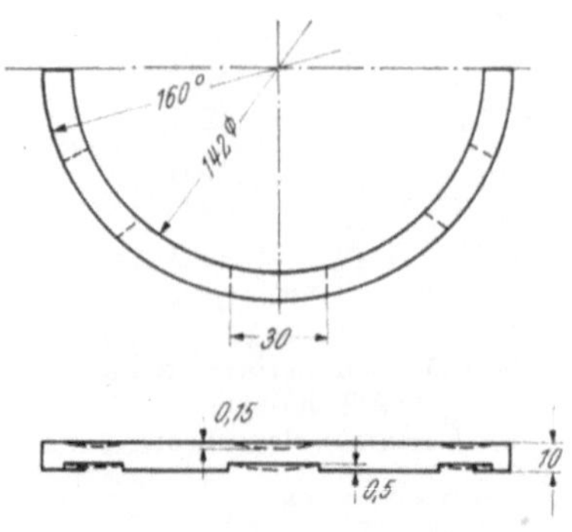

Abb. 169. Achsial-Halblagerring für
Kurbelwellenpaßlager
(strichliert = Verformung im Betrieb)

Verwendet werden solche Bauformen meist bei Kurbel- oder Kurbelwellenlagern.

Die Herstellung von Bundlagern ist teurer als die von einfachen Radiallagern mit getrennt angeordneten Achsialringen; deshalb sollten jene möglichst vermieden werden.

An Stelle des Bundes an Radiallagern werden, besonders bei den Führungslagern (Paßlagern) der Kurbelwelle, eigene Lager- oder Halblagerringe verwendet. Sie sind, gegen Verdrehung gesichert, in das Gehäuse eingelegt und laufen gegen einen Wellenbund an. Für kleine Belastungen genügen einige radiale Nuten oder Schmiertaschen in der Gleitfläche (Abb. 166, 167 und 168). Bei größeren Belastungen (z. B. zur Aufnahme der Massenkräfte bei Stößen in achsialer Richtung an Lokomotivmotoren oder des Achsialschubes von Flüssigkeitskupplungen) muß möglichst die gesamte Ringfläche oder Halbringfläche zum Tragen herangezogen werden. Dazu sind in der Lauffläche die erforderlichen Keilflächen eingearbeitet, oder die Auflage ist so ausge-

bildet, daß sich bei Belastung der Ring elastisch oder plastisch verformt, durchdrückt und dadurch die zur Bildung eines Schmierkeiles notwendige Gleitflächenform ausbildet.

Der Halbring nach Abb. 169 aus einer Aluminiumlegierung zeigte nach einer Laufzeit von etwa 2000 Stunden außer der strichliert eingezeichneten plastischen Verformung durch den Schmieröldruck keinerlei Verschleiß, während ein gleich dimensionierter Halbring mit gleich vielen radialen Schmierölnuten nach kurzer Zeit versagte.

Abb. 170. Achsial-(Druck-)lager mit Kippklötzen (Gebr. Sulzer, Zweitakt-Kreuzkopf-Schiffsmotor)

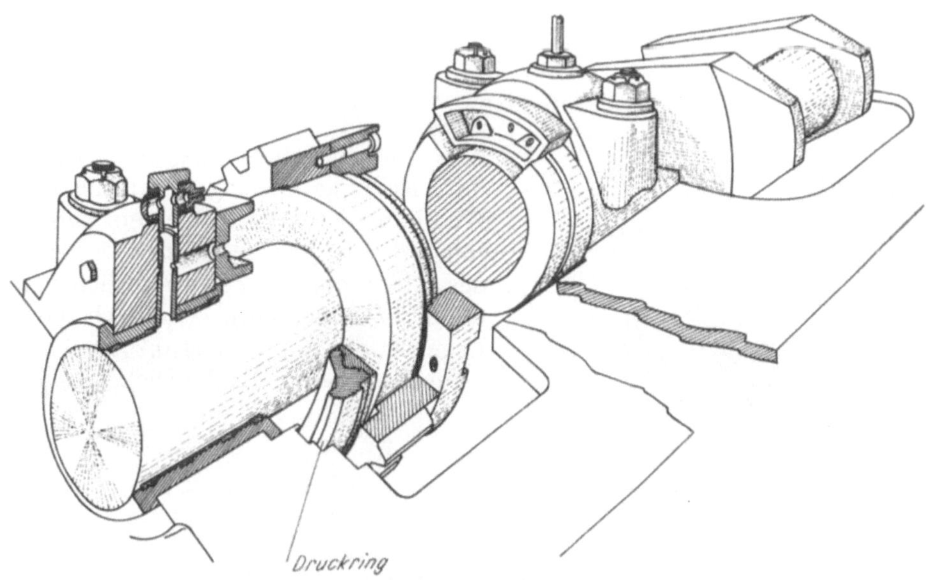

Abb. 171. Paßlager für stationäre Motoren (KHD, VM 545)

3. Kippklotz- oder Michell-Lager

Beim Michell-, Kippklotz- oder Kippschuhlager für Belastungen über etwa 20 kp cm^{-2} und veränderliche Betriebsbedingungen (Abb. 170) sind die einzelnen Kippschuhe kugelig oder um einen Zapfen drehbar gelagert. Für jede Belastung und Drehzahl bildet sich dadurch der richtige Schmierkeil von selbst. Es ist dies die günstigste Form für Achsiallager. Die konstruktive und werkstattmäßige Ausbildung erfordert jedoch Erfahrung.

Schiffsmotoren mit direkt gekuppeltem Propeller haben zur Aufnahme des Propellerschubes statt des Paßlagers (Abb. 171) mit Anlaufbunden meist reine Radiallager und getrennte Achsiallager mit Kippklötzen (Abb. 172 und 173).

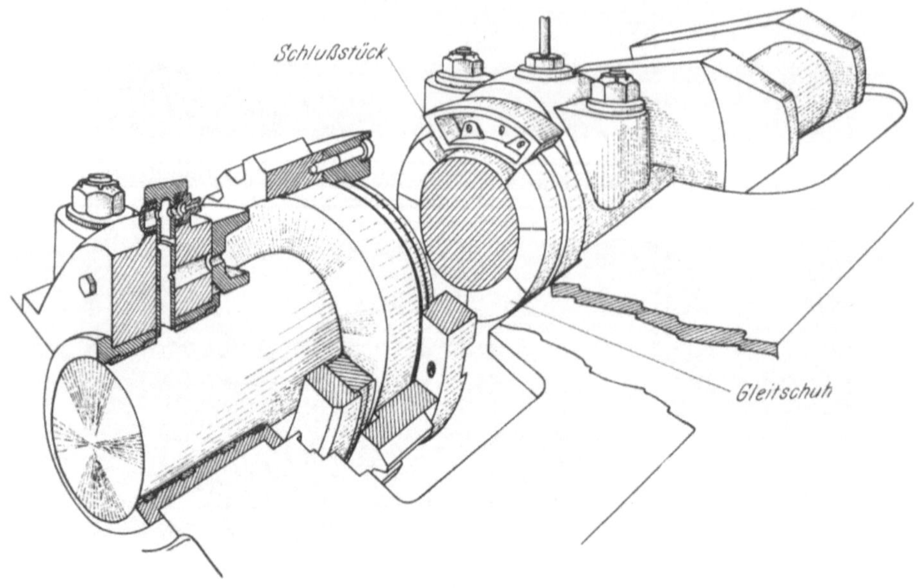

Abb. 172. Drucklager — zur Aufnahme des Schraubenschubes — von Schiffsmotoren (KHD, VM 545)

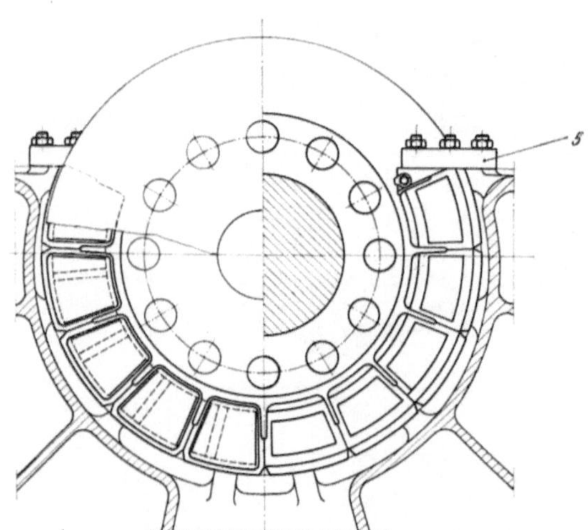

Die Kippachse liegt so, daß sich bei Betrieb die günstigste Keilneigung einstellt und dabei zwischen Belastung, Schmierfilmdruck und Reibung Gleichgewicht herrscht. Die Kippkante ist mit sehr kleinem Radius ausgeführt, damit sich die Kippachse bei Neigung des Gleitschuhes nicht wesentlich verschiebt (Abb. 174 und 175). Je nach Größe der Lager ist der Kippradius 0,2 bis 1,0 cm (auf jeden Fall kleiner als die Dicke des Schuhes).

Abb. 173. Kippklotzlager
(Borsig-Fiat, C 680 S)

1 Anlaufscheibe   4 Einstellbeilage
2 Kippklötze   5 Verdrehsicherung
3 Druckring   6 Gehäuse

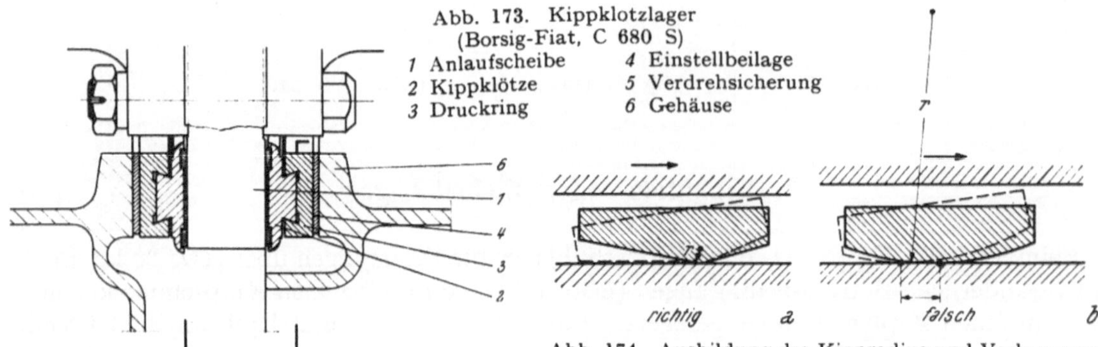

Abb. 174. Ausbildung des Kippradius und Verlagerung
der Auflagerlinie

Wird er größer ausgebildet, um etwa die Hertzsche Pressung zu verringern, so wandert die Kippkante beim Neigen nach der falschen Seite. Eine solche Konstruktion hat schon manchmal zum Versagen eines derartigen Lagers geführt. Der Ring, auf dem die Kipp-

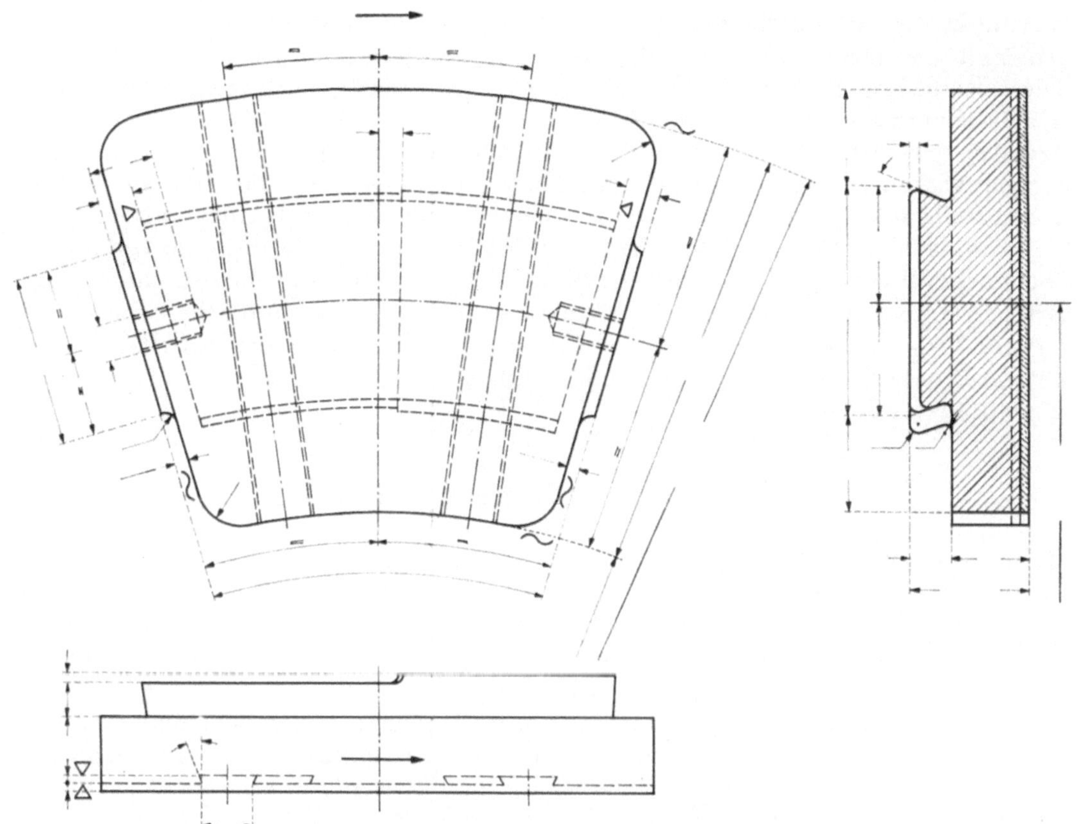

Abb. 175. Gleitschuh eines Drucklagers (Fiat, L 364)

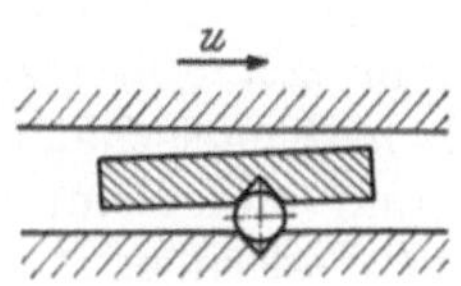

klötze aufliegen, soll möglichst gleich hart sein wie deren Kippkante. Die Kippschuhe können auch auf einer Kugel aufliegen. Abgesehen von einer Vorrichtung für die örtliche Fixierung ist für die Kugelauflage keine eigene Bearbeitung notwendig (Abb. 176). Kleine Ansenkungen für die Kugeln können jedoch die Montage

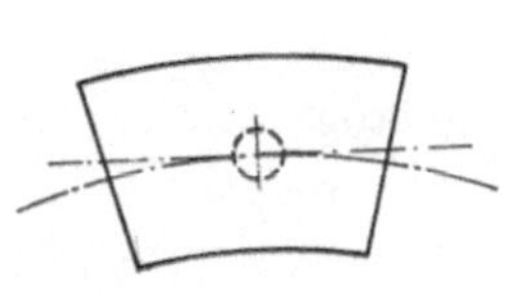

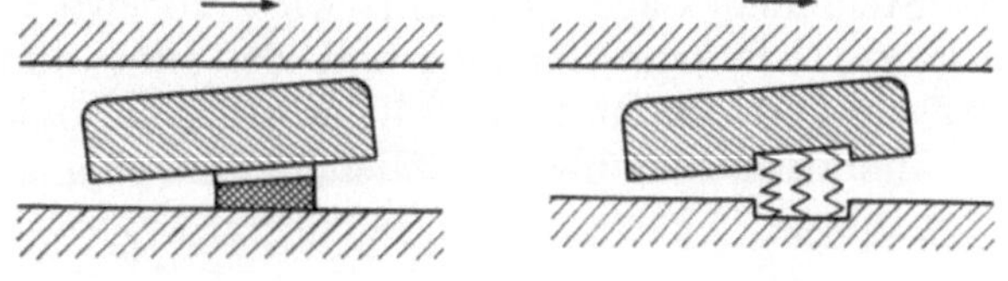

Abb. 176. Lagerung des Kippschuhes auf einer Kugel

Abb. 177. Kippschuhe mit elastischer Lagerung

wesentlich erleichtern. In der Schmierschicht der tragenden Keilfläche bildet sich der Druck so aus, daß die Resultierende näher dem ablaufenden Ende oder der engeren Stelle ist. Deshalb muß auch die Kippkante stets näher dem Ablaufende sein.

Sofern das Kippklotzlager in beiden Drehrichtungen arbeitet (z. B. umsteuerbare Schiffsmotoren), sind seine Gleitschuhe symmetrisch zur Kippkante ausgebildet (Abb. 2 *d*). Die Anlaufkanten werden dabei so abgeschrägt, daß die jeweilige Ablaufkante weitgehend für die Druckaufnahme unwirksam wird. Dadurch verlagert sich der Schwerpunkt der Schmierfilmdrücke so, als ob die Kippkante unsymmetrisch — wie bei einem Lager für eine Drehrichtung — liegen würde.

Die einstellbaren Schuhe können sich auch auf eine elastische Unterlage wie Kunststoff oder Gummi abstützen (Abb. 177).

Wenn bereits bei Anlauf oder gar bei Stillstand der Maschine sehr große Lasten auf das Lager wirken, so können seichte Mulden in der Rastfläche die Tragfähigkeit bei niederen Drehzahlen sehr erhöhen. Diese Vertiefungen von nicht mehr als einigen μ stellen sozusagen ein Reservoir dar, das im ersten Moment des Anlaufes die Gleitflächen mit Schmierstoff versorgt. Besonders bei Michell-Lagern haben sich diese Einarbeitungen bewährt. Sie werden willkürlich — aber nicht zu groß — in der Lauffläche beim Michell-Lager und beim Lager mit fest eingearbeiteten Keilflächen in der Rastfläche angebracht. Aus diesen Vertiefungen kann auch bei langem Stillstand der Schmierstoff nicht ganz verdrängt werden.

4. Zentrierung und Verdrehungssicherung

Je nach der Wärmedehnung der Gleitringe im Verhältnis zu der des Gehäuses wird die Zentrierung außen oder innen vorgesehen; denn der Körper mit der größeren Wärmedehnung muß sich immer frei bewegen können. Haben die Lagerringe keine Möglichkeit dazu, so wölben sie sich und verformen die Gleitflächen. Daher dürfen Ringe mit der größeren Wärmedehnung (durch größere Wärmedehnungszahl oder erhöhte Temperatur) nie eine Zentrierung mit enger Passung am äußeren Durchmesser bekommen, sondern nur innen. Muß die Zentrierung — aus konstruktiven Gründen — doch an ungünstiger Stelle sein, dann darf dort kein zu kleines Spiel gewählt werden. Eine nicht genau zentrische Lage der beiden Ringe zueinander schadet nicht.

Kugelig geformte Lagerflächen würden eine sehr gute Einstellbarkeit bei Gehäuse- oder Wellenverformung ergeben. Ihre Herstellung und die Ausbildung eines hydrodynamischen Schmieröldruckes stößt aber auf große Schwierigkeiten. Günstiger ist es, eine federnde oder plastische Unterlage (eventuell durch entsprechende Ausbildung des Gehäuses) für einen der beiden Laufringe zu schaffen, wobei dieser in sich steif bleiben muß und sich nicht verformen darf. Eine allseitige Einstellbarkeit in Kugelschalen ist wie bei den Radiallagern während des Betriebes nicht wirksam und bildet nur eine Montageerleichterung. Auch Achsiallagerringe müssen durch Keile, Federn oder Paßstifte gegen Verdrehung gesichert sein.

Bei Achsiallagern ist besonders darauf zu achten, daß der Schmierstoff tatsächlich an einer Stelle dem Lager zugeführt wird, von wo aus die ganze Menge durch das Lager fließen kann; das kann nur innerhalb des Innendurchmessers der Gleitringe sein. Von hier wird der Ölstrom durch die Fliehkraft nach außen gedrückt, gelangt in die Schmierölnuten und wird zwischen die Gleitflächen eingezogen.

VI. Gleitbahnführungen

Um bei Gleitbahnführungen hohe Tragfähigkeit zu erzielen und um die äußeren Abmessungen klein zu halten, sind, ähnlich wie bei Zweitaktkolbenbolzen, die in der hydrodynamischen Theorie als richtig erkannten Voraussetzungen zu schaffen. Im Längsschnitt sieht ein solches Lager grundsätzlich ähnlich wie ein Achsialgleitlager für beide

Drehrichtungen aus. Ein oder mehrere Keilflächenpaare mit den entsprechenden Schmier-
ölzuführungen sorgen für die Ausbildung eines tragfähigen hydrodynamischen Schmierkeiles, während die Rastflächen bei geringen Gleitgeschwindigkeiten und bei Bewegungsumkehr die Belastung aufnehmen.

Bei kreiszylindrischen Führungen, wie Schubstangenführungen,
muß eines der beiden Glieder kegelig ausgeführt werden, um den
unbedingt erforderlichen Schmierkeil, durch den gleichzeitig eine
Zentrierung erreicht wird, entstehen zu lassen [4].

Derzeit übliche Formen von Kreuzkopfgleitflächen zeigen die Abb. 178
und 179. (Unter der Annahme, daß die Belastung des Kreuzkopfbolzen-
lagers mindestens zehnmal so groß ist, wie der Gleitbahndruck auf die
in den Abbildungen dargestellten Kreuzkopfgleitbahnen, könnte die Gleitbahn nach obigen Überlegungen wesentlich kleiner ausgeführt werden!)

Abb. 179. Kolben, Kreuz-
kopf und Pleuelstange eines
großen Schiffs-Dieselmotors
(Gebr. Sulzer)

Abb. 178. Kreuzkopf mit Gleitschuhen
(Clark, CLBA-Kompressor)

VII. Hydrostatisch geschmierte Gleitlager

Bei hydrostatisch geschmierten Gleitlagern wird durch entsprechende Größe des Zu-
laufdruckes zum Lager und Ausbildung der Gleitflächen bereits bei Stillstand eine einwandfreie Trennung der beiden belasteten Gleitflächen durch einen vollkommenen
Flüssigkeitsfilm erreicht. Daher ist mit geringsten Anlaufreibungszahlen zu rechnen.
Voraussetzung dabei ist, daß ein Schmierstoffpolster geschaffen wird, in dem sich der
tragfähige Schmierfilmdruck aufbauen kann. Beim Achsiallager wird im einfachsten Fall
an der Stirnseite einer Welle das Drucköl zugeführt und der Druckraum gut abgedichtet
(Abb. 11). Beim Radiallager genügt es nicht, in der belasteten Zone den Schmierstoff unter
Druck zuzuführen (Abb. 180). Er könnte nach der unbelasteten Seite hin ausweichen
und seitlich aus dem Lager abfließen. Hier müssen, wie aus Abb. 181 ersichtlich, einzelne
Kammern *1* gebildet werden, die unabhängig voneinander mit Drucköl durch die Zu-

leitung *2* gespeist werden. Wenn nun der Zapfen unter der Belastung P gegen eine Kammer gedrückt wird (es können auch wesentlich mehr solche Kammern als in der Abbildung vorgesehen werden) und den Abfluß aus dieser Kammer drosselt, so baut sich der Druck dort bis zu der Größe auf, die der Belastung das Gleichgewicht halten kann. Dazu müssen also bei möglichst großer Ölzuführung zum Lager die einzelnen Zuflußquerschnitte *4* zu den Kammern so gedrosselt sein, daß beim Verschließen einer Kammer das zufließende Schmieröl nicht zu den anderen Kammern in die Zone geringeren Druckes und von dort aus dem Lager entweichen kann. Zusätzlich sind in den seitlichen Kammerabschlüssen Ableitungen für das Lecköl vorgesehen.

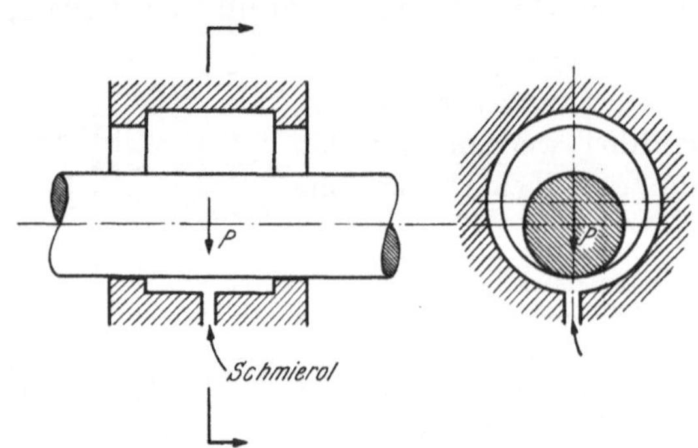

Abb. 180. Nicht tragfähiges, hydrostatisch geschmiertes Radiallager

Einen ähnlichen Aufbau zeigt das für Gasschmierung vorgesehene Lager nach Abb. 182. An Stelle der Druckkammern sind hier einzelne Düsen vorgesehen, über denen die Welle auf einem Gaspolster „schwimmt".

Groß sind die Vorteile solcher hydrostatisch geschmierter Gleitlager dort, wo möglichst geringe Reibungsverluste erforderlich sind (Meßgeräte), oder bei Lagern, die bei hohen Drehzahlen eine besonders ruhige Wellenlage haben sollen (Turbinen, Gebläse). Auch Maschinen, die unter sehr hoher Belastung anlaufen müssen, wie Turbinen oder Generatoren, werden oft mit derartigen Lagern ausgerüstet. Im Verbrennungsmotorenbau werden sie nur selten verwendet.

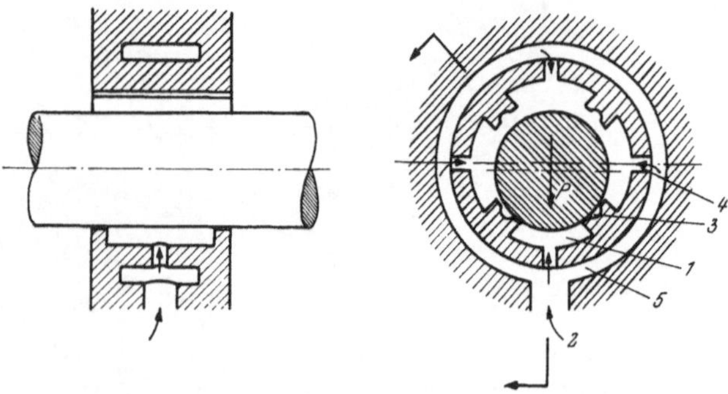

Abb. 181. Grundform eines hydrostatisch geschmierten Radiallagers

1 Druckkammer   *3* Schmierölableitung
2 Schmieröleintritt   *4* Schmierölzuleitung
5 Verteilleitung

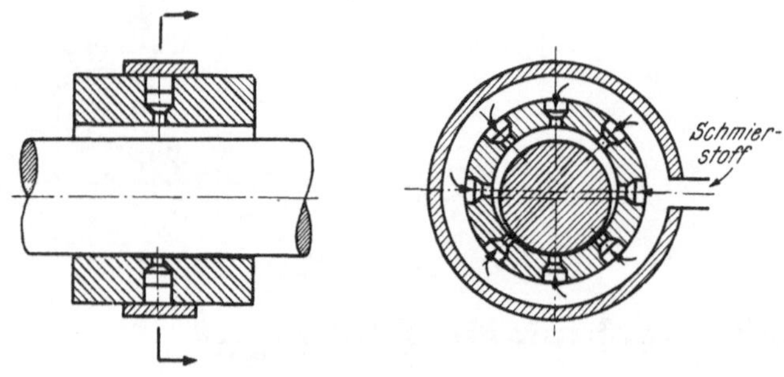

Abb. 182. Hydrostatisch geschmiertes Radiallager (besonders für Gase als Schmierstoff) [8]

VIII. Dichtungen

Dichtungen müssen das Lager gegen Eintritt von Schmutz sichern und das Austreten des Schmierstoffes verhindern. Es gibt schleifende und nichtschleifende Dichtungen. Zu den schleifenden gehören alle Arten von Abstreifringen, Simmerringen, Filzringen, Schleifringdichtungen, federnde Abdeckscheiben usw. Besonders bei nicht ganz

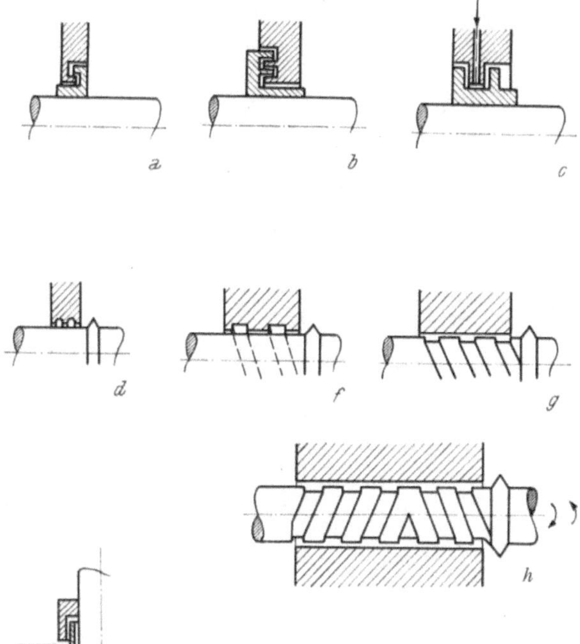

Abb. 183. Beispiele nichtschleifender
Dichtungen

ruhig laufenden Wellen lassen die aus unelastischen Stoffen (Filz, Asbest usw.) hergestellten bald in ihrer Wirkung nach.

Nichtschleifende Dichtungen (Abb. 183 *a*, *b*, *c*) sind alle Arten von Labyrinthdichtungen, deren Wirkung durch vorgeschaltete Spritzringe (Abb. 183 *d*) wesentlich verstärkt werden kann. Mit schraubenförmigen Nuten in einer der Dichtflächen (Abb. 183 *f*, *g*), die so angeordnet sind, daß sie zur abzudichtenden Seite hin fördern, lassen sich einwandfreie Dichtungen ausführen. Je geringer die Umfangsgeschwindigkeit im Dichtspalt ist, desto länger muß die Dichtfläche sein. In dem Dichtspalt zwischen Welle und Gehäuse entsteht durch die Förderwirkung der Gewinde-

rillen ein Druck, der dem im abzudichtenden Raum entgegenwirkt. Für beide Drehrichtungen sind diese Dichtungen mit gegenläufigem Gewinde ausführbar (Abb. 183 *h*). Die Gewindelängen sind hier so zu wählen, daß bei beiden Drehrichtungen sicher immer eine Sperrwirkung durch die zähere Flüssigkeit erreicht wird. Dazu muß das Gewinde auf der Seite des dünnflüssigeren Mediums (z. B. Luft) länger, das Gewinde auf der Seite des zäheren Stoffes (z. B. Schmieröl) kürzer sein. In Abb. 184 ist eine ausgeführte Kurbelwellengewindedichtung und in Abb. 185 eine Gebläsewellendichtung dargestellt. Abb. 186 zeigt eine Kurbelwelle, in die die Gewinderillen eingedreht sind [41].

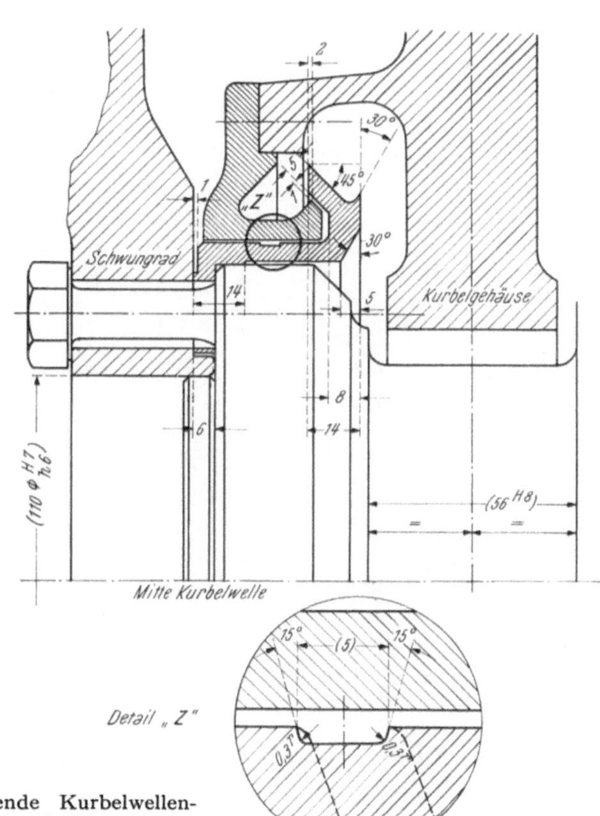

Abb. 184. Nichtschleifende Kurbelwellendichtung mit Spritzring und Rückfördergewinde (Jenbacher Werke)

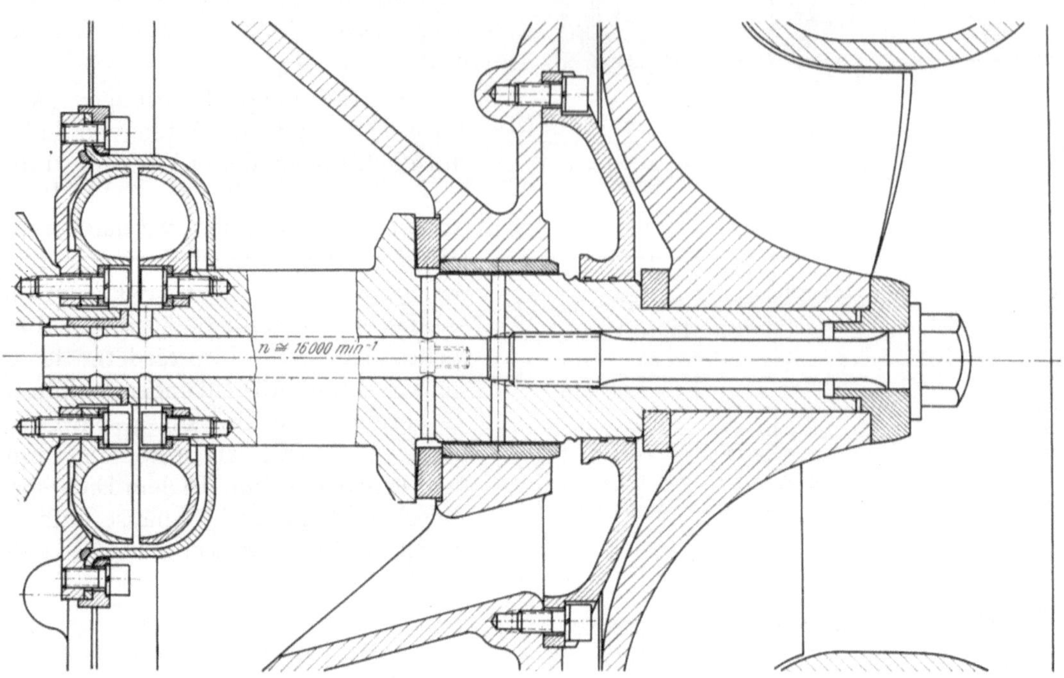

Abb. 185.　Spülluftgebläselagerung und Wellenabdichtung eines Zweitakt-Dieselmotors (Jenbacher Werke)

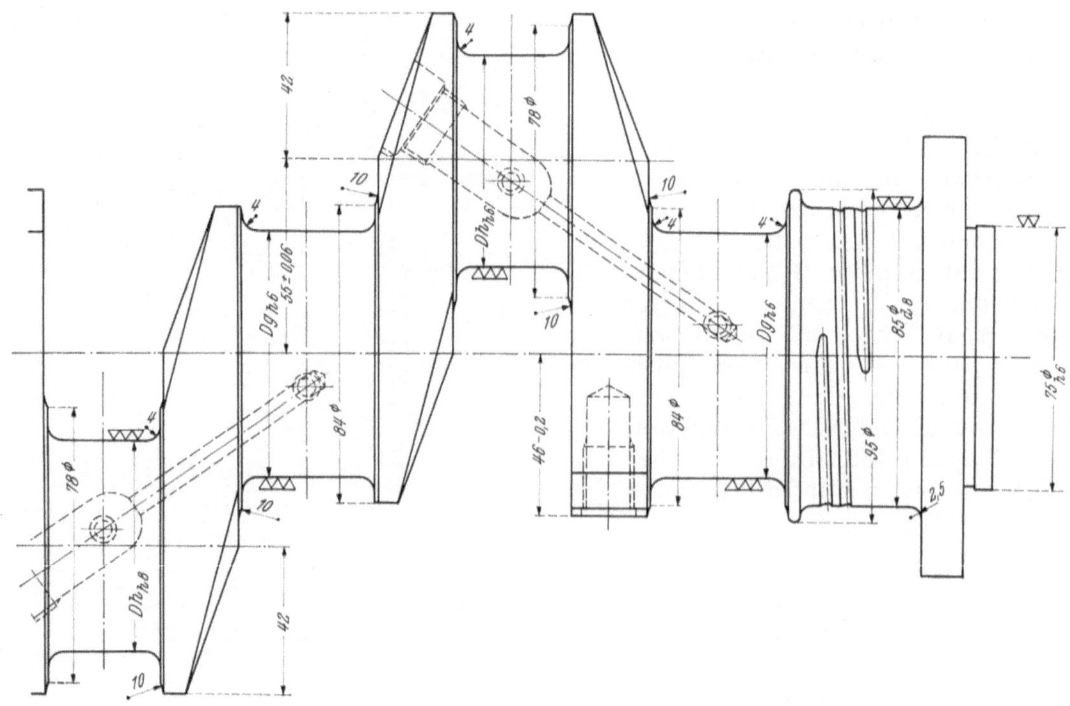

Abb. 186.　Kurbelwelle mit Rückfördergewinde (Hanomag, D 28 L)

F. Berechnung

In diesem Abschnitt werden zuerst die erforderlichen Größen und Kennzahlen besprochen; anschließend wird die Berechnung mit diesen Größen durchgeführt.

I. Grundlagen und Voraussetzungen für die Berechnung hydrodynamisch geschmierter Gleitlager

Die hydrodynamische Schmiertheorie gibt die Grundlage für eine eindeutige und einwandfreie Berechnung dieser Lager. Das Konstruktionselement „Schmierspalt" läßt sich danach genau festlegen; so genau wie es für fast jeden anderen Einzelteil einer Maschine notwendig und möglich ist.

Zweck der Lagerberechnung ist es, das Lager so zu bemessen, daß die Lagerwerkstoffe und der Schmierstoff (meist Schmieröl) den Belastungen unter allen Betriebsbedingungen standhalten. Schwimm- oder Flüssigkeitsreibung wird vorausgesetzt!

Der Strömungsvorgang im Lagerspalt ist unter wesentlichen Einschränkungen mathematisch zugänglich. 1886 wurde von REYNOLDS die Grundgleichung der hydrodynamischen Theorie der Schmiermittelreibung aus den allgemeinen Bewegungsgleichungen der Flüssigkeiten (Navier-Stokessche Gleichungen) unter den auf S. 9 angeführten Voraussetzungen aufgestellt. In der Praxis ist es aber nicht möglich, die Forderung nach starren Gleitflächen, die geometrisch genau ausgeführt sind und im Betrieb die gewünschte Form beibehalten, zu erfüllen. Geringe Ungenauigkeiten müssen in Kauf genommen werden. Die Gleitflächen werden starr angenommen mit glatter und geometrisch genauer Oberfläche. Daher treten auch außer der Ölzähigkeit und der zulässigen Belastung keine Eigenschaften des Schmierstoffes und der Lagerwerkstoffe in der Berechnung auf. Für die Berechnung können jedoch mit genügender Genauigkeit die übrigen angeführten Voraussetzungen als annähernd erfüllt angesehen werden. Der Rechnungsgang vereinfacht sich dadurch wesentlich.

Um die Berechnung allgemein zu halten, ist es üblich, weitgehend mit dimensionslosen Größen zu rechnen. Aus diesen lassen sich dann für jede Lagergröße die erforderlichen Werte einfach ermitteln.

II. Größen und Kennzahlen für Radiallager

1. Wellendurchmesser

Meist wird bei dem Entwurf von Radiallagern der Wellendurchmesser d_2 aus der Festigkeitsberechnung und aus konstruktiven Überlegungen gegeben sein, während die Rauheit der Wellen- oder Lageroberfläche auf Grund der Lagerberechnung bestimmt wird.

2. Lagerbreite, Breitenverhältnis

Unter der Breite b versteht man die tragende Breite der Gleitflächen senkrecht zur Gleitgeschwindigkeit.

Das Breitenverhältnis b/d übt wesentlichen Einfluß auf die Tragfähigkeit und Erwärmung eines Lagers aus. Früher wurde dies nicht berücksichtigt. Um die mittlere Flächenpressung klein zu halten, wurden die Lager sehr breit ($b/d > 2{,}0$) ausgeführt.

Aber durch die Weiterentwicklung der Maschinen mußten die Lager immer höhere Belastungen aufnehmen, denen sie dann oft nicht mehr gewachsen waren. Die hydrodynamische Schmiertheorie gibt nun die Möglichkeit, die günstigste Lagerbreite auf Grund der Belastung, der Drehzahl, des Schmieröldurchflusses und der Erwärmung zu wählen. So entstanden Lager, besonders in hochbelasteten Kurbeltriebwerken, mit Breitenverhältnissen von $b/d \leq 0{,}50$. Abgesehen von der größeren Betriebssicherheit bei gleichzeitiger Steigerung der Leistungsfähigkeit können die Lager durch kleinere Breitenabmessungen auch wirtschaftlicher gestaltet werden.

Ist die Lagerbreite frei wählbar, so sind für ihre Bestimmung maßgebend

der größte auftretende Schmierfilmdruck p_{max},

die gegenseitige Anpassungsmöglichkeit von Welle und Lager,

die Oberflächengüte von Welle und Lager und

die dem Lager zur Verfügung stehende Schmierölmenge.

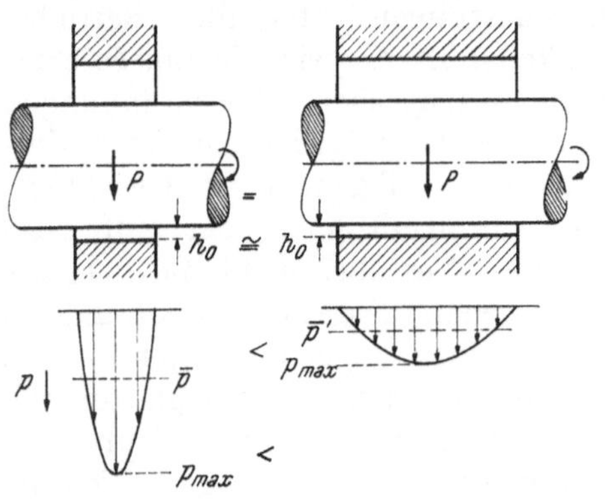

klein b groß
groß   Wärmeabfuhr   klein
nieder   Lagertemperatur   hoch
groß   Ölzähigkeit   klein
groß $\bar{p}$ klein
klein   Verkantungsempfindlichkeit   groß

Abb. 187. Einfluß der Lagerbreite auf die Belastbarkeit

Die Lagerbreite muß so groß sein, daß die größte im Betrieb auftretende Schmierfilmdruckspitze ohne schädliche Verformung der Gleitflächen aufgenommen werden kann; aber nicht größer, weil die Gefahr der Kantenpressung bei schmalen Lagern geringer ist.

Die üblichen Breitenverhältnisse liegen bei

$$b/d = 0{,}30 \text{ bis } 1{,}00.$$

Hierbei erreichen die Temperatur, das Reibungsmoment und die Schmieröldurchflußmenge günstige Werte. Für Lager mit hoher Umfangsgeschwindigkeit und geringer Belastung sind die größeren Werte, für Lager mit kleinen Drehzahlen und hoher Belastung die kleineren Werte zu verwenden. In Ausnahmefällen können auch wesentlich kleinere Breitenverhältnisse bis $b/d = 0{,}10$ erforderlich sein. Hier sinkt aber die Belastbarkeit des Lagers durch die große seitlich austretende Schmierölmenge.

Die mittlere Flächenpressung $\bar{p}$ liegt bei schmalen Lagern höher als bei breiten, denn es ist bis zu einem bestimmten Breitenverhältnis, das je nach Drehzahl und Belastung verschieden ist, ein schmales Lager relativ höher belastbar als ein breites. Der seitlich austretende Schmierölstrom ist größer; dadurch durchströmt das Lager je Flächeneinheit mehr frisches Öl und es wird mehr Wärme abgeführt (Abb. 187). Je größer aber die Belastung eines Lagers ist, um so geringer wird die Schmierfilmdicke unter sonst gleichen Voraussetzungen, und um so geringer muß auch die Breite sein, um den Einfluß der Verkantungen und Durchbiegungen im Verhältnis zur Schmierfilmdicke unwesentlich zu machen. Eine geringe Lagerbreite ist besonders auch bei elastischer Verformungsmöglichkeit des Zapfens oder des Lagers günstig.

Ist ein Lager durch eine ganz umlaufende Ringnut in zwei Hälften geteilt, so gelten in bezug auf die gesamte Lagerbreite die vorhin angeführten Überlegungen. Bei der Berechnung aber werden beide Lagerhälften getrennt betrachtet, da sie in bezug auf den Schmierstoffdurchfluß und auf die Erwärmung zwei vollständig voneinander unabhängige Einheiten darstellen.

3. Mittlere Lagerbelastung, größter im Schmierfilm auftretender Druck

Mittlere Lagerbelastung

$$\bar{p} = \frac{P}{b \cdot d}.$$

(Sofern, wie oft bei Zweitaktkolbenbolzen, in der tragenden Zone Nuten zur Ölverteilung angebracht sind, muß die Verkleinerung der Fläche dadurch berücksichtigt werden.)

Der größte im Lager auftretende Schmierfilmdruck p_{max} hängt von der Lagergestaltung ab. Er muß mit genügendem Sicherheitsabstand unter der Fließgrenze σ_F der Gleitwerkstoffe liegen. Er ist je nach Konstruktion des Lagers oder den Betriebsbedingungen (Verkantungen, Durchbiegungen, ungünstige Nutenanordnungen) immer größer als die mittlere Belastung $\bar{p}$:

$$p_{max} = (2 \text{ bis } 15) \cdot \bar{p}.$$

Für das unverkantete Lager zeigt Abb. 188 das Verhältnis

$$p_{max}/\bar{p} = f_6(b/d, \delta).$$

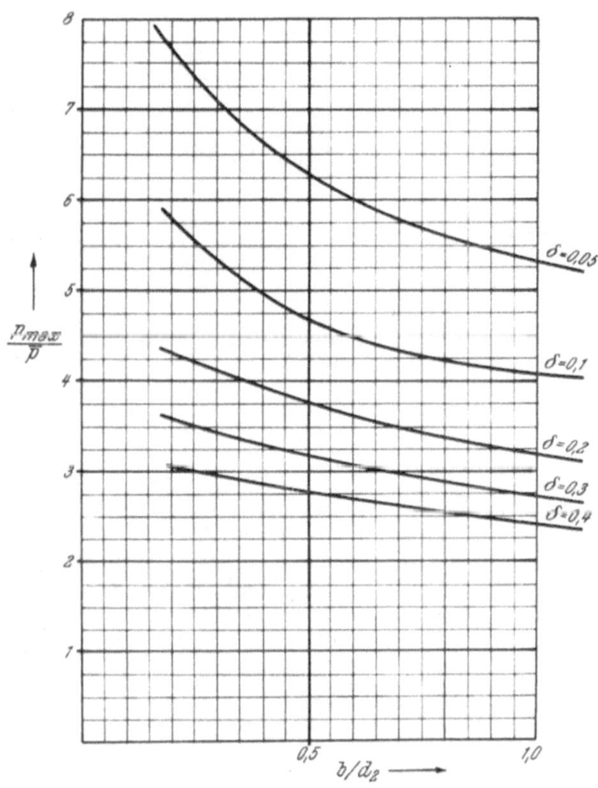

Abb. 188. $p_{max}/\bar{p}$ im unverkanteten Lager [79]
$p_{max}/\bar{p} = f_6(b/d, \delta)$

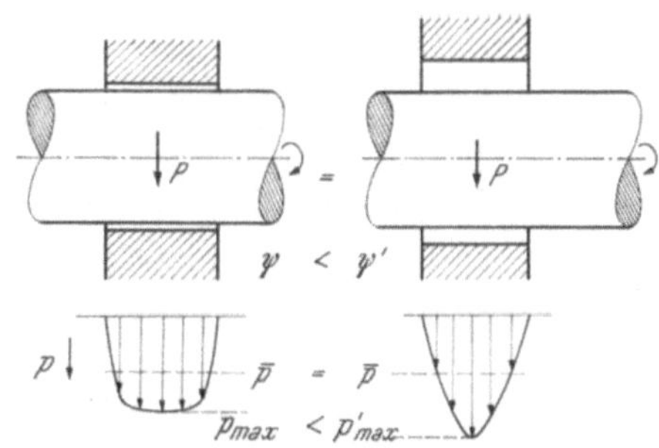

Abb. 189. Einfluß des Lagerspieles auf den Maximaldruck

Auch die Belastungsart (ruhend, schwellend oder wechselnd) und die konstruktive Ausführung des Lagers (Vollmaterial oder Mehrstofflager, Materialdicke, Lagerbreite, Verkantungsmöglichkeit) haben darauf Einfluß (s. S. 25 und Abb. 24 und 25).

Ebenso wie bei Berechnung von Maschinenteilen aus Stahl z. B. die Belastungsart berücksichtigt wird, sollte dies auch bei der zulässigen Flächenpressung bei Lagerwerkstoffen getan werden. Leider sind dafür aber bisher noch keine brauchbaren Werte oder Minderungsfaktoren bekannt, so daß der Konstrukteur auf die Angaben der Lagermetallfirmen oder die Normblätter angewiesen ist. Da bei den Angaben der Firmen meist die jeweiligen Bedingungen nicht berücksichtigt sind, so müssen die zulässigen Festigkeitswerte für die Berechnung klein genug angenommen werden, um in allen Fällen zu entsprechen. Dadurch wird die vorhandene Sicherheit unnötig groß und der Werkstoff nicht wirtschaftlich ausgenützt.

In den Abb. 115 und 122 ist in einigen Beispielen der Einfluß der Verkantung und falsch angebrachter Nuten auf die Schmieröldruckverteilung und die Erhöhung des mittleren Schmierfilmdruckes durch Verkleinerung der tragenden Fläche zu sehen. Möglichst enges Lagerspiel (und kleine Schmierfilmdicke) bewirken ein gleichmäßiges

Tragen über die ganze Breite und daher geringe Maximaldrücke p_{max} bei gleichem $\bar{p}$, bzw. eine hohe Tragfähigkeit (Abb. 189). Wesentlichen Einfluß auf die Wahl von $\bar{p}$ hat direkt nur die zulässige Festigkeit des Lagerwerkstoffes unter den gegebenen konstruktiven Bedingungen; indirekt allerdings auch die Gleitgeschwindigkeit u durch die dabei entstehende Wärme.

Das Verhältnis $\sigma_F/\bar{p}$ kann auch als Sicherheitszahl bei der Materialauswahl angesehen werden: Bei richtig geformten Lagern, deren Schmierspalt durch keine Nuten unterbrochen ist, und bei denen keine Verkantungen zu befürchten sind, beträgt

$$\sigma_F/\bar{p} \cong 4 \text{ bis } 6,$$

während bei ungünstig geformten Lagern mit Nuten

$$\sigma_F/\bar{p} \cong 6 \text{ bis } 10$$

einzusetzen ist. Ist Kantenpressung zusätzlich noch zu befürchten, so wird die Sicherheitszahl

$$\sigma_F/\bar{p} \cong 8 \text{ bis } 20$$

gewählt.

Tabelle 20. Übliche Werte für Lagerbelastungen, abhängig von Material und Verwendung; als Richtwerte unter dem Spitzendruck

Kolbenbolzen- und Kipphebellager (schwingende Bewegung):	Weißmetalle	<100 kp cm^{-2}
	Bleibronzen	<200 kp cm^{-2}
		<500 kp cm^{-2} bei bester Ausführung und Schmierung
Pleuel- und Kurbelwellenlager:	Weißmetalle	<180 kp cm^{-2}
	Bleibronzen	<350 kp cm^{-2}
Kreuzkopfgleitbahnen:	Guß- auf Gußeisen	<4 kp cm^{-2}
	Gußeisen auf Weißmetallen	<6 kp cm^{-2}

Tabelle 21. Übliche Lagerbelastungen, abhängig vom Material, als Richtwerte

Weißmetalle	<150 kp cm^{-2}
Bleibronzen	<250 kp cm^{-2}
Gußzinnbronzen	<350 kp cm^{-2}
Zinnbronzen	<85 kp cm^{-2}
Sondermessinge	<70 kp cm^{-2}

Richtwerte für $\bar{p}$ sind in den Tabellen 20 und 21 gegeben. Für die überschlägige Überprüfung der Beanspruchung des Lagermaterials von Kurbelwelle und Pleuellager genügt bei langsam laufenden Motoren die Ermittlung der Belastung unter dem Zünddruck ohne Berücksichtigung der Massenkräfte. Sofern keine genauen Werte angegeben sind, kann der Zünddruck mit etwa 70 bis 100 kp cm^{-2} — die kleinen Werte für große Motoren — angenommen werden. Derzeit gelten als Höchstwerte unter einem Zünddruck von 100 kp cm^{-2}

für Kolbenbolzenlager: $\bar{p} < 700$ kp cm^{-2},

für Pleuellager: $\bar{p} < 480$ kp cm^{-2}

und für Hauptlager: $\bar{p} < 300$ kp cm^{-2}.

4. Drehzahl, Winkelgeschwindigkeit der Welle, Berücksichtigung der Last- und Lagerbewegung

Aus der Drehzahl n ergibt sich die Winkelgeschwindigkeit

$$\omega = n \cdot \pi/30 \cong 0{,}1 \cdot n.$$

Die Lagerberechnung geht davon aus, daß sich die Welle mit ω_2 dreht, die Last und das Lager stillstehen ($\omega_p = \omega_1 = 0$). Bei wechselnder oder umlaufender Belastung jedoch (z. B. Unwucht- oder Lagerkräfte in einem Kurbeltriebwerk) und sich drehendem Lager kann zur genauen Lagerberechnung nicht die Winkelgeschwindigkeit der Welle allein herangezogen werden. Es muß die Relativbewegung zwischen Welle, Lager und Belastung berücksichtigt werden. Der Einfluß der Bewegung des Lagers auf den hydrodynamischen Momentanzustand und damit auf die Werte der kleinsten Schmierspaltdicke darf nicht vernachlässigt werden. Sowohl die Bewegung der Belastung als auch die des Lagers können die Tragfähigkeit unterstützen und damit vergrößern, aber auch

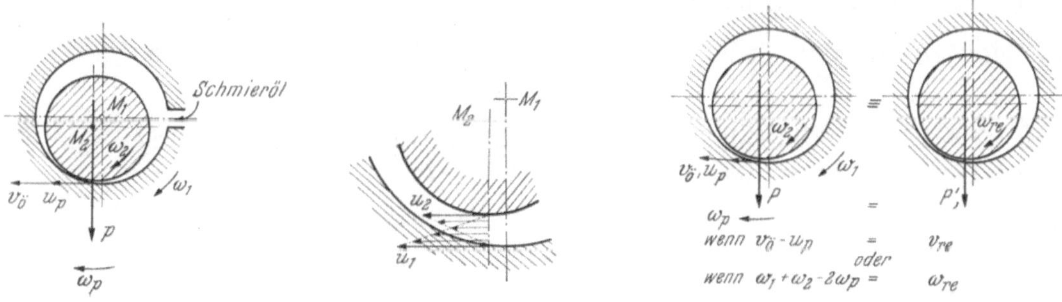

<table>
<tr><td>Abb. 190. Entstehen des Ölstromes</td><td>Abb. 191. Reduktion der Winkel-
geschwindigkeiten</td></tr>
</table>

bis auf Null reduzieren [39, 48, 52, 72]. Vor allem sei hier auf die Lastwanderung hingewiesen, die besonders bei Kurbeltriebwerken meist nicht beachtet wird und die auch bei Lagern mit größeren Unwuchtkräften einen Grund zum Versagen des Schmierfilms bilden kann. Alle Bewegungsverhältnisse lassen sich auf den einfachen Fall, bei dem sich nur die Welle dreht und die Belastungsrichtung und das Lager stillstehen, zurückführen, wenn die Geschwindigkeit des Öles im Schmierspalt und die Geschwindigkeit der Last an derselben Stelle festgestellt wird:

Der Schmierölstrom im Lager entsteht dadurch, daß das Schmieröl durch die Wellen- und die Lageroberfläche entsprechend ihren Umfangsgeschwindigkeiten in den Schmierspalt eingezogen wird (Abb. 190). Wenn lineare Geschwindigkeitsverteilung zwischen beiden Gleitflächen angenommen wird, so ist die mittlere Schmierölgeschwindigkeit

$$v_\ddot{O} = 0{,}5 \cdot (u_1 + u_2).$$

Mit

$$u_1 = \omega_1 \cdot 0{,}5 \cdot d_1$$

und

$$u_2 = \omega_2 \cdot 0{,}5 \cdot d_2$$

ergibt sich ($d_1 \approx d_2$)

$$v_\ddot{O} = 0{,}25 \cdot (\omega_1 + \omega_2) \cdot d_2. \tag{18}$$

Drehen sich Welle und Lager gleich schnell, aber entgegengesetzt ($\omega_1 = -\omega_2$), dann ist die Ölgeschwindigkeit Null. Das heißt, es wird kein Öl in den Schmierspalt gefördert.

Die Differenzgeschwindigkeit zwischen Belastung im Lagerspalt (am mittleren Durchmesser des Gleitringes bei Achsiallagern) und Schmieröl wird nun als Ölgeschwindigkeit in einem reduzierten Lager gleicher Abmessungen angenommen, dessen Lager und Belastung stillstehen (Abb. 191):

$$v_{\ddot{o}} - u_p = v_{\text{re}}. \tag{19}$$

Daraus folgt die reduzierte Winkelgeschwindigkeit der Welle

$$\omega_{\text{re}} = \omega_1 + \omega_2 - 2 \cdot \omega_p. \tag{20}$$

Mit dieser Winkelgeschwindigkeit ω_{re}, nicht mit der der Welle allein, werden die Konstruktionswerte für Welle, Lager und Schmieröl bestimmt. An der Größe der Belastung wird dadurch nichts geändert. Das Vorzeichen von ω_{re} hat auf die Tragkraft keinen Einfluß. Nur beim Ermitteln der Voreilwinkel α, β und γ und der Anlageseite ist es zu beachten.

Daraus lassen sich vier der einfachsten Fälle ableiten (s. auch S. 106):

1. $\omega_1 = \omega_p = 0$, ω_2.

$$\omega_{\text{re}} = \omega_2.$$

Dies ist der Normalfall (Abb. 122).

2. $\omega_p = \omega_2$, $\omega_1 = 0$.

$$\omega_{\text{re}} = -\,\omega_2.$$

Damit ist wieder der Normalfall erreicht, jedoch mit Bildung des Schmierkeiles auf der anderen Lagerseite (Abb. 125).

3. $\omega_2 = \omega_p = 0$, ω_1.

$$\omega_{\text{re}} = \omega_1.$$

Dies ergibt die gleichen Verhältnisse wie unter 1. mit Ersatz von ω_2 durch ω_1 (Abb. 126).

4. Die Belastung dreht sich mit der halben Winkelgeschwindigkeit der Summe aus Wellen- und Lagerwinkelgeschwindigkeit: $\omega_p = 0{,}5\,(\omega_1 + \omega_2)$.

$$\omega_{\text{re}} = 0.$$

Die Tragfähigkeit eines solchen Lagers ist Null! Die Belastung läuft dabei mit der mittleren Schmierölgeschwindigkeit im Schmierspalt bzw. mit dem Schmierkeil um. Dreht sich nur die Welle und das Lager steht still (ω_2, $\omega_1 = 0$), so ergibt sich der Wert

$$\omega_p = 0{,}5 \cdot \omega_2.$$

Auch hier ist:

$$\omega_{\text{re}} = 0.$$

Wenn also die Last bei stehendem Lager mit der halben Winkelgeschwindigkeit der Welle umläuft, so ist die hydrodynamische Tragfähigkeit aus der Drehung der Welle Null! Die Gleitflächen berühren sich aber trotzdem nicht sofort, weil sich ein Verdrängungsdruck aufbaut (s. S. 10).

Jedenfalls ist daraus zu sehen, daß es wichtig ist, sich die Bewegungsverhältnisse von Welle, Lager und Belastung, relativ zueinander für jede Stellung der Welle klar zu machen und sie zu berücksichtigen. Ist die Geschwindigkeit der Belastung größer oder auch kleiner als die des Schmieröles im Schmierspalt, dann trägt der Schmierfilm, sofern der Ölkeil die richtige Neigung hat. Die Größe der Tragfähigkeit hängt unter sonst gleichen Bedingungen von der Relativgeschwindigkeit zwischen Belastungsbewegung und Schmierölgeschwindigkeit ab. Beim Radiallager ist eine Berücksichtigung der Richtung der Keilneigung nicht notwendig, da sich die Welle bei jeder Drehrichtung an der entsprechenden Seite der Lagerschale anlegt und dadurch die richtige Lage des Keilspaltes von selbst entsteht. Die Keilflächen der Achsiallager müssen entsprechend hergestellt werden.

Zum Vergleich sei hier wieder der Wasserschifahrer erwähnt: Er kann von einem Motorboot über einen See gezogen werden, oder er hält sich mittels eines Seiles am Ufer eines Flusses fest und läßt das Wasser unter sich wegrinnen — oder er wird auf dem Fluß von einem Motorboot (flußaufwärts oder flußabwärts) gezogen. Läßt er das Seil aus, dann bewegt er sich zwar relativ zum Ufer flußabwärts (gleich schnell wie das Wasser) — aber nicht lange über dem Wasser!

5. Absolutes Lagerspiel, relatives Lagerspiel

Um allgemein gültige Werte für den Durchmesserunterschied zwischen Lager und Welle

$$s = d_1 - d_2$$

zu erhalten, wird in der Berechnung das relative Lagerspiel ψ eingeführt:

$$\psi = (d_1 - d_2)/d_2. \qquad (21)$$

Es ist ebenso wie das absolute Lagerspiel abhängig von der Drehzahl bzw. von der Umfangsgeschwindigkeit und der Belastung. Die Werte für ψ schwanken zwischen etwa

$$0{,}3 \cdot 10^{-3} < \psi < 3{,}0 \cdot 10^{-3}.$$

Für hohe Tragfähigkeit besonders bei kleinen Geschwindigkeiten muß ψ klein sein. Durch die enge Schmiegung bei kleinem Lagerspiel wird die Belastung auf eine größere Fläche gleichmäßiger übertragen als bei großem Lagerspiel. Große Umfangsgeschwindigkeiten und kleine Belastungen erfordern dagegen großes Lagerspiel. Kleines Lagerspiel kann nur dann aus-

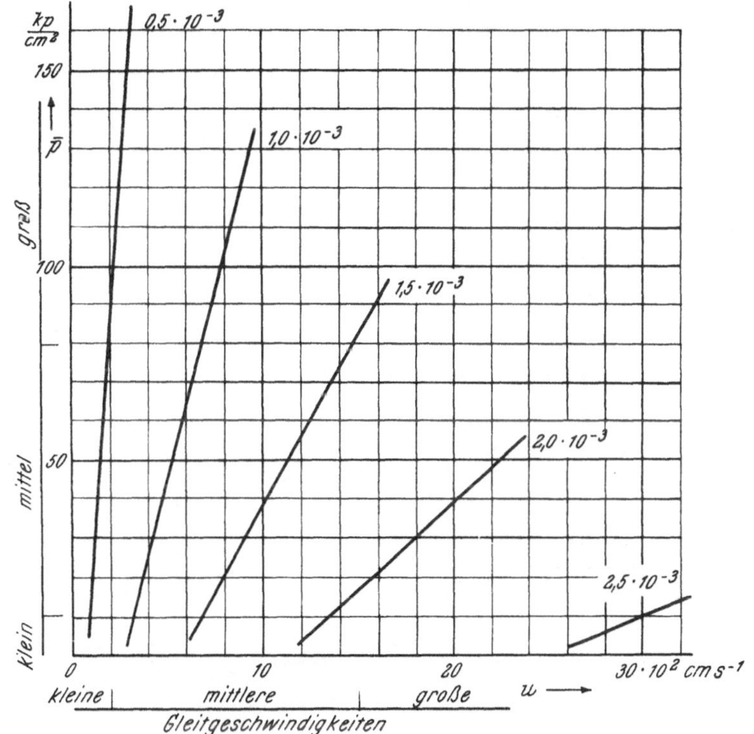

Abb. 192. Relatives Lagerspiel ψ

genützt werden, wenn die Oberflächen geometrisch genau sind (richtige Grobgestalt) und sich gut aneinander anpassen (besonders bei weichen Gleitflächen).

Der aus bewährten Lagern ermittelte Zusammenhang zwischen dem relativen Lagerspiel, der Umfangsgeschwindigkeit und der mittleren Lagerbelastung ist in Abb. 192 für eine mittlere Schmierölzähigkeit dargestellt. Die in der Abbildung angegebenen Werte gelten für Laufflächen aus mittelharten Werkstoffen (etwa PbBz 25). Für weiche Laufflächen (z. B. Weißmetalle oder Verbundlager mit weicher Lauffläche) können die Lagerspiele unter gleichen Belastungs- und Geschwindigkeitsbedingungen um etwa 30% kleiner angenommen werden, weil die Anpassungsfähigkeit der Lageroberfläche an den Zapfen und die Glättung der Lauffläche gut ist. Bei harten Werkstoffen (z. B. Sondermessinge) müssen die relativen Lagerspiele etwa 30% größer sein als die in Abb. 192 angegebenen Werte.

Wenn z. B. für ein Bleibronzelager das relative Lagerspiel $0{,}8^0/_{00}$ des Wellendurchmessers betragen sollte, so könnte für das gleiche Lager, dessen Lauffläche aus Weißmetall mit großem Blei- oder Zinnanteil besteht, $\psi = 0{,}50 \cdot 10^{-3}$ sein; ebenso für ein Dreistofflager. Für ein Lager, dessen

Laufschicht aus einer harten Legierung besteht, müßte $\psi = 1{,}1 \cdot 10^{-3}$ sein. Richtige Werte für das Lagerspiel können daher nur im Zusammenhang mit den Gleitwerkstoffen angegeben werden (Tabelle 22).

Tabelle 22. Übliche Lagerspiele bei verschiedenen Werkstoffen

Weißmetalle	0,4 bis 1,0 ⁰/₀₀
Bleibronzen	0,5 bis 2,5 ⁰/₀₀
Aluminiumlegierungen	1,0 bis 2,5 ⁰/₀₀
Gußeisen	2,0 bis 3,0 ⁰/₀₀
Kunstharze	1,5 bis 10,0 ⁰/₀₀
Graphit	1,0 bis 3,0 ⁰/₀₀

Zusätzlich können bei kleinen Breitenverhältnissen die Spiele enger gemacht werden, da die Gefahr einer Kantenpressung geringer ist.

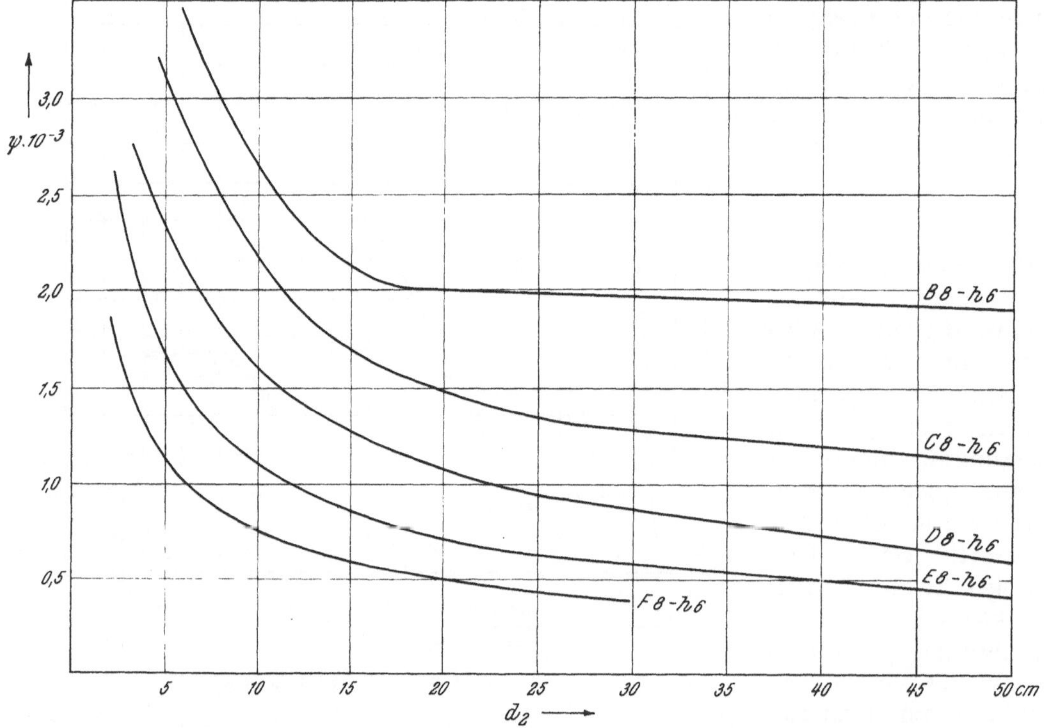

Abb. 193. Mittleres relatives Lagerspiel ψ abhängig von der Passungsauswahl und dem Wellendurchmesser d_2

Im allgemeinen führt die Entwicklung durch die immer höhere Herstellungsgenauigkeit und die günstige konstruktive Gestaltung der Lager zu kleinerem Lagerspiel.

Durch die Forderung nach genau laufenden Wellen (z. B. Zahnräder) wird die Größe des Lagerspieles nach oben begrenzt; auch führt unnötig großes Lagerspiel zu Schlagbeanspruchung, die die Lebensdauer des Gleitwerkstoffes sehr herabsetzt.

Bei der Berechnung wird das tatsächlich *bei Betriebstemperatur im eingebauten Zustand* vorhandene relative Lagerspiel ψ (= Betriebsspiel) ermittelt. Sowohl der Preßsitz von Lagern als auch die Erwärmung im Betrieb können das Einbauspiel ψ_e wesentlich verändern. Meist wird mit zunehmender Temperatur das relative Lagerspiel kleiner ($\psi < \psi_e$). Bei starren und massiven Gehäusen ergeben dünnwandige Lager geringe und dickwandige große Spieländerungen, weil das Lagermaterial, wenn es sich nicht nach außen dehnen kann, nach innen ausweicht und so das Lagerspiel verkleinert. Ist eine große Änderung des Einbauspieles gegenüber dem Betriebsspiel zu erwarten, so muß die Änderung durch Versuche oder Berechnung ermittelt und berücksichtigt werden. Bei Preßsitzen von dünnwandigen Lagern in starkwandigen Gehäusen verkleinert sich das vor dem Einpressen hergestellte Lagerspiel etwa um die Stärke des Übermaßes beim Preßsitz. Im Betrieb wird jedes Lagerspiel unter Belastung durch elastische und plastische Verformung kleiner, als es bei der Herstellung war.

Wenn d_2 und ψ (oder d_1 und ψ) festliegen, lassen sich die für die Herstellung notwendigen Abmessungen rechnen:

$$d_1 - d_2 = \psi \cdot d_2 = s$$

und daraus

$$d_1 = d_2 + s \quad (\text{oder} \ d_2 = d_1 - s).$$

Da die Abmessungen aber bei der Herstellung nicht genau eingehalten werden können, sind sie mit Toleranzangaben zu versehen. Diese richten sich nach Möglichkeit nach der ISA-Passungsauswahl (Einheitswelle DIN 7155, Einheitsbohrung DIN 7154). Zur ersten Übersicht kann Abb. 193, deren Eintragungen auf der Einheitswelle aufgebaut sind, herangezogen werden. In ihr sind auf der Abszisse die Wellendurchmesser, auf der Ordinate die relativen Lagerspiele und als Kurvenschar die zu den Lagerspielen gehörigen Passungen aufgetragen. Meist sind allerdings die dort empfohlenen Laufsitze für Gleitlager in zu weiten Grenzen veränderlich. Daher müssen die Toleranzangaben, meist aufbauend auf $H\,6$, $H\,7$, $h\,6$ oder $h\,7$, für das Gegenstück in Zahlen angegeben werden. Wie aus Abb. 193 ersichtlich, ist es nicht möglich, eine Spielpassung nach ISA für kleine Lagerdurchmesser ohne weiteres auf große Durchmesser zu übertragen; das Lagerspiel würde zu klein. (Die in den Passungstafeln angegebenen Werte folgen mathematischen Gesetzen, die nicht mit dem Betrieb des Gleitlagers zusammenhängen.)

Die Größt- und Kleinstabmessungen von Welle und Lager sind so auszuwählen, daß der als günstig erkannte Wert für ψ an der unteren Grenze liegt und die Spiele eher etwas zu groß als zu klein werden. Bei unerwarteter Erwärmung des Lagers ist dann noch genügend Sicherheit vorhanden, um das Lager vor Heißläufern oder Zerstörung durch Klemmen zu bewahren. Die durch die Bearbeitungstoleranz verursachte Abweichung darf etwa in den Grenzen von -10% und $+30\%$ des Lagerspieles streuen. Daraus folgt, daß das Lagerspiel etwa zwischen folgenden Grenzen

$$s_{\min} = 0{,}9 \cdot \psi \cdot d_2 \leqslant s \leqslant 1{,}3 \cdot \psi \cdot d_2 = s_{\max} \qquad\qquad (21\ \text{a})$$

liegen muß.

Mit diesen Werten $s_{\max}$ und $s_{\min}$ werden die Grenzen der Toleranzangaben in der Konstruktionszeichnung bestimmt.

Durch Verschleiß im Betrieb wird das Lagerspiel vergrößert. Etwa 30% des größten rechnerischen Lagerspieles können im allgemeinen noch als zulässige Vergrößerung angesehen werden, da bei normalem Betrieb der Vergrößerung des Lagerspieles eine Glättung der Laufflächen gegenübersteht. Bis zu dieser Grenze bleibt dadurch die gleiche Tragfähigkeit erhalten. Die Verschleißgrenze für Lager kann also angenommen werden, wenn

$$s_{\text{vorh}} > 1{,}3 \cdot s_{\max}.$$

Besteht die Möglichkeit, neben der Rechnung das richtige Lagerspiel durch Versuche zu überprüfen, so wird unter sonst gleichen Bedingungen das Lagerspiel so lange verkleinert, bis auch die entlastete Lagerhälfte Laufspuren zeigt. Eine geringe Vergrößerung bringt dann den richtigen Wert.

Gelingt es nicht, durch Vergrößerung des Lagerspieles oder Verringerung der Schmierölviskosität eine hochtourig drehende Welle im Gebiet des stabilen Laufes zu betreiben, oder werden besondere Anforderungen an das Lager gestellt, wie genauer und ruhiger Lauf (z. B. bei Werkzeugmaschinenspindeln oder Turbinenwellen), so fallen die für kreiszylindrische Lager erforderlichen Lagerspiele zu groß aus und es müssen Mehrflächengleitlager verwendet werden. Bei sinngemäßer Anwendung der Krümmungsangaben der einzelnen Laufflächen und Berücksichtigung der auftretenden inneren Kräfte können auch dafür die Werte der Abb. 192 für das relative Lagerspiel ψ herangezogen werden. Bei Lagern mit pendelnder Bewegung (Kipphebellager, Kolbenbolzenlager usw.) ist das Lagerspiel sehr klein. Große Erwärmung durch innere Reibung ist bei solchen Lagern meist nicht zu befürchten, da Wege und Geschwindigkeiten klein sind. Die relativen Spiele betragen bei konstanter Lastrichtung etwa 0,3 bis 0,4$^0/_{00}$ und bei wechselnder etwa 0,6$^0/_{00}$ des Lagerdurchmessers bei Betriebstemperatur. Je weniger die Belastung ihre Richtung wechselt, um so kleiner ist das Spiel.

Wellen hochtouriger Gebläseräder (8000 bis 20 000 min^{-1}) haben etwa $2,5 \cdot 10^{-3}$ als relatives Lagerspiel. Die radiale Belastung entsteht hier nur durch den Zahndruck des Antriebes und durch die Unwucht des Gebläserades. Im Beispiel nach Abb. 139 laufen die Lager der einen Hälfte der Flüssigkeitskupplung und des Antriebsritzels auf der angetriebenen Welle. Hier ist die relative Drehzahl im Betrieb sehr klein (etwa 3 bis 5% der Betriebsdrehzahl, bedingt durch den Schlupf der Kupplung), während sie beim Anlauf ganz kurze Zeit die volle Größe hat. Vorteilhaft ist es hier, das Spiel dem Dauerzustand anzupassen ($\psi = 0,8$ bis $1,1 \cdot 10^{-3}$).

Bei schwimmenden Büchsen für Lager mit sehr schnell drehenden Wellen werden meist Vollbüchsen aus Bleibronze oder Aluminiumlegierungen eingesetzt. Hier sind die relativen Lagerspiele außen etwa 0,35 bis 1,7$^0/_{00}$ und innen 0,25 bis 2,0$^0/_{00}$ des Wellendurchmessers je nach Belastung und Drehzahl. Die Ermittlung des Lagerspieles kann wie bei normalen Lagern erfolgen. Die Drehzahl wird für jede Gleitflächenpaarung halb angenommen, und auf die Wärmedehnung der Büchse ist besonders zu achten.

6. Kleinste (absolute) Schmierfilmdicke

Die kleinste Schmierfilmdicke h_0 ist die am schwierigsten zu bestimmende Größe.

Wenn die Gleitgeschwindigkeit, die Belastung und das relative Lagerspiel gegeben sind, wird durch sie die Auswahl des Schmierstoffes beeinflußt. Je dünnflüssiger dieser ist, um so kleiner ist h_0. Bei gegebenem Schmierstoff jedoch hängt h_0 von der Lagertemperatur ab und schwankt entsprechend der Belastung und Gleitgeschwindigkeit etwa zwischen

$$0,0002 \leqslant h_0 \leqslant 0,0100 \text{ cm } (2 \text{ und } 100\,\mu) \text{ (bei normalem Motorschmieröl)}.$$

Je kleiner h_0, um so größer ist die Tragfähigkeit, um so größer ist aber auch die Gefahr einer auftretenden Festkörperberührung der Gleitflächen. Da die Tragfähigkeit mit kleiner werdendem Schmierspalt steigt, stellt sich bei jeder Belastungsänderung ein Gleichgewicht zwischen Schmierfilmdruck und äußerer Belastung ein. Je größer die Oberflächenrauheiten sind, um so größer muß auch h_0 sein. Die untere Grenze ist dadurch gegeben, daß h_0 über die ganze Gleitbreite gleich oder größer als die Summe der Oberflächenrauheiten der beiden Gleitflächen sein soll:

$$h_0 \geqslant R_1 + R_2.$$

Eine innerhalb der Gleitflächen sich auswirkende Deformation aus einer Verkantung oder Durchbiegung ist zu berücksichtigen. Die Verformung der Welle kann im allgemeinen berechnet werden, während die des Lagers sich nur schätzen läßt. (Abgesehen davon sollte ein Lager so gebaut sein, daß keine wesentlichen Verkantungen auftreten können!) Im allgemeinen genügt es daher,

$$h_0 \geqslant (1,0 \text{ bis } 3,0) \cdot (R_1 + R_2)$$

zu wählen. R_1 und R_2 sind hiebei gegebenenfalls die Rauhtiefen im eingelaufenen Zustand.

Auch zwischen schon ineinander greifenden Oberflächenunebenheiten ist noch immer ein schmierfähiger Film vorhanden. Es wird jedoch bei solchen Annäherungen nicht ausbleiben, daß ab und zu Spitzen der einen Fläche die Spitzen der anderen Fläche berühren. Erst wenn h_0 größer als die Summe der Oberflächenrauheiten ist, so können sich die Berge niemals berühren. Die hydrodynamisch wirksame Spalthöhe ist jedoch kleiner als das definitionsgemäß gewählte h_0, weil die tiefsten Stellen der Täler nicht mehr in den Strömungsvorgang einbezogen werden können.

Die Größe der Oberflächenrauheiten (R_1, R_2) hängt von der Bearbeitung ab (s. S. 102). Vom wirtschaftlichen Standpunkt aus betrachtet, wird hier der Größe von h_0 durch den höheren Preis bei feinerer Bearbeitung eine untere Grenze gesetzt. h_0 darf aber anderseits auch nicht zu groß sein, weil sonst die Wellenbewegung instabil wird. Das heißt, der Wellendrehung überlagert sich eine unerwünschte kreisende oder pendelnde Bewegung der Wellenachse im Lager: Der Vorgang im Schmierspalt und die Lage der Welle sind nämlich bedingt durch die äußere Belastung und die inneren Schmierfilmdrücke. Die letzteren sind dabei hauptsächlich gegeben durch die Zähigkeit des Schmierstoffes.

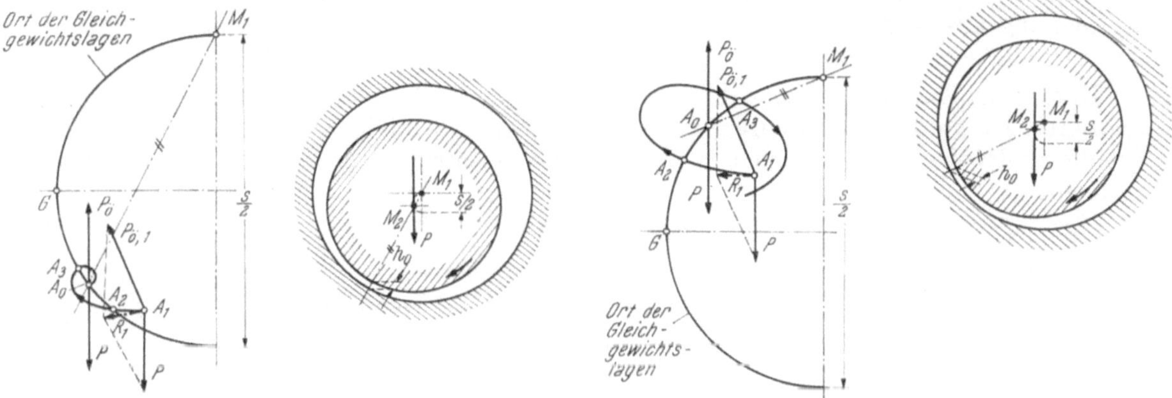

Abb. 194. Bewegung der Wellenachse im stabilen Bereich nach Auslenkung aus ihrer Gleichgewichtslage A_0 (Lagen von M_2: A_0, A_1, A_2, A_3)

Abb. 195. Bewegung der Wellenachse im labilen Bereich nach Auslenkung aus ihrer Gleichgewichtslage A_0 (Lagen von M_2: A_0, A_1, A_2, A_3)

Die Trägheitskräfte sind demgegenüber vernachlässigbar klein. Erst bei sehr hohen Drehzahlen macht sich ihr Einfluß geringfügig bemerkbar. In verschiedenen Versuchen und Berechnungen wurde nachgewiesen, daß der Ort aller Gleichgewichtslagen der Wellenachsen M_2 (Abb. 123), etwa ein Halbkreis ist [79, 84 und 96]. Der Durchmesser dieses dem Gümbelschen angenäherten Halbkreises ist gleich der halben Durchmesserdifferenz von Welle und Lager: $s/2$. Wenn sich nun die Wellenachse auf dieser Kurve unterhalb des Punktes G befindet (in G ist die Tangente an den Halbkreis parallel zur Kraftrichtung, Abb. 194), so wird sie bei einer Störung immer wieder in diese Gleichgewichtslage zurückkehren. In der Lage A_0 sind die äußere Belastung P und die Reaktionskraft P_0 genau gleich groß und entgegengesetzt gerichtet. Wird durch einen äußeren Anlaß die Wellenachse z. B. in die Lage A_1 verschoben, so wirken die Kräfte P und $P_{0,1}$ auf sie und ergeben, da sie nicht entgegengesetzt gerichtet sind, eine resultierende Kraft R_1, die von Null verschieden ist und die die Wellenachse von A_1 auf der eingezeichneten Bahn bewegt. Beim Durchgang durch den Punkt A_2 (den Schnittpunkt mit dem Halbkreis) sind wieder P und $P_{0,2}$ entgegengesetzt gerichtet, so daß auf die Welle außer der Massenträgheit und der Differenz $P_{0,2} - P$ keine weitere Kraft einwirkt. Durch ihre Trägheit wird die Welle nun über diese Lage hinauspendeln, wodurch eine nach rechts wirkende Kraft entsteht, die die Welle zum Punkt A_3 bewegt. Dieser Vorgang wiederholt sich so lange, bis durch die dämpfende Wirkung der der Bewegung jeweils entgegenwirkenden Resultierenden aus äußeren und inneren Kräften die Welle ihre alte Gleichgewichtslage A_0 erreicht hat. Dieser Teil der Kurve kann deshalb auch als Gebiet des stabilen Gleichgewichtes bezeichnet werden (bei kleiner oder mittlerer Drehzahl und nicht zu kleiner Belastung).

Bei sehr hoher Drehzahl und kleiner Belastung liegt die Gleichgewichtslage für die Wellenachse im oberen Teil des Halbkreises (Abb. 195). Bei einer Störung durch Auslenkung der Wellenachse von A_0 nach A_1 wirkt auch hier eine resultierende Kraft, die die Achse in die alte Lage bringen möchte, in waagrechter Richtung *über* die A_0-Lage nach links hinaus. Sie verschwindet erst wieder, wenn die Achse die Gleichgewichtslage in A_2 erreicht hat. Derselbe Vorgang spielt sich beim Zurückpendeln ab. Dadurch wird die Bewegung der Wellenachse im Gegensatz zum ersten Fall aufgeschaukelt, wobei erst das Anschlagen der Welle an die Lageroberfläche diese Bewegung begrenzt. Deshalb wird der obere Teil dieser Kurve der Gleichgewichtslagen als instabil bezeichnet. Dadurch ist auch bestätigt, daß der Berührungspunkt G der zur Kraft parallelen Tangente an den Halbkreis die Grenze zwischen stabilen und labilen Lagen der Wellenachse ist. Befindet sie sich nämlich unterhalb des Punktes G, so wird sie, aus dem Gleichgewicht gebracht, bald ihre stabile Lage wieder erreichen, während eine Auslenkung aus dem oberen Ast des Halbkreises Schwingungen anregt, die die Welle an die Lageroberfläche anstoßen lassen, wodurch das Lager zerstört werden kann.

Unter der Annahme, daß der Ort der Gleichgewichtslagen tatsächlich genau ein Halbkreis ist und G die Grenze zwischen stabilem und labilem Bereich, läßt sich die größte Spaltweite h_0 für stabilen Betrieb aus den geometrischen Zusammenhängen berechnen:

$$h_{0\,\mathrm{max}} = \psi \cdot d/7. \tag{22}$$

Der Bereich für die Wahl von h_0 ist also einerseits durch die Bearbeitungsmöglichkeit und anderseits durch die Forderung nach stabilem Lauf begrenzt [32, 54, 88, 95]:

$$R_1 + R_2 \leqslant h_0 \leqslant \psi \cdot d/7.$$

7. Relative Schmierfilmdicke

Aus den Werten d, ψ und h_0 läßt sich die relative Schmierfilmdicke δ, eine dimensionslose Größe, die zur Bestimmung weiterer Kennwerte des Lagers dient, errechnen:

$$\delta = 2 \cdot h_0/(\psi \cdot d_2). \tag{23}$$

Sie ist das Verhältnis der absoluten Schmierfilmdicke zum Radienunterschied von Welle und Lager. δ liegt für betriebssichere Lager etwa zwischen den Grenzen 0,01 und 0,30.

Alle weiteren Kennzahlen, wie die Lagerkennzahl So, die Schmieröldurchflußgröße ξ und die Reibungskennzahl μ/ψ lassen sich als Funktionen von b/d_2 und δ in Kurvenscharen darstellen:

$$So \;= f_1(b/d_2, \delta),$$
$$\xi \;= f_2(b/d_2, \delta) \qquad \text{und}$$
$$\mu/\psi = f_3(b/d_2, \delta).$$

8. Lagerkennzahl (Sommerfeldzahl, Tragzahl)

$$So = \frac{\bar{p} \cdot \psi^2}{\eta \cdot |\omega_{\mathrm{re}}|} \tag{24}$$

Entsprechend der hydrodynamischen Theorie ist „So" die dimensionslose Kenngröße für die Beanspruchung eines Lagers. Sie ist unabhängig von der Drehrichtung, das heißt vom Vorzeichen von ω_{re}. Aus So sieht man den funktionsmäßigen Zusammenhang zwischen den einzelnen Größen. Bemerkenswert ist, daß das relative Lagerspiel mit seinem Quadrat in die Lagerkennzahl eingeht. Für geometrisch ähnliche Zapfenlagen ist der Ausdruck So immer gleich. Geometrisch ähnliche Zapfenlagen sind aber durch gleiche Werte b/d_2 und δ gekennzeichnet, so daß

$$So = f_1(b/d_2, \delta)$$

wird. Die Lösung dieser Funktion führt auf die Grundgleichung für die Strömung zäher Flüssigkeiten. Dies ergibt eine sehr komplizierte Berechnung, deren Ergebnis graphisch einfach dargestellt werden kann (Abb. 196).

Lager, deren Kennzahlen zwischen 1 und 15 liegen, laufen im Gebiet der Flüssigkeitsreibung und sind stabil. Lager mit $So < 1$ werden Führungslager genannt. Ihre spezifische Belastung ist gering und die Drehzahl groß. Es besteht hierbei die Gefahr eines unruhigen und instabilen Laufes der Welle im Lager. Besonders bei halbumschlossenen Lagern ist kein sicherer Betrieb zu erwarten (s. voriger Abschnitt). Durch Verändern der Schmierölzähigkeit oder Erhöhung der spezifischen Lagerbelastung (durch schmälere oder Mehrflächengleitlager) kann das labile Gebiet vermieden werden (s. S. 119). Bei einer Lagerkennzahl, die größer als 15 ist, kann bereits Festkörperberührung eintreten. Mit bester Oberflächengüte wurden bisher Werte $So \cong 30$ erreicht, bei denen noch einwandfreie hydrodynamische Schmierung vorhanden war. Dies dürfte derzeit praktisch die Grenze darstellen.

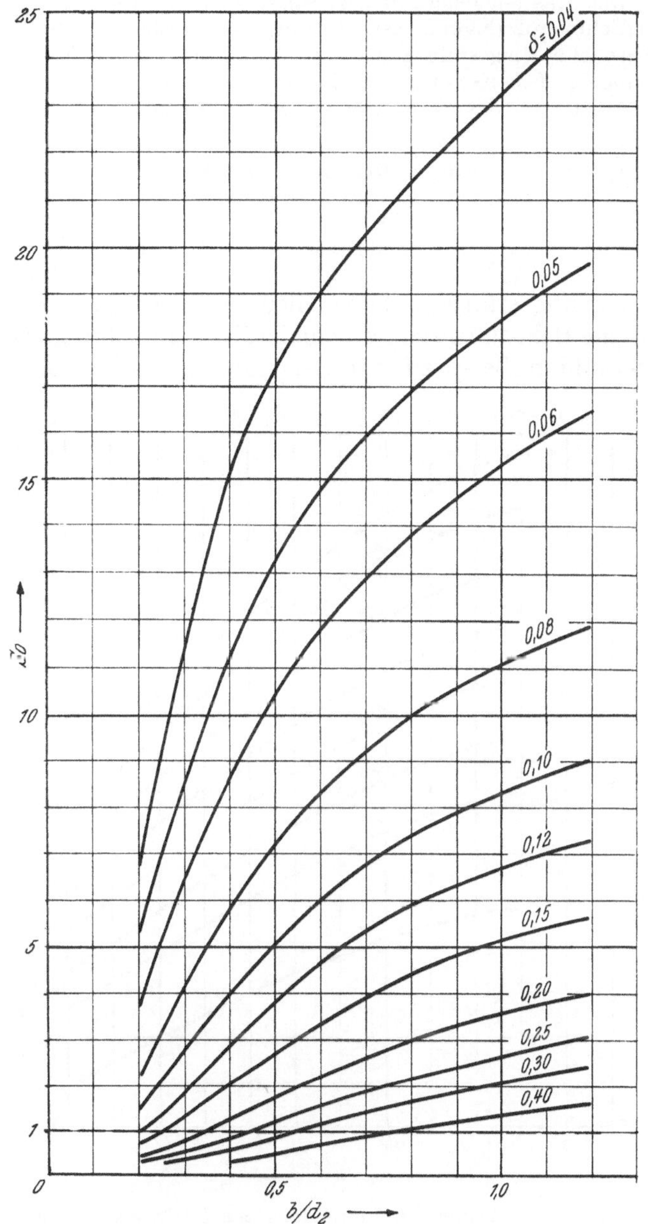

Abb. 196. Lagerkennzahl $So = f_1(b/d_2, \delta)$

Aus der Lagerkennzahl läßt sich, sofern vier Werte bekannt sind, jeweils die fehlende Größe rechnen: bei gegebenen d, b, $\bar p$ und ω ergibt sich nach Bestimmung von ψ und δ die Ölzähigkeit η. Oder es läßt sich bei gegebenem $\bar p$, η, ω und ψ So ausrechnen, δ bestimmen und dann die kleinste Schmierfilmdicke h_0 festlegen.

9. Schmierölzähigkeit (Viskosität)

Die Bemessung des schmierölgefüllten Keilspaltes oder Schmierfilmes und damit des Lagers erfolgt so, als ob bei Betrieb im Schmierspalt konstante Zähigkeit herrschen würde. Diese Zähigkeit kann aus der Forderung einer Mindestschmierfilmdicke bei bekannter Belastung und Drehzahl ermittelt werden. Welche Temperatur dabei im Lager herrscht, ist zunächst unwichtig.

Das Maschinenelement „Keilspalt", das die Last zu übertragen hat, liegt nach der Bestimmung der Schmierölzähigkeit fest. Bekannt sind bisher die Werkstoffe der Gleitflächen, deren Härte und Oberflächenfeingestalt, sowie die Schmiegungsverhältnisse und die Abstände der Gleitflächen voneinander. Die Kenntnis der Betriebstemperatur (mittlere Temperatur im Lagerspalt) ist aber erforderlich, um das Schmieröl auswählen zu können.

Die *dynamische* Zähigkeit η bei Betriebstemperatur geht aus (24) hervor:

$$\eta = \frac{\bar{p} \cdot \psi^2}{So \cdot |\omega_{\mathrm{re}}|} \, . \tag{24 a}$$

Danach erfordern hohe Gleitgeschwindigkeiten, enges Lagerspiel und niedrige spezifische Belastung *dünnes* Schmieröl — und geringe Gleitgeschwindigkeiten, großes Lagerspiel und große spezifische Belastung *dickes* Öl. Da der Temperaturanstieg der einzelnen Lager in einer Maschine und damit die mittlere Lagertemperatur verschieden sein können, werden auch hier Unterschiede in der Viskosität auftreten. Durch Steuerung der Schmierölmenge für die einzelnen Lager kann jedoch ein gewisser Ausgleich geschaffen werden. Ebenso ergeben Änderungen des Lagerspieles und der Schmierfilmdicke eine Anpassungsmöglichkeit.

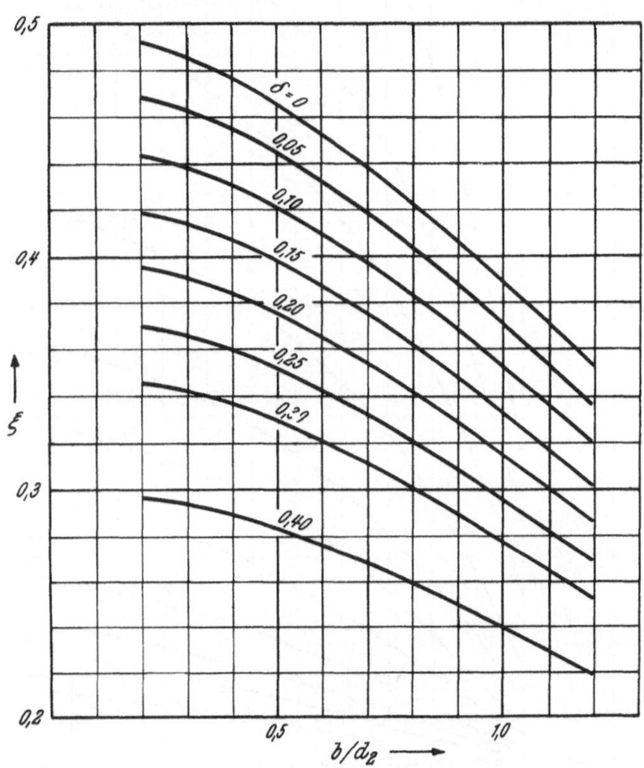

Abb. 197. Schmierstoffdurchflußgröße $\xi = f_2(b/d_2, \delta)$ [60]

10. Schmierstoffdurchflußgröße, Durchflußmenge

Für die Schmieröldurchflußmenge wurde die sogenannte Durchflußgröße oder relative Schmierstoffmenge ξ als dimensionslose Größe gefunden:

$$\xi = \frac{2 \cdot q}{d_2 \cdot |\omega_{\mathrm{re}}| \cdot \psi} \, . \tag{25}$$

In ihr ist

$$q = Q/(d \cdot b)$$

der je Sekunde durch das Lager fließende Schmierstoff, bezogen auf die Flächeneinheit des Lagergrundrisses. Die Größe von ξ ist wieder eine Funktion von b/d_2 und δ:

$$\xi = f_2(b/d_2, \delta).$$

Sie ist in Abb. 197 als Kurvenschar mit dem Parameter δ dargestellt.

$$\xi = 0,2 \text{ bis } 0,5.$$

Damit läßt sich aus Gl. (25) der für das Lager erforderliche Ölstrom rechnen:

$$Q = 0,5 \cdot d_2{}^2 \cdot b \cdot |\omega_{\mathrm{re}}| \cdot \psi \cdot \xi. \tag{26}$$

Es ist die Mindestmenge zur Schmierung des Lagers bei Flüssigkeitsreibung. Zur überschlägigen Berechnung kann der Mittelwert $\xi = 0{,}4$ angenommen werden. Dann beträgt

$$Q = 0{,}2 \cdot d^3 \cdot |\omega_{\mathrm{re}}| \cdot \psi \qquad \mathrm{cm^3\,s^{-1}}. \tag{26 a}$$

Dabei ist vorausgesetzt $b/d = 1$.

11. Reibungszahl, Reibungskennzahl

Von den drei Reibungszuständen — Festkörper-, Misch- und Flüssigkeitsreibung — interessiert in der Berechnung nur der letzte. Dieser allein muß bei Betrieb eines Gleitlagers vorhanden sein, damit die Gleitflächen nicht verschleißen. Die hydrodynamische Schmiertheorie liefert für die Reibungskennzahl μ/ψ einen funktionsmäßigen Zusammenhang mit dem Breitenverhältnis b/d_2 und der relativen Schmierfilmdicke δ:

$$\mu/\psi = f_3(b/d_2, \delta)$$
(Abb. 198),

$$\mu/\psi \cong 0{,}5 \text{ bis } 20{,}0.$$

Für $So < 1$ ist

$$\mu/\psi = \pi/So.$$

Für $So \geqq 1$ gilt

$$\mu/\psi = \pi/\sqrt{So}$$

(beide Werte gelten für das ganz umschließende Lager).

Aus der letzten Formel ist zu sehen, daß die Reibungszahl μ vom Lagerspiel unabhängig ist, wenn spezifisch hochbelastete Lager mit geringen oder mittleren Drehzahlen laufen.

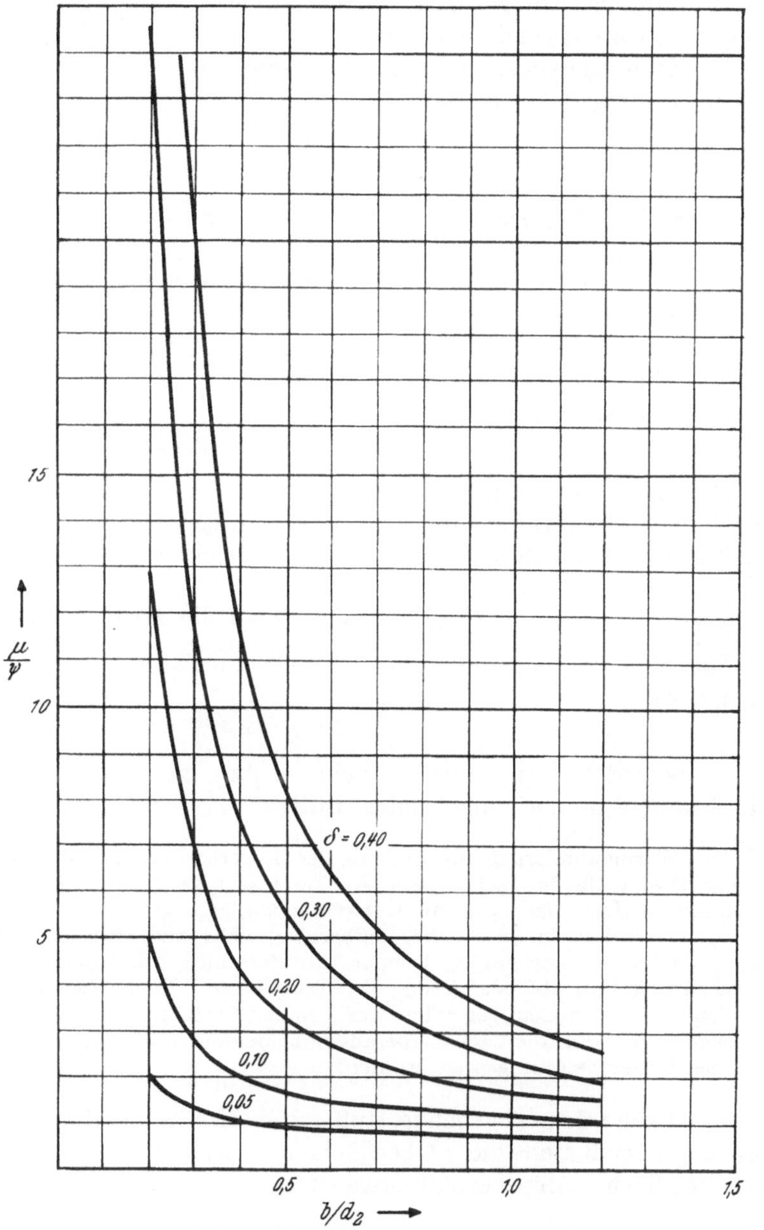

Die Reibungszahl und damit die Verlustleistung eines Lagers werden mit steigender Drehzahl und Viskosität größer. Deshalb ist es für den mechanischen Wirkungsgrad einer Maschine günstig, möglichst dünnflüssige Schmieröle zu verwenden. Die Größe der Flüssigkeitsreibung liegt bei Werten von

$$\mu = 0{,}001 \text{ bis } 0{,}006;$$

Abb. 198. Reibungskennzahl $\mu/\psi = f_3(b/d_2, \delta)$ für das unverkantete, vollumschlossene Lager [79]

sie kann bei gering belasteten Lagern noch wesentlich höher sein (bei $So < 1$).

Im allgemeinen ist es nicht erforderlich, ein Lager für geringste Reibungsleistung auszulegen. Entsprechend der Stribeck-Kurve (Abb. 19) kann bei einer geringfügigen Änderung der Verhältnisse der Arbeitsbereich in den steil ansteigenden Ast der gemischten Reibung übergehen. Sicherer ist es, in einem Bereich rechts des Minimums zu arbeiten. Der Reibungsanstieg ist dabei nicht wesentlich. Eine geringfügige Änderung der Drehzahl bringt nur eine geringe Änderung der Reibungszahl, ohne das Lager zu gefährden [39, 79, 89, 96].

12. Lagertemperatur, Schmieröleintrittstemperatur in das Lager

Mechanische Energie ist einfacher zu verwerten als Wärme. Daher sollten die Lager möglichst *ohne* besondere Kühlung durch entsprechende Auslegung allein kühl bleiben.

Im Schmierspalt entsteht durch Reibung Wärme. Sie entspricht der Reibungs- oder Verlustleistung des Lagers:

$$N_r = \mu \cdot P \cdot u,$$
$$N_r = 0{,}5 \cdot \mu \cdot \bar{p} \cdot b \cdot d^2 \cdot |\omega_{\mathrm{re}}|. \tag{27}$$

Nach dem Inbetriebsetzen steigt die Temperatur so lange, bis sich der Gleichgewichtszustand einstellt. In diesem Zustand ist die Summe der im Lager entwickelten (N_r) und der aus der Umgebung (z. B. von einem nebenliegenden Lager) zugeführten Wärmemenge (W_a) gerade so groß wie die abgeführte. Die Wärmeabfuhr erfolgt durch Leitung, Konvektion und Strahlung vom Lagerkörper über das Gehäuse an die umgebende Luft (Luftkühlung W_1) und durch das vom Lager abfließende Schmieröl (Durchfluß- oder Zusatzkühlung W_∂):

$$N_r + W_a = W_1 + W_\partial. \tag{28}$$

Da das Aufheizen durch andere Maschinenteile (W_a) schwer zu erfassen ist, wird bei zusätzlicher Erwärmung des Lagers von außen die gesamte Abfuhr der im Lager entwickelten Wärme durch das Schmieröl gerechnet.

a) Wärmeabgabe an die umgebende Luft

Die über das Gehäuse und die Welle an die umgebende Luft abfließende Wärmemenge ist

$$W_1 \cong \alpha \cdot A (\vartheta - \vartheta_1). \tag{29}$$

Darin bedeutet ϑ die mittlere Schmierfilm- oder Lagergleitflächentemperatur und ϑ_1 die Temperatur der umgebenden Luft.

Die Wärmewanderung im Inneren des Lagerkörpers läßt sich zwar erfassen, wird aber hier vernachlässigt, da der rechnerische Aufwand sehr groß ist. Für den Transport der Wärme vom Schmierfilm (Lagerfläche) an die Gehäuseaußenfläche genügt nämlich ein kleiner Temperaturabfall. Dagegen erfordert der große Wärmeübergangswiderstand zwischen Außenfläche und Umgebung in fast allen Fällen einen großen Temperaturunterschied, damit die entwickelte Wärme in genügender Menge an die Luft abfließen kann. Die Temperaturdifferenz zwischen Schmierfilm und Außenfläche des Lagers ist also klein gegenüber der Temperaturdifferenz zwischen der Außenfläche und der umgebenden Luft. Für die Lagerkörperaußenflächentemperatur kann daher näherungsweise die mittlere Schmierfilmtemperatur gesetzt werden.

A ist die wärmeabgebende, äußere Oberfläche des Lagerkörpers und der Welle. Erfahrungsgemäß steht diese Oberfläche in einem nahezu konstanten Verhältnis zur Lagergrundrißfläche. Sie beträgt etwa [96]

$$A \cong (15 \text{ bis } 25) \cdot b \cdot d.$$

Die kleinen Werte gelten für Lagerkörper, die, durch Rippen und schmale Stege bedingt, lange Wärmeleitwege bis zur abstrahlenden Oberfläche haben; die großen Werte für gedrängt gebaute Lagergehäuse, deren Kühlfläche möglichst nahe der Heizfläche (also der Lagerfläche) liegt. Satt aufliegende, reichliche Paßflächen bieten dem Wärmeübergang fast keinen Widerstand. Sofern es also schwierig ist, die Lageroberfläche zu rechnen oder zu schätzen, kann der obige Wert auch für Lager im Maschinenverband verwendet werden.

In der Wärmeübergangszahl α sind alle drei Komponenten der Wärmeübertragung — Leitung, Konvektion und Strahlung — zusammengefaßt.

$$\alpha = 0,007 + 0,0012 \sqrt{w} \ \text{cm kp cm}^{-2} \text{s}^{-1} \ {}^\circ\text{C}^{-1} \ [96].$$

Damit läßt sich die Lagergleitflächentemperatur rechnen und der geringe Temperatursprung zur Schmierschicht eventuell durch einen Zuschlag berücksichtigen. Meist kann er vernachlässigt werden. Diese Vereinfachung ist durchaus gerechtfertigt, so lange für die Wärmeübergangszahl keine genauen Werte bekannt sind. (w ist die Luftströmgeschwindigkeit.)

Unter der Annahme der Außentemperatur

$$\vartheta_1 = -20 \text{ bis } +40^\circ \text{C}$$

läßt sich aus Gl. (28) und (29) und unter Vernachlässigung von W_a und $W_ö$ die vorhandene Gleitflächentemperatur rechnen. Diese sollte nicht über 40 bis 120° C je nach Lager- und Maschinenbauart und verwendetem Schmierstoff ansteigen:

$$\vartheta = \frac{N_r}{\alpha \cdot A} \ \Big| \ \vartheta_1 \leqslant 40 \text{ bis } 120^\circ \text{C}.$$

b) Wärmeabgabe an das Schmieröl

Zeigt die Rechnung aber, daß bei den vorgegebenen Temperaturverhältnissen die über das Gehäuse abgeleitete Wärmemenge geringer ist als die erzeugte, das heißt also, daß ϑ über den zulässigen Wert ansteigt, so muß der Rest der Wärme durch das Umlauföl (und zwar durch eine größere Menge, als zur Schmierung gebraucht wird) abgeführt werden. Dafür ergibt sich zunächst aus den gegebenen und angenommenen Temperaturen ϑ und ϑ_1 die über das Gehäuse abführbare Wärmemenge W_1 nach (29). Durch das Schmieröl muß noch die restliche Wärmemenge

$$W_ö = N_r - W_1$$

abgeführt werden:

$$W_ö = c_v \cdot Q \cdot (\vartheta - \vartheta_e). \tag{30}$$

Sie äußert sich in einem Temperaturanstieg $\vartheta_a - \vartheta_e$ der Ölmenge Q zwischen Ein- und Austritt aus dem Lager. Hierbei ist die mittlere Gleitflächentemperatur ϑ etwa der Schmierölaustrittstemperatur aus dem Schmierspalt gleichgesetzt: $\vartheta = \vartheta_a$. Diese Annahme bringt eine geringe Ungenauigkeit in die Rechnung, die aber in der Praxis vernachlässigbar ist. Der Rechnungsgang wird durch diese Annahme wesentlich vereinfacht.

Bei Umlaufschmierung wird diese Wärmemenge $W_ö$ dem Öl durch einen Kühler entzogen, so daß dem Lager immer nur Schmierstoff der gleichen Temperatur zufließt. Je nach Lagerbauart und Ausführung des Kühlers wird sie zwischen den Werten

$$\vartheta_e = 40 \text{ bis } 90^\circ \text{C}$$

liegen. Die Austrittstemperatur des Öles sollte dann nicht über 120° C ansteigen. Je höher sie ist, um so schneller altert das Öl (c_v s. S. 36).

Aus (28) und (30) läßt sich die erforderliche Kühlölmenge rechnen:

$$Q_ö = \frac{N_r - W_1}{c_v \cdot (\vartheta - \vartheta_e)}.$$

Nach Einsetzen aller Größen und unter der Annahme $\vartheta = \vartheta_a$ ergibt sich die erforderliche Schmier- und Kühlölmenge

$$Q_ö = \frac{0,5 \cdot \mu \cdot \bar{p} \cdot |\omega| \cdot d^2 \cdot b - \alpha \cdot A \cdot (\vartheta - \vartheta_1)}{c_v \cdot (\vartheta - \vartheta_e)}. \tag{31}$$

Je nachdem, ob die nach (26) berechnete Schmierölmenge oder die für die Kühlung erforderliche größer ist, wird der eine oder andere Wert für die Ölversorgung des Lagers verwendet.

Beträgt die über das Gehäuse abgeführte Wärmemenge W_1 weniger als etwa 25% der Reibungsleistung, so kann sie in der weiteren Rechnung vernachlässigt werden. Sie wird dann als zusätzliche Sicherheit angesehen. Dieser Fall tritt ein bei den meisten Lagern mit Druckölumlaufschmierung, deren Gleitgeschwindigkeit über etwa 200 cm s^{-1} liegt, bei Lagern mit zusätzlicher Kühlung oder bei Lagern, die durch benachbarte Maschinenteile erwärmt werden; also praktisch bei allen Lagern im Verbrennungskraftmaschinenbau!

Da bei Kühlung des Lagers durch das Schmieröl die abzuführende Wärme gegeben ist durch Gl. (27), läßt sich mit (30) der Temperaturanstieg im Schmierspalt errechnen:

$$(\vartheta - \vartheta_e) = \frac{N_r}{c_v \cdot Q},$$

$$(\vartheta - \vartheta_e) = \frac{\mu \cdot \bar{p} \cdot |\omega| \cdot b \cdot d^2}{2 \cdot c_v \cdot Q}. \tag{32}$$

Darin ist Q die nach Gl. (26) berechnete Schmierölmenge. Erreicht dieser Temperaturanstieg Werte, die über etwa 20° C hinausgehen, dann muß die Ölmenge erhöht werden. (Handelt es sich aber um einzelne Lager in einem größeren Schmierölkreislauf, so können dafür auch höhere Temperaturanstiege zugelassen werden. Es soll nur die mittlere Erwärmung des gesamten Schmieröles nicht den vorgenannten Betrag übersteigen.) Die erforderliche Schmierölmenge läßt sich dann aus (32) rechnen:

$$Q = \frac{\mu \cdot \bar{p} \cdot |\omega_{\mathrm{re}}| \cdot b \cdot d^2}{2 \cdot c_v \cdot (\vartheta - \vartheta_e)} \tag{33}$$

Diese Schmierölmenge ist größer als die nach (26) ermittelte. Wird für $c_v = 17{,}1$ cm kp cm^{-3} °C^{-1} und für $\vartheta - \vartheta_e = 10$° C als Mittelwert eingesetzt, so ergibt sich die erforderliche Schmierölmenge (oder Kühlmenge)

$$Q = \frac{\mu \cdot \bar{p} \cdot |\omega_{\mathrm{re}}| \cdot b \cdot d^2}{342} \tag{33 a}$$

Nach Annahme der Eintrittstemperatur ϑ_e, die von der Kühlmöglichkeit abhängt, liegt die Austrittstemperatur ϑ fest. Bei dieser Temperatur muß die auf S. 149 berechnete Schmierölzähigkeit vorhanden sein.

Manchmal ist es günstig, durch Wahl eines Öles mit größerer Zähigkeit als der berechneten eine größere Sicherheit beim Anlauf anzustreben und dafür etwas höhere Betriebstemperaturen in Kauf zu nehmen, als bei niedrigen Temperaturen zu arbeiten und dafür durch dünnere Öle eher in das Gebiet der Mischreibung bei An- und Auslauf zu gelangen. Trotzdem geht die Entwicklung zu immer dünneren Ölen hin [45, 81, 89, 96].

III. Größen und Kennzahlen für den Verdrängungsdruckaufbau in Radiallagern

In Lagern, bei denen sich die relative Schmierfilmdicke δ mit der Zeit ändert, das heißt, bei denen die Welle im Lager eine radiale Bewegung, der Drehung überlagert, ausführt, baut sich ein zusätzlicher Verdrängungsdruck in der Flüssigkeitsschicht auf (s. auch S. 10). Sind Last- und Bewegungsverhältnisse veränderlich, so ist dies immer der Fall.

Unter den gleichen Voraussetzungen, die für die Grundgleichung der hydrodynamischen Theorie der Schmiermittelreibung aufgestellt wurden, läßt sich die Ausbildung des Verdrängungsdruckes in Lagern berechnen [39, 48, 52]. Es ergibt sich dabei eine Verdrängungskennzahl So_v, die der Kennzahl des Radiallagers ähnlich ist. Auch sie ist vom Breitenverhältnis und der relativen Schmierschichtdicke δ abhängig.

Ein Druckaufbau durch Verdrängung kann nur entstehen, wenn sich die beiden Gleitflächen zueinander bewegen. Daher ist die Richtung des Verdrängungsdruckes gegeben durch die Verbindung der Mittelpunkte von Lager M_1 und Welle M_2. Diese Wirkungs-

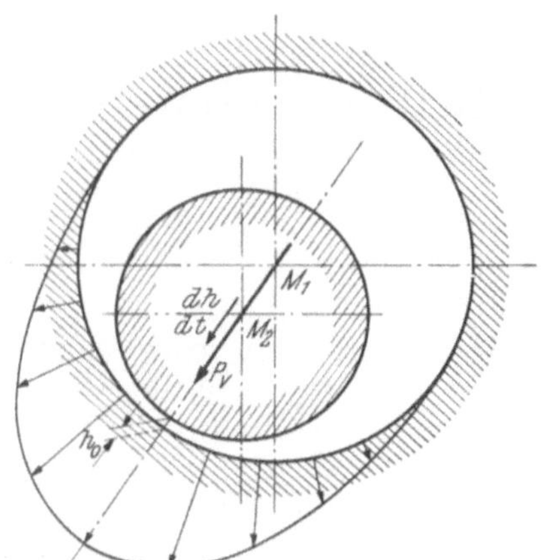

Abb. 199. Verdrängungsdruckaufbau

linie geht daher auch durch die Stelle der kleinsten Schmierfilmdicke h_0 (Abb. 199).

1. Mittlere Lagerbelastung

$$\bar{p}_v = P_v/(b \cdot d).$$

Die durch den Verdrängungsdruck sich ausbildende Schmieröldruckverteilung ist immer symmetrisch zur Wirkungslinie der Kraft P_v. Tritt ihre Wirkung gemeinsam mit einem hydrodynamischen Schmierfilmdruck P_d (aus der Drehung) auf, so überlagern sich die Wirkungen.

2. Kleinste Schmierfilmdicke

Bei Auftreten eines Verdrängungsdruckes ist die kleinste Schmierfilmdicke h_0 veränderlich. Je kleiner sie ist, um so kleiner wird die Annäherungsgeschwindigkeit.

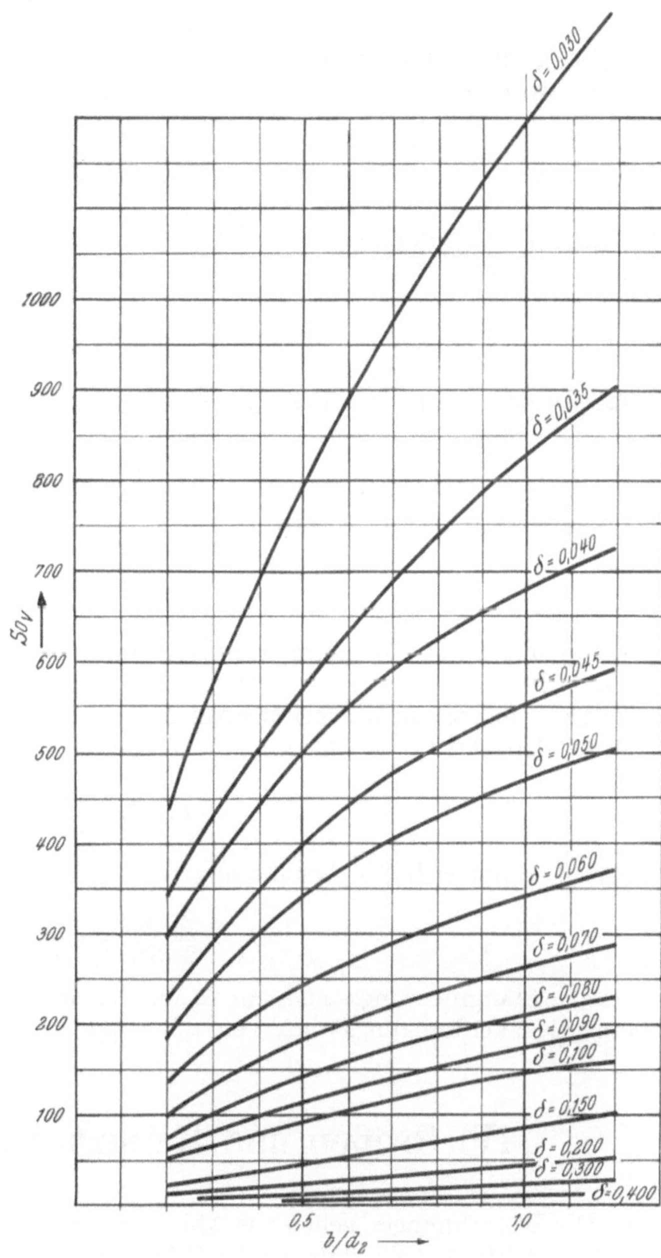

Abb. 200. Verdrängungskennzahl $So_v = f_5(b/d_2, \delta)$

3. Verdrängungskennzahl

$$So_v = \frac{\bar{p}_v \cdot \psi^2}{\eta \cdot \dot{\delta}}, \tag{34}$$

worin

$$\dot{\delta} = d\delta/dt$$

die Änderung der relativen Schmierspaltdicke mit der Zeit unter dem Einfluß der mittleren Lagerbelastung $\bar{p}$ darstellt. So_v ist die dimensionslose Kenngröße für den Druckaufbau eines Lagers unter dem Einfluß der Verdrängungswirkung. Sie ist eine Funktion von b/d und δ:

$$So_v = f_5(b/d, \delta) \quad \text{(Abb. 200)}.$$

Bei großen relativen Schmierfilmdicken (für $\delta \to 1 \equiv$ zentrische Lage von Welle und Lager) wird die Verdrängungskennzahl sehr klein.

4. Annäherungsgeschwindigkeit

Aus der Verdrängungskennzahl So_v läßt sich die Änderung der relativen Schmierfilmdicke rechnen:

$$\dot{\delta} = \frac{\bar{p}_v \cdot \psi^2}{So_v \cdot \eta} . \tag{34 a}$$

Da $\dot{\delta} = d\delta/dt$, wird mit (23) die Annäherungsgeschwindigkeit

$$dh/dt = \frac{\psi \cdot d}{2} \cdot \dot{\delta}$$

und nach Einsetzen von (34 a):

$$dh/dt = \frac{\bar{p}_v \cdot \psi^3 \cdot d}{2 \cdot So_v \cdot \eta} . \tag{35}$$

Zur Ermittlung der einzelnen Betriebswerte im Lager müssen endlich kleine Zeitabschnitte Δt bei der schrittweisen Berechnung der Bahn der Wellenachse verwendet werden. Je nach dem Schrittwinkel $\Delta\varphi$ und der Winkelgeschwindigkeit ω_2 ist der zugehörige Zeitschritt

$$\Delta t = \Delta\varphi \cdot \frac{\pi}{180} \cdot \frac{1}{\omega_2} .$$

Daraus ergibt sich die Annäherung oder Verkleinerung von h_0 mit

$$\Delta h_0 = \frac{\bar{p}_v \cdot \psi^3 \cdot d}{2 \cdot So_v \cdot \eta} \cdot \Delta\varphi \cdot \frac{\pi}{180} \cdot \frac{1}{\omega_2} . \tag{36}$$

Bei einer Vergrößerung von h_0 auf Grund der Schmierfilmdruckausbildung durch Drehung kann der Verdrängungsdruck vernachlässigt werden.

IV. Größen und Kennzahlen für Achsiallager

Die Bezeichnungen gehen aus Abb. 2 hervor. Der Ringaußen- und -innendurchmesser und die Oberflächengestalt der Gleitflächen müssen für die Konstruktionszeichnung bekannt sein. Ebenso ist auch die Angabe der Zähigkeit für das erforderliche Schmieröl notwendig.

1. Laufringdurchmesser

Der Zusammenhang zwischen dem inneren d_i, dem äußeren d_a und dem mittleren Durchmesser d_m ist durch die geometrische Beziehung

$$d_m = 0{,}5 \cdot (d_i + d_a) \tag{37}$$

festgelegt. Meist wird ein Laufringdurchmesser durch die Konstruktion gegeben sein. Der Außendurchmesser richtet sich einerseits nach der Forderung, möglichst klein zu bauen, anderseits danach, daß eine außermittige Belastung möglichst noch innerhalb von d_a die Lagerebene durchstoßen sollte, um keine Kippkräfte aufkommen zu lassen.

2. Ringbreite

$$b = 0{,}5 \cdot (d_a - d_i), \tag{38}$$
$$b = (0{,}17 \text{ bis } 0{,}50) \cdot d_m.$$

Die günstigste Ringbreite ergibt sich aus den in den nächsten Abschnitten angestellten Überlegungen über den Völligkeitsgrad und die Tragfähigkeit.

3. Völligkeitsgrad, Einteilung der Lauffläche

Bei Achsiallagern steht nie die ganze Ringfläche der Laufringe ($F = d_m \cdot b \cdot \pi$) für die Belastungsaufnahme zur Verfügung. Bei Stillstand sowie bei An- und Auslauf nehmen nur die Rastflächen R (die Längen auf den mittleren Durchmesser bezogen) die Belastung auf, im Betrieb die Keilflächen und die daran (entsprechend der Drehrichtung)

Tabelle 23. Gleitflächeneinteilung für Achsiallager und Völligkeitsgrad φ

	Kippsegment — Lager		Lager mit fest eingearbeiteten Keilflächen	
N	$0{,}15 \cdot T$	$0{,}15 \cdot T$	$0{,}15 \cdot T$	$0{,}15 \cdot T$
L	—	$0{,}85 \cdot T$	—	$0{,}85 \cdot T$
l	$0{,}85 \cdot T$	$0{,}73 \cdot T$	$0{,}85 \cdot T$	$0{,}47 \cdot T$
K	$0{,}85 \cdot T$	$0{,}12 \cdot T$	$0{,}68 \cdot T$	$0{,}38 \cdot T$
R	$0{,}85 \cdot T$	$0{,}61 \cdot T$	$0{,}17 \cdot T$	$0{,}09 \cdot T$
φ (Stillstand)	$0{,}85$	$0{,}15$	$0{,}17$	$0{,}09$
φ (Bewegung)	$0{,}85$	$0{,}73$	$0{,}85$	$0{,}47$

anschließenden Rastflächen ($K + R$, Abb. 2 *a* und *b*). Die Zwischenräume (Schmierölnuten oder Abstand von Kippsegment zu Kippsegment, N), die zur Schmierölversorgung der Gleitflächen dienen, scheiden ebenso wie die in Bewegungsrichtung rückwärts liegenden Keilflächen für die Lastübertragung aus.

Der Völligkeitsgrad φ gibt nun für die verschiedenen Betriebsbedingungen an, ein wie großer Teil der Ringfläche zur Kraftübertragung beiträgt.

Bei Stillstand ist

$$\varphi_0 = R/T$$

und bei Bewegung

$$\varphi_h = l/T.$$

Unter Berücksichtigung des Völligkeitsgrades wird die Fläche

$$F = d_m \cdot b \cdot \pi \cdot \varphi$$

die Belastung übernehmen.

Kippklotzlager passen sich nicht nur an verschiedene Betriebsbedingungen an, sondern nützen auch die vorhandene Ringfläche gut aus: bei Stillstand und bei Betrieb wird die ganze Gleitflächenlänge ($R = l = K$) abzüglich der Rundungen an der An- und Ablaufkante zum Tragen herangezogen, während bei Ringen mit fest eingearbeiteten Keilflächen die Rastfläche bei Stillstand und Keil- und Rastfläche bei Betrieb tragen. Die in Tabelle 23 angeführte Einteilung hat sich bewährt und sollte bei der Neukonstruktion von Achsiallagern als Grundlage dienen. Auch sind die dazugehörigen Völligkeitsgrade φ darin angegeben [31, 44, 45].

4. Mittlere Flächenpressung

Bei der Bestimmung der mittleren Flächenpressung $\bar{p}$ (s. auch S. 139) ist die konstruktive Ausführung und der Völligkeitsgrad zu berücksichtigen. Die tatsächlich tragende Fläche beträgt

$$F_b = d_m \cdot b \cdot \pi \cdot l/T \quad \text{bei Drehung und}$$

$$F_0 = d_m \cdot b \cdot \pi \cdot R/T \quad \text{bei Stillstand.}$$

Die zulässige Belastung von Achsiallagern ist im Motorenbau im allgemeinen kleiner als bei Radiallagern, da die einzelnen h_0 der verschiedenen Gleitschuhe wegen der Herstellungsungenauigkeiten nie gleich groß sind.

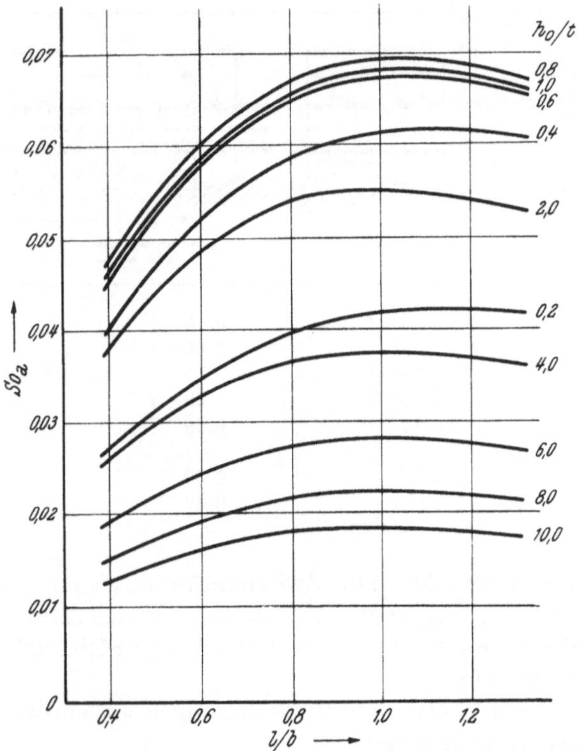

Abb. 201. Lagerkennzahl $So_a = f(l/b, h_0/t)$ [31, 89]

Zur Berechnung von Schiffsdrucklagern können etwa 10 bis 18 kp/PS Motorleistung als Schiffsschraubendruck angenommen werden, wenn keine genaueren Angaben vorliegen.

5. Anzahl der Gleitflächen

Die Anzahl der Gleitflächen z eines Laufringes ergibt sich aus der Teilung T:

$$z = \pi \cdot d_m/T.$$

z muß eine ganze Zahl sein (und, wegen der Bearbeitung, möglichst eine gerade).

6. Lagerkennzahl

Der Lagerkennzahl So im Radiallager entspricht beim Achsiallager die dimensionslose Lagerkennzahl:

$$So_a = \frac{\bar{p} \cdot h_0^2}{\eta \cdot u_m \cdot b} = f(l/b,\ h_0/t). \quad (39)$$

In Abb. 201 ist der Zusammenhang zwischen der relativen Schmierfilmdicke h_0/t und dem Breitenverhältnis l/b und der Lagerkennzahl So_a dargestellt.

Die im Lager vorkommenden Größen sind so aufeinander abzustimmen, daß dieser Wert möglichst groß wird. Dann erreicht auch die Tragfähigkeit ihren Größtwert. Wie aus der Abbildung zu sehen ist, ergibt sich der günstigste Wert für

$$So_a = 0{,}069$$

bei $h_0/t = 0{,}8$ und $l/b \cong 1$.

7. Traglänge, Breitenverhältnis

Die Traglänge l setzt sich aus der Länge der Keilfläche K und der daran anschließenden Rastflächenlänge R zusammen. Bei einem Verhältnis der Rastflächenlänge zur gesamten Traglänge $R/l = 0{,}2$ bis $0{,}4$ ist die Tragfähigkeit am günstigsten. Die Größe der Tragfläche ist durch das Breitenverhältnis der Gleitflächen l/b gegeben. Wie oben gezeigt, ist der günstigste Wert für $l/b = 1$.

Aber auch Seitenverhältnisse $l/b =: 0{,}8$ bis $1{,}4$ ergeben noch fast ebenso günstige Werte, so daß die Aufteilung eines Laufringes in einzelne Gleitflächen innerhalb dieser Grenzen durchgeführt werden kann. Die kleineren Werte ergeben eine gute Wärmeabfuhr durch den Schmierstoff; denn je kürzer die Tragflächen sind, um so mehr sind am Umfang verteilt, von denen jede für sich getrennt mit frischem Schmieröl versorgt wird. Ist ein großer Öldurchfluß zur Kühlung nicht notwendig, z. B. bei kleinen Gleitgeschwindigkeiten, so kann sich das Seitenverhältnis der oberen Grenze nähern.

8. Achsiallagerspiel

Das Spiel zwischen zwei Achsiallagern ψ_a (z. B. Paßlagern von Kurbelwellen oder Pleuellagern) wird etwa 1 bis $6^0/_{00}$ von dem Abstand der beiden achsialen Gleitflächen betragen. Die Wahl dieser Größe ist nicht sehr heikel. Das Spiel darf nicht allzu eng gewählt werden, um Klemmen und Heißlaufen zu vermeiden. Bei gar zu großem Spiel führt jedoch bei wechselnder Belastungsrichtung die Bewegung der Welle zu Schlagbeanspruchung.

9. Kleinste Schmierfilmdicke

Die Lage der beiden Gleitringe zueinander wird durch die kleinste Schmierfilmdicke h_{0a} bestimmt (wenn nicht besonders zur Kennzeichnung erforderlich, wird sie nur mit h_0 bezeichnet). Mehr noch als beim Radiallager hängt sie von der Grobgestalt (der genau ausgeführten und im Betrieb erhaltenen geometrischen Form) der Gleitflächen ab; die Feingestalt der Oberflächen (Rauheit) spielt nicht dieselbe entscheidende Rolle wie bei den Radiallagern. Das Einlaufen durch Einebnen der Rauheiten ändert beim Achsiallager daher die kleinste Schmierfilmdicke nur unwesentlich, da die einzelnen Tragflächen nicht genau in einer Ebene liegen. Deshalb kann nur mit einem mittleren h_0 gerechnet werden. (Es sind einzelne Tragflächen näher und andere weiter entfernt von der Gegenlauffläche. Die näher liegenden haben einen größeren Teil der Belastung aufzunehmen, so daß dort die tatsächlich auftretende spezifische Belastung stellenweise größer ist als die berechnete. Durch plastische und elastische Verformung wird allerdings ein Teil dieser Ungleichheit ausgeglichen.)

Die Festlegung von h_0 hängt also weitgehend von der Verformungsmöglichkeit der Konstruktion und von der Güte der Werkstattarbeit ab. Einen Richtwert gibt die Formel:

$$h_{0a} = (0{,}5 \text{ bis } 1{,}5) \cdot 10^{-3} \cdot (1 + d_m/40). \tag{40}$$

Die kleinen Werte setzen beste Werkstattarbeit und Montage voraus.

h_{0a} liegt etwa zwischen den Werten [31, 44, 45, 89]

$$0{,}001 < h_{0a} < 0{,}010 \text{ cm}.$$

10. Stauraumtiefe (oder Keiltiefe), relative Schmierfilmdicke

Mit der relativen Schmierfilmdicke h_0/t ändert sich die Tragfähigkeit. Bei $h_0/t = 0{,}8$ ist sie am größten. Die Keiltiefe ist dann

$$t = 1{,}25 \cdot h_0.$$

Diese Keiltiefe darf auf keinen Fall unterschritten werden. Bei Kippklötzen stellt sich bei richtiger Lage der Kippachse die Neigung der Gleitfläche von selbst so ein, daß der resultierende Flüssigkeitsdruck, die Reibungskraft und die Belastung sich das Gleichgewicht halten. Bei ebenen Lagerflächen ist die Keilsteigung etwa

$$t/K \cong 0{,}002 \text{ bis } 0{,}020.$$

11. Kippachsenabstand

Die Lage der Kippachse (Abb. 2 c) sollte beim Entwurf der Lager so festgelegt werden, daß die Kippschuhe eine Neigung erhalten, die die höchstmögliche Tragkraft ergibt. Mit $h_0/t = 0{,}8$ ergibt sich nach Abb. 202 für den Abstand des Druckmittelpunktes von der Hinterkante der Keilfläche

$$a = 0{,}42 \cdot l.$$

Bei Kippschuhen für beide Drehrichtungen liegt die Kippachse in der Mitte der Gleitflächenlänge (Abb. 2 d). Um auch hier zu erreichen, daß der Kippachsenabstand $0{,}42 \cdot l$ von der Ablaufkante aus beträgt, werden beide Anlaufkanten so abgeschrägt, daß

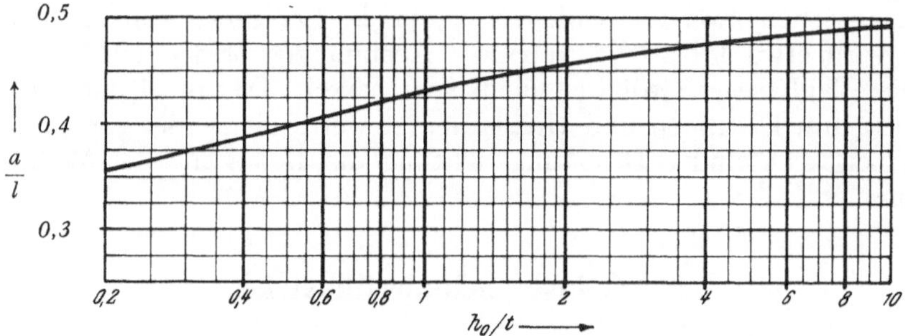

Abb. 202. Lage der Kippachse $a/l = f(h_0/t)$

die in Bewegungsrichtung rückwärts liegende Fläche nicht oder nur unwesentlich trägt (s. auch S. 132). Wird diese Keilneigung $K = 0{,}165 \cdot l = 0{,}12 \cdot T$ gemacht, so bleibt die oben geforderte Bedingung etwa erfüllt. Die Tiefe der Abschrägung der Anlauffläche beträgt etwa

$$t_1 = (2 \text{ bis } 3) \cdot h_{0a}.$$

Die tragende Fläche wird dadurch allerdings verkürzt; deshalb sollten Lager für beide Drehrichtungen nur dann gebaut werden, wenn tatsächlich beide Drehrichtungen im Betrieb unter annähernd gleicher Belastung vorkommen [31, 89].

12. Schmierstoffdurchflußgröße, Durchflußmenge

Die für die Schmierung *einer* Gleitfläche erforderliche Ölmenge kann aus der Durchflußgröße ξ_a gerechnet werden:

$$\xi_a = \frac{Q_{1a}}{b \cdot u_m \cdot h_0} = \frac{1 + h_0/t}{1 + 2 \cdot h_0/t}.$$

Für die in der Praxis vorkommenden Verhältnisse beträgt die Durchflußgröße nach Einsetzen von $h_0/t = 0{,}8$

$$\xi_a = 0{,}7,$$

und daher die Mindestschmierölmenge für einen Gleitschuh

$$Q_{1a} \cong 0{,}7 \cdot b \cdot u_m \cdot h_0.$$

Für das ganze Lager ist die Mindestschmierölmenge

$$Q_a = 0{,}7 \cdot b \cdot u_m \cdot h_0 \cdot z. \tag{41}$$

13. Reibungszahl

Die Reibungszahl μ_a ist mit guter Näherung für die in den vorigen Abschnitten beschriebenen Bereiche

$$\mu_a = 3 \cdot \sqrt{\frac{\eta \cdot u_m}{p \cdot b}}. \tag{42}$$

Für symmetrische Kippklotzlager (für beide Drehrichtungen) ist [31]

$$\mu_a = 5{,}2 \sqrt{\frac{\eta \cdot u_m}{p \cdot b}}. \tag{42 a}$$

V. Berechnung von Radiallagern mit konstanten Kraft- und Bewegungsverhältnissen

Bisher wurde der Zusammenhang zwischen den einzelnen geometrischen Abmessungen, der Lagerkennzahl und den Laufbedingungen dargestellt. Daraus lassen sich bei mehreren gegebenen Größen die restlichen für den Betrieb des Lagers erforderlichen Werte ermitteln.

Im Berechnungsblatt 1 und 2 ist der Rechnungsgang kurz zusammengefaßt (S. 205).

Bei Beginn liegen im allgemeinen die Winkelgeschwindigkeiten von Welle, Lager und Belastung und die Größe der Belastung fest. Aus den einzelnen Winkelgeschwindigkeiten ω_1, ω_2 und ω_p folgt die reduzierte ω_{re} nach Gl. (20).

Der Wellendurchmesser d_2 ist auf Grund der Festigkeitsberechnung oder konstruktiver Überlegungen festgelegt. Die Lagerbreite b wird gewählt (s. S. 137), wenn sie nicht durch die Konstruktion gegeben ist. Daraus ist die mittlere Flächenpressung p zu berechnen.

An Hand von p, der Umfangsgeschwindigkeit u und dem Lagerwerkstoff wird das relative Lagerspiel ψ ausgewählt (s. S. 143).

Für die Wahl der kleinsten Schmierfilmdicke h_0 gelten die Überlegungen auf S. 146.

Aus h_0 und ψ wird die relative Schmierfilmdicke δ berechnet. Gegebenenfalls müssen h_0 und/oder ψ so geändert werden, daß δ etwa zwischen den Werten 0,01 und 0,30 liegt (s. S. 148).

Mit den Werten b/d und δ werden aus Abb. 196 die Lagerkennzahl So, aus Abb. 197 die Schmieröldurchflußgröße ξ und aus Abb. 198 die Reibungskennzahl μ/ψ abgelesen.

Da in der Lagerkennzahl alle Größen außer der dynamischen Viskosität η bekannt sind, ergibt sich diese daraus (24 a). Diese Zähigkeit muß bei der noch zu berechnenden Lagertemperatur ϑ vorhanden sein.

Aus ξ läßt sich die für die Schmierung erforderliche Mindestölmenge ermitteln (26).

Der für den Schmierölzufluß erforderliche Mindestdruck p_0 wird nach Abb. 137 bestimmt (S. 114).

Weiter kann aus dem Wert μ/ψ die Reibungszahl μ bestimmt werden (S. 151).

Zur Ermittlung des Öles muß die im Betriebszustand im Schmierspalt vorhandene Temperatur ϑ (S. 152) bekannt sein. Aus ihr und der ermittelten Zähigkeit kann die Zähigkeit bei einer bestimmten Temperatur — wie sie für die Bestellung anzugeben ist — aus einem VT-Blatt abgelesen werden (S. 39).

Bei Druckumlaufschmierung ergibt sich eine Vereinfachung dadurch, daß — wie schon erwähnt — im allgemeinen nur die Wärmeabfuhr durch das Öl allein berücksichtigt zu werden braucht (s. S. 154). Die berechnete Kühlölmenge wird meist größer sein als die für die Schmierung erforderliche. Für die Bestimmung der in das Lager zu fördernden Ölmenge ist jedenfalls der größere Wert zu berücksichtigen. Durch Anordnung von Nuten wird dem Öl Gelegenheit gegeben, ohne wesentliche Erhöhung des Zuführungsdruckes durch das Lager zu fließen.

Sofern die mittlere Temperatur im Schmierspalt, die Schmierölzähigkeit, die Lagerbreite und das Lagerspiel verwendbare Werte haben, müssen noch die Toleranzen der geometrischen Abmessungen von Welle und Lager festgelegt werden (s. S. 145).

Für die Bearbeitungsangaben auf der Konstruktionszeichnung sind die Rauhtiefen R_1 und R_2 wesentlich (s. S. 102 und 146). Abb. 120 gibt dafür Anhaltspunkte.

Ergeben sich bei der Durchrechnung ungünstige Werte für eine ermittelte Größe, so werden die Annahmen für ψ und/oder h_0 oder die Temperatur im Schmierspalt bzw. die Schmierölzähigkeit geändert. Dabei werden durch eine Verkleinerung von h_0 bei gleichem ψ die Werte So, ξ und Q größer, η, μ und die Übergangsdrehzahl kleiner. Wird ψ bei gleichem h_0 verkleinert, so wird δ größer, So, ξ, η, und die Übergangsdrehzahl kleiner; μ und die Kühlölmenge bleiben etwa gleich.

Ergeben sich unübersichtliche Verhältnisse, oder soll eines der Ergebnisse einen bestimmten Wert, z. B. ein Minimum, darstellen, so wird zweckmäßigerweise dieser Wert in Abhängigkeit von verschiedenen h_0 und ψ als Kurvenschar oder in Tabellenform aufgetragen. Daraus läßt sich schnell die Tendenz erkennen und der gewünschte Betriebspunkt festlegen.

Die *Überprüfung* bereits vorhandener Radiallager erfolgt sinngemäß nach den vorigen Abschnitten. In den Berechnungsblättern 3 bis 5 sind Kurzfassungen oft vorkommender Fälle gegeben (S. 207). Die ausführlichen Unterlagen können in den entsprechenden Abschnitten nachgesehen werden.

Beispiele

Berechnung eines stationären Radialgleitlagers (s. Berechnungsblatt 1, S. 205).
Gegeben ist $P = 42\,000$ kp,
$$d_2 = 36\,\text{cm},$$
$$\omega_2 = 52\,\text{s}^{-1} \quad \text{und} \quad \omega_1 = \omega_p = 0.$$
Nach (20) ist
$$\omega_{\text{re}} = \omega_2 = 52\,\text{s}^{-1},$$
$$u = 0{,}5 \cdot 36 \cdot 52 = 936\,\text{cm s}^{-1};$$
die Breite wird angenommen
$$b = 14\,\text{cm};$$
dann ist
$$b/d_2 = 0{,}389 \quad \text{und} \quad \bar{p} = 83\,\text{kp cm}^{-2};$$
für diese Belastung wird Bleibronze in Verbundausführung gewählt.
Aus Abb. 192:
$$\psi = 1{,}1 \cdot 10^{-3};$$
für Welle und Lager wird Feinbearbeitung vorgesehen ($\nabla\nabla\nabla$); dann kann $h_0 = 0{,}002$ cm mit genügender Sicherheit gegen Berührung der Oberflächenspitzen angenommen werden (S. 146).
Daraus ist
$$\delta = 0{,}101$$

und aus $b/d_2 = 0,389$ und $\delta = 0,101$ ergeben sich die Kennzahlen

$$So \;=\; 3,8 \text{ aus Abb. 196}$$
$$\xi \;= 0,415 \text{ aus Abb. 197 und}$$
$$\mu/\psi = 2 \text{ aus Abb. 198.}$$

Aus $So = 3,8$ ist

$$\eta = 0,51 \cdot 10^{-6} \text{ kp s cm}^{-2}/\vartheta \quad \text{(S. 149)}$$

und damit

$$\nu \cong 56 \text{ cSt}/\vartheta \quad \text{(bei Betriebstemperatur);}$$

aus $\xi = 0,415$:

$$Q = 216 \text{ cm}^3 \text{ s}^{-1} \quad (26);$$

und der erforderliche Schmierölzuführungsdruck aus Abb. 137 beträgt

$$p\vartheta = 0,10 \text{ kp cm}^{-2} \quad \text{(für } v\vartheta \cong 500 \text{ cm s}^{-1});$$

aus $\mu/\psi = 2$ ist:

$$\mu = 0,0022,$$

und die Reibungsleistung

$$N_r = 8600 \text{ cm kp s}^{-1} \quad (27);$$

daraus folgt der Temperaturanstieg im Lager:

$$\vartheta - \vartheta_e = 2,3° \text{C} \quad (32);$$

für

$$\vartheta_e = 37° \text{C}$$

wird die Austrittstemperatur

$$\vartheta \cong 40° \text{C.}$$

Aus Abb. 26 ergibt sich

$$\nu = 56 \text{ cSt}/40° \text{C};$$

dies entspricht SAE 20.

Das Lagerspiel s darf zwischen den Grenzen (21 a)

$$0,0515 \text{ und } 0,0356 \text{ cm}$$

schwanken. Bei gegebenem Wellendurchmesser

$$d_2 \, h7 = 36 \; {}^{\;0,0}_{-0,0057} \; \text{cm}$$

$$(d_{2\text{max}} = 36,0000 \text{ cm und}$$
$$d_{2\text{min}} = 35,9943 \text{ cm})$$

ist der Lagerdurchmesser

$$(d_{1\text{max}} = 36,0458 \text{ cm und}$$
$$d_{1\text{min}} = 36,0356 \text{ cm})$$
$$d_1 = 36 \; {}^{+0,0458}_{+0,0356} \; \text{cm.}$$

Berechnung eines Gebläselagers (mit der Welle umlaufende Unwucht, zu Berechnungsblatt 2, S. 206).

Bei diesem Lager ist das Schmieröl vorgegeben, da das Gebläselager mit Motoröl aus dem Kreislauf mitversorgt wird.

Gegeben ist also

$$P = 200 \text{ kp (einschließlich Eigenschwingungen),}$$
$$d_2 = 5,0 \text{ cm,}$$
$$\omega_p = \omega_2 = 1650 \text{ s}^{-1}$$

und das Öl

$$\underline{\text{SAE 30} \qquad (40 \text{ cSt}/60° \text{C und } 14 \text{ cSt}/90° \text{C})}$$
$$\omega_{re} = - 1650 \text{ s}^{-1}$$

(das Minuszeichen zeigt die Anlageseite an der Welle an und hat keinen Einfluß auf die Tragfähigkeit),

$$u = 4120 \text{ cm s}^{-1}.$$

1. Annahme

$$b = 3,5 \text{ cm},$$
$$b/d_2 = 0,7 \text{ und}$$
$$\bar{p} = 11,5 \text{ kp cm}^{-2};$$

aus $\bar{p}$ und u aus Abb. 192:

$$\psi = 2,6 \cdot 10^{-3} \text{ (extrapoliert)}.$$

2. Annahme

$$\vartheta = 60° \text{ C},$$
$$\eta \cong 0,36 \cdot 10^{-6} \text{ kp s cm}^{-2}/60° \text{ C},$$

daraus:

$$So = 0,15 \text{ (aus (24))};$$

aus So und b/d_2 und Abb. 196:

$$\delta > 0,5.$$

Dieser Wert ist viel zu groß! Daher wird das Lager schmäler angenommen. Es folgt eine neue Annahme für die Lagerbreite:

$$b = 2,0 \text{ cm},$$
$$b/d_2 = 0,4 \text{ und}$$
$$\bar{p} = 20,0 \text{ kp cm}^{-2};$$

ebenso wird die Schmierölaustrittstemperatur höher angenommen:

$$\vartheta = 90° \text{ C},$$
$$\eta \cong 0,13 \cdot 10^{-6} \text{ kp s cm}^{-2}/90° \text{ C};$$
$$So = 0,63;$$

und aus So und b/d_2 und Abb. 196 folgt das neue δ:

$$\delta = 0,28,$$
$$h_0 = 0,0018 \text{ cm (aus (23))};$$

aus b/d_2 und δ folgt nach Abb. 197:

$$\xi = 0,34 \text{ und aus Abb. 198}$$
$$\mu/\psi = 6,5;$$
$$Q = 36,5 \text{ cm}^3 \text{ s}^{-1} \text{ (aus (26))},$$
$$\mu = 0,017,$$
$$N_r = 14\,000 \text{ cm kp s}^{-1} \text{ (aus (27))},$$
$$\vartheta - \vartheta_e = 22,5° \text{ C (aus (32))};$$

aus (21 a):

$$s_{\max} = 0,0169 \text{ cm},$$
$$s_{\min} = 0,0117 \text{ cm},$$
$$d_2 = 5,0 \text{ cm h7},$$
$$d_{2\max} = 5,0000 \text{ cm},$$
$$d_{2\min} = 4,9975 \text{ cm},$$
$$d_{1\max} = 5,0144 \text{ cm},$$
$$d_{1\min} = 5,0117 \text{ cm},$$
$$d_1 = 5,0 \begin{smallmatrix} +0,0144 \\ +0,0117 \end{smallmatrix} \text{ cm};$$

Bearbeitung: $\triangledown\triangledown\triangledown$ (Welle und Lager).

Radiallager einer Turbine; Kontrolle der Tragfähigkeit, Berechnung der kleinsten zulässigen Winkelgeschwindigkeit (s. S. 16) und der Reibungsverluste (zu Berechnungsblatt 3 und 5, S. 207 und 209).

Gegeben ist

$$d_1 = 5,0 \begin{smallmatrix} +0,0019 \\ +0,0000 \end{smallmatrix} \text{ cm},$$

$$d_2 = 5,0 \begin{smallmatrix} -0,0090 \\ -0,0100 \end{smallmatrix} \text{ cm};$$

beide Werte aus der Konstruktionszeichnung; ebenso

$$b = 2{,}0 \text{ cm,}$$

$$\omega_p = \omega_2 = 2100 \text{ s}^{-1} = \omega_{\text{re}};$$

$$\text{Öl: SAE 20W,} \qquad 28 \text{ cSt/50}^\circ \text{ C, } 10 \text{ cSt/80}^\circ \text{ C,}$$

$$\underline{P = 25 \text{ kp}}$$

$$d_{1\max} = 5{,}0019 \text{ cm,}$$

$$d_{2\min} = 4{,}9900 \text{ cm,}$$

$$\psi_{\max} = 2{,}4 \cdot 10^{-3} \text{ (aus (21)),}$$

$$b/d_2 = 0{,}40,$$

$$\bar{p} = 2{,}5 \text{ kp cm}^{-2};$$

Welle und Lager ist „$\nabla\nabla\nabla$" bearbeitet, daher wird nach Abb. 120

$$h_0 = 0{,}0002 \text{ cm (unter der Annahme } R_1 + R_2 \leqslant 0{,}0002 \text{ cm);}$$

$$\delta_{\min} = 0{,}033 \text{ (aus (23));}$$

Kontrolle der Tragfähigkeit:

aus b/d_2 und $\delta_{\max}$:

$$So_{\min} \cong 18;$$

Annahme:

$$\vartheta = 80^\circ \text{ C,}$$

$$\eta = 0{,}09 \cdot 10^{-6} \text{ kp s cm}^{-2}/80^\circ \text{ C (aus (9 a)),}$$

$$\bar{p}_{\text{zul}} \leqslant 590 \text{ kp cm}^{-2} \text{ (aus (24)),}$$

$$P_{\text{zul}} = 5900 \text{ kp} > P \text{ (ohne Berücksichtigung der Erwärmung).}$$

Kleinste zulässige Winkelgeschwindigkeit $\omega_{\ddot{u}}$:
aus (24): $\omega_{\text{re},\ddot{u}} \geqslant 9 \text{ s}^{-1}$
(unter dieser Winkelgeschwindigkeit ist Mischreibung zu erwarten);
Reibungsverlustleistung:
für b/d_2 und $\delta_{\min}$ (aus Abb. 198):

$$\mu/\psi \cong 0{,}8,$$

$$\bar{p} = 2{,}5 \text{ kp cm}^{-2},$$

$$\mu = 0{,}0019,$$

$$N_r = 250 \text{ cm kp s}^{-1} \text{ (aus (27)).}$$

Berechnung eines Radiallagers:

Gegeben ist:

$$P = 2200 \text{ kp,}$$

$$\omega_2 = 294 \text{ s}^{-1},$$

$$d_2 = 7{,}0 \text{ cm,}$$

$$b/d_2 = 0{,}4,$$

$$\underline{\text{Öl: SAE 30.}}$$

$$u = 1030 \text{ cm s}^{-1},$$

$$b = 2{,}8 \text{ cm,}$$

$$\bar{p} = 112 \text{ kp cm}^{-2}.$$

Zum leichteren Auffinden der geeigneten Werte bei gegebenem Öl wird der Zusammenhang der einzelnen erforderlichen Größen in Tabellenform dargestellt. Daraus lassen sich die verwendbaren Werte einfach aussuchen.

Tabelle 24 gibt für verschiedene h_0 und ψ die zugehörigen Werte von δ.

Tabelle 24 (mit Gl. (23))

h_0 \ ψ	$1{,}5 \cdot 10^{-3}$	$1{,}4 \cdot 10^{-3}$	$1{,}3 \cdot 10^{-3}$	$1{,}2 \cdot 10^{-3}$	$1{,}1 \cdot 10^{-3}$	$1{,}0 \cdot 10^{-3}$
0,000 30	**0,057**	**0,061**	**0,066**	**0,072**	**0,078**	0,086
0,000 40	**0,076**	**0,082**	0,088	**0,095**	0,104	0,114
0,000 50	**0,095**	0,102	0,110	0,119	0,130	0,143
0,000 60	0,114	0,123	0,132	0,143	**0,156**	**0,172**

Aus b/d_2 und $\delta = 0{,}05$ bis $0{,}20$ folgen die Werte für So (Tabelle 25).

Tabelle 25

$\delta =$ **0,05**	0,10	0,15	**0,20**	
$So =$ **11,2**	4,0	2,0	**1,3**	aus Abb. 196
$\xi =$ **0,455**	0,430	0,408	**0,384**	aus Abb. 197
$\mu/\psi =$ **1,0**	2,0	3,0	**4,1**	aus Abb. 198

Für verschiedene So und ψ ergeben sich die in Tabelle 26 angegebenen Werte für $\eta/10^{-6}$ ($\eta = 0{,}38 \cdot \psi^2/So$ aus (24 a)).

Tabelle 26 (mit Gl. (24 a))

So \ ψ	$1{,}5 \cdot 10^{-3}$	$1{,}4 \cdot 10^{-3}$	$1{,}3 \cdot 10^{-3}$	$1{,}2 \cdot 10^{-3}$	$1{,}1 \cdot 10^{-3}$	$1{,}0 \cdot 10^{-3}$
1,3	**0,658**	**0,573**	**0,494**	**0,422**	**0,354**	**0,292**
2,0	**0,427**	**0,372**	**0,321**	**0,274**	0,230	0,190
4,0	0,213	0,186	0,161	0,137	0,115	**0,095**
11,2	**0,076**	**0,066**	**0,057**	**0,049**	**0,041**	**0,034**

SAE 30 entspricht nach Abb. 26 den in Tabelle 27 eingetragenen Werten:

Tabelle 27

	ν	η
70° C	27 cSt	$0{,}24 \cdot 10^{-6}$ kp s cm^{-2}
80° C	18 cSt	$0{,}16 \cdot 10^{-6}$ kp s cm^{-2}
90° C	14 cSt	$0{,}13 \cdot 10^{-6}$ kp s cm^{-2}
100° C	11 cSt	$0{,}10 \cdot 10^{-6}$ kp s cm^{-2}

Da die Austrittstemperatur nur innerhalb der obigen Grenzen zugelassen wird, fallen alle anderen Werte für η in Tabelle **26** weg (fett gedruckt). Daher sind also nur Lagerkennzahlen etwa zwischen $So = 2,0$ für $\psi = 1,0 \cdot 10^{-3}$ bis $1,1 \cdot 10^{-3}$ und $So = 4,0$ für $\psi = 1,1 \cdot 10^{-3}$ bis $1,5 \cdot 10^{-3}$ zulässig bzw. aus Tabelle **25** die Werte für $\delta = 0,10$ bis $0,15$. Deshalb fallen auch die in den Tabellen **24** und **25** fett gedruckten Rubriken weg.

Gewählt wurde daraus

$$\psi = 1,3 \cdot 10^{-3} \text{ und}$$
$$h_0 = 0,0005 \text{ cm}.$$

Daraus folgt

$$\delta = 0,110;$$

aus b/d_2 und δ:

$$So = 3,5,$$
$$\xi = 0,425 \text{ und}$$
$$\mu/\psi = 2,2;$$
$$\eta = 0,184 \cdot 10^{-6} \text{ kp s cm}^{-2} \text{ (aus (24 a))}.$$

Da diese Zähigkeit SAE 30 bei etwa 75° C entspricht, muß sich in der weiteren Rechnung diese Schmierspalttemperatur ergeben.

$$Q = 11 \text{ cm}^3 \text{ s}^{-1} \text{ (nach (26)),}$$
$$\mu = 0,0029,$$
$$N_r = 6550 \text{ cm kp s}^{-1} \text{ (nach (27)),}$$
$$\vartheta - \vartheta_e = 35° \text{ C (nach (32)).}$$

Falls die Eintrittstemperaturdifferenz so liegt, daß die Austrittstemperatur $\vartheta = 75°$ C überschreiten würde, so muß durch das Lager zusätzlich Öl zur Kühlung geleitet werden:

nach Gl. (33) wird für ein $\Delta\vartheta = 20°$ C

$$Q = 19 \text{ cm}^3 \text{ s}^{-1}.$$

VI. Berechnung von Mehrflächenradialgleitlagern

Für die Berechnung von Mehrflächenradialgleitlagern wird hier nur ein überschlägiger Rechnungsgang gezeigt, da diese meist einbaufertig bezogen werden können und im Motorenbau bisher kaum verwendet wurden.

Die Lagerbelastung P muß der Summe der einzelnen Schmierfilmdrücke das Gleichgewicht halten (Abb. 146).

$$\mathfrak{P} = \mathfrak{P}_1 + \mathfrak{P}_2 + \mathfrak{P}_3 + \dots .$$

Die kleinste Schmierfilmdicke der einzelnen Laufflächen und damit die Lage der Welle wird angenommen; dann kann bei gegebenem Lagerquerschnitt und damit bekanntem ψ (für alle Gleitflächen gleich) die relative Schmierfilmdicke δ_1, δ_2 usw. gerechnet werden. Aus Abb. 196 läßt sich bei gegebenen b/d So_1, So_2 usw. ablesen. Daraus ergibt sich mit der angenommenen Schmierfilmzähigkeit η:

$$\bar{p}_1 = So_1 \cdot \eta \cdot \omega/\psi^2, \qquad \bar{p}_2 = So_2 \cdot \eta \cdot \omega/\psi^2 \text{ usw.}$$

Aus dem Zusammenhang zwischen der relativen Schmierfilmdicke und dem Breitenverhältnis geht der Auslenkwinkel α_1, α_2 usw. (Abb. 123) und damit die Kraftrichtung $\mathfrak{P}_1$, $\mathfrak{P}_2$ usw. der einzelnen Gleitflächen hervor. Die geometrische Zusammensetzung ergibt die Größe der für das betreffende Lager vorhandenen Tragfähigkeit.

Ist die Tragfähigkeit zu klein, so müssen die Annahmen für die Lage der Welle und (oder) η innerhalb der möglichen Temperaturgrenzen für das vorhandene Öl geändert und der Rechnungsgang wiederholt werden. Ist dann das vorhandene kleinste h_0 größer als der zulässige Wert, so läuft das Lager betriebssicher.

VII. Berechnung von Radiallagern mit veränderlicher Gleitgeschwindigkeit und mit nach Größe und Richtung veränderlicher Belastung

Für die überschlägige Kontrolle der Lager in Kurbeltriebwerken z. B. genügt es — zum Vergleich —, die mittlere Belastung nach der auftretenden Höchstlast zu ermitteln. Diese Vergleichswerte lassen die Brauchbarkeit eines Lagers allerdings nur ganz grob schätzen.

Es ändert sich hier die Belastung mit der Lage der Kurbelwelle. Bei einer derartig periodisch wechselnden Belastung ist es aber falsch, mit einer mittleren Flächenpressung zu rechnen. Es ist auch überflüssig und wäre Materialvergeudung, das Lager nach der größten auftretenden Belastung (etwa unter dem Zünddruck) zu dimensionieren. Ohne Berücksichtigung der Massenkräfte ergibt dies zu große Werte. Auch wirkt der Zünddruck oder Arbeitsdruck im Laufe einer Umdrehung nur über einige Grade des Drehwinkels. Dabei äußert sich der kurzzeitige, große und schnelle Druckanstieg wie Hämmern auf die Lageroberfläche und muß deshalb schon bei der Materialauswahl berücksichtigt werden; eine wesentliche Erhöhung der mittleren Lagerbelastung ist hierdurch aber meist nicht gegeben. Besonders bei der Bemessung der Wellenlager von V-Motoren verfälscht der Wert der Flächenpressung unter dem Zünddruck das Ergebnis: durch die Verdoppelung der an einer Kröpfung angreifenden Triebwerksteile nehmen die Massenkräfte ganz erhebliche Werte an.

Ausgehend von den auf das Lager einwirkenden Kräften wird die in jedem Augenblick vorhandene Größe und Stellung der Last und des Lagers relativ zur Welle ermittelt. Beim Kurbeltrieb sind es die Gaskräfte im Zylinder oder die Arbeitskräfte beim Kompressor, die Massenkräfte durch die Beschleunigung und Verzögerung der hin- und hergehenden und rotierenden Teile, sowie die von den benachbarten Zylindern ausgehenden Beeinflussungen. Daraus lassen sich die Belastungsänderung während eines Arbeitsspieles und die reduzierte Winkelgeschwindigkeit bestimmen und für jede Stellung der Welle die kleinste Schmierfilmdicke rechnen. Außerdem scheinen die Lagen der ungünstigsten Belastungen und Bewegungsverhältnisse auf, woraus die richtige Stelle der Ölzuführung hervorgeht.

1. Ermittlung der auf das Lager wirkenden Kräfte

Grundsätzlich ist also für jedes Lager der Kraftverlauf während eines Arbeitsspieles (ein oder zwei Umdrehungen je nach Arbeitsverfahren) zu berücksichtigen. Bei Kolbenmotoren sind die *Arbeitskräfte* aus dem Druck-Weg-Diagramm ($p - s$-Diagramm) gegeben. Der Verlauf liegt entweder aus einem Indikatordiagramm vor oder muß konstruiert werden [51, 73]. Diesen Kräften überlagern sich die *Massenkräfte* der hin- und hergehenden sowie der rotierenden Teile. Die *Gewichte* der Triebwerksteile selbst sind im Verhältnis zu den auftretenden Massen- und Arbeitskräften klein und können meist vernachlässigt werden. Nur bei besonders großen und langsam laufenden Motoren oder großen Bauteilen sind sie zu berücksichtigen (Schwungrad!).

Die Massenkräfte ändern sich natürlich mit der Drehzahl; beim Anfahren oder im unteren Drehzahlbereich sind sie sehr klein. Bei schnellaufenden Kolbenmaschinen tragen sie aber wesentlich zur Lagerbelastung bei. Sie entlasten im allgemeinen die Lager von den hohen Druckspitzen und vergrößern die allgemeine Belastung über die ganze Kurbelumdrehung.

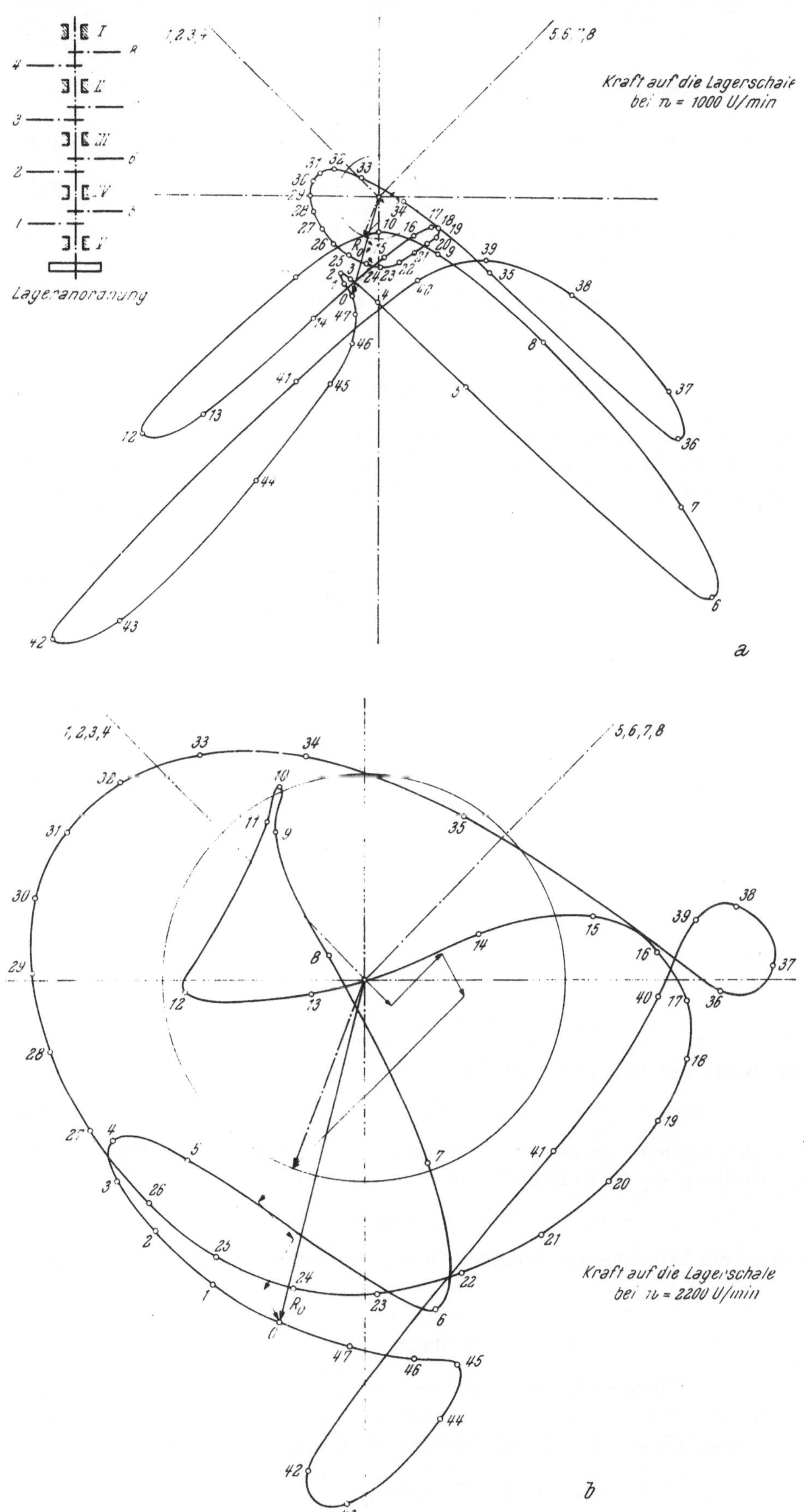

Abb. 203. Belastung des Kurbelwellenlagers IV eines Achtzylinder-Viertakt-V-Dieselmotors
Kräfte auf die **Lagerschale** bei a: $n = 1000$ min^{-1} und
b: $n = 2200$ min^{-1}

In Abb. 203 sind die Polardiagramme für ein Lager eines Achtzylinder-Viertakt-V-Dieselmotors mit 20 PS Zylinderleistung bei 2000 min^{-1} aufgezeichnet, und zwar für 1000 und 2200 min^{-1}. Während bei der niederen Drehzahl die einzelnen Zylinderdrücke deutlich zu erkennen sind, werden sie bei den hohen Drehzahlen durch die Massenkräfte stark verzerrt. Die Spitzen werden bei der höheren Drehzahl abgeflacht, die mittlere Belastung aber erhöht (der eingezeichnete Kreis stellt die Größe der Massenkräfte aus der Rotation dar).

In den einzelnen Lagern eines Kurbeltriebwerkes treten folgende Kräfte und Bewegungen auf [33, 47, 51, 73, 77, 97]:

a) Im Kolbenbolzenlager

Auf das Kolbenbolzenlager wirkt in erster Linie der Gasdruck (Zünddruck eines Verbrennungsmotors oder Kompressionsdruck eines Verdichters) P_g (Abb. 204); diesem überlagern sich die Massenkräfte P_h aus der hin- und hergehenden Bewegung des Kolbens und des Kolbenbolzens (für die Berechnung der Lagerung im Kolbenauge fällt natürlich das Bolzengewicht weg):

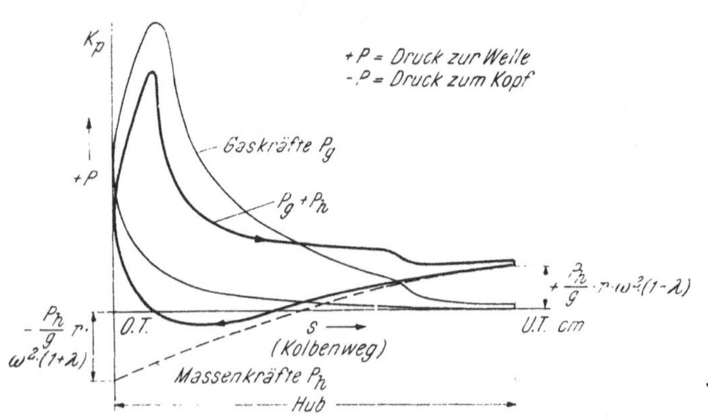

Abb. 204. Ermittlung der Arbeitskräfte eines Zweitakt-Dieselmotors

$$P_h \cong -\frac{G_h}{g}\cdot r\cdot\omega_2^2\cdot(\cos\alpha + \lambda\cdot\cos 2\alpha). \tag{43}$$

Im oberen Totpunkt (für $\alpha = 0^0$) beträgt diese Kraft

$$P_{h.0} \cong -\frac{G_h}{g}\cdot r\cdot\omega_2^2\cdot(1 + \lambda), \tag{43 a}$$

und im unteren (für $\alpha = 180^0$)

$$P_{h,180} = \frac{G_h}{g}\cdot r\cdot\omega_2^2\cdot(1 - \lambda). \tag{43 b}$$

Die resultierende Kraft auf das Lager ist dann

$$P = P_g + P_h. \tag{44}$$

Die Bewegung des Kolbenbolzenlagers ist durch die endliche Länge der Pleuelstange bedingt. Deren Drehung ω_1 schwankt zwischen den Werten

$$+ \omega_2\cdot\lambda \quad\text{und}\quad -\omega_2\cdot\lambda,$$

wobei der Größtwert der Winkelgeschwindigkeit in den beiden Totpunkten des Kurbeltriebes auftritt.

b) Im Kurbellager

Im Pleuel- oder Kurbellager wirken außer dem bisher genannten Anteil der Gaskräfte ($P_g/\cos\beta$) die Massenkräfte der hin- und hergehenden Teile von Kolben, Kolbenbolzen und Pleuelstange ($P_h/\cos\beta$). (β läßt sich durch α und λ ausdrücken:

$$\cos\beta = \sqrt{1 - \lambda^2\cdot\sin^2\alpha}). \tag{45}$$

Sofern die Lage des Schwerpunktes der Pleuelstange nicht genau bekannt ist, kann ihr Gewicht zu 1/3 den hin- und hergehenden und zu 2/3 den rotierenden Massen zugeschlagen werden. Die Massenkräfte der rotierenden Teile sind nur von der Winkelgeschwindigkeit ω_2 abhängig und betragen

$$P_r = \frac{G_r}{g} \cdot r \cdot \omega_2{}^2. \tag{46}$$

G_r ist darin das Gewicht des rotierenden Anteiles der Pleuelstange und der Lagerschale. Die im Kurbellager auftretende Kraft beträgt demnach:

$$\mathfrak{P} = \mathfrak{e} \cdot \frac{\mathfrak{P}_g}{\cos \beta} + \mathfrak{e} \cdot \frac{\mathfrak{P}_h}{\cos \beta} + $$
$$+ \mathfrak{P}_r \quad \text{(Abb. 205).} \tag{47}$$

($\mathfrak{e}$ ist der Einheitsvektor in Schubstangenrichtung). Die ersten beiden Glieder wirken immer in Pleuelstangenrichtung und P_r in Richtung des Kurbelradius.

Der Winkelgeschwindigkeit ω_2 des Kurbeltriebes überlagert sich auch im Kurbellager die Winkelgeschwindigkeit der Pleuelstange ω_1.

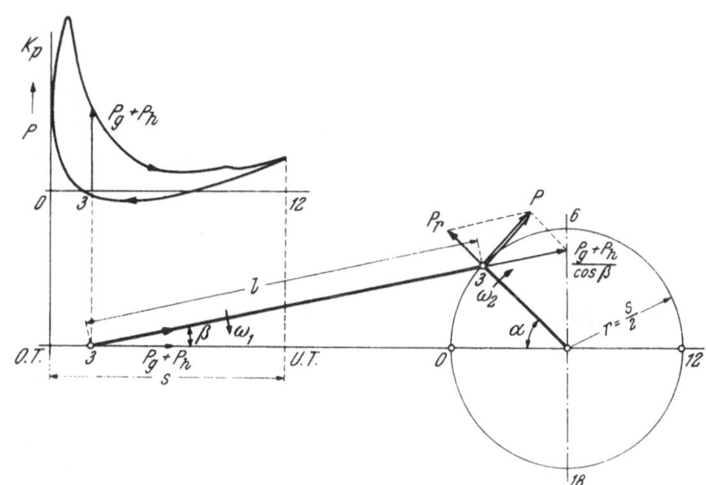

Abb. 205. Ermittlung der Kurbellagerkraft P (gezeichnet für die Stellung „3“ des Kurbeltriebes)

Die Kurbellagerbelastungen können außerdem durch Drehschwingungen der Kurbelwelle bis um etwa 18% erhöht werden [54]!

c) Im Wellenlager

Während beim Kurbellager die vorgenannten Massenkräfte durch die einzelnen Gewichte der Triebwerksteile beeinflußt werden, lassen sie sich in den Wellenlagern (Kurbelwellenlager, Hauptlager) durch Gegengewichte an den Kurbelarmen (oder Wangen) teilweise ausgleichen. Es sind also außer den oben bereits genannten Arbeits- und Massenkräften der unmittelbar benachbarten Zylinder auch noch die Massenkräfte der rotierenden Teile der gesamten Kurbelwelle zu berücksichtigen; ebenso wird jedes Wellenlager von *allen* übrigen an der Kurbelwelle angreifenden Kräften (Lagerkräfte und Belastungen) und Gewichten (z. B. Schwungrad) beeinflußt. Die Anordnung der Gegengewichte — wahlweise an jeder Kurbelwange oder nur an einigen davon — verändert die Lagerbelastung besonders bei höheren Drehzahlen. Deshalb lohnt sich bei knapper Auslegung der Lager eine Untersuchung mit verschiedenen Gegengewichtsanordnungen.

Die Kurbelwelle ist ein Träger, der auf zwei oder mehr Stützen gelagert ist (Abb. 206). Je nach der Stützenzahl ist sie statisch mehrfach unbestimmt. Ihr Querschnittsträgheitsmoment ist veränderlich. Die Berechnung kann nach dem Satz vom Minimum der Formänderungsarbeit erfolgen [33]. Kaum jemals wird sich eine derartig exakte Berechnung in der Praxis lohnen. Der Aufwand dafür ist sehr groß und die Arbeit zeitraubend. Wird das Trägheitsmoment der Kurbelwelle aber über ihre ganze Länge als unveränderlich angenommen und die Ungenauigkeit und elastische Nachgiebigkeit der Auflagerungen, also die Verformung des Gehäuses, vernachlässigt, so vereinfacht sich die Berechnung. Die Genauigkeit wird dadurch nicht wesentlich beeinträchtigt, da die Kräfte zum Durchbiegen der Kurbelwelle um die dabei möglichen Wege nur einen kleinen Teil der auftretenden Belastungen ausmachen. Die Ermittlung der

Auflagerdrucke eines solchen statisch unbestimmten Trägers kann nach der Dreimomentengleichung durchgeführt werden. Vorausgesetzt wird dabei ein knickloser stetiger Verlauf der elastischen Linie [82].

Ausgewertet wurde die Dreimomentengleichung in [1]. An Hand dieser „Zehnteiligen Einflußlinien" lassen sich für die oft vorkommenden Stützweitenverhältnisse und alle Stützenzahlen die Einflüsse aller Kräfte für jede beliebige Stelle des Trägers, also auch für die Lagerstellen, erfassen. Sollen z. B. die Lagerkräfte in A_3 der im Beispiel gezeigten dreifeldrigen Kurbelwelle berechnet werden, so ergibt sich:

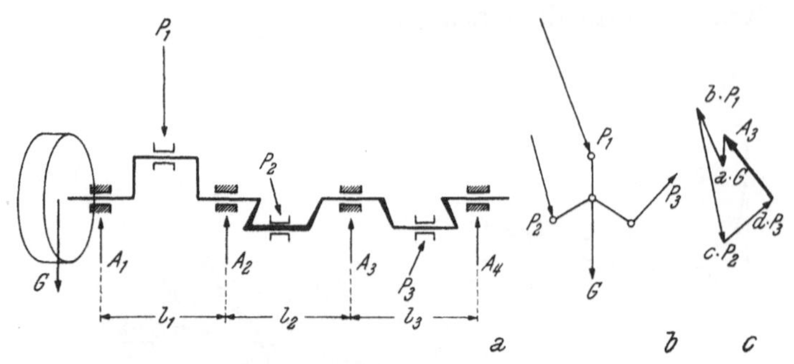

Abb. 206. Auflagerkraft A_3 (dreifeldrige Kurbelwelle als Durchlaufträger)
    a Welle mit Kräften
    b Kurbelstern
    c Kraftplan

$$\mathfrak{A}_3 = \mathfrak{G} \cdot a + \mathfrak{P}_1 \cdot b + \mathfrak{P}_2 \cdot c + \mathfrak{P}_3 \cdot d. \quad (48\,a)$$

a, b, c, und d sind die Einflußwerte, die an der Stelle der Belastung P_1, P_2, P_3 und G der dort stehenden Last „1" entsprechen (abhängig vom Stützweitenverhältnis $l_1 : l_2 : l_3$ sind in den Tafeln in [1] diese Einflußwerte zu finden). Entsprechend den verschiedenen Kurbelstellungen und Arbeitstakten werden die einzelnen Anteile der Lagerbelastung zusammengesetzt. Ihre Resultierende ergibt die jeweilige Lagerbelastung.

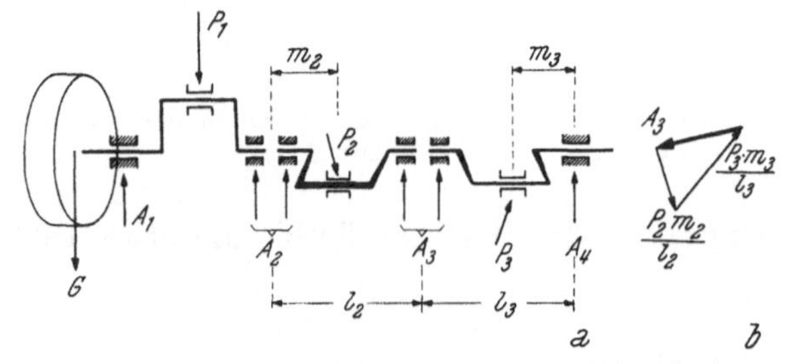

Abb. 207. Auflagerkraft A_3 (dreifeldrige Kurbelwelle ersetzt durch drei Einfeldbalken)
    a Welle mit Kräften
    b Kraftplan

Vereinfacht kann die Kurbelwelle auch als aus einzelnen frei aufliegenden Einfeldträgern bestehend betrachtet werden (Abb. 207). Hierbei fallen die Stützenmomente weg, und es werden nur die unmittelbar links und rechts des zu berechnenden Lagers wirkenden Kräfte berücksichtigt. Diese Methode ist einfach, führt schnell zum Ziel, ist aber nicht sehr genau. Die Lagerbelastung im gezeigten Beispiel beträgt hier:

$$\mathfrak{A}_3 = \mathfrak{P}_2 \cdot m_2/l_2 + \mathfrak{P}_3 \cdot m_3/l_3. \quad (48\,b)$$

Schon die Einwirkung der benachbarten Wellenlager wird außer acht gelassen!

2. Lagerberechnung unter vereinfachenden Annahmen

An Hand des vorigen Abschnittes kann nun für jedes der Kurbeltrieblager (Kolbenbolzen-, Kurbel- und Wellenlager) für jede beliebige Stellung die Lagerbelastung bestimmt werden. Für Überschlagsrechnungen werden diese Lager für einen mittleren Flächendruck ausgelegt. Die Berechnung erfolgt dann, als ob stationäre Belastung vorhanden wäre. Dabei ergeben sich Lagerspiel, Ölmenge, Ölzähigkeit und Erwärmung. Dieser mittlere Flächendruck muß geschätzt werden. Einen guten Anhaltspunkt gibt das Kräfteschaubild über eine Wellendrehung oder ein Arbeitsspiel. Für Kurbeltriebwerke von Verbrennungskraftmaschinen liegen Erfahrungswerte vor. Man nimmt eine reduzierte Belastung P_{re} als Grundlage (auch für Wälzlager gültig) an:

$$P_{re} = k \cdot (P_g + P_{h,0} - P_r). \tag{49}$$

Der *Minderungsfaktor k* wird der Tabelle 28 entnommen. Er reduziert die Größe der Spitzenlast entsprechend ihrer kurzen Wirkungsdauer auf einen Wert, der ihrem gleichmäßigen Vorhandensein über ein Arbeitsspiel entsprechen würde und berücksichtigt den Einfluß der Massenkräfte. (P_h und P_r s. Gl. (43 a) und (46).) Als Winkelgeschwindigkeit wird nur die der Welle ω_2 in die Berechnung eingesetzt. In den meisten Fällen genügt dieser Weg, besonders bei langsam und mittelschnell laufenden Maschinen, und es kann auf die Aufstellung eines Kräftediagrammes verzichtet werden.

Tabelle 28. Minderungsfaktor k

(teilweise aus SKF-Konstruktionsunterlagen)

	Dieselmotoren	Ottomotoren
4-Takt	0,32 bis 0,42	0,40 bis 0,50
2-Takt	0,40 bis 0,50	0,50 bis 0,60

(Kleine Werte für niedrige, große Werte für hohe Drehzahlen.)

3. Genaue Berechnung

Wie aus den folgenden Diagrammen ersichtlich, ist weder die Belastung während einer Umdrehung noch die Winkelgeschwindigkeit gleichförmig. Diese ganz unregelmäßige Bewegung der Belastung und deren Größenänderung läßt deutlich die Unrichtigkeit einer Berechnung als Lager mit stationären Verhältnissen erkennen. Es dreht sich ja nicht nur die Welle, sondern es schwingt beim Kurbellager zum Beispiel auch die Pleuelstange und damit das Lager. Die Last wechselt ihre Größe und ihre Lage zur Welle; damit ändert sich ihre Umlaufgeschwindigkeit.

a) Polardiagramm

Mit der reduzierten Belastung P_{re} und der Winkelgeschwindigkeit der Kurbelwelle ω_2 wird zuerst das Lager so berechnet, als ob stationäre Verhältnisse herrschen würden. Es ergibt sich dabei ein relatives Lagerspiel ψ, eine Ölzähigkeit η und die Betriebstemperatur für diesen gedachten Fall. Je nach der Betriebsdrehzahl werden nun gegebenenfalls für verschiedene Drehzahlbereiche die Kräftediagramme (als Polardiagramme) gezeichnet oder gerechnet (Anlauf oder unterer Drehzahlbereich, Höchstdrehzahl). Da der Kraftverlauf keiner einfachen Funktion folgt, wird er zweckmäßig schrittweise (graphisch oder rechnerisch) ermittelt. Dazu wird jede Wellen- und Lagergleitfläche im Kurbeltrieb von der gleichen Wellenstellung ausgehend eingeteilt (Teilung nicht über 15°), um bei der Kräftezusammensetzung an den Wellenlagern den Zusammenhang zu wahren. (Beim Viertaktmotor entsteht daher eine Mindestteilung von 0 bis 48 und beim Zweitaktmotor eine bis 24; bezeichnet werden die auf die Welle und das Lager wirkenden Kräfte mit dem der Stellung der Welle oder des Lagers entsprechenden Zeichen.) In den einzelnen Kurbelstellungen wird die aus dem $p - s$-Diagramm unter Berücksichtigung der endlichen Schubstangenlänge ermittelte Stangenkraft $\dfrac{P_g + P_h}{\cos \beta}$ aufgetragen (Abb. 205).

Dieser überlagert sich die Massenkraft P_r der rotierenden Teile, so daß für jede Wellenstellung die dort wirkende Kraft in ihrer wahren Lage dargestellt ist. Um die tatsächliche Lage der Kräfte auf der Wellenoberfläche zu erhalten, wird die Welle festgehalten, und die Kräfte werden aus ihrer absoluten Lage in die festgehaltene Stellung zurückgedreht. Es entsteht so das *Polardiagramm* der Belastung der Wellengleitfläche (Abb. 208 *a* und *c*).

Unter Berücksichtigung der Lagerbewegung läßt sich auch für das Lager die auf seine Gleitfläche wirkende Belastung ermitteln (Abb. 208 *b* und *d*). Für das Polardiagramm der Kurbelwellenlager werden die einzelnen Kraftanteile entsprechend ihren Einflußwerten zusammengesetzt.

Die Belastungen können entweder in absoluten Größen ausgedrückt oder aber auf die Kolben- oder Lagerfläche bezogen werden. Wenn mit den absoluten Kräften gerechnet und gezeichnet wird, bleibt der Maßstab bei der gesamten Konstruktion gleich. Wird aber im $p - s$-Diagramm vom Flächendruck des Kolbens ausgegangen, so können bei den Polardiagrammen die gleichen Längen der Kräfte verwendet werden; nur ist im Kräftemaßstab darauf Rücksicht zu nehmen. Bei Verwendung von spezifischen Lagerbelastungen ist also auf die Verschiedenartigkeit des Maßstabes im $p - s$-Diagramm und im Polardiagramm für Zapfen und Lager zu achten!

Dieses Polardiagramm der Belastung wird zweckmäßigerweise so aufgetragen, daß es der tatsächlichen Beanspruchung durch Druckkräfte entspricht: bei Wellen von außen auf die Wellenoberfläche, bei Lagern von innen auf die Lagerlauffläche wirkend, wie in Abb.

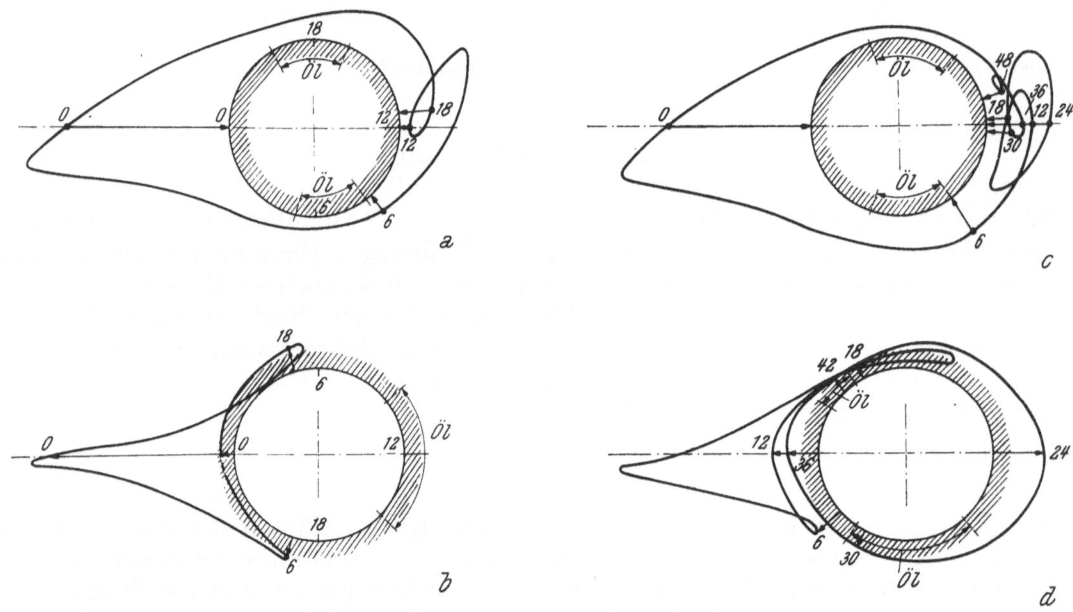

Abb. 208. Polardiagramm der Kurbel-(Pleuel-)lager-Kräfte

a und *c* auf die Welle wirkend   *a* und *b* eines Zweitakt-Dieselmotors
b und *d* auf das Lager wirkend   *c* und *d* eines Viertakt-Dieselmotors

208, oder aber von einem Punkt aus. Es zeigt die tatsächliche Beanspruchung der Gleitflächen und die Änderung des Kraftvektors nach Größe und Richtung. Wird eine Gleitfläche mehrmals von der Belastung überfahren, so wird der Werkstoff dort höher beansprucht als an Stellen, wo dies nicht der Fall ist. Auch bei geringer Belastung wird durch den oftmaligen Wechsel zwischen Belastung und Entlastung die Haltbarkeit des Werkstoffes herabgesetzt.

Würden stationäre Verhältnisse herrschen, so müßte der Kraftvektor entweder am Lager oder an der Welle immer an derselben Stelle wirken, während er an der Gegenlauffläche konstant umläuft.

b) Last- und Lagerdrehung

Weiter ist noch die Bestimmung der Winkelgeschwindigkeit ω_{re} für jede Wellenstellung notwendig. Dazu wird in einem neuen Diagramm, dessen Abszisse dem abgewickelten Umfang der Welle entspricht, der Winkel zwischen der Last- und Wellenstellung und der der Lagerstellung (Schwenkwinkel der Pleuelstange) auf der Ordinate aufgetragen. Da die Kräfte weder mit der Welle noch mit dem Lager konstant mit umlaufen, verschieben sie sich relativ zu den Gleitflächen. Je größer dieser Verschiebewinkel ist, um so größer ist auch die Verschiebegeschwindigkeit. Bei Kurbeltriebwerken eilt an der Stelle der größten Belastung diese der Kurbeldrehung entgegen, das heißt die Winkelgeschwindigkeit ω_{re} ist größer als die der Welle. Damit steigt die Tragfähigkeit. An anderer Stelle jedoch läuft die Belastung mit der Drehung um und kann bei entsprechender Geschwindigkeit $\omega_{re} = 0$ dadurch sogar die hydrodynamische Tragfähigkeit auf Null absinken lassen.

Aus dem Polardiagramm und den kinematischen Bedingungen lassen sich nun die Bewegungen von Belastung, Welle und Lager ermitteln. Die Geschwindigkeitskurven daraus stellen die Verhältnisse ω_1/ω_2 und ω_p/ω_2 dar. (Der Zusammenhang zwischen dem Polardiagramm und dem Geschwindigkeitsschaubild ist natürlich durch die gleichen Bezeichnungen gegeben; beim Zweitaktmotor werden auf der Abszisse 360° aufgetragen, beim Viertaktmotor 720°. Wenn der Maßstab für die Gradteilung auf Abszisse und Ordinate gleich groß gewählt wird, so kann die erste Ableitung der Last- und Lagerstellungen einfach graphisch durch Auftragen des Tangens des Steigungswinkels der Lagerkurve in demselben Diagramm erfolgen.)

Für die Ermittlung der tatsächlichen Winkelgeschwindigkeit ist ω_{re} erforderlich: Der Ausdruck (20) läßt sich umformen in

$$\omega_{re} = \omega_2 \cdot \left(1 + \frac{\omega_1}{\omega_2} - \frac{2 \cdot \omega_p}{\omega_2}\right).$$

Der Klammerausdruck in obiger Gleichung läßt sich durch Zusammensetzen der Kurven ω_1/ω_2 und ω_p/ω_2 und Verschieben der Abszissenachse um „— 1“ zeichnerisch darstellen. Durch Multiplikation mit ω_2 ergibt sich für jede Wellenstellung das gesuchte ω_{re}.

Bei den Wellenstellungen also, wo

$$1 + \frac{\omega_1}{\omega_2} - \frac{2 \cdot \omega_p}{\omega_2} = 0,$$

ist auch $\omega_{re} = 0$!

Nun kann mit ω_{re} und p, beide Werte für jede beliebige Kurbelstellung bekannt, der Verlauf von h_0 gezeichnet werden, und es läßt sich beurteilen, ob das Lager betriebssicher läuft. Denn die genaue Berechnung eines Lagers mit nach Größe und Richtung veränderlicher Belastung und mit veränderlicher Gleitgeschwindigkeit wird als Kontrollrechnung durchgeführt.

Auf Grund mittlerer Belastungswerte und der Wellendrehzahl werden das relative Lagerspiel und die Schmierölzähigkeit berechnet. Mit diesen Werten wird das Lager als gegeben betrachtet und die Wellenbewegung im Lager kontrolliert.

Es wäre nun naheliegend, für jeden Drehwinkel die augenblickliche Belastung p zu ermitteln, die dazugehörigen Bewegungsverhältnisse ω_{re} und daraus die Schmierfilmdicke zu rechnen. Daraus ergäben sich Wellenstellungen, die der Wirklichkeit verhältnismäßig nahe kämen. Verschwindet aber im Laufe eines Arbeitsspieles — und dies ist bei den meisten Kurbeltriebwerken der Fall — die reduzierte Winkelgeschwindigkeit ein- oder mehrmals, so offenbart sich die Unrichtigkeit dieser Berechnungsmethode. Die hydrodynamische Tragfähigkeit verschwindet dort, und somit müßte die Welle an der Lagerwand anstoßen. Es bleibt aber der Schmierfilmdruck durch die Verdrängungswirkung, der die Annäherung der beiden Gleitflächen verzögert.

Abgesehen von der Wellendrehung wird also die Wellenachse periodisch Bewegungen innerhalb des Lagers ausführen, bei denen die Verdrängung des Öles als wesentliche Komponente der Tragfähigkeit zu berücksichtigen ist. Die Wirkung der einzelnen Druckentwicklungen überlagern sich (Superposition). Es baut sich in jeder Stellung der Welle durch die veränderliche Belastung und Ölgeschwindigkeit immer wieder ein neuer veränderter Druckberg auf. Damit ist auch die Temperatur und die Viskosität des Schmierstoffes im Schmierspalt veränderlich. Um die Bestimmung der Verhältnisse im Lager aber zu ermöglichen, werden die mittlere Temperatur im Lagerspalt und die Ölzähigkeit als bekannt und konstant vorausgesetzt. Nur dann kann nach dem heutigen Stande der Lagerberechnung für jede Stellung des Kurbeltriebes die kleinste Schmierfilmdicke berechnet oder kontrolliert werden.

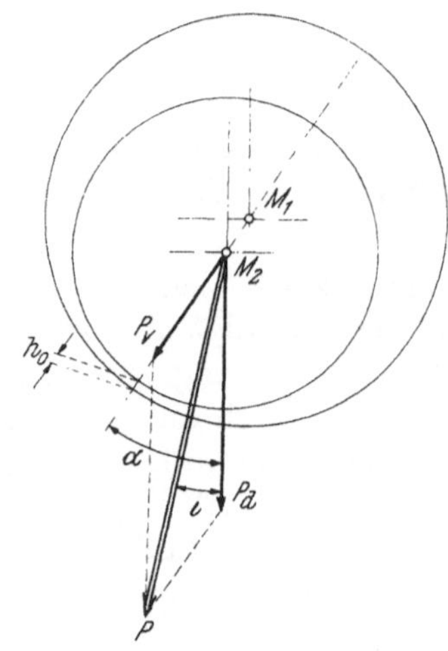

Abb. 209. Aufteilung der Gesamttragfähigkeit P in P_d und P_v

Die vorhandene Belastung wird je nach der Lage und Bewegung der Wellenachse zum Teil durch den Druckaufbau bei der Drehung und zum Teil durch den bei Verdrängung aufgenommen. Bei jeder Radialbewegung der Welle im Lager ist der letztgenannte wirksam, von wesentlichem Einfluß aber nur bei sinkenden Werten der Schmierfilmtragfähigkeit aus der Drehung.

Auf Grund der ermittelten kleinsten Schmierfilmdicken oder der Bewegung der Wellenachse läßt sich dann beurteilen, ob das Lagerspiel und das Schmieröl richtig gewählt wurden oder etwa geändert werden müssen.

Zu einer gegebenen Wellenlage, bei der alle Kräfte (innere und äußere) im Gleichgewicht sind, gehört also der Druckaufbau p_d durch die Drehung $|\omega_{\mathrm{re}}|$ und der Druckaufbau p_v durch die Verdrängung des Schmierstoffes bei der Radialbewegung — dh/dt der Welle. Ist nun die Lage der Wellenachse gegeben, so lassen sich zu der äußeren Belastung $\mathfrak{p}$ die Tragfähigkeitsanteile aus der Drehung und aus der Verdrängung sowie die radiale Bewegung bestimmen. Da sich p_d und p_v einfach überlagern, können sie getrennt erfaßt werden:

$$\mathfrak{P} = \mathfrak{P}_d + \mathfrak{P}_v \quad \text{(Abb. 209)}.$$

Die Tragfähigkeit aus der Drehung ergibt gemeinsam mit der durch die Verdrängung die gesamte Lagertragfähigkeit.

c) Lastanteile

Ermittlung der Anteile von P_d und P_v, Konstruktion der Verlagerungskurve (Tabellen 29 und 30): Die Kraftrichtung von P_v liegt in der Verbindungsebene zwischen Wellen- und Lagerachse $(\overline{M_1 M_2})$. Es entspricht daher der Winkel zwischen P_d und P_v dem Auslenkwinkel α:

$$\sphericalangle (P_d, P_v) = \alpha.$$

Bei gegebener Wellenlage ist h_0 bzw. δ und das Breitenverhältnis b/d bekannt. Daraus können die Kennzahlen So, So_v und der Auslenkwinkel α bestimmt werden (s. S. 148, 155 und 106; zur besseren Übersichtlichkeit bei der Berechnung sind in Abb. 210 diese Werte für Breitenverhältnisse von 0,3 bis 1,0 abhängig von δ zusammengefaßt).

Ist So bekannt, so ergibt sich aus (24)

$$p_d = \frac{So \cdot \eta \cdot |\omega_{\mathrm{re}}|}{\psi^2} \tag{50}$$

Tabelle 29. Berechnung der Wellenbewegung

φ	$\bar{p}$	ω_{re}	δ	So	So_v	α	p_d	$\sin \alpha$	$\sin(\alpha-\iota)$	$\alpha-\iota$	ι	$\sin \iota$	$\dfrac{\sin \iota}{\sin \alpha}$	$\varDelta\delta$	$h_0 \cdot 10^4$
$°\measuredangle$	$\mathrm{kp\,cm^{-2}}$	$\mathrm{s^{-1}}$				$°\measuredangle$	$\mathrm{kp\,cm^{-2}}$			$°\measuredangle$	$°\measuredangle$				cm

$$\left(So = \frac{\bar{p}}{|\omega_{re}|} \cdot \frac{\psi^2}{\eta}\right), \qquad \bar{p}_\alpha = So \cdot |\omega_{re}| \cdot \frac{\eta}{\psi^2}, \qquad \sin(\alpha - \iota) = \frac{p_d}{\bar{p}} \cdot \sin \alpha,$$

$$\varDelta\delta = -\frac{\bar{p}}{So_v} \cdot \frac{\sin \iota}{\sin \alpha} \cdot \frac{\psi^2}{\eta} \cdot \frac{\varDelta\varphi \cdot \pi}{180} \cdot \frac{1}{\omega_2}, \qquad h_0 = \delta \cdot \frac{\psi\,d_2}{2}$$

Konstante Werte:

$$d_2 = \ldots \mathrm{cm}, \qquad b = \ldots \mathrm{cm}, \qquad b/d_2 = \ldots, \qquad \psi = \ldots, \qquad \frac{\psi \cdot d}{2} = \ldots$$

$$\eta = \ldots \mathrm{kp\,s\,cm^{-2}}$$

$$\frac{\eta}{\psi^2} = \ldots$$

$$\varDelta\varphi = \ldots$$

$$\frac{\psi^2}{\eta} \cdot \frac{\varDelta\varphi \cdot \pi}{180} \cdot \frac{1}{\omega_2} = \ldots$$

Tabelle 30. Berechnung der kleinsten Schmierfilmdicken unter Vernachlässigung des Verdrängungsdruckes

Konstante Werte:

$$d_2 = \ldots \mathrm{cm}, \qquad \psi = \ldots, \qquad \eta = \ldots \mathrm{kp\,s\,cm^{-2}}, \qquad \frac{\psi^2}{\eta} = \ldots, \qquad b/d_2 = \ldots$$

$$b = \ldots \mathrm{cm}, \qquad \frac{\psi \cdot d_2}{2} = \ldots$$

	$\bar{p}$	ω_{re}	So	δ	h_0
$0°$					
$15°$					
$30°$					
$\vdots$					

$$So = \frac{\bar{p}}{|\omega_{re}|} \cdot \frac{\psi^2}{\eta}, \qquad h_0 = \frac{\psi \cdot d_2}{2} \cdot \delta$$

und $P_d = \bar{p}_d \cdot b \cdot d$. Dies ist die Tragfähigkeit, die sich aus der Drehung der Welle *allein* ergibt. Die äußere Belastung ist aber um den Wert $P_v = \bar{p}_v \cdot b \cdot d$ größer. Darin ist

$$\bar{p}_v = \frac{So_v \cdot \eta \cdot \delta}{\psi^2} \tag{51}$$

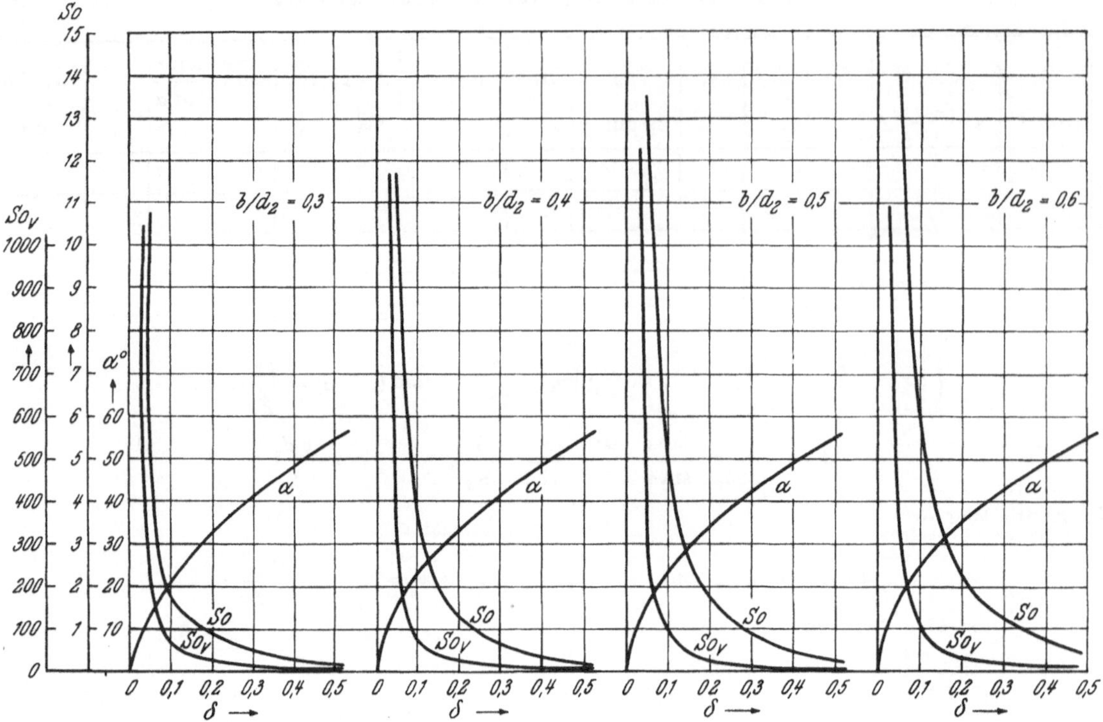

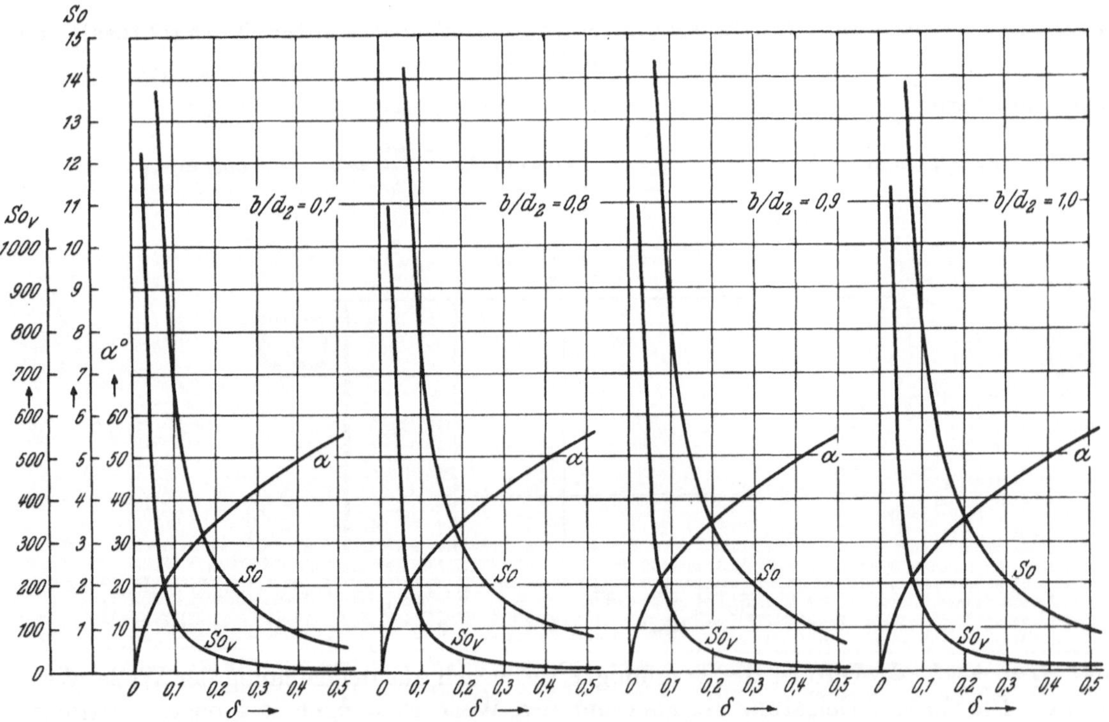

Abb. 210. *So, So_v* und α in Abhängigkeit von δ für verschiedene Breitenverhältnisse

Aus den geometrischen Beziehungen nach Abb. 209 ergeben sich zwei weitere Gleichungen:

$$\bar{p}_v \cdot \sin(\alpha - \iota) = -\bar{p}_d \cdot \sin \iota \quad \text{und} \tag{52}$$

$$\bar{p}_d \cdot \sin \alpha = \bar{p} \cdot \sin(\alpha - \iota). \tag{53}$$

Daraus ist

$$\sin(\alpha - \iota) = \frac{\bar{p}_d}{\bar{p}} \cdot \sin \alpha. \tag{54}$$

Damit ist auch ι bekannt. Außerdem ist

$$\bar{p}_v = -\bar{p}_d \cdot \sin \iota / \sin(\alpha - \iota) = -\frac{\bar{p} \cdot \sin \iota}{\sin \alpha}. \tag{55}$$

Nun sind alle Größen zur Bestimmung von δ infolge $\bar{p}$ bekannt:

$$\delta = \frac{\bar{p}_v \cdot \psi^2}{So_v \cdot \eta} = -\frac{\bar{p}}{So_v} \cdot \frac{\sin \iota}{\sin \alpha} \cdot \frac{\psi^2}{\eta}.$$

Ist der Winkel $\iota = 0$, $P_d = P$ so wird $\bar{p}_v = 0$ und daher auch $\delta = 0$. Das heißt, die Welle dreht sich nur und bewegt sich nicht radial; während für $\alpha = \iota = 0$ nur radiale Bewegung vorhanden ist ($P_v = P$).

d) Radialbewegung der Welle

Nach Einführung von endlichen Schrittweiten ergibt sich aus (36) und (55) der Verschiebeweg

$$\Delta h_0 = -\frac{\bar{p} \cdot \psi^3 \cdot d}{2 \cdot So_v \cdot \eta} \cdot \frac{\sin \iota}{\sin \alpha} \cdot \Delta\varphi \cdot \frac{\pi}{180} \cdot \frac{1}{\omega_2} \tag{56}$$

oder

$$\Delta\delta = -\frac{\bar{p}}{So_v} \cdot \frac{\sin \iota}{\sin \alpha} \cdot \frac{\psi^2}{\eta} \cdot \frac{\Delta\varphi \cdot \pi}{180} \cdot \frac{1}{\omega_2} \tag{57}$$

Damit ist bei einer schrittweisen Bestimmung der Bahnkurve der Wellenachse die Radialverschiebung Δh_0 oder $\Delta\delta$ für den jeweils nächsten Schritt gegeben. Die Trägheitskräfte aus dem Gewicht der Welle werden vernachlässigt, ebenso die Druckausbildung bei der radial nach innen gerichteten Bewegung. Daher sind in der Berechnung die Kräfte durch den Verdrängungsdruckaufbau nur, so lange $\bar{p}_d < \bar{p}$ ist, berücksichtigt. Bei $\bar{p}_d > \bar{p}$ ($\delta > 0$) wird die Lage der Welle allein durch den Druckaufbau aus der Drehung bestimmt. Erst bei kleiner werdendem h_0 kommt $\bar{p}_v$ wieder zur Geltung. Diese Vereinfachung ist zulässig, weil in der Praxis nur die gefährdeten Stellen, also die kleinen Werte der kleinsten Schmierfilmdicken, und deren Lagen interessieren.

War, was meist der Fall ist, keine Ausgangslage bekannt, so wird bei Annahme irgendeiner Lage h_0 oder δ zu Anfang der Berechnung nach einem Umlauf von etwas mehr als einem Arbeitsspiel bald ein Zustand erreicht, in dem die zuletzt gerechneten Werte denen der entsprechenden Stellungen des Arbeitsspieles vorher gleichen. Dann ist die richtige Bahn der Wellenachse erreicht. Voraussetzung ist, daß genügend *kleine* Bewegungs- oder Zeitabschnitte, also kleine Berechnungsschritte, gemacht werden (etwa 2 bis 5° Drehwinkel). Rechenschiebergenauigkeit genügt.

e) Verlagerungsbahn

Zur Zeichnung des Verlagerungsweges braucht nun nur von der entsprechenden Belastungsrichtung $\bar{p}$ der Winkel $(\alpha - \iota)$ im gleichen Sinn wie ω_{re} und darauf das neue h_0 von der Lageroberfläche nach innen aufgetragen zu werden. Die Verbindung dieser Punkte ergibt die Verlagerungsbahn.

Ist diese Kurve gezeichnet, so gehen daraus die gefährdeten Stellen im Lager und auf der Welle hervor. Dort, wo die kleinste Schmierfilmdicke sehr kleine Werte annimmt, darf keinesfalls eine Schmierölzuführung vorgesehen werden. Sofern auf der Welle oder im Lager belastungsfreie Stellen sind, werden diese dafür oder für Nuten zur Weiterleitung des Öles benützt (strichliert in Abb. 208 eingezeichnet). Falls keine solchen Stellen vorhanden sind oder aus konstruktiven Gründen eine Zuführung dort nicht möglich ist, bleiben die Bereiche, wo ω_{re} groß und die Belastung klein ist. Bei der Anordnung der Nuten oder Bohrungen ist auch der der Belastung im Sinne ω_{re} voraneilende Druckberg zu berücksichtigen, denn er soll nicht durch drucklose Stellen unterbrochen werden.

Genügt es, die kleinsten Schmierfilmdicken ohne ihre Lagen zur Lagergleitfläche zu kennen, so kann von der Zeichnung der Verlagerungsbahn abgesehen werden.

Falls nur die gefährdeten Stellen, an denen der Schmierfilm durchgedrückt werden könnte, festgestellt werden sollen, braucht die h_0-Kurve nur aus P_d allein ermittelt zu werden; dort aber, wo sich starke Radialverschiebungen aus P_d und ω_{re} ergeben, wird P_v berücksichtigt, um zu überprüfen, ob der Verdrängungsdruck Festkörperberührung verhindern kann.

Sofern nun die Werte von h_0 innerhalb der zulässigen Grenzen liegen, ist das Lager richtig dimensioniert. h_0 darf nie kleiner als die Summe der Rauhtiefen von Welle und Lager sein. Wird dieser Wert unterschritten, so müssen die Annahmen geändert werden.

f) Zusammenfassung des Rechnungsganges

Der Berechnungsgang sieht kurz zusammengefaßt folgendermaßen aus:
Überschlägige Berechnung mit den als konstant angenommenen Werten P_{re} und ω_2 (S. 172); daraus Ermittlung des Lagerspieles ψ, der Schmierölzähigkeit η und der Schmierfilmtemperatur ϑ.
Konstruktion des Polardiagrammes für Welle und Lager.
Ermittlung von ω_{re} (S. 175).
Schrittweise Berechnung der Lage der Wellenachse oder der kleinsten Schmierfilmdicken (S. 176 und Tabelle 29) mit den als konstant angenommenen Werten ψ, η, mit $\bar{p}$ aus dem Polardiagramm und ω_{re} aus dem Geschwindigkeitsdiagramm (zu Beginn Annahme irgendeines h_0).
Genügt es, zu kontrollieren, ob die Welle sich dem Lager an irgend einer Stelle zu sehr nähert, so kann der vereinfachte Rechnungsgang durchgeführt werden:
Überschlägige Berechnung mit den als konstant angenommenen Werten P_{re} und ω_2 wie oben angegeben.
Konstruktion des Polardiagrammes.
Ermittlung von ω_{re} (S. 175).
Schrittweise Konstruktion der Verlagerungsbahn unter Vernachlässigung des Verdrängungsdruckes $\bar{p}_v$ (So aus ω_{re}, $\bar{p}$, η und ψ; daraus δ und h_0; Tabelle 30).
Nur an Stellen, wo $- \Delta h / \Delta t$ groß ist, Ermittlung von So_v; dann Berechnung von Δh. Damit Korrektur der unter Vernachlässigung von $\bar{p}_v$ bezeichneten Verlagerungsbahn, so lange, bis die neu gezeichnete die vereinfachte wieder schneidet (auf dem nach innen weisenden Ast).

Beim Kolbenbolzen- oder Kipphebellager, also in Lagern mit hin- und hergehender Bewegung, ist die Durchführung der Rechnung gleich.
Ist hierbei keine genaue Ermittlung der Lagen notwendig, so besteht die Möglichkeit, zu kontrollieren, ob die Übergangsgeschwindigkeit genügend tief unter der maximalen Gleitgeschwindigkeit liegt. Ist dies der Fall, so ist anzunehmen, daß wenigstens für einen Teil der Bewegung Tragfähigkeit aus der Drehung besteht, während in der restlichen Zeit die Belastung durch den Verdrängungsdruck aufgenommen wird.

4. Beispiele

Für einen Sechszylinder-Zweitakt-Diesel-Reihenmotor (Bohrung 42 cm, Hub 56 cm und $\omega = 34\,\mathrm{s}^{-1}$) mit an den Motorkurbelkröpfungen angreifenden Kompressorpleueln eines unter 90° zu den Motorzylindern angeflanschten Kolbenkompressors werden einige Lager berechnet, bzw. kontrolliert (Abb. 211):

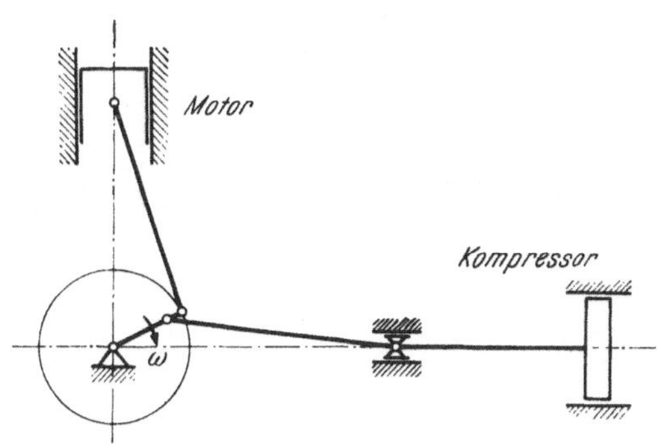

Abb. 211. Schema des Kurbeltriebes eines Motors mit direkt an den Kurbeln angelenktem Kolbenkompressor

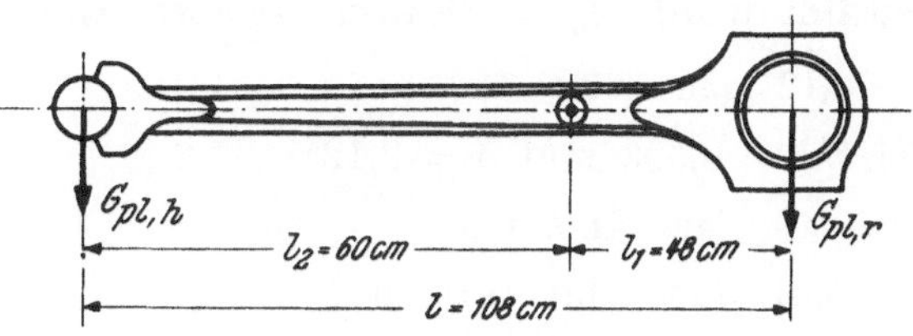

Abb. 212. Ermittlung der Schwerpunktlage eines Motorpleuels

Überschlägige Berechnung eines Motorpleuellagers:

$$P_{re} = k \cdot (P_g + P_{h,0} - P_r)$$

$$P_g = p_g \cdot F_k = 101\,000\ \mathrm{kp}$$

$$P_{h,0} = -\frac{G_h}{g} \cdot r \cdot \omega_2{}^2 \cdot (1 + \lambda)$$

Zünddruck: $p_g = 73\ \mathrm{kp\ cm^{-2}}$

Kolbenfläche: $F_k = 1384\ \mathrm{cm^2}$

Gewichte:

Kolben ohne Bolzen	162 kp
(Schwerpunktlage der Stange s. Abb. 212)	
Stangengewicht 190 kp	
davon zu G_h	85 kp
und zu $G_r = 105$ kp	

$$G_h = 247\ \mathrm{kp}$$
$$G_r = 105\ \mathrm{kp}$$

$$r = 28\ \mathrm{cm}$$
$$\lambda = 0{,}259$$
$$\omega_2 = 34\ \mathrm{s}^{-1}$$

$$P_{h,0} = -\,10\,280\ \mathrm{kp}$$

$$P_r = \frac{G_r}{g} \cdot r \cdot \omega_2{}^2 = 3465\ \mathrm{kp}$$

$$k = 0{,}40$$

$$P_{re} = 35\,000\ \mathrm{kp}$$

$$p = \frac{P_{re}}{d_2 \cdot b} = 72{,}4\ \mathrm{kp\ cm^{-2}}$$

$$\text{Pleuellager:} \quad d_2 = 31,0 \text{ cm}$$
$$b = 15,6 \text{ cm}$$

$u = 527 \text{ cm s}^{-1}$

aus Abb. 192 für Bleibronze-Verbundlager:

$\psi = 0,8 \cdot 10^{-3};$

$$h_{0,\max} = \frac{\psi \cdot d}{7} = 0,003\,54 \text{ cm}; \quad \text{(aus (22))}$$

gewählt wurde $h_0 = 0,0015$ cm (Bearbeitung von Welle und Lager: $\triangledown\triangledown\triangledown$)

$\delta = 0,12$ (aus (23));

für $b/d = 0,503$ und $\delta = 0,12$:

$So = 3,8$ (aus Abb. 196),

$\xi = 0,41$ (aus Abb. 197) und

$\mu/\psi = 1,8$ (aus Abb. 198);

daraus folgt:

$\eta = 0,359 \cdot 10^{-6}$ kp s cm^{-2} bei Betriebstemperatur (aus (24));

$Q = 84 \text{ cm}^3 \text{ s}^{-1}$ (aus (26)),

$\mu = 0,001\,44,$

$N_r = 26\,600$ cm kp s^{-1} (aus (27)),

$\Delta\vartheta = 18,5° \text{ C}$ (aus (32));

$\nu = 1,1 \cdot 10^8 \cdot \eta = 39,5 \text{ cSt};$

$\vartheta_e = 42° \text{ C, angenommen;}$

$\vartheta = 60° \text{ C};$

$\nu = 39,5 \text{ cSt}/60° \text{ C} \dots\dots\dots\dots\dots$ SAE 30 (Abb. 26).

Berechnung eines Motorpleuellagers, Konstruktion des Polardiagrammes für Nenndrehzahl $\omega = 34 \text{ s}^{-1}$: Die Überlagerung des $p - s$-Diagrammes mit den Massenkräften der hin- und hergehenden Triebwerksteile gibt das Kolbendruckdiagramm (Abb. 213 *a*). Daraus folgen die Kräfte in ihrer absoluten Lage. Ihnen überlagern sich noch die Massenkräfte der rotierenden Teile. Zurückgedreht in die schraffiert gezeichnete Kurbelstellung ergibt sich das Polardiagramm über dem Kurbelzapfen (Abb. 213 *b*). Das Polardiagramm des Kurbellagers entsteht aus den absoluten Kraftlagen unter Berücksichtigung der Bewegung der Pleuelstange, aufgetragen über der Lagergleitfläche (Abb. 213 *c*). In Abb. 213 *d* sind in einem weiteren Diagramm über dem abgewickelten Umfang der Welle Last- und Lagerstellungen aufgetragen. Die erste Ableitung dieser beiden Kurven gibt die Winkelgeschwindigkeit von Last und Lager, bezogen auf die der Welle $(\omega_1/\omega_2, \omega_p/\omega_2)$. Das Bilden der Summe $(\omega_1 - 2 \cdot \omega_p)/\omega_2$ und Verschieben der x-Achse um „-1" gibt den Wert $1 + (\omega_1 - 2 \cdot \omega_p)/\omega_2$ (stark ausgezogen). Wo diese Kurve die neue x-Achse berührt, ist dieser Ausdruck Null und damit auch $\omega_{\mathrm{re}} = 0$. Der Verlauf von ω_{re} während eines Arbeitsspieles ist daraus

$$\omega_{\mathrm{re}} = \omega_2 \cdot \left(1 + \frac{\omega_1 - 2 \cdot \omega_p}{\omega_2}\right) \quad \text{(s. auch (20)).}$$

Mit dem Wert ω_{re} und mit $\bar{p}$ aus dem Polardiagramm kann die Verlagerungsbahn gerechnet werden.

Die spezifischen Kräfte im $p - s$-Diagramm sind bezogen auf die Kolbenfläche. Im Polardiagramm sind die gleichen Längen übernommen; der Maßstab ist aber so geändert,

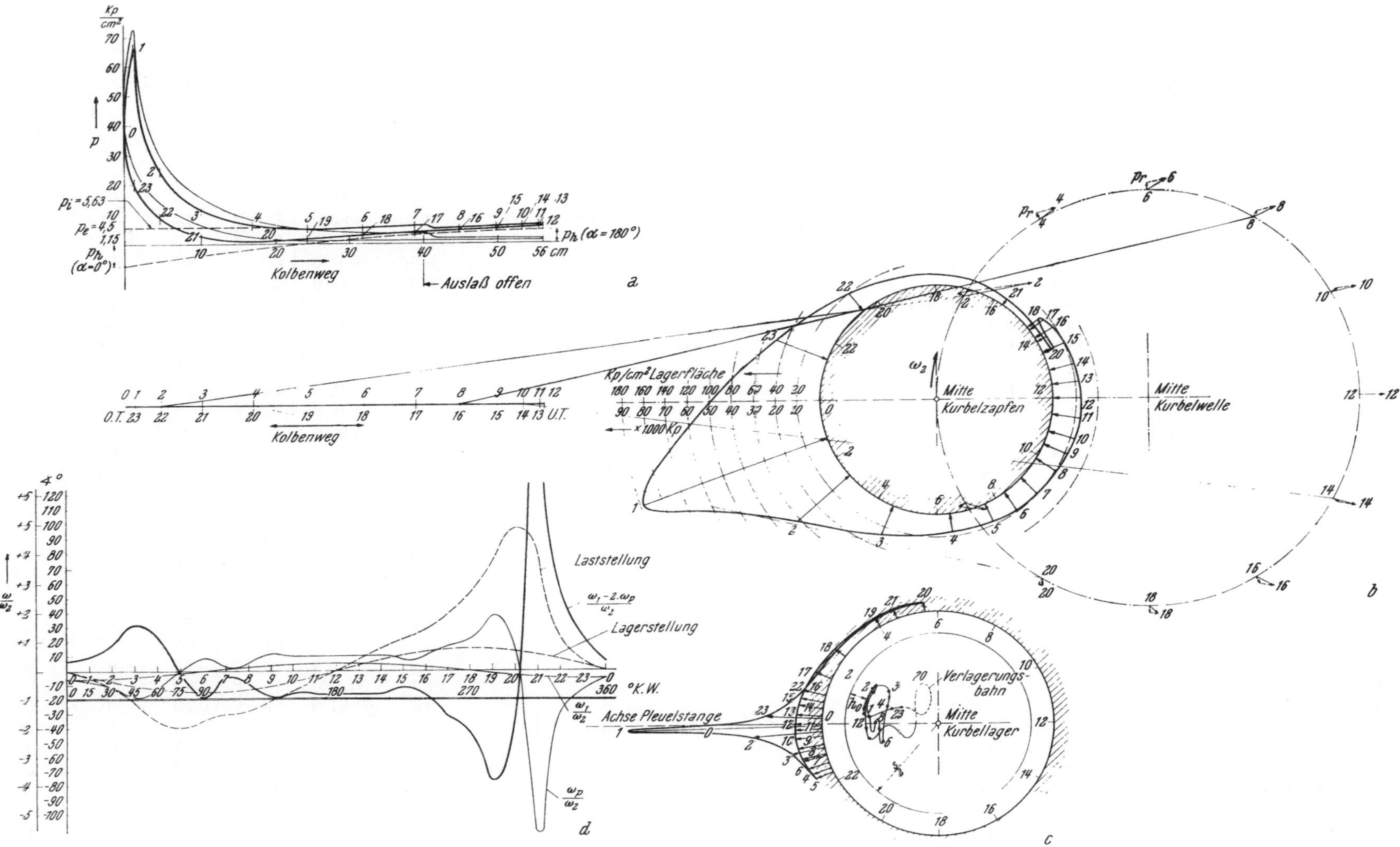

Abb. 213. Bestimmung der Last- und Lagerbewegung, sowie der Lagerkräfte im Motorkurbellager des Motors nach Abb. 131
a $p - s$-Diagramme und Massenkräfte
b Kräfte auf den Kurbelzapfen
c Kräfte auf das Kurbellager mit Verlagerungsbahn der Welle im Lager
d Ermittlung der Bewegungsverhältnisse

Tabelle 31. Berechnung der Verlagerungsbahn

	φ	$\bar{p}$	ω_{re}	δ	So	So_v	α	$\bar{p}_d$	$\sin\alpha$	$\sin(\alpha-\iota)$	$\alpha-\iota$	ι	$\sin\iota$	$\sin\iota/\sin\alpha$	$\Delta\delta$	$h_0\cdot10^4$
0	0	100	+ 44	0,160	2,4	35	30,0	49,4	0,500	0,247	14,3	15,7	0,271	0,543	−0,0071	19,9
	5	136	+ 46	0,153	2,6	45	29,0	67,2	0,485	0,240	13,9	15,1	0,261	0,538	−0,0074	19,9
	10	160	+ 48	0,146	2,8	50	28,5	75,5	0,477	0,225	13,0	15,5	0,267	0,559	−0,0082	18,1
1	15	182	+ 51	0,137	3,1	55	27,5	89,0	0,462	0,226	13,1	14,4	0,249	0,539	−0,0082	17,0
	20	125	+ 54	0,129	3,2	60	26,5	97,2	0,446	0,348	20,4	6,1	0,106	0,237	−0,0023	16,0
	25	81	+ 59	0,160	2,4	—	30,0	—	—	—	—	—	—	—	—	~19,8
2	30	67	+ 65	0,195	1,8	—	33,0	—	—	—	—	—	—	—	—	~24,2
	35	46	+ 75	0,270	1,1	—	40,0	—	—	—	—	—	—	—	—	~33,5
	40	37	+ 85	0,315	0,8	—	43,0	—	—	—	—	—	—	—	—	~39,1
3	45	30	+ 89	0,360	0,6	—	46,0	—	—	—	—	—	—	—	—	~44,7
	50	22	+ 87	0,430	0,4	—	51,0	—	—	—	—	—	—	—	—	~53,4
	55	19	+ 81	0,430	0,4	—	51,0	—	—	—	—	—	—	—	—	~53,4
4	60	18	+ 71	0,430	0,4	5	51,0	16,0	0,777	0,690	43,6	7,4	0,129	0,166	−0,0027	53,4
	65	18	+ 60	0,427	0,4	5	51,0	13,5	0,777	0,584	35,7	15,3	0,264	0,340	−0,0057	53,1
	70	18	+ 44	0,421	0,4	6	50,0	9,9	0,766	0,422	25,0	25,0	0,422	0,550	−0,0076	52,3
5	75	18	+ 31	0,413	0,5	6	50,0	8,7	0,766	0,371	21,8	28,2	0,473	0,617	−0,0084	51,3
	80	18	+ 17	0,405	0,5	6	49,0	4,8	0,755	0,200	11,5	37,5	0,609	0,807	−0,0111	50,2
	85	19	+ 7	0,394	0,5	6	49,0	2,0	0,755	0,078	4,5	44,5	0,701	0,928	−0,0134	48,9
6	90	20	+ 2	0,381	0,6	7	48,0	0,7	0,743	0,025	1,4	46,6	0,727	0,978	−0,0128	47,3
	95	20	+ 8	0,368	0,6	7	47,0	2,7	0,731	0,099	5,7	41,3	0,660	0,902	−0,0118	45,7
	100	21	+ 20	0,356	0,6	8	46,0	6,7	0,719	0,229	13,2	32,8	0,542	0,754	−0,0091	44,2
7	105	21	+ 27	0,347	0,7	8	45,0	10,6	0,707	0,358	21,0	24,0	0,407	0,576	−0,0069	43,0
	110	21	+ 27	0,340	0,7	8	45,0	10,6	0,707	0,358	21,0	24,0	0,407	0,576	−0,0069	42,2
	115	22	+ 24	0,333	0,7	9	44,0	9,5	0,695	0,299	17,4	26,6	0,448	0,644	−0,0072	41,3
8	120	22	+ 19	0,326	0,8	9	44,0	8,5	0,695	0,270	15,7	28,3	0,474	0,682	−0,0076	40,5
	125	22	+ 12	0,318	0,8	10	43,0	5,4	0,682	0,167	9,6	33,4	0,551	0,808	−0,0081	39,5
	130	23	+ 7	0,310	0,8	10	43,0	3,2	0,682	0,093	5,3	37,7	0,612	0,898	−0,0095	38,5
9	135	23	+ 3	0,300	0,9	10	42,0	1,5	0,670	0,044	2,5	39,5	0,636	0,949	−0,0100	37,2
	140	24	+ 2	0,290	0,9	11	41,0	1,0	0,656	0,027	1,6	39,4	0,635	0,967	−0,0099	36,0
	145	24	+ 3	0,280	1,0	12	40,0	1,7	0,643	0,045	2,6	37,4	0,607	0,944	−0,0086	34,8
10	150	25	+ 8	0,271	1,1	13	39,0	4,9	0,629	0,124	7,1	31,9	0,528	0,839	−0,0074	33,7
	155	25	+ 8	0,264	1,1	14	39,0	4,9	0,629	0,124	7,1	31,9	0,528	0,839	−0,0069	32,8
	160	25	+ 8	0,257	1,2	15	38,5	5,4	0,623	0,134	7,7	30,8	0,512	0,822	−0,0063	31,9
11	165	25	+ 8	0,251	1,2	15	38,0	5,4	0,616	0,133	7,6	30,4	0,506	0,820	−0 0062	31,2
	170	26	+ 7	0,245	1,3	16	37,2	5,1	0,605	0,119	6,8	30,4	0,506	0,837	−0,0062	30,4
	175	26	+ 7	0,239	1,3	17	37,0	5,1	0,602	0,118	6,8	30,2	0,503	0,836	−0,0058	29,7
12	180	25	+ 7	0,233	1,4	17	36,5	5,5	0,595	0,131	7,5	29,0	0,485	0,814	−0,0054	28,9
	185	25	+ 7	0,228	1,4	18	36,0	5,5	0,588	0,130	7,5	28,5	0,477	0,811	−0,0051	28,3
	190	24	+ 7	0,223	1,4	19	36,0	5,5	0,588	0,135	7,8	28,2	0,473	0,804	−0,0047	27,7

13	195	23	+ 7	0,218	1,5	20	35,0	5,9	0,574	0,146	8,4	26,5	0,446	0,777	$-0,0041$	27,0
	200	23	+ 7	0,214	1,5	21	34,5	5,9	0,566	0,146	8,4	26,1	0,442	0,781	$-0,0039$	26,6
	205	23	+ 7	0,210	1,6	22	34,0	6,3	0,559	0,153	8,8	25,2	0,426	0,761	$-0,0036$	26,1
14	210	22	+ 7	0,206	1,6	22	34,0	6,3	0,559	0,160	9,2	24,8	0,420	0,751	$-0,0034$	25,6
	215	22	+ 9	0,203	1,7	23	33,8	8,6	0,556	0,218	12,2	21,6	0,368	0,661	$-0,0029$	25,2
	220	21	+ 14	0,200	1,7	24	33,5	13,4	0,552	0,352	20,6	12,9	0,223	0,404	$-0,0016$	24,8
15	225	21	+ 15	0,198	1,7	25	33,2	14,4	0,548	0,375	22,0	11,2	0,194	0,355	$-0,0014$	24,6
	230	20	+ 14	0,197	1,7	25	33,2	13,4	0,548	0,367	21,5	11,7	0,203	0,370	$-0,0014$	24,4
	235	19	+ 10	0,196	1,8	25	33,1	10,0	0,546	0,291	16,9	16,2	0,279	0,511	$-0,0018$	24,3
16	240	18	+ 3	0,194	1,8	25	33,1	3,0	0,546	0,092	5,3	27,8	0,466	0,853	$-0,0028$	24,1
	245	17	− 1	0,191	1,8	26	33,0	1,0	0,545	0,032	1,8	31,2	0,518	0,950	$-0,0028$	23,7
	250	16	− 10	0,188	1,9	27	33,0	10,7	0,545	0,365	21,4	11,6	0,201	0,369	$-0,0010$	23,3
17	255	15	− 20	0,240	1,3	—	37,1	—	—	—	—	—	—	—	—	~ 29,8
	260	14	− 24	0,230	1,0	—	40,0	—	—	—	—	—	—	—	—	~ 34,7
	265	13	− 30	0,326	0,8	—	44,0	—	—	—	—	—	—	—	—	~ 40,4
18	270	12	− 40	0,405	0,5	—	49,0	—	—	—	—	—	—	—	—	~ 50,3
	275	11	− 51	0,430	0,4	—	51,0	—	—	—	—	—	—	—	—	~ 53,4
	280	10	− 75	0,550	0,2	—	55,0	—	—	—	—	—	—	—	—	~ 68,4
19	285	9	− 95	0,650	0,1	—	65,0	—	—	—	—	—	—	—	—	~ 80,8
	290	9	− 90	0,550	0,2	—	55,0	—	—	—	—	—	—	—	—	~ 68,4
	295	9	− 68	0,500	0,2	—	53,0	—	—	—	—	—	—	—	—	~ 62,1
20	300	8	− 7	0,500	0,2	4	53,0	2,9	0,799	0,289	16,8	36,2	0,591	0,740	$-0,0068$	62,1
	305	7	+ 75	0,500	0,2	—	53,0	—	—	—	—	—	—	—	—	~ 62,1
	310	7	+279	~1	~0,04	—	~90	—	—	—	—	—	—	—	—	~124
21	315	6	+445	~1	~0,02	—	~90	—	—	—	—	—	—	—	—	~124
	320	10	+218	~1	~0,08	—	~90	—	—	—	—	—	—	—	—	~124
	325	15	+160	0,500	0,2	—	55,0	—	—	—	—	—	—	—	—	~ 62,1
22	330	20	+122	0,500	0,2	4	55,0	13,7	0,819	0,561	34,1	20,9	0,357	0,436	$-0,0100$	62,1
	335	18	+102	0,490	0,3	4	54,0	17,3	0,809	0,780	51,3	2,7	0,047	0,058	$-0,0012$	60,8
	340	38	+ 85	0,489	0,3	4	54,0	14,4	0,809	0,305	17,8	36,2	0,591	0,730	$-0,0317$	60,7
23	345	50	+ 71	0,457	0,4	5	52,0	16,0	0,788	0,252	14,6	37,4	0,607	0,771	$-0,0353$	58,0
	350	63	+ 59	0,422	0,4	5	50,0	13,3	0,766	0,162	9,3	40,7	0,653	0,853	$-0,0482$	52,4
	355	82	+ 51	0,374	0,5	6	47,0	14,3	0,731	0,128	7,4	39,6	0,637	0,871	$-0,0544$	46,4
24	360	100	+ 44	0,320	0,8	9	43,0	19,8	0,682	0,135	7,8	35,2	0,576	0,845	$-0,0429$	39,7
	5	136	+ 46	0,277	1,0	12	40,0	25,9	0,643	0,122	7,0	33,0	0,545	0,848	$-0,0439$	34,4
	10	160	+ 48	0,233	1,4	17	36,5	37,8	0,595	0,140	8,1	29,7	0,496	0,834	$-0,0359$	28,9
1	15	182	+ 51	0,197	1,7	25	33,2	48,8	0,548	0,147	8,5	24,7	0,418	0,763	$-0,0254$	24,4
	20	125	+ 54	0,172	2,2	31	31,0	66,7	0,515	0,275	16,0	15,0	0,259	0,503	$-0,0093$	21,4
	25	81	+ 59	0,164	2,3	35	30,2	76,3	0,503	0,474	28,3	1,9	0,033	0,066	$-0,0007$	20,3
2	30	67	+ 65	0,195	2,3	—	33,0	—	—	—	—	—	—	—	—	24,2

Konstante Werte: $d = 31,0$ cm; $b/d = 0,5$; $\psi = 0,8 \cdot 10^{-3}$; $\Delta\varphi = 5°$; $\dfrac{2}{\psi \cdot d} = 80,5$; $\dfrac{\psi \cdot d}{2} = 0,0124$; $\dfrac{\eta}{\psi^2} = 0,562$; $\dfrac{\psi^2}{\eta} \cdot \dfrac{\Delta\varphi \cdot \pi}{180} \cdot \dfrac{1}{\omega_2} = 0,004\,57$

$b = 15,6$ cm; $\eta = 0,359 \cdot 10^{-6}$ kp s cm^{-2}; $\omega_2 = 34\ s^{-1}$

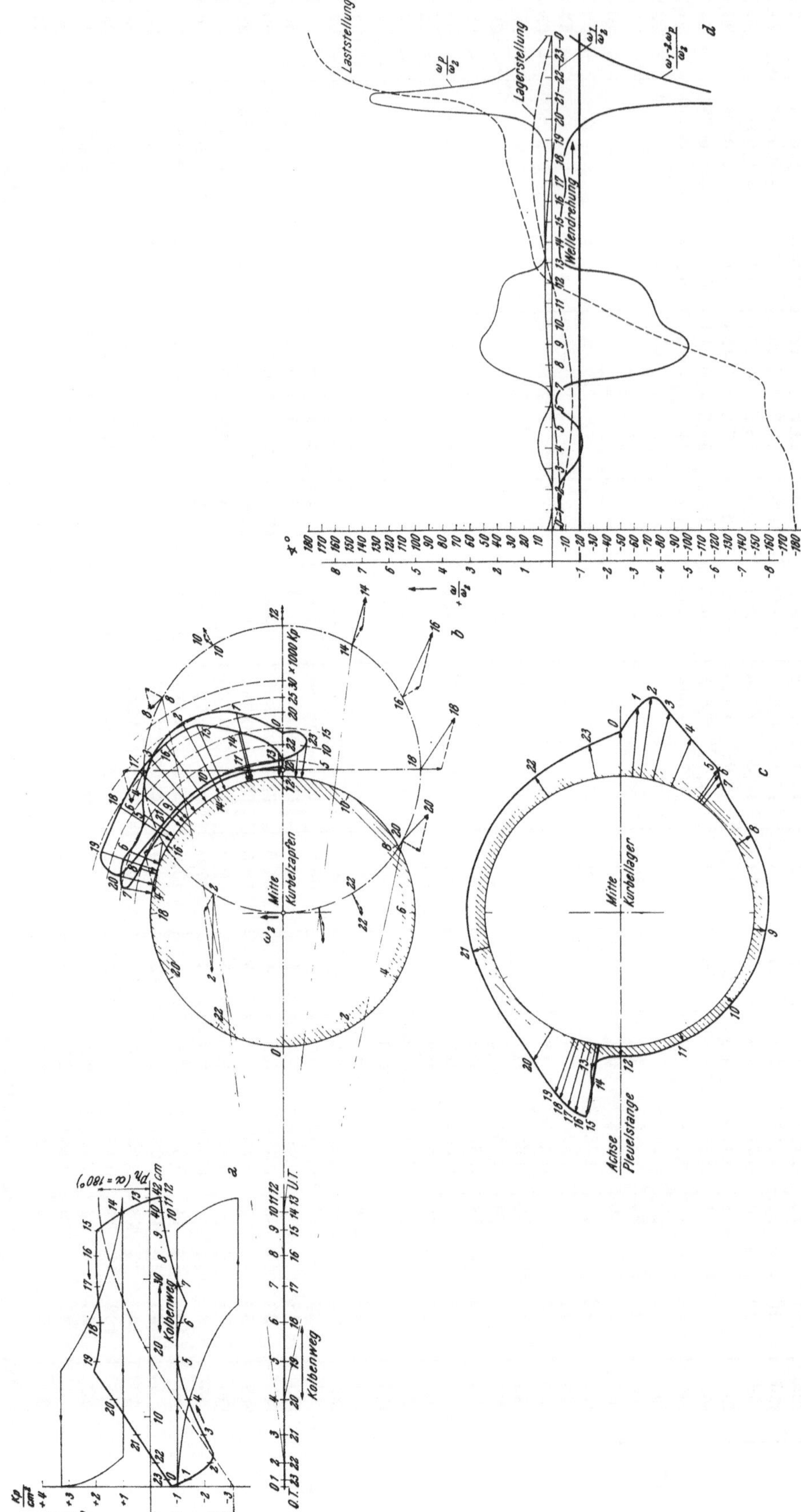

Abb. 214. Bestimmung der Last- und Lagerbewegung, sowie der Lagerkräfte im Kompressorkurbellager K_1 des Motors nach Abb. 131

a $p-s$-Diagramm und Massenkräfte   c Kräfte auf das Kurbellager
b Kräfte auf den Kurbelzapfen   d Ermittlung der Bewegungsverhältnisse

daß die spezifischen Kräfte sich darin auf die Lagerfläche beziehen. Zum Vergleich ist auch noch der Maßstab für die absolute Belastung aufgetragen.

Durch den Einfluß der Massenkräfte wird bei hoher Drehzahl die Schleife etwa zwischen den Stellungen 17 bis 21 größer als bei kleinen Drehzahlen.

In Tabelle 31 ist mit einem Berechnungsschritt von $\Delta\varphi = 5°$ die Größe und Lage der kleinsten Schmierfilmdicken nach S. 176 bestimmt. Die Verlagerungsbahn ist in Abb. 213 c eingetragen. Gefährdete Stellen befinden sich zwischen den Lagen 0 bis 2 und 14 bis 17.

Die Ermittlung des Polardiagrammes und der Geschwindigkeitsverhältnisse für das Kompressorpleuellager erfolgt ebenso wie beim Motorpleuellager (Abb. 214). Aus dem Diagramm der Kurbelzapfenkräfte geht hervor, daß die Belastung nur zwischen den Stellen 11 und 18 auf den Zapfen einwirkt; und zwar so, daß jeder Punkt während einer Umdrehung viermal überfahren wird, während die Lagerschale während einer Umdrehung am ganzen Umfang beansprucht wird. Die maximalen Belastungen liegen etwa in Richtung der Achse der Pleuelstange. Die Trennfuge der Lagerschale liegt daher am günstigsten unter 90° zur Pleuelstangenachse. Hier sind die Belastungen am kleinsten. Sowohl die Stellen mit der größten Belastung als auch die Stellen 3 bis 5, 7 bis 8, 12 bis 13, 19 bis 20 und 23 bis 0 sind gefährdet. Hier ist die reduzierte Zapfendrehung etwa Null. An diesen Stellen darf auf keinen Fall eine ölableitende Nut angebracht werden. Das Bewegungsschaubild des Kompressorpleuellagers zeigt auch, daß die Belastungs- und Bewegungsverhältnisse dort ungünstiger sind als beim Motorpleuel, obwohl die Spitzendrücke geringer sind.

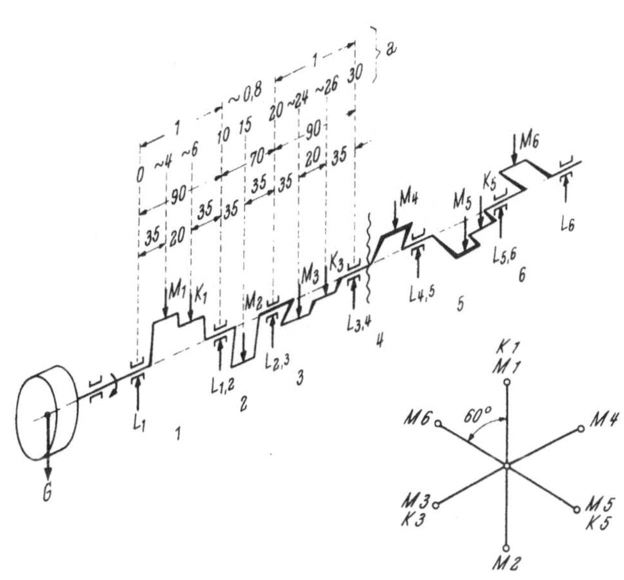

Abb. 215. Kurbelwelle mit ihren Kräften, sowie Einteilung für die Einflußwerte (a) und Kurbelstern

M Kräfte vom Motorpleuel
K Kräfte vom Kompressorpleuel
L Kräfte im Wellenlager

Berechnung eines Wellenlagers $(L_{1,2})$. Die Hauptabmessungen des Grundlagers sind $d = 31$ cm und $b = 16{,}2$ cm. Die Teilbelastungen werden aus den Abb. 213 und 214 übernommen. Abb. 215 zeigt die Anordnung der Kurbelwelle mit dem Kurbelstern. Die Kurbelwelle wird als Dreifeldbalken unter Vernachlässigung der weiter weg liegenden Felder betrachtet. Entsprechend den Lagen und Richtungen der Kräfte in den einzelnen Wellenstellungen erfolgt die zeichnerische Zusammensetzung $[(l_1 = 90) : (l_2 = 70) : (l_3 = 90) \simeq 1 : 0{,}8 : 1]$ unter Verwendung der Einflußwerte nach [1]:

$$\mathfrak{L}_{1,2} = \mathfrak{M} \cdot 0{,}634 + \mathfrak{K}_1 \cdot 0{,}899 + \mathfrak{M}_2 \cdot 0{,}555 - \mathfrak{M}_3 \cdot 0{,}195 - \mathfrak{K}_3 \cdot 0{,}174 + \mathfrak{L}_{1,2r},$$

worin K und M die Kräfte entsprechend der Wellenlage von Kompressor und Motor sind. Wenn M_1 in der gezeichneten Stellung (im o.T.) mit „0" beginnt, so liegt K_1 bei „18", M_2 bei „12", M_3 bei „16" und K_3 bei „10" usw $L_{1,2r}$ sind die rotierenden Massenkräfte:

$$\mathfrak{L}_{1,2r} = \mathfrak{P}_{rM} \cdot 0{,}634 + \mathfrak{P}_{rK} \cdot 0{,}899 + \mathfrak{P}_{rM} \cdot 0{,}555 - \mathfrak{P}_{rM} \cdot 0{,}195 - \mathfrak{P}_{rK} \cdot 0{,}174$$

$(K = \text{Kompressor}, M = \text{Motor}).$

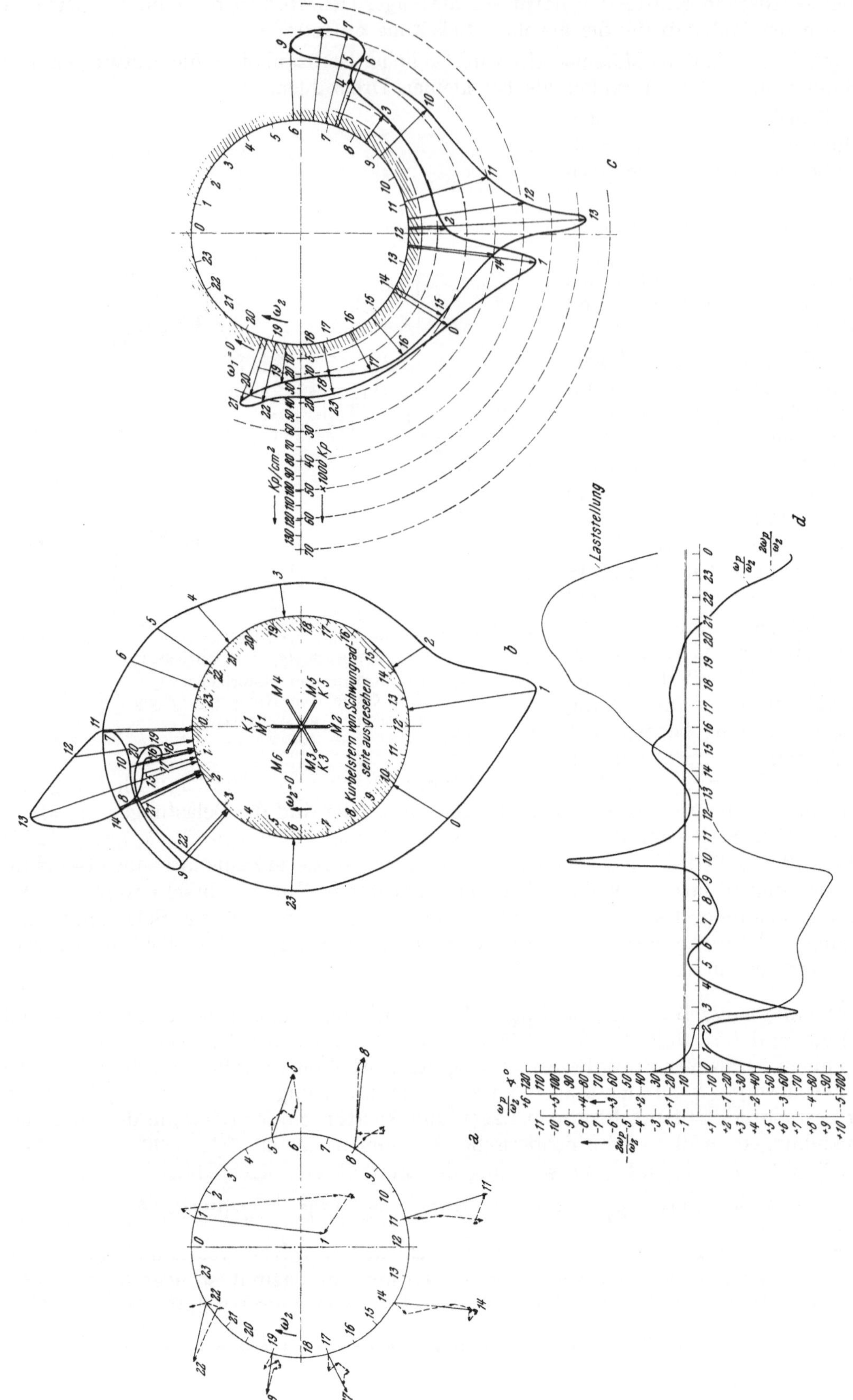

Abb. 216. Bestimmung der Lastbewegung (d), sowie der Wellen- (b) und Lagerkräfte (c) des Grundlagers $L_{1,2}$ des Motors nach Abb. 131

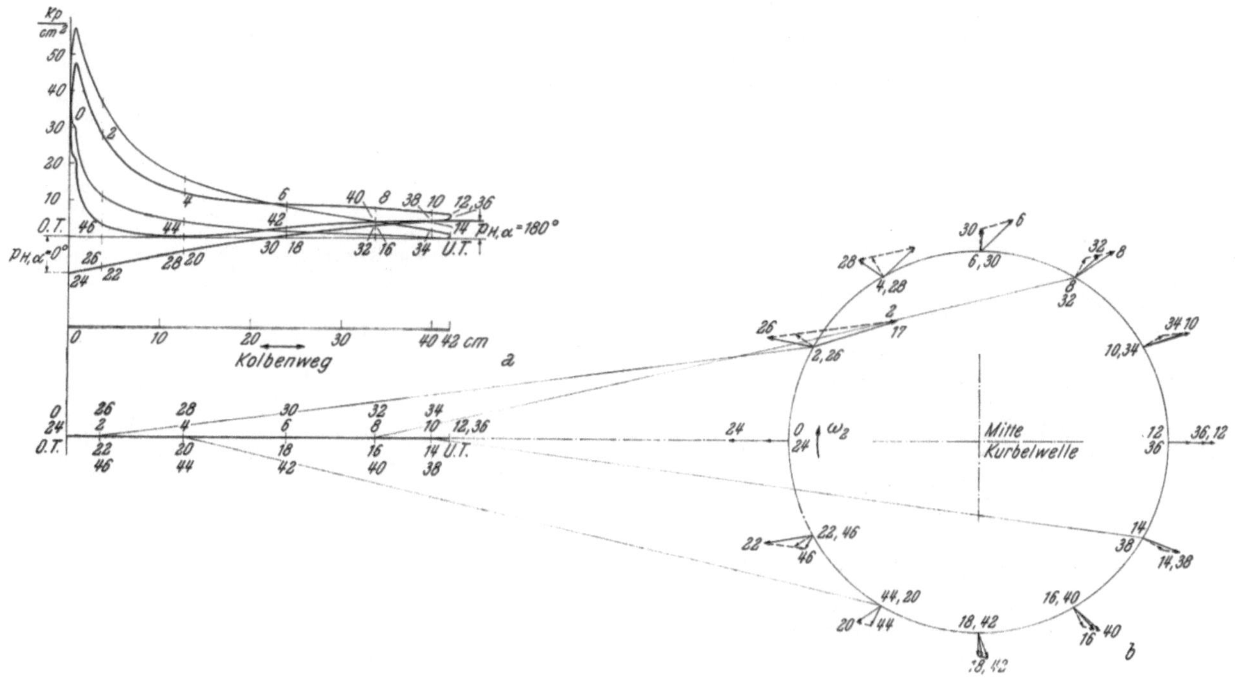

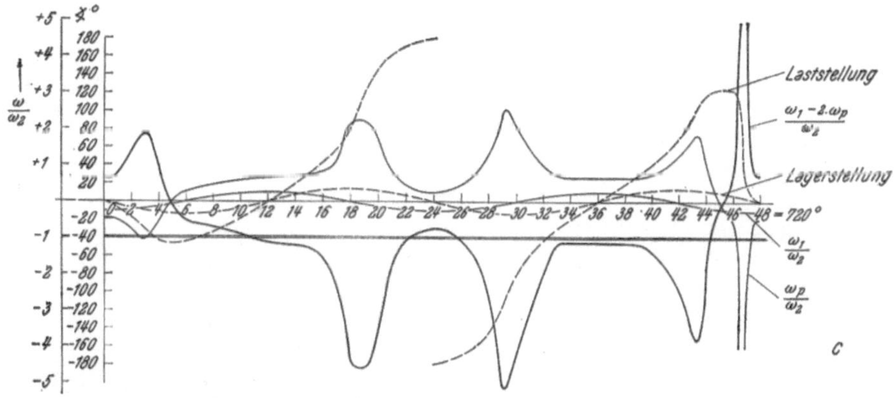

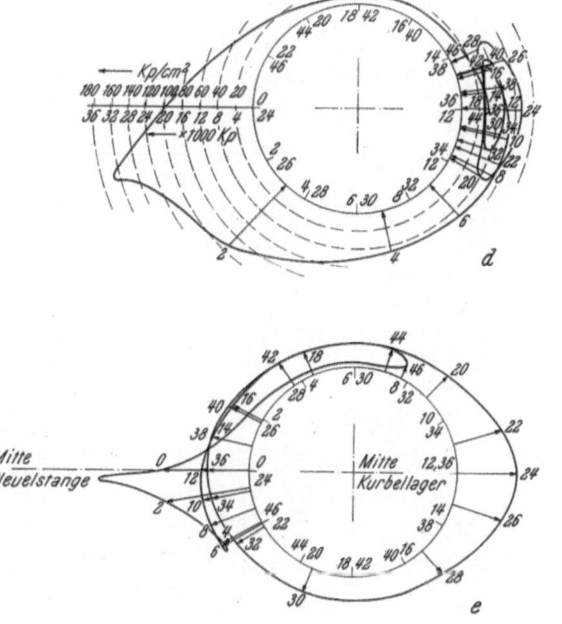

Durch die Kräftezusammensetzung
für alle Wellenlagen entsteht der Kraftplan des Grundlagers $L_{1,2}$ (Abb. 216 *a*).
Durch Übertragen der Kräfte des
Grundlagers aus Abb. 216 *a* über die
Wellenlauffläche (Abb. 216 *b*) oder
über die Lagerlauffläche (Abb. 216 *c*)
entstehen die Polardiagramme, mit
deren Hilfe wieder die Bewegungs- und
Geschwindigkeitsschaubilder gezeichnet
werden können. An Hand dieser und
der Polardiagramme kann nun die
genaue Kontrolle des Lagers, wie oben
für das Motorpleuellager, erfolgen.

Abb. 217. Bestimmung der Last- und Lagerbewegung, sowie der Lagerkräfte im Kurbellager
eines Viertakt-Dieselmotors

a $p — s$-Diagramm und Massenkräfte
b   Ermittlung der Kurbelkräfte
c   Ermittlung der Last- und Lagerbewegung
d   Kurbelzapfenkräfte (bei $\omega_2 = 0$)
e   Kurbellagerkräfte (bei $\omega_1 = 0$)

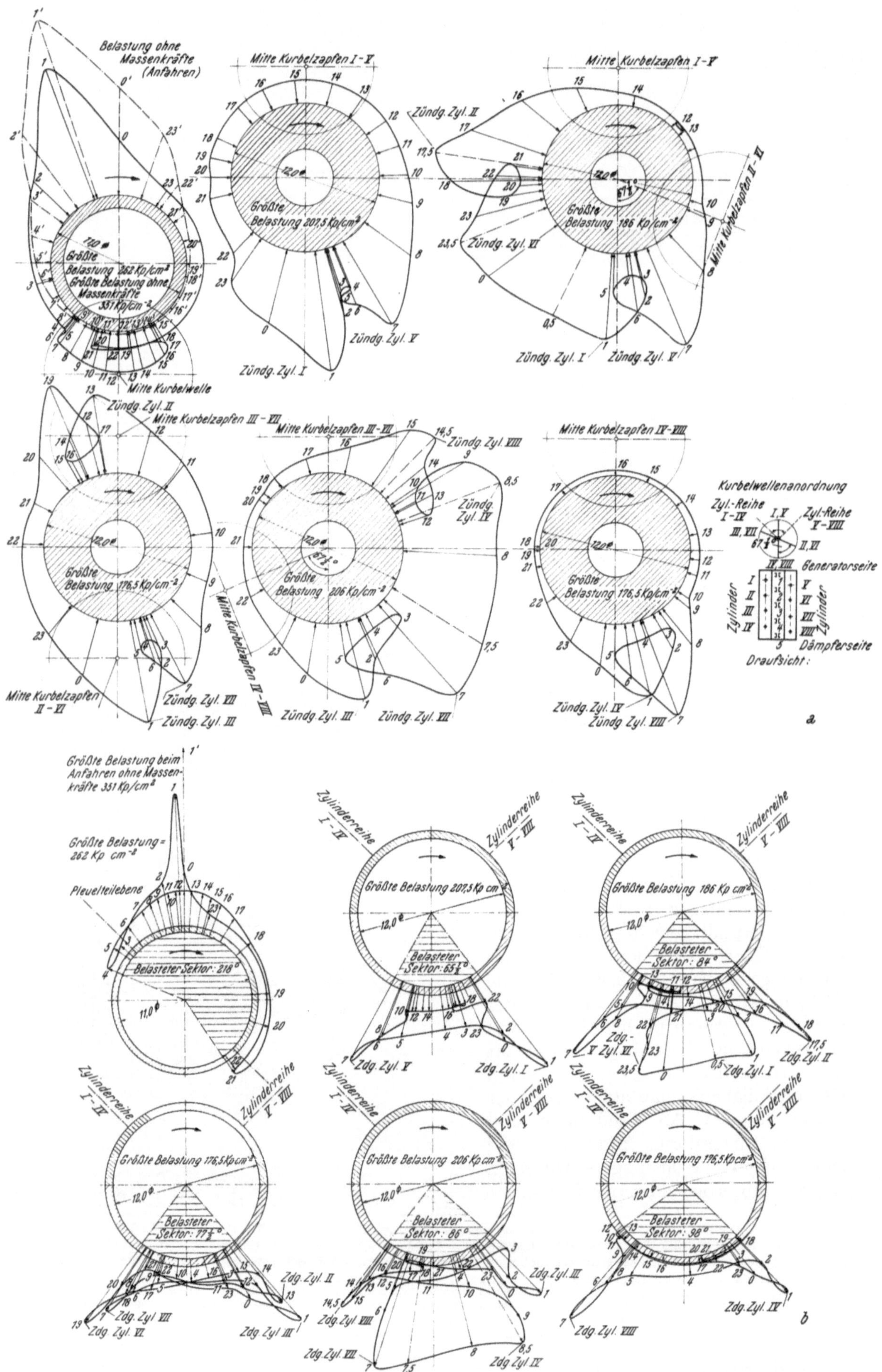

Abb. 218. Bestimmung der Zapfendrücke (*a*) und der Lagerdrücke (*b*) eines Zweitakt-Dieselmotors (90° V)

Abb. 217 zeigt die Bestimmung des Polardiagrammes und der Bewegungsverhältnisse eines Viertakt-Dieselmotors und Abb. 218 die gesamten Pleuel- und Wellenlagerdrücke eines Zweitakt-Dieselmotors.

Kontrolle der Tragfähigkeit eines Kolbenbolzens:

$d = 10{,}0 \text{ cm}, \qquad b = 10{,}0 \text{ cm},$

$P_{max} = 41\,750 \text{ kp},$

$\eta = 0{,}4 \cdot 10^{-6} \text{ kp s cm}^{-2},$

ω der Kurbelwelle $= 52 \text{ s}^{-1}$

und $\lambda = 0{,}266.$

$\bar{p}_{max} = 417{,}5 \text{ kp cm}^{-2},$

$\omega_{\text{Pl, max}} = \omega \cdot \lambda = 13.8 \text{ s}^{-1};$

ψ wird gewählt mit

$\psi = 0{,}4 \cdot 10^{-3}$

und

$h_0 = 0{,}0001 \text{ cm} \; (R_1 + R_2 < 0{,}0001 \text{ cm});$

$\delta = 0{,}05$ (aus (23)) und daraus $So = 18{,}5$ aus Abb. 196.

Die kleinste Winkelgeschwindigkeit, bei der noch Flüssigkeitsreibung aus der Drehung zu erwarten ist, beträgt

$$\omega_{min} = \frac{\bar{p}_{max} \cdot \psi^2}{\eta \cdot So} = 9 \text{ s}^{-1}.$$

Dabei ist zu berücksichtigen, daß bei der Stellung des Pleuels, bei der diese Winkelgeschwindigkeit auftritt, die Belastung wesentlich kleiner als $\bar{p}_{max}$ ist.

Es wird also hier ein hydrodynamischer Schmierfilm aus der Drehung gebildet, der über einen großen Bereich des Pendelwinkels reicht. Die restliche Zeit reicht nicht aus, um den gebildeten Schmierfilm zu verdrängen.

VIII. Berechnung von Achsialgleitlagern

Im Verbrennungsmotorenbau sind praktisch alle Achsialgleitlager stationär belastet. Deshalb werden im folgenden nur solche behandelt. Sofern sich aber beide Gleitflächen drehen, muß die reduzierte Geschwindigkeit ω_{re} berücksichtigt und wie bei den Radiallagern ermittelt werden:

$$\omega_{re} = \omega_1 + \omega_2.$$

Tritt stoßweise Belastung auf, so kann zur Berücksichtigung der kurzen Dauer der hohen Belastung diese bei der Berechnung entsprechend vermindert werden.

Der Zusammenhang zwischen der Lagerkennzahl So_a, der relativen Schmierfilmdicke h_0/t und dem Breitenverhältnis l/b ist in Abb. 201 dargestellt. Da es bei der Neuberechnung eines Lagers ohne weiteres möglich ist, die Form der Gleitschuhlaufflächen frei zu wählen, werden im Abschnitt „Berechnung" nur die für die größte Tragfähigkeit erforderlichen Werte eingesetzt. Aus der Lagerkennzahl lassen sich die Umfangsgeschwindigkeit, Ausklink- oder Übergangsdrehzahl, die größte zulässige Belastung, die kleinstmögliche Schmierfilmdicke oder die erforderliche Ölzähigkeit bei gegebenen anderen Werten rechnen, wenn als günstigster Wert für die Tragzahl $So_a = 0{,}069$ angenommen wird. Sofern l/b innerhalb der Grenzen 0,8 bis 1,4 und h_0/t etwa gleich 0,8 ist, ist diese Annahme durchaus berechtigt und kann als Grundlage für die Berechnung angesehen werden [31].

Vor der Konstruktion eines Achsiallagers sind meist die Winkelgeschwindigkeit ω und die Belastung P gegeben. Der Außendurchmesser richtet sich nach den Forderungen der Konstruktion und Stabilität (S. 156). Je nach Lagerbauart, ob fest eingearbeitete Keilflächen oder Kippklötze vorhanden sind, ob das Lager für eine oder beide Drehrichtungen ausgelegt werden soll, wird der Völligkeitsgrad φ angenommen. Im allgemeinen bildet die Teilung der Laufringfläche nach S. 157 und Abb. 2 die Grundlage.

Bei gegebenem Material ist $\bar{p}$ bekannt:

$$\bar{p} = \frac{P}{d_m \cdot b \cdot \pi \cdot \varphi};$$

daraus läßt sich das Produkt aus dem mittleren Laufdurchmesser und der Ringbreite rechnen:

$$d_m \cdot b = \frac{P}{\bar{p} \cdot \pi \cdot \varphi}, \tag{58}$$

und es ergeben sich die Ringbreite und der Durchmesser:

$$d_i = \sqrt{d_a{}^2 - 4 \cdot b \cdot d_m},$$

oder bei gegebenem d_i:

$$d_a = \sqrt{d_i{}^2 + 4 \cdot b \cdot d_m}.$$

Anderseits können auch aus konstruktiven Überlegungen die Ringbreite b bzw. die Durchmesser d_i und d_a gegeben sein. Nach Annahme des Völligkeitsgrades ergibt sich die vorhandene Flächenpressung, wonach die Materialpaarung ausgewählt wird.

Die Länge der tragenden Keilfläche ist etwa gleich deren Breite und die Anzahl

$$z \cong \frac{\pi \cdot d_m \cdot \varphi}{l}.$$

φ muß darauf abgestimmt werden, daß z eine ganze und möglichst gerade Zahl ist. Die Teilung ist

$$T = l/\varphi.$$

Nun wird die Aufteilung des Kreisringausschnittes festgelegt (s. S. 157). Nach Wahl der Bearbeitung und damit der vorzuschreibenden Rauhtiefe der Lauffläche (Feingestalt) und Überlegungen über die Qualität der Herstellung und Montage (Grobgestalt) wird h_0 nach Gl. (40) berechnet. Die günstigste Lage der Kippachse ist bei Kippklotzlagern für eine Drehrichtung mit $a = 0{,}42 \cdot l$ gegeben. Sofern beide Drehrichtungen unter etwa den gleichen Bedingungen vorkommen, wird die Kippachse in die Mitte der Klötze gelegt. Anschrägungen von der Länge $K = 0{,}165 \cdot l$ an beiden Anlaufkanten mit einer Tiefe von $t_1 = (2 \text{ bis } 3) \cdot h_0$ sorgen für die richtige Einstellung bei Drehrichtungswechsel. Mit diesen Angaben liegen die konstruktiven Abmessungen des Kippklotzlagers fest. Nach Ermittlung der Keiltiefe ($t \cong 1{,}25 \cdot h_0$) — bei Kippklotzlagern stellt sie sich von selbst ein — sind auch Lager mit fest eingearbeiteten Keilflächen konstruktiv festgelegt. Die erforderliche dynamische Ölzähigkeit bei Betriebstemperatur ergibt sich aus (39):

$$\eta = \frac{\bar{p} \cdot h_0{}^2}{So_a \cdot u_m \cdot b}.$$

Unter den Bedingungen für günstigste Auslegung wird

$$\eta = 30 \cdot \frac{\bar{p} \cdot h_0{}^2}{d_m \cdot l \cdot \omega}. \tag{59}$$

Die Umrechnung in die kinematische Zähigkeit erfolgt nach Gl. (9) oder (9 a). Nach Berechnung der Mindestschmierölmenge (S. 160) und der Reibungszahl (S. 161) wird wie beim Radiallager (S. 152) die Schmierfilmtemperatur ermittelt. Auch hier muß die im Lagerspalt erzeugte Reibungswärme

$$N_r = \mu \cdot P \cdot u_m$$

durch das Gehäuse an die umgebende Luft und mit dem Schmierstoff abgeführt werden.

Sind andere Größen gegeben als hier besprochen, so erfolgt die Berechnung sinngemäß nach den vorhergehenden Abschnitten. Ist z. B. bei Kippklotzlagern aus der Konstruktionszeichnung die Lage der Kippachse und damit das Verhältnis a/l gegeben, so kann aus Abb. 202 der Wert h_0/t entnommen werden. h_0 wird entsprechend der Bearbeitung und dem Einbau nach (40) gerechnet.

Das Verhältnis der Tragfähigkeit zur vorhandenen Belastung soll größer als 1,2 sein:

$$p_{\text{zul}}/p_{\text{vorh}} > 1{,}2.$$

Für diesen Fall, oder wenn die niedrigste Drehzahl bei gegebener Ölzähigkeit oder die kleinste Schmierfilmdicke kontrolliert werden sollen, geben ebenso wie für den zuerst gezeigten Berechnungsgang die Berechnungsblätter 6 bis 10 eine Zusammenstellung für den erforderlichen Weg (s. S. 210).

Beispiele

Berechnung eines Achsiallagers mit fest eingearbeiteten Keilflächen für eine Drehrichtung (nach Berechnungsblatt 6):

Gegeben ist

$$P \quad = 21\,000 \text{ kp},$$
$$d_a \quad = 58 \text{ cm},$$
$$\omega \quad = 52 \text{ s}^{-1};$$

1. Annahme: $\bar{p} \quad = 20 \text{ kp cm}^{-2}$;

2. Annahme: $\varphi \quad \simeq 0{,}85$,

daraus: $d_m \cdot b = 393 \text{ cm}^2$ (aus (58)),
$$d_i \quad = 42{,}3 \text{ cm};$$

gewählt wird: $d_i \quad = 42 \text{ cm}$,
$$b \quad = \quad 8 \text{ cm},$$
$$d_m \quad = 50 \text{ cm},$$
$$(d_m/b = 6{,}25)$$
$$u_m \quad = 0{,}5 \cdot d_m \cdot \omega = 1300 \text{ cm s}^{-1};$$

3. Annahme: $l \quad \simeq 8 \text{ cm}$ (auf d_m bezogen),

daraus: $z \quad = 16$,
$$\varphi \quad = 0{,}815,$$
$$T \quad = 9{,}82 \text{ cm},$$
$$N \quad = 1{,}47 \text{ cm},$$
$$K \quad = 6{,}70 \text{ cm},$$
$$R \quad = 1{,}70 \text{ cm} \text{ (s. Abb. 2 }a),$$
$$h_0 \quad = 1 \cdot 10^{-3} \cdot (1 + d_m/40) = 0{,}002\,25 \text{ cm},$$
$$t \quad = 1{,}25 \cdot h_0 = 0{,}0028 \text{ cm}.$$

Für $So_a = 0,069$ wird (nach S. 158)

$$\eta = 0,141 \cdot 10^{-6} \text{ kp s cm}^{-2} \text{ bei Betriebstemperatur;}$$

$$Q = 0,7 \cdot b \cdot u_m \cdot h_0 \cdot z = 262 \text{ cm}^3 \text{ s}^{-1} \text{ (aus (41));}$$

$$\mu = 3,22 \cdot 10^{-3} \text{ (aus (42));}$$

$$N_r = 87\,800 \text{ cm kp s}^{-1};$$

$$\vartheta - \vartheta_e = \frac{N_r}{c_v \cdot Q} \cong 19,5 \text{ °C;}$$

$$\vartheta = 75° \text{ C (unter der Annahme } \vartheta_e = 55° \text{ C);}$$

$$\nu = 15,5 \text{ cSt}/75° \text{ C} \quad \ldots\ldots\ldots \text{SAE 20.}$$

Berechnung eines Schiffsdrucklagers, ausgebildet als Kippklotzlager: Gegeben ist die Motorleistung mit 1110 PS und die Winkelgeschwindigkeit $\omega = 45 \text{ s}^{-1}$. Der Innendurchmesser d_i darf aus konstruktiven Gründen nicht kleiner sein als 25,0 cm. Unter der Annahme eines Schraubenschubes von 12 kp/PS ergibt sich eine Lagerbelastung von $P = 13\,300$ kp. Es ist SAE 30-Öl vorhanden.

$$\bar{p} \leqslant 25 \text{ kp cm}^{-2};$$

1. Annahme: $\varphi \cong 0,85,$

$$d_m \cdot b = 199 \text{ (aus (58)),}$$

$$b = 6,3 \text{ cm,}$$

$$d_m = 31,5 \text{ cm,} \quad (d_m/b = 4,1),$$

$$d_a = 37,8 \text{ cm,}$$

$$d_i = 25,2 \text{ cm,}$$

$$u_m = 709 \text{ cm s}^{-1};$$

2. Annahme: $l = 6,3 \text{ cm,}$

$$z = 13,$$

$$\varphi = 0,8275 \left(\text{aus } z = \frac{\pi \cdot d_m \cdot \varphi}{l} \right);$$

$$T = 7,61 \text{ cm,}$$

$$a = 0,42 \cdot l = 2,65 \text{ cm;}$$

$$h_0 = 1,2 \cdot 10^{-3} \cdot (1 + 31,5/40) = 0,002\,15 \text{ cm,}$$

$$\eta = 0,375 \cdot 10^{-6} \text{ kp s cm}^{-2} \text{ bei Betriebstemperatur,}$$

$$Q = 88 \text{ cm}^3 \text{ s}^{-1} \text{ (aus (41)),}$$

$$\mu = 3,9 \cdot 10^{-3} \text{ (aus (42)),}$$

$$N_r = \mu \cdot P \cdot u_m = 36\,800 \text{ cm kp,}$$

$$\vartheta - \vartheta_e = 24° \text{ C (aus (32)).}$$

Durch Verdoppelung der Ölmenge wird

$$\vartheta - \vartheta_e = 12° \text{ C,}$$

$$\nu = 41,5 \text{ cSt bei Betriebstemperatur.}$$

Da SAE 30 vorgegeben ist, darf die Betriebstemperatur des Lagers nicht über 60° C ansteigen (Abb. 26). Die Eintrittstemperatur beträgt daher etwa

$$\vartheta_e = 50° \text{ C.}$$

Es soll die Tragfähigkeit des Lagers nach Abb. 219 überprüft werden. Es handelt sich dabei um ein Achsiallager eines Schiffsdieselmotors, das den Schraubendruck aufzunehmen hat. Die Leistung des Motors beträgt 1010 PS bei $\omega = 50\,\text{s}^{-1}$. Als Schraubendruck für die Lagerbelastung werden 10 kp/PS angenommen. Daher ist $P = 10\,100$ kp. Das Schmieröl entspricht SAE 40 und die Eintrittstemperatur in das Lager beträgt etwa $\vartheta_e = 50°\,\text{C}$. Wie groß ist die maximale Tragfähigkeit und die Sicherheit? (s. Berechnungsblatt 8):

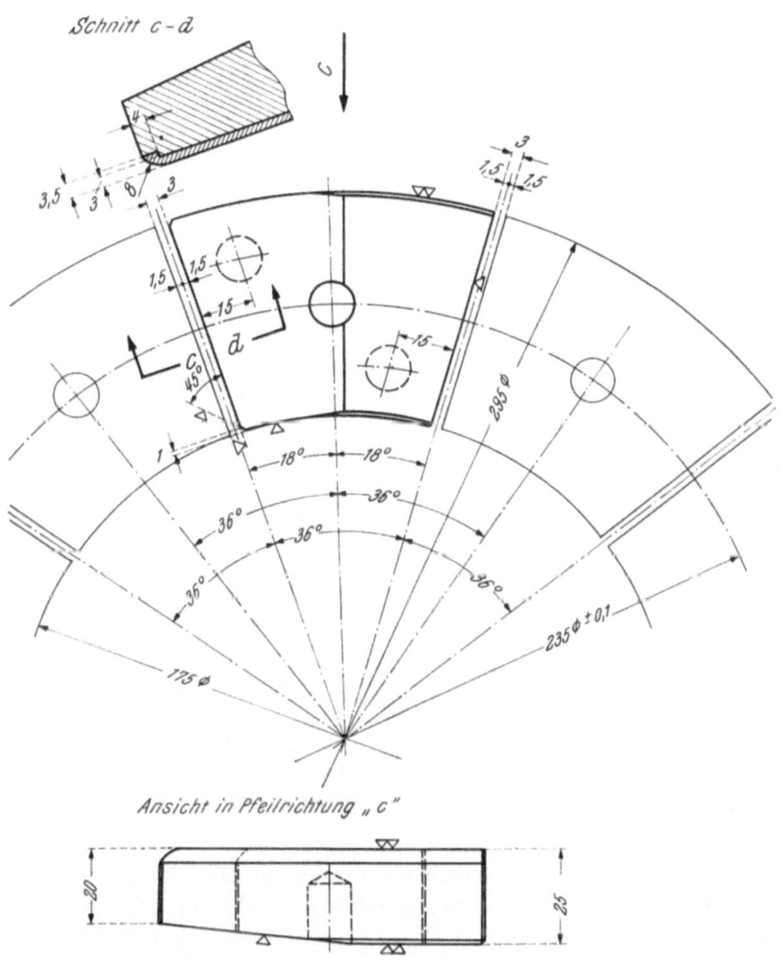

Abb. 219. Teil eines Kippklotzlagers (KHD)

$$d_a = 29,5 \text{ cm},$$
$$d_i = 17,5 \text{ cm},$$
$$d_m = 23,5 \text{ cm},$$
$$\omega = 50 \text{ s}^{-1},$$
$$z = 10,$$
$$l = 7,1 \text{ cm},$$
$$a = 3,3 \text{ cm};$$

$$b = 6 \text{ cm},$$
$$l/b = 1,18,$$
$$u_m = 587 \text{ cm s}^{-1},$$
$$a/l = 0,465;$$

aus Abb. 202:

$$h_0/t = 2{,}25,$$

$$h_0 = 1{,}2 \cdot 10^{-3} \cdot (1 + 23{,}5/40) = 1{,}91 \cdot 10^{-3} \text{ cm.}$$

Bei einer angenommenen Schmierfilmtemperatur von 60° C wird

$$v = 60 \text{ cSt und}$$

$$\eta = 0{,}55 \cdot 10^{-6} \text{ kp s cm}^{-2};$$

aus Abb. 201 mit l/b und h_0/t:

$$So_a = 0{,}05;$$

daraus folgt:

$$p_{\text{zul.}} = 26{,}6 \text{ kp cm}^{-2} \text{ (aus (39))},$$

$$p_{\text{vorh}} = 24 \text{ kp cm}^{-2}.$$

Sicherheit $S = 1{,}1$ (sehr klein!).

Für dieses Lager wäre also entweder zäheres oder kühleres Öl vorzusehen.

IX. Hydrostatisch geschmierte Gleitlager

Beim hydrodynamisch geschmierten Gleitlager wird der Schmieröldruck zwischen den Gleitflächen dadurch erzeugt, daß das Schmieröl von mindestens einer der beiden Gleitflächen in einen keilförmigen Schmierspalt mitgenommen wird. Dort bildet sich durch Verengung des Querschnittes eine Druckerhöhung aus, die die Lagerbelastung aufnehmen kann. Beim hydrostatisch geschmierten Lager dagegen wird unabhängig von jeder Bewegung der Belastung oder der Gleitflächen Schmierstoff von außen zwischen die Gleitflächen gedrückt, und zwar unter einem so hohen Druck, daß sich die beiden Gleitflächen voneinander abheben.

Der einfachste Fall eines hydrostatisch geschmierten Gleitlagers ist in Abb. 11 dargestellt. Hier ist auch der Druckverlauf zu sehen. Durch eine außen liegende Pumpe wird dem Raum zwischen Welle und Unterlage Drucköl zugeführt. Ein derartig geschmiertes Lager hat den Vorteil, daß bereits bei Stillstand keine Festkörperberührung besteht. Damit beginnt die Reibungskurve im Ursprung (in Abb. 19 strichliert eingezeichnet). Da die Druckerzeugung außerhalb des Lagers erfolgt, fällt die zur Ölförderung notwendige Reibungsarbeit weg [55, 66].

Der erforderliche Ölzuführungsdruck beträgt danach

$$p_{\ddot{o}} = \frac{8 \cdot P \cdot \log d_a/d_i}{\pi \cdot (d_a{}^2 - d_i{}^2)}$$

und die erforderliche Ölmenge

$$Q = \frac{4 \cdot P \cdot h^3}{3 \cdot \eta \cdot (d_a{}^2 - d_i{}^2)} \cdot$$

G. Messen und Prüfen

I. Messung der Oberflächenfeingestalt

Für die Annahme der kleinsten Schmierfilmdicke h_0 muß die Oberflächenrauheit der Gleitflächen bekannt sein. Zu ihrer Bestimmung gibt es mehrere Meßmethoden, von denen einige wesentliche im folgenden kurz besprochen werden.

1. Vergleich

Die einfachste Methode, eine Oberfläche zu prüfen, besteht darin, sie mit einer anderen, deren Rauheit bekannt ist, zu vergleichen. Einzelne ebene Stücke oder ein Dorn (Abb. 220) mit verschiedenen Bearbeitungen und Rauhtiefen ermöglichen es, auf einfache Art durch Tasten (besonders mit dem Fingernagel) und durch Vergleich des Glanzes gewisse Unterschiede festzustellen. Dabei können bei einiger Übung Höhenunterschiede in der Oberfläche von 0,5 bis 10 μ beim Vergleich mit dem Eichstück festgestellt werden [57]. Solche Vergleichsnormalien sind für verschiedene Bearbeitungsmethoden bereits im Handel erhältlich.

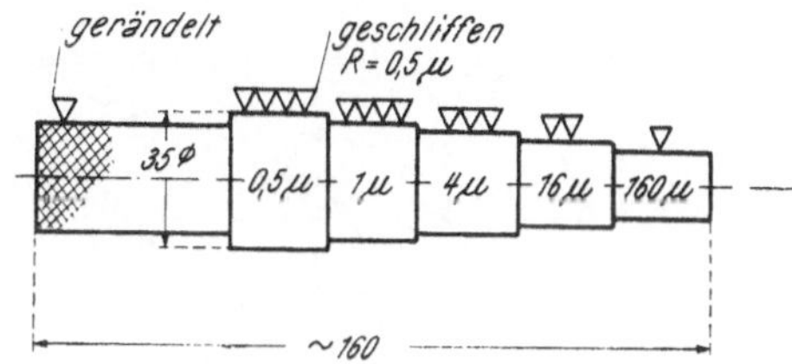

Abb. 220. Oberflächenvergleichsstab

Der Oberflächenglanz hat mit dem Zustand der Rauheit unmittelbar nichts zu tun und verleitet gerne zu Fehlurteilen. Eine gut geläppte Fläche glänzt meist weniger als eine fein geschliffene oder polierte Fläche von gleicher oder größerer Rauheit.

Weiters lassen sich die Oberflächen durch Taststifte, Flach- oder Schrägschnitte und durch optische Interferenz messen. Auch Elektronenmikroskope in Durch- oder Aufstrahlung werden verwendet.

2. Tasten

Bei der *Taststiftmethode* (Abb. 221 zeigt ein Meßblatt) wird die zur Oberfläche senkrechte Bewegung einer Meßnadel während des Gleitens über die Oberfläche gemessen und in vergrößertem Maßstab aufgetragen. Als Taststift dient meist ein konisch geschliffener Diamant mit sehr kleinem Krümmungsradius an der Spitze. Die Verstärkung der Auf- und Abbewegung des Taststiftes erfolgt elektrisch, die Aufzeichnung auf einem Papierstreifen in bis zu 50 000-facher Vergrößerung. Die kleinsten noch meßbaren Unebenheiten betragen je nach Gerät mindestens $2{,}5 \cdot 10^{-2}\ \mu$. Bei weichen Werkstoffen kann der Taststift leicht die Oberfläche verletzen.

3. Schrägschnitte

Beim *Flach-* oder *Schrägschnittverfahren* werden durch einen Schnitt schräg zur Oberfläche des zu prüfenden Stückes die Profilunebenheiten entsprechend dem Schnittwinkel vergrößert. Unter dem Mikroskop kann das Profil untersucht werden. Um die Oberflächen beim Schnitt nicht zu verletzen, wird vorher ein Metall von ähnlicher Härte elektrolytisch aufgetragen.

4. Schrägschatten

Bei einem anderen Verfahren wird der *Schatten* eines undurchsichtigen Fadens unter einem bestimmten Winkel auf die zu prüfende Oberfläche geworfen. Bei Betrachtung dieses Schattens unter einem geeigneten Winkel ergibt sich ein gezeichnetes Profil ähnlich dem Schrägschnitt.

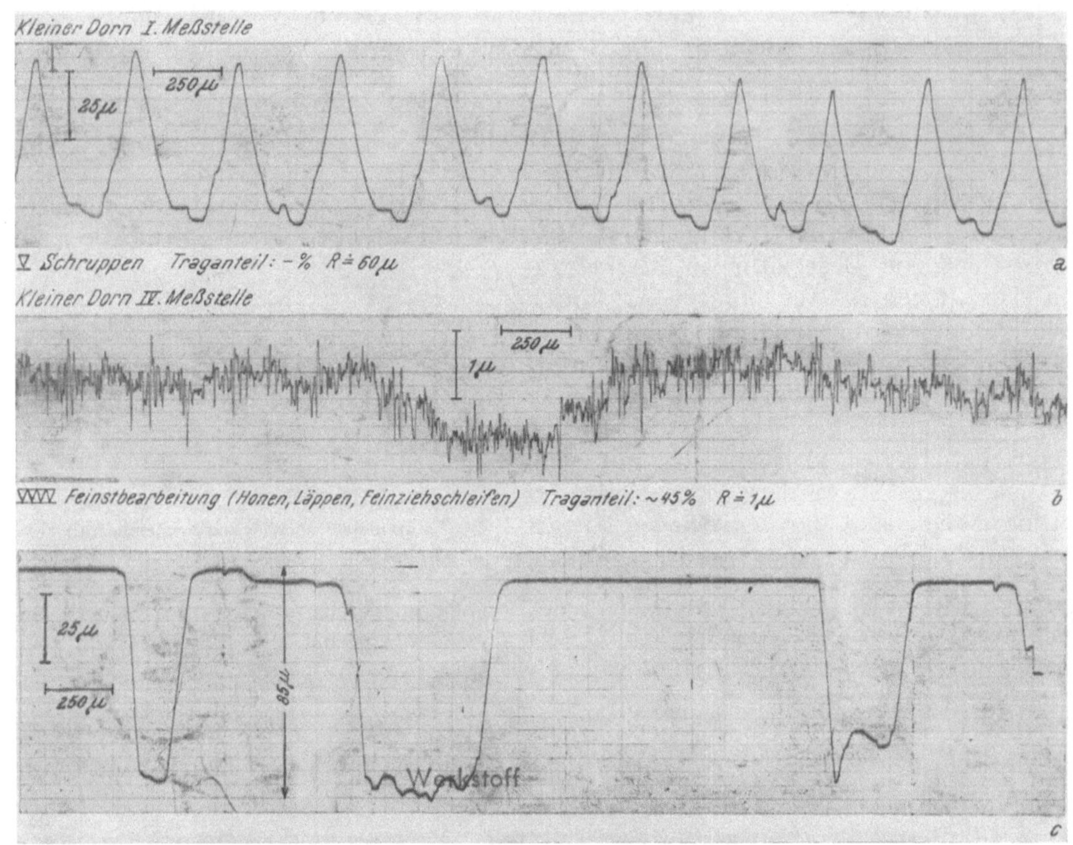

Abb. 221. Oberflächenrauheit (Messung mit Taststiftgerät „Pertis-0-Meter")
a Prüfdorn nach Abb. 220 für ▽
b Prüfdorn nach Abb. 220 für ▽▽▽
c Oberfläche eines beschädigten Lagers

5. Interferenz

Auf der *optischen Interferenz* zweier Lichtstrahlen beruht ein weiteres Meßverfahren. Jedem Farbphotographen ist diese Erscheinung bekannt (Newtonsche Ringe). Die kleinsten Unebenheiten, die gemessen werden können, sind 1 bis $1,5 \cdot 10^{-3} \, \mu$.

II. Messung der Oberflächengrobgestalt

Zur Prüfung des Wellendurchmessers an unzugänglichen Stellen im Motor dient die in Abb. 222 dargestellte Lehre. Die Strecke *a* entspricht, wie sich einfach aus den geometrischen Beziehungen ermitteln läßt, genau dem Halbmesser und kann mit dem Mikrometer kontrolliert werden: $a = d_2/2$.

Die Messung des Laufdurchmessers von dünnen Lagerschalenhälften ist meist nicht mit einem Prüfdorn möglich, sondern es läßt sich einfacher der Umfang kontrollieren. Besonders bei aus Bandstahl hergestellten Lagern ist es praktisch unmöglich, den Durchmesser zu messen, da diese im ausgebauten Zustand ihre Form nicht behalten. Es sind dafür zwei Meßmethoden üblich. Bei beiden wird die zu messende Lagerschale in eine Matrize so eingedrückt, daß eine Endfläche gegen einen festen Anschlag anliegt, und das andere Ende mit Druck belastet wird, der etwa der Vorspannung des eingebauten Lagers entspricht. Dieser beträgt etwa 1000 bis 2000 kp cm^{-2} Querschnittfläche der Stahlstützschale. Bei entsprechender Wahl der Matrizenbohrung kann die Abweichung vom Sollmaß der Lagerschale gemessen werden. Die Dicke der Lagerschale wird gesondert in einem Dickenmeßgerät kontrolliert und sollte bis auf etwa $\pm$ 0,0005 cm eingehalten werden.

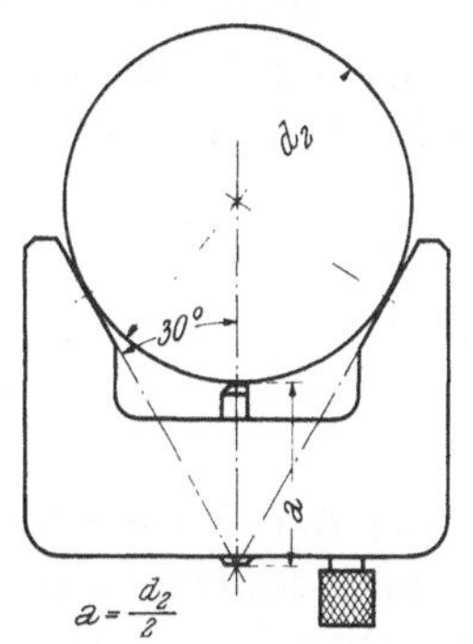

Abb. 222. Wellenmeßlehre (Federal-Mogul-Bower Bearings Inc.)

Bei der einen Meßmethode wird der eine Durchmesser der Matrize so groß wie die größte zulässige Gehäusebohrung hergestellt (Abb. 223 a). Unter der Kraft P wird das Maß m der noch überstehenden Lagerschale gemessen und toleriert („Überstand"); der zweckmäßigste Wert für den Überstand wird meist durch Versuche erprobt. Er ist abhängig von der Erwärmung und Dehnung des Gehäuses, des Lagers und vom kleinsten zulässigen Lagerspiel im Betrieb (s. auch Abb. 151). Anderseits kann die Matrize so ausgebildet werden, daß der Durchmesser der Summe des größten zulässigen Außendurchmessers d_a plus Toleranz des Lagers entspricht (Abb. 223 b). Auch hierbei wird unter der Kraft P eine Differenz gegenüber dem Sollmaß festgestellt, die als „Unterstand" toleriert wird. Der Über- oder Unterstand unter der vorhin angegebenen Belastung darf etwa 0,0025 bis 0,0040 cm je nach Lagergröße und Betriebsbedingungen nicht überschreiten. Dies entspricht einem Durchmesserunterschied von 0,0016 bis 0,0025 cm.

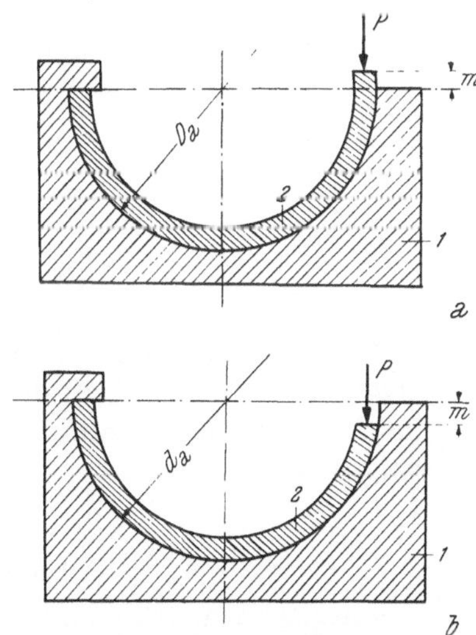

Abb. 223. Indirekte Messung des Lagerdurchmessers von Lagerschalenhälften durch

a Überstand
b Unterstand

1	Lehre
2	Lagerschalenhälfte
m	Meßstrecke
D_a	Gehäusebohrung
d_a	Lagerschalenaußendurchmesser
P	Prüfdruck

III. Messung der Oberflächenhärte

Neben der Kenntnis der Oberflächenrauheit ist auch die der Oberflächenhärte wichtig. Sie ist ein Maß für den Widerstand, den ein Material dem Eindringen eines anderen Körpers entgegensetzt. Die derzeit üblichen Härteprüfungen sind Messungen nach BRINELL (HB), ROCKWELL (HRc und HRb) oder VICKERS (HV) (Tabelle 6).

1. Härteprüfung nach Brinell

Bei der Härteprüfung nach BRINELL (HB) wird eine Stahlkugel in das zu untersuchende Material mit einer bestimmten Belastung eingedrückt. Das Verhältnis: Belastung der Kugel zu der Oberfläche der eingedrückten Kalotte ist die Brinellhärte HB

in kp mm^{-2}. Je nach der zu erwartenden Härte des Materials sind verschiedene Prüfverfahren üblich. Die übliche Belastung für Stahl beträgt $30 \cdot D^2$ (D = Kugeldurchmesser), „HB 30", für Nichteisenmetalle $10 \cdot D^2$, „HB 10". Die Eindrückdauer ist 10 s.
Der Kugeldurchmesser ist meist 10 mm.

Bei durchhärtbaren Stählen, deren Oberfläche gleich hart wie der Kern ist, beträgt
die Zugfestigkeit etwa 35% der Brinellhärte 30 [28]:

$$\sigma_{zB} = 0{,}35 \cdot \text{HB } 30.$$

2. Rockwellhärteprüfung

Bei der Rockwellhärteprüfung wird ein Diamantkegel mit 120° Spitzenwinkel und
0,2 mm Spitzenhalbmesser (Rockwell c) oder für weichere Werkstoffe eine gehärtete
1/16''-Stahlkugel (Rockwell b) mit 10 kp Vorlast auf den Prüfkörper aufgesetzt und
steigend bis zu 150 kp (beim Kegel) oder 100 kp (bei der Kugel) belastet. Der bleibende
Unterschied der Eindringtiefe bei Vorlast und Prüflast nach Entlastung auf die Vorlast
ist ein Maß für die Härtezahl [27]:

$$\text{HRc} = 100 - \frac{\text{Eindringtiefe}}{0{,}002}$$

$$\text{HRb} = 130 - \frac{\text{Eindringtiefe}}{0{,}002}.$$

3. Messung der Vickershärte

Zur Messung der Vickershärte wird eine vierseitige Diamantpyramide mit 136°
Spitzenwinkel mit einer bestimmten Kraft bis zum Gleichgewicht eingedrückt. Die
Diagonale d (mm) des quadratischen Eindruckes ist ein Faktor für den Ausdruck der
Vickershärtezahl:

$$\text{HV} = \frac{\text{Belastung}}{\text{Eindruckoberfläche}} = \frac{1{,}85 \cdot P}{d^2} \text{ kp mm}^2.$$

Die Prüfung nach VICKERS ist für alle Härten ohne Änderung des Meßverfahrens anwendbar.

IV. Lagerwerkstoffprüfmaschinen

Für die Prüfung von Lagerwerkstoffen gibt es zwei Haupttypen von Geräten:
Die Lager- und die Klötzchen- oder Stiftprüfmaschinen.

Bei den Lagerprüfmaschinen sind die zu untersuchenden Werkstoffe als Lager ausgebildet. Die Prüfung geht möglichst betriebsnahe vor sich.

Bei der Klötzchen- oder Stiftmethode werden nur einzelne Probestücke aus dem zu
prüfenden Material gegen eine darüber gleitende Fläche des entsprechenden Gegen-
materials gedrückt.

Gemessen wird in Prüfmaschinen: Gleitgeschwindigkeit, spezifische Belastung, Druckverteilung, Laufzeit, Reibungszahl, Temperatur, Öldruck, Öltemperatur, Ölmenge, abgeführte Wärmemenge und die Verschleißmenge [50, 99].

Weiters sei noch auf Meßvorrichtungen hingewiesen, die Lagerschäden im eingebauten Zustand bei Betrieb feststellen. Durch Schließen eines elektrischen Kontaktes und Betätigen einer Warnvorrichtung kann zu großes Lagerspiel infolge unzulässig hoher Abnützung festgestellt werden. Auch durch elektrische Kontakte direkt auf der Welle oder durch Abtasten der Wellenbewegung außerhalb des Lagers wird das gleiche Ziel erreicht.

Eingebaute Thermoelemente, eventuell mit Warnvorrichtung, zeigen eine zu große Erwärmung und damit beginnenden Verschleiß an. Letzten Endes dient auch die Kontrolle der Schmieröltemperatur des aus dem Lager austretenden Öles diesem Zweck.

Schrifttum

Fast ausschließlich ist nur das Schrifttum, das nach 1940 erschien, angeführt. Ältere Werke sind in [10], [84] und [96] zu finden.

1. ANGER, G.: Zehnteilige Einflußlinien, 3. Aufl. Berlin: W. Ernst und Sohn, 1939.
2. BARWELL, F. T.: Der Beginn der Abnützung und der Einfluß vom Schmiermittel. VDI-Bericht 20, 31—39 (1957).
3. BAUER, K.: Einfluß der endlichen Breite des Gleitlagers auf Tragfähigkeit und Reibung. Forsch.-Ing.-Wes. 14, H. 2 (1943).
4. BAUER, K.: Die Öldruckausbildung an besonders geformten Schmierspalten. Elin-Z. 3, H. 3 (1951); 4, H. 3 (1952); 6, H. 1 und 4 (1954).
5. Betriebstechnisches Taschenbuch. München: Carl Hanser, 1953.
6. BEUERLEIN, P.: Schmierstoffe und Schmiertechnik. (Sonderdruck aus Kröners Taschenbuch der Maschinentechnik.) Stuttgart: Alfred Kröner, 1959.
7. BOBOC, R.: Berechnung der Lagerdrücke einfach wirkender Zweitaktdieselmotoren. Konstruktion 8, H. 6 (1956).
8. BOEKER, G. F., D. D. FULLER und C. F. KAYAN: Gas-Lubricated Bearings, a Critical Survey. (Gasgeschmierte Gleitlager, eine kritische Übersicht.) WADC Technical Report 58—495, ASTIA Document No. AD 216356, Juli 1958.
9. TEN BOSCH, M.: Vorlesungen über Maschinenelemente. Berlin-Göttingen-Heidelberg: Springer, 1953.
10. BOWDEN, F. P. und D. TABOR: Reibung und Schmierung fester Körper. Berlin-Göttingen-Heidelberg: Springer, 1959.
11. BOWDEN, F. P.: Einige neue Versuchsergebnisse über die Reibung fester Körper. VDI-Bericht 20, 101—108 (1957).
12. BUSKE, A.: Lager für hohe Anforderungen. Lilienthalgesellschaft für Luftfahrtforschung, 1940.
13. BUSKE, A.: Der Einfluß der Lagergestaltung auf die Belastbarkeit und die Betriebssicherheit. Stahl und Eisen 71, H. 26, 1420—1433 (1951).
14. BUSKE, A.: Schmierung von Kolben für Brennkraftmaschinen. VDI-Bericht 20, 141—146 (1957).
15. CHENEY, A. J., W. B. HAPPOLDT und K. G. SWAYNE: Designing Bearings with Nylon and Teflon Plastics. (Lager aus Teflon oder Nylon.) Machine Design 28, H. 12, 143—152 (1956).
16. Filmatic. Prospekt der Fa. Cincinnati Grinders Incorporated, G 604.
17. DIETER, W. und R. REICHERT: Rohr- und Schlauchleitungen, Verbindungen und Zubehörteile für Ölhydraulische Leitungssysteme. Ölhydraulik und Pneumatik 2, H. 2, 3, 4 (1958).
18. DIN 140 Oberflächen (Oktober 31).
19. DIN 1703 Blei- und Zinnlagermetalle.
20. DIN 1705 Gußzinnbronzen und Rotguß.
21. DIN 1709 Sondergußmessing.
22. DIN 1714 Aluminiumbronzen.
23. DIN 1716 Gußbleibronzen und Gußzinnbleibronzen.
24. DIN 17014 Wärmebehandlung von Eisen und Stahl, Fachausdrücke.
25. DIN 17661 Sondermessinge.
26. DIN 17662 Zinnbronzen und Mehrstoffzinnbronzen.
27. DIN 50103 Härteprüfung nach Rockwell.
28. DIN 50351 Härteprüfung nach Brinell.
29. Die Aluminiumbronzen. DKI e. V. Berlin. 1958.
30. DRESCHER, H.: Gleitlager mit Luftschmierung. Z. VDI 95, H. 35, 1182—1190 (1953).
31. DRESCHER, H.: Zur Berechnung von Achsialgleitlagern mit hydrodynamischer Schmierung. Konstruktion 8, H. 3 (1956).
32. DROSTE, K.: Schmierung und Gestaltung von Gleitlagern. Stahl und Eisen 77, H. 17 und 18 (1957).
33. DUBBEL, H.: Taschenbuch für den Maschinenbau, I. Berlin: Springer, 1939.

34. ENGLISCH, C.: Verschleiß, Betriebszahlen und Wirtschaftlichkeit von Verbrennungskraft-maschinen, 2. Aufl. (Die Verbrennungskraftmaschine, Band 14.) Wien: Springer, 1952.

35. FALZ, E.: Grundzüge der Schmiertechnik. Berlin: Springer, 1931.

36. FINDEISEN, F.: Neuzeitliche Maschinenelemente, I. Berlin-Wien-Leipzig: Otto Elsner, 1945.

37. FOGG, A.: Engineering **159**, 138 (1945).

38. FORRESTER, P. G.: How to Choose Materials for Bearings Surfaces. (Auswahl von Lagergleit-flächen.) Engineering Materials and Design, Oktober 1959.

39. FRÄNKEL, A.: Berechnung von zylindrischen Gleitlagern. Mitteilungen aus dem Institut für Thermodynamik und Verbrennungsmotorenbau der ETH Zürich, 1944.

40. FRÖSSEL, W.: Einfluß der hydrodynamischen Schmierung auf die Gleitlagerentwicklung. Maschinenmarkt **61**, 40 (1956).

41. FRÖSSEL, W.: Hochtourige Schmierölpumpe. Konstruktion **12**, H. 5, 195—203 (1960).

42. GERHARDT, P.: Die Berechnung der Auflagerkräfte von Kurbelwellen bei Dieselmotoren. Maschinenbautechnik **4**, 205.

43. GERSDORFER, O.: Gleitlager für hohe Drehzahlen. M. u. E., Wien **10**, H. 18, 246 (1955).

44. GERSDORFER, O.: Axialdruckgleitlager. Konstruktion **8**, H. 3 (1956).

45. GERSDORFER, O.: Das Gleitlager. Wien-Heidelberg: R. Bohmann, 1954.

46. GÖTTNER, G. H.: Viskosität und Viskositätsverhalten beim Schmiervorgang. Stahl und Eisen **75**, 502—513 (1955).

47. HAEDER, W.: Flugmotor in Leicht- und Schwerölbauart. Berlin: Richard Carl Schmidt & Co., 1940.

48. HAHN, H. W.: Das zylindrische Gleitlager endlicher Breite unter zeitlich veränderlicher Be-lastung. Dissertation TH Karlsruhe, 1957.

49. HASSELGRUBER, H.: Zur rechnerischen Erfassung der Schmierstoffversorgung von Ver-brennungskraftmaschinen. MTZ **18**, H. 8 (1957).

50. HOLFELDER, O.: Wechsellastprüfmaschinen und Erprobung hochbelasteter Gleitlager in Original-größe. MTZ **20**, H. 6, 173—177 (1959) und Sulzer Technische Rundschau H. 1 (1960).

51. Hütte, des Ingenieurs Taschenbuch, IIA. Berlin: W. Ernst und Sohn, 1954.

52. HOLLAND, J.: Beitrag zur Erfassung der Schmierverhältnisse in Verbrennungskraftmaschinen. VDI-Forschungsheft 475 (1959).

53. JOHNSTON, R. C. R. und C. F. KETTLEBOROUGH: An Experimental Investigation into Stepped Thrust-bearings. (Experimentelle Untersuchungen an Axialgleitlagern mit abgestuften parallelen Tragflächen.) Proc. Instn. Mech. Eng. **170**, H. 17, 511—533 (1956).

54. KAMPS, R.: Lager und Schmiertechnik. Düsseldorf: VDI-Verlag GmbH., 1957.

55. KARA, W. H.: Grundlagen der Lagerschmierung. (Erdölbücherei, Band 10.) Mainz-Heidelberg: Hüthig-Dreyer GmbH., 1960.

56. KHD-Normblatt, 1955. Oberflächenzeichen für die Oberflächengüte.

57. KIEFFER, H.: Zum Problem der Normung der Oberflächenrauheit von technisch erzeugten Oberflächen. (Blaue TR-Reihe Heft 5.) Bern: Hallwag, 1958.

58. KIESSKALT, S.: Untersuchungen des Einflusses des Druckes auf die Zähigkeit von Öl und seine Bedeutung für die Schmiertechnik. (VDI-Forschungsarbeiten 291.) Berlin: VDI-Verlag, 1927.

59. KIESSKALT, S.: Neuere Ergebnisse über die Druckzähigkeit von Ölen. Z. VDI **73**, 1502—1503 (1929).

60. KLEMENCIC, A.: Bemessung und Gestaltung von Gleitlagern. Z. VDI **87**, H. 27/28, 226 (1943).

61. KLEMENCIC, A.: Ursachen des Versagens von Gleitlagern, insbesondere bei Braunkohlenbrikett-pressen. Braunkohle, Wärme und Energie H. 1/2, 11—17 (1954).

62. KLÜSNER, O.: Beitrag zur Lagerschmierung bei nicht stationärer Belastung. MTZ **18**, H. 4, 89—93 (1957).

63. KOLLMANN, K. und H. HOCKEL: Ermittlung der Dicke des Schmierfilms in den Grundlagern eines stationären Dieselmotors. MTZ **14**, 134—137 (1953).

64. KRAEMER, O.: Bau und Berechnung der Verbrennungskraftmaschinen, 3. Aufl. Berlin: Springer 1948.

65. KREMSER, H.: Das Triebwerk schnellaufender Verbrennungskraftmaschinen, 2. Aufl. (Die Verbrennungskraftmaschine, Band 10.) Wien: Springer, 1949.

66. LEYER, A.: Keilschmierung oder Druckölschmierung. Schweizerische Bauzeitung **71**, H. 5, 66 69 (1953).

67. LOTTER, B.: Genauigkeitslager im Maschinenbau. Konstruktion **7**, H. 2 (1955).

68. MAYR, F.: Ortsfeste Dieselmotoren und Schiffsdieselmotoren, 3. Aufl. (Die Verbrennungs-kraftmaschine, Band 12.) Wien: Springer, 1960.

69. MEINERS, K.: Persönliche Information.

70. MIKULA, L.: Die Belastbarkeit von Gleitlagern. Konstruktion **10**, H. 9 (1958).

71. MILOWIZ, K.: Berechnung und Konstruktion von Radialgleitlagern. (Blaue TR-Reihe, Heft 3.) Bern: Hallwag, 1957.

72. MILOWIZ, K.: Auslegung, Bemessung und Gestaltung betriebssicherer Gleitlager. VDI-Bericht **36** (1959).

73. NEUGEBAUER, G. H.: Kräfte in den Triebwerken schnellaufender Kolbenkraftmaschinen. (Konstruktionsbücher, Band 2.) Berlin: Springer, 1952.

74. NIEMANN, G. und K. BANASCHEK: Der Reibwert bei geschmierten Gleitflächen. Z. VDI **95**, H. 6, 167—173 (1953).

75. NÜCKER, W.: Über den Schmiervorgang in Gleitlagern. VDI-Forschungsheft 352 (1932).

76. OTT, H. H.: Berechnung von Wellenlage und Reibung im Dreikeil-Traglager. BBC-Mitteilungen **46**, H. 7, 395—406 (1959).

77. PISCHINGER, A.: Gemischbildung und Verbrennung im Dieselmotor, 2. Aufl. (Die Verbrennungskraftmaschine, Band 7.) Wien: Springer, 1957.

78. SASS, FR.: Dieselmaschinen, Band 2: Die Maschinen und ihr Betrieb. Berlin-Göttingen-Heidelberg: Springer, 1957.

79. SASSENFELD, H.: Gleitlagerberechnung. VDI-Forschungsheft 441 (1954).

80. SCHEITERLEIN, A.: Der Aufbau schnellaufender Verbrennungskraftmaschinen für Kraftfahrzeuge und Triebwagen, 2. Aufl. (Die Verbrennungskraftmaschine, Band 11.) Wien: Springer, in Vorbereitung.

81. SCHIEBEL, A. und K. KÖRNER: Die Gleitlager. Berlin: Springer, 1933.

82. SCHLEICHER, F.: Taschenbuch für Bauingenieure. Berlin-Göttingen-Heidelberg: Springer, 1949.

83. SCHMALTZ, G.: Technische Oberflächenkunde. Berlin: Springer, 1936.

84. SCHMID, E. und R. WEBER: Gleitlager. Berlin-Göttingen-Heidelberg: Springer, 1953.

85. SCHRÖN, H.: Die Dynamik der Verbrennungskraftmaschine, 2. Aufl. (Die Verbrennungskraftmaschine, Band 8, Teil 2.) Wien: Springer, 1947.

86. SCHULTZE, GG. R.: Beeinflußbarkeit von Reibung und Schmierung durch Zusatzstoffe. VDI-Bericht **20**, 63—71 (1957).

87. SLAYMAKER, R. R.: Bearing Lubrication Analysis. (Lagerschmierung.) Cleveland, Ohio: Wiley, 1956.

88. STELLER, A.: Beitrag zur Dynamik des Zapfens im Gleitlager. M. u. W. **5**, 169—177 (1950).

89. STELLER, A.: Die Berechnung von Gleitlagern mit Flüssigkeitsreibung. Z. VDI **96**, H. 4, 89 (1954).

90. STEPHAN, H.: Temperatur und Verlagerung von zylindrischen Gleitlagern bei hoher Drehzahl. VDI-Forschungsheft **439** (1953).

91. STEPHAN, H.: Zur Bewertung der Lagerwerkstoffe, Zusammenstellung von Werkstoffkennwerten. Z. VDI **96**, H. 14, 403—409 (1954).

92. TERRES, E. und G. MORLOCK: Zum Stand der Theorie der Gleitlagerschmierung. Erdöl und Kohle **10**, H. 1 (1957).

93. TIMOSHENKO, S.: Theory of Elasticity. (Elastizitätstheorie.) New York: McGraw-Hill, 1934.

94. Gestaltung von Lagerungen. VDI-Richtlinie 2201 (1959).

95. VOGELPOHL, G.: Die Stribeck-Kurve als Kennzeichen des allgemeinen Reibungsverhaltens geschmierter Gleitflächen. Z. VDI **96**, H. 9, 261—268 (1954).

96. VOGELPOHL, G.: Betriebssichere Gleitlager. Berlin-Göttingen-Heidelberg: Springer, 1958.

97. VOLKERS, J.: Kräfte und Bewegungen in den Grundlagern einer Schiffsdieselmaschine. MTZ **19**, H. 8 (1958).

98. WANNER, W.: Grundlagen hydrostatischer Antriebe. (Blaue TR-Reihe, Heft 15.) Bern: Hallwag, 1959.

99. WEBER, R.: Lagerwerkstoffprüfung. Metall **12**, 96 (1958).

100. WEBER, R.: Eigenschaften von Gleitlagerwerkstoffen und Abgrenzung ihrer Anwendungsgebiete. VDI-Bericht **36** (1959).

Berechnungsblätter

Berechnungsblatt 1. Berechnung von stationären Radialgleitlagern

Gegeben: $\quad P \qquad\qquad = \dotfill$ kp

$\qquad\qquad d_2(d_1) = \dotfill$ cm

$\qquad\qquad \omega_1 = \dotfill$ s^{-1}, $\qquad \omega_2 = \dotfill$ s^{-1}, $\qquad \omega_p = \dotfill$ s^{-1}

$\omega_{\mathrm{re}} = \omega_1 + \omega_2 - 2 \cdot \omega_p = \dotfill$ s^{-1}

$u = 0{,}5 \cdot d_2 \cdot \omega_{\mathrm{re}} \qquad = \dotfill$ cm s^{-1}

$\quad$ 1. Annahme: $\quad b = \dotfill$ cm

$\qquad\qquad\qquad b/d_2 = \dotfill$

$$\bar{p} = \frac{P}{b \cdot d_2} = \dotfill \text{ kp cm}^{-2}$$

aus $\bar{p}$ und u (Abb. 192) und unter Berücksichtigung des Lagerwerkstoffes:

$\qquad\qquad \psi = \dotfill$

$\quad$ 2. Annahme $\quad h_0 = \dotfill$ cm (je nach Bearbeitung und erforderlicher

$\qquad\qquad\qquad\qquad\qquad\qquad\qquad$ Sicherheit, Abb. 120)

$$\delta = \frac{2 \cdot h_0}{\psi \cdot d_2}$$

aus b/d_2 und δ: $\quad So = \dotfill$ (Abb. 196)

$\qquad\qquad\qquad\qquad \xi = \dotfill$ (Abb. 197)

$\qquad\qquad\qquad\quad \mu/\psi = \dotfill$ (Abb. 198)

(bei Bedarf) $\qquad\quad \alpha = \dotfill$ (Abb. 123)

aus So: $\qquad\quad \eta = \dfrac{\bar{p} \cdot \psi^2}{So \cdot |\omega_{\mathrm{re}}|} = \dotfill$ kp s cm$^{-2}/\vartheta$

$\qquad\qquad\qquad v \simeq 1{,}1 \cdot 10^8 \cdot \eta = \dotfill$ cSt$/\vartheta$

aus ξ: $\qquad Q = 0{,}5 \cdot \xi \cdot d_2{}^2 \cdot b \cdot |\omega_{\mathrm{re}}| \cdot \psi = \dotfill$ cm^3 s^{-1}

aus Abb. 137: $\quad p_0 = \dotfill$ kp cm^{-2}

aus μ/ψ: $\qquad \mu = \dotfill$

$N_r = 0{,}5 \cdot \mu \cdot \bar{p} \cdot |\omega_{\mathrm{re}}| \cdot b \cdot d_2{}^2 = \dotfill$ cm kp s^{-1}

$$\vartheta - \vartheta_e = \frac{N_r}{c_v \cdot Q} = \dotfill \ {}^\circ\text{C}$$

wenn $\vartheta - \vartheta_e > \sim 20^\circ$ C, dann Erhöhung der Ölumlaufmenge auf:

$$Q_k = \frac{N_r}{c_v \cdot (\vartheta - \vartheta_e)} = \dotfill \text{ cm}^3 \text{ s}^{-1}$$

$\qquad\qquad\qquad\qquad\qquad\qquad\qquad$ (für gewähltes $\vartheta - \vartheta_e = \dotfill \ {}^\circ$C)

nach Annahme von $\vartheta_e = \dotfill \ {}^\circ$C:

$\qquad\qquad\qquad \vartheta = \dotfill \ {}^\circ$C

aus VT-Blatt (Abb. 26): v cSt$/\vartheta \rightarrow v = \dotfill$ cSt$/50^\circ$ C oder SAE $\dotfill$

Für die Zeichnung erforderliche Angaben:

$\qquad\qquad s_{\max} = 1{,}3 \cdot \psi \cdot d_2 = \dotfill$ cm

$\qquad\qquad s_{\min} = 0{,}9 \cdot \psi \cdot d_2 = \dotfill$ cm

$\qquad\qquad d_{1\max} = d_{2\min} + s_{\max} = \dotfill$ cm

$\qquad\qquad d_{1\min} = d_{2\max} + s_{\min} = \dotfill$ cm

Wahl der Bearbeitung so, daß $R_1 + R_2 < h_0$ (Abb. 120)

Berechnungsblatt 2. Berechnung von stationären Radialgleitlagern

Gegeben: $P\ =\dots\dots\dots\dots\dots\dots\dots$ kp

$d_2\ =\dots\dots\dots\dots\dots\dots\dots$ cm

$\omega_1\ =\dots\dots\dots\dots$ s^{-1}, $\omega_2\ =\dots\dots\dots\dots$ s^{-1}, $\omega_p\ =\dots\dots\dots\dots$ s^{-1}

$\nu\ =\dots\dots\dots\dots\dots\dots\dots$ cSt/50° C

$\omega_{\text{re}} = \omega_1 + \omega_2 - 2 \cdot \omega_p =\dots\dots\dots\dots\dots\dots$ s^{-1}

$u = 0,5 \cdot d_2 \cdot \omega_{\text{re}}\qquad =\dots\dots\dots\dots\dots\dots$ cm s^{-1}

1. Annahme: $b\ =\dots\dots\dots\dots\dots\dots$ cm

$b/d_2 =\dots\dots\dots\dots\dots\dots$

$\bar{p} = \dfrac{P}{b \cdot d_2}\ =\dots\dots\dots\dots$ kp cm^{-2}

aus $\bar{p}$ und u (Abb. 192) und unter Berücksichtigung des Lagerwerkstoffes:

$\psi\ =\dots\dots\dots\dots\dots\dots$

2. Annahme: $\vartheta\ =\dots\dots\dots\dots\dots\dots$ °C

aus VT-Blatt: $\nu\ =\dots\dots\dots\dots\dots\dots$ cSt/ϑ

(Abb. 26) $\eta\ \cong\ \dfrac{\nu}{1,1}\cdot 10^{-8} =\dots\dots\dots\dots$ kp s cm$^{-2}/\vartheta$

$So = \dfrac{\bar{p}\cdot\psi^2}{\eta\cdot|\omega_{\text{re}}|}\ =\dots\dots\dots\dots$

aus So und b/d_2 (Abb. 196):

$\delta\ =\dots\dots\dots\dots\dots\dots$

$h_0\ = \dfrac{\delta\cdot\psi\cdot d_2}{2} =\dots\dots\dots\dots$ cm

aus b/d_2 und δ:

$\xi\ =\dots\dots\dots\dots\dots\dots$ (Abb. 197)

$\mu/\psi =\dots\dots\dots\dots\dots\dots$ (Abb. 198)

(bei Bedarf) $\alpha\ =\dots\dots\dots\dots\dots\dots$ (Abb. 123)

aus ξ: $Q\ = 0,5 \cdot \xi \cdot d_2{}^2 \cdot b \cdot |\omega_{\text{re}}| \cdot \psi =\dots\dots\dots\dots$ cm^3 s^{-1}

aus Abb. 137: $p_{\ddot{o}} =\dots\dots\dots\dots\dots\dots$ kp cm^{-2}

aus μ/ψ: $\mu\ =\dots\dots\dots\dots\dots\dots$

$N_r = 0,5 \cdot \mu \cdot \bar{p} \cdot |\omega_{\text{re}}| \cdot b \cdot d_2{}^2 =\dots\dots\dots\dots$ cm kp s^{-1}

Ermittlung des Temperaturanstieges, der Kühlölmenge und der Zeichnungsangaben wie in Berechnungsblatt 1.

Berechnungsblatt 3. Berechnung der kleinstzulässigen Winkelgeschwindigkeit von stationären Radialgleitlagern (Übergangs- oder Ausklinkdrehzahl[1])

Gegeben: d_1 = ... $\pm$ .... cm, d_2 = ... $\pm$ .... cm

P = ... kp

b = ... cm

v = ... cSt/50° C

R_1 = ... cm, R_2 = ... cm

---

$d_{1\max}$ = ... cm, $d_{1\min}$ = ... cm

$d_{2\max}$ = ... cm, $d_{2\min}$ = ... cm

$$\psi_{\max} = \frac{d_{1\max} - d_{2\min}}{d_2} = \dots\dots\dots\dots\dots\dots\dots$$

$$\psi_{\min} = \frac{d_{1\min} - d_{2\max}}{d_2} = \dots\dots\dots\dots\dots\dots\dots$$

b/d_2 = ...

$$\bar{p} = \frac{P}{b \cdot d_2} = \dots\dots\dots\dots\dots\dots\dots \; \mathrm{kp\,cm^{-2}}$$

$R_1 + R_2$ = ... cm

je nach gewünschter Sicherheit:

$$h_0 = \dots\dots\dots\dots\dots\dots\dots (> R_1 + R_2)\ \mathrm{cm}$$

daraus:

$$\delta_{\max} = \frac{2 \cdot h_0}{\psi_{\min} \cdot d_2} = \dots\dots\dots\dots\dots\dots$$

$$\delta_{\min} = \frac{2 \cdot h_0}{\psi_{\max} \cdot d_2} = \dots\dots\dots\dots\dots\dots$$

Schätzung der größten Schmierfilmtemperatur: ϑ = ... °C

dann aus VT-Blatt: = ... cSt/ϑ

daraus: $\eta = \dfrac{v}{1,1} \cdot 10^{-8}$ = ... kp s cm^{-2}/ϑ

aus b/d_2 und $\delta_{\min}$: So = ...

daraus: $\omega_{\mathrm{re}} \geqslant \dfrac{\bar{p} \cdot \psi_{\max}^2}{So \cdot \eta}$ = ... s^{-1}

---

[1] Nach der Fertigstellung des Manuskriptes hatte ich mehrere für mich sehr wertvolle Aussprachen mit Herrn Professor Dr.-Ing. G. VOGELPOHL. Leider war es für eine Unterbringung insbesondere seiner „Übergangsdrehzahl" [96] bereits zu spät. Die Formel dafür soll aber in den hier verwendeten Einheiten trotzdem noch angeführt werden: $\omega_{\mathrm{re},\ddot{u}} = P/(\eta \cdot d^2 \cdot b) \cdot 10^{-6}$.

Berechnungsblatt 4. Kontrolle der Bearbeitung (Oberflächenrauheit) und der Lagertemperatur von stationären Radialgleitlagern

Gegeben: d_1 = ... ± ...... cm, d_2 = ... ± ..... cm

ω_{re} = ... s^{-1}

b = ... cm

P = ... kp

v = ... cSt/50° C

R_1 = ... cm, R_2 = ... cm

---

$d_{1\,max}$ = ... cm, $d_{1\,min}$ = ... cm

$d_{2\,max}$ = ... cm, $d_{2\,min}$ = ... cm

$$\psi_{max} = \frac{d_{1\,max} - d_{2\,min}}{d_2} = \ldots\ldots\ldots\ldots\ldots\ldots$$

$$\psi_{min} = \frac{d_{1\,min} - d_{2\,max}}{d_2} = \ldots\ldots\ldots\ldots\ldots\ldots$$

b/d_2 = ...

$$\bar{p} = \frac{P}{b \cdot d} = \ldots\ldots\ldots\ldots\ldots\ldots \ \text{kp cm}^{-2}$$

$R_1 + R_2$ = ... cm

Schätzung der höchsten Schmierfilmtemperatur ϑ = ... °C

aus VT-Blatt: v = ... cSt/ϑ

$$\eta \cong \frac{v}{1,1} \cdot 10^{-8} = \ldots\ldots\ldots\ldots\ldots\ldots\ldots \ \text{kp s cm}^{-2}/\vartheta$$

daraus: $$So_{max} = \frac{\bar{p} \cdot \psi_{max}{}^2}{\eta \cdot |\omega_{re}|} = \ldots\ldots\ldots\ldots\ldots$$

$$So_{min} = \frac{\bar{p} \cdot \psi_{min}{}^2}{\eta \cdot |\omega_{re}|} = \ldots\ldots\ldots\ldots\ldots$$

aus Abb. 196 mit So und b/d_2:

δ_{max} = ...

δ_{min} = ...

daraus: $$h_{0\,min} = \frac{\delta_{max} \cdot \psi_{min} \cdot d_2}{2} = \ldots\ldots\ldots\ldots \ \text{cm}$$

Entsprechend den Bearbeitungsangaben muß $h_{0\,min} \geqq R_1 + R_2$ sein!

Ermittlung der Ölmenge, des Öldruckes und der Erwärmung mit den ungünstigsten Werten wie in Berechnungsblatt 1.

Berechnungsblatt 5. Berechnung der höchstzulässigen Tragfähigkeit von stationären Radialgleitlagern

Gegeben: $d_1 = \ldots\ldots\ldots\ldots \pm \ldots\ldots$ cm, $\quad d_2 = \ldots\ldots\ldots \pm \ldots\ldots$ cm.

$\omega_{re} = \ldots\ldots\ldots\ldots\ldots\ldots$ s^{-1}

$b = \ldots\ldots\ldots\ldots\ldots$ cm

$\nu = \ldots\ldots\ldots\ldots\ldots$ cSt/50° C

$R_1 = \ldots\ldots\ldots\ldots\ldots$ cm, $\quad R_2 = \ldots\ldots\ldots\ldots\ldots$ cm

---

$d_{1\,max} = \ldots\ldots\ldots\ldots\ldots\ldots$ cm, $\quad d_{1\,min} = \ldots\ldots\ldots\ldots$ cm

$d_{2\,max} = \ldots\ldots\ldots\ldots\ldots\ldots$ cm, $\quad d_{2\,min} = \ldots\ldots\ldots\ldots$ cm

$$\psi_{max} = \frac{d_{1\,max} - d_{2\,min}}{d_2} = \ldots\ldots\ldots\ldots$$

$$\psi_{min} = \frac{d_{1\,min} - d_{2\,max}}{d_2} = \ldots\ldots\ldots\ldots$$

$b/d = \ldots\ldots\ldots\ldots\ldots\ldots$

$R_1 + R_2 = \ldots\ldots\ldots\ldots\ldots\ldots$ cm

je nach gewünschter Sicherheit:

$$h_0 = \ldots\ldots\ldots\ldots\ldots\ldots \; (\geqslant R_1 + R_2) \text{ cm}$$

daraus:

$$\delta_{max} = \frac{2 \cdot h_0}{\psi_{min} \cdot d_2} = \ldots\ldots\ldots\ldots$$

$$\delta_{min} = \frac{2 \cdot h_0}{\psi_{max} \cdot d_2} = \ldots\ldots\ldots\ldots$$

aus b/d_2 und δ_{max}: $So_{min} = \ldots\ldots\ldots\ldots\ldots$

Schätzung der größten Schmierfilmtemperatur: $\vartheta = \ldots\ldots\ldots\ldots$ °C

dann aus VT-Blatt: $\nu = \ldots\ldots\ldots\ldots\ldots$ cSt/ϑ

daraus:

$$\eta = \frac{\nu}{1,1} \cdot 10^{-8} = \ldots\ldots\ldots\ldots \text{ kp s cm}^{-2}/\vartheta$$

$$\bar{p} \leqslant \frac{So_{min} \cdot \eta \cdot |\omega_{re}|}{\psi_{max}{}^2} = \ldots\ldots\ldots\ldots \text{ kp cm}^{-2}$$

$$P = \bar{p} \cdot b \cdot d = \ldots\ldots\ldots\ldots \text{ kp}$$

Ermittlung der Ölmenge, des Öldruckes und der Erwärmung mit den ungünstigsten Werten wie in Berechnungsblatt 1.

Berechnungsblatt 6. Berechnung von Achsialgleitlagern

Gegeben: P = ... kp

                  ω = ... s^{-1}

                  d_a = ... cm (oder: d_i = ... cm)

---

1. Annahme: $\bar{p}$ = ... kp cm^{-2}

2. Annahme: φ (bei Bewegung) $\cong$ ....   (Tabelle 23)

daraus: $d_m \cdot b = \dfrac{P}{\bar{p} \cdot \pi \cdot \varphi}$ = ... cm^2

               d_i = $\sqrt{d_a{}^2 - 4 \cdot b \cdot d_m}$ = ... cm

             (d_a = $\sqrt{d_i{}^2 + 4 \cdot b \cdot d_m}$ = ... cm)

             b = $0{,}5 \cdot (d_a - d_i)$ = ... cm

             d_m = $d_i + b$ = ... cm ($d_m/b \cong$ 2 bis 6)

             u_m = $0{,}5 \cdot d_m \cdot \omega$ = ... cm s^{-1}

3. Annahme: $l \cong$ .... cm ($l \cong b$)

             $z \cong \dfrac{\pi \cdot d_m \cdot \varphi}{l}$ = ...

daraus: $\varphi = \dfrac{z \cdot l}{\pi \cdot d_m}$ = ...

         $T = l/\varphi$ = ...

Aufteilung der Ringfläche nach Abb. 2 und Tabelle 23

         N = ... cm

         K = ... cm

         R = ... cm

         h_0 = $(0{,}5$ bis $1{,}5) \cdot 10^{-3} \cdot (1 + d_m/40)$ = ... cm

         a = $0{,}42 \cdot l$ = ... cm (für Kippklotzlager)

(bei $a = 0{,}5 \cdot l$: $K = 0{,}165 \cdot l$ = ... cm und $t_1 = (2$ bis $3) \cdot h_0$ = ... cm)

         t $\cong 1{,}25 \cdot h_0$ = ... cm (für fest eingearbeitete Keilflächen)

für $So_a = 0{,}069$:

         η = $\dfrac{\bar{p} \cdot h_0{}^2}{0{,}069 \cdot u_m \cdot b}$ = ... kp s cm$^{-2}/\vartheta$

         Q = $0{,}7 \cdot b \cdot u_m \cdot h_0 \cdot z$ = ... cm^3 s^{-1}

         μ = $3 \cdot \sqrt{\dfrac{\eta \cdot u_m}{\bar{p} \cdot b}}$ = ...

         $N_r = \mu \cdot P \cdot u_m$ = ... cm kp s^{-1}

         $\vartheta - \vartheta_e = \dfrac{N_r}{c_v \cdot Q}$ = ... °C

wenn $\vartheta - \vartheta_e > 20°$ C, dann Erhöhung der Öldurchflußmenge auf:

         $Q_k = \dfrac{N_r}{c_v \cdot (\vartheta - \vartheta_e)}$ = ... cm^3 s^{-1}

                                       (für gewähltes $\vartheta - \vartheta_e$ = ... °C)

         ν = $1{,}1 \cdot 10^8 \cdot \eta$ = ... cSt/ϑ

aus VT-Blatt: ν = ... cSt/50° C

Berechnungsblatt 7. Berechnung der größtzulässigen Tragfähigkeit von Achsiallagern mit fest eingearbeiteten Keilflächen

Gegeben: d_a = ... cm, d_i = ... cm

ω = ... s^{-1}

z = ...

l = ... cm

t = ... cm

v = ... cSt/50° C

____

$d_m = 0,5 \cdot (d_a + d_i)$ = ... cm

$b = 0,5 \cdot (d_a - d_i)$ = ... cm

l/b = ...

$u_m = 0,5 \cdot d_m \cdot \omega$ = ... cm s^{-1}

Annahme des kleinstzulässigen h_0:

$$h_0 = (0,5 \text{ bis } 1,5) \cdot 10^{-3} \cdot (1 + d_m/40) = \text{............} \text{ cm}$$

$$h_0/t = \text{............................}$$

Annahme der Schmierfilmtemperatur: ϑ = ... °C

aus VT-Blatt: v = ... cSt/ϑ

$$\eta = \frac{v}{1,1} \cdot 10^{-8} = \text{............................} \text{ kp s cm}^{-2}/\vartheta$$

aus l/b und h_0/t (Abb. 201): So_a = ...

$$\bar{p} = \frac{So_a \cdot \eta \cdot u_m \cdot b}{h_0{}^2} = \text{............................} \text{ kp cm}^{-2}$$

Berechnungsblatt 8. Berechnung der größtzulässigen Tragfähigkeit von Achsiallagern mit Kippklötzen

Gegeben: d_a = ... cm, d_i = ... cm

ω = ... s^{-1}

z = ...

l = ... cm

a = ... cm

v = ... cSt/50° C

____

$d_m = 0,5 \cdot (d_a + d_i)$ = ... cm

$b = 0,5 \cdot (d_a - d_i)$ = ... cm

l/b = ...

$u_m = 0,5 \cdot d_m \cdot \omega$ = ... cm s^{-1}

a/l = ...

aus Abb. 202: h_0/t = ...

Annahme des kleinstzulässigen h_0:

$$h_0 = (0,5 \text{ bis } 1,5) \cdot 10^{-3} \cdot (1 + d_m/40) = \text{............} \text{ cm}$$

Annahme der Schmierfilmtemperatur: ϑ = ... °C

aus VT-Blatt: v = ... cSt/ϑ

$$\eta = \frac{v}{1,1} \cdot 10^{-8} = \text{............................} \text{ kp s cm}^{-2}/\vartheta$$

aus l/b und h_0/t (Abb. 201): So_a = ...

$$\bar{p} = \frac{So_a \cdot \eta \cdot u_m \cdot b}{h_0{}^2} = \text{............................} \text{ kp cm}^{-2}$$

Sicherheit:

$$s = \frac{\bar{p}}{\bar{p}_{vorhanden}} = \text{............................}$$

14*

Berechnungsblatt 9. Berechnung der kleinstzulässigen Winkelgeschwindigkeit von Achsiallagern mit Kippklötzen

Gegeben: d_a = ... cm, d_i = ... cm
               P = ... kp
               z = ...
               l = ... cm
               a = ... cm
               ν = ... cSt/50° C

$d_m = 0,5 \cdot (d_a + d_i) = $ .... cm

$b = 0,5 \cdot (d_a - d_i) = $ .... cm

$l/b = $ ....

$\varphi = \dfrac{z \cdot l}{\pi \cdot d_m} = $ ....

$\bar{p} = \dfrac{P}{d_m \cdot b \cdot \pi \cdot \varphi} = $ .... kp cm^{-2}

$a/l = $ ....

aus Abb. 202 $h_0/t = $...........................

aus l/b und h_0/t (Abb. 201): $So_a = $ ....

Annahme des kleinstzulässigen h_0:

$$h_0 = (0,5 \text{ bis } 1,5) \cdot 10^{-3} \cdot (1 + d_m/40) = \text{ .... cm}$$

Annahme der Schmierfilmtemperatur $\vartheta = $ .... °C

aus VT-Blatt: $\nu = $ .... cSt/ϑ

               $\eta = \dfrac{\nu}{1 \cdot 1} \cdot 10^{-8} = $ .... kp s cm^{-2}/ϑ

daraus: $u_m = \dfrac{\bar{p} \cdot h_0{}^2}{So_a \cdot \eta \cdot b} = $ .... cm s^{-1}

               $\omega = \dfrac{2 \cdot u_m}{d_m} = $ .... s^{-1}

Berechnungsblatt 10. Berechnung der kleinstzulässigen Winkelgeschwindigkeit von Achsiallagern mit fest eingearbeiteten Keilflächen

Gegeben: d_a = ... cm, d_i = ... cm
P = ... kp
z = ...
l = ... cm
t = ... cm
ν = ... cSt/50° C

$d_m = 0,5 \cdot (d_a + d_i) = $ .... cm

$b = 0,5 \cdot (d_a - d_i) = $ .... cm

$l/b = $ ....

$$\varphi = \frac{z \cdot l}{\pi \cdot d_m} = \dots\dots\dots\dots\dots\dots\dots\dots\dots\dots$$

$$\bar{p} = \frac{P}{d_m \cdot b \cdot \pi \cdot \varphi} = \dots\dots\dots\dots\dots\dots\dots\dots \text{kp cm}^{-2}$$

Annahme des kleinstzulässigen h_0:

$h_0 = (0,5 \text{ bis } 1,5) \cdot 10^{-3} \cdot (1 + d_m/40) = $ .... cm

$h_0/t = $ ....

Annahme der Schmierfilmtemperatur $\vartheta = $ .... °C

aus VT-Blatt: $\nu = $ .... cSt$/\vartheta$

$$\eta = \frac{\nu}{1,1} \cdot 10^{-8} = \dots\dots\dots\dots\dots\dots\dots\dots\dots\dots \text{kp s cm}^{-2}/\vartheta$$

aus l/b und h_0/t (Abb. 201): $So_a = $ ....

$$u_m = \frac{\bar{p} \cdot h_0^2}{So_a \cdot \eta \cdot b} = \dots\dots\dots\dots\dots\dots\dots\dots\dots\dots \text{cm s}^{-1}$$

$$\omega = \frac{2 \cdot u_m}{d_m} = \dots\dots\dots\dots\dots\dots\dots\dots\dots\dots \text{s}^{-1}$$

Die Verbrennungskraftmaschine

Herausgegeben von Prof. Dr. **Hans List**, Graz
(Springer-Verlag in Wien)
Bisher sind erschienen:

Band 1, Teil 1: **Die Betriebsstoffe für Verbrennungskraftmaschinen.** Von Dr. **A. Philippovich**, Privatdozent an der Technischen Hochschule Wien. Mit Vorwort und Einführung zum Gesamtwerk von Prof. Dr. **Hans List**, Graz. Zweite, neubearbeitete und erweiterte Auflage. Mit 86 Textabbildungen. XX, 206 Seiten. 4⁰. 1949.
Steif geheftet S 180.—, DM 30.—, sfr. 32.—, $ 7.20

Teil 2: **Die Gaserzeuger.** Von Dipl.-Ing. **Kurt Schmidt**, Oberingenieur i. R. der Klöckner-Humboldt-Deutz A.G., Köln-Deutz. Zweite, neubearbeitete und erweiterte Auflage. Mit 52 Textabbildungen. VI, 51 Seiten. 4⁰. 1959.
Steif geheftet S 90.—, DM 15.—, sfr. 15.40, $ 3.55

Band 4: **Der Ladungswechsel der Verbrennungskraftmaschine.**

Teil 1: **Grundlagen. Die rechnerische Behandlung der instationären Strömungsvorgänge am Motor.** Von Prof. Dr. **Hans List**, Graz, und Dr. **Gaston Reyl**, Graz. Mit 156 Abbildungen im Text, 2 Tafeln und 4 Tabellen. XI, 239 Seiten. 4⁰. 1949.
Steif geheftet S 288.—, DM 48.—, sfr. 49.60, $ 11.40

Teil 2: **Der Zweitakt.** Von Prof. Dr. **Hans List**, Graz. Mit 384 Abbildungen im Text. X, 370 Seiten. 4⁰. 1950.   Steif geheftet S 414.—, DM 69.—, sfr. 72.—, $ 16.50

Teil 3: **Der Viertakt. Ausnützung der Abgasenergie für den Ladungswechsel.** Von Prof. Dr. **Hans List**, Graz. Mit 172 Abbildungen im Text. VIII, 175 Seiten. 4⁰. 1952.
Steif geheftet S 216.—, DM 36.—, sfr. 37.30, $ 8.60

Band 5: **Die Gasmaschine.** Von Dr.-Ing. **Max Leiker**, Oberingenieur der Klöckner-Humboldt-Deutz A.G., Köln-Deutz. Zweite, neubearbeitete und erweiterte Auflage. Mit 358 Textabbildungen. IX, 260 Seiten. 4⁰. 1953.
Steif geheftet S 290.—, DM 48.—, sfr. 49.20, $ 11.45

Band 7: **Gemischbildung und Verbrennung im Dieselmotor.** Von Dipl.-Ing. Dr. techn. **Anton Pischinger**, o. Professor an der Technischen Hochschule Graz. Zweite, neubearbeitete und erweiterte Auflage mit einem Beitrag von Dipl.-Ing. Dr. techn. **Franz Pischinger**, Assistent an der Technischen Hochschule Graz. Mit 269 Textabbildungen. VIII, 206 Seiten. 4⁰. 1957.
Steif geheftet S 288.—, DM 48.—, sfr. 49.10, $ 11.45

Band 8, Teil 2: **Die Dynamik der Verbrennungskraftmaschine.** Von Dr.-Ing. **Hans Schrön**, München. Zweite, verbesserte Auflage. Mit 187 Abbildungen im Text. VIII, 201 Seiten. 4⁰. 1947.   Steif geheftet S 212.—, DM 35.30, sfr. 36.—, $ 8.40

Band 9: **Die Steuerung der Verbrennungskraftmaschinen.** Von Dr. techn. Ing. **Anton Pischinger**, Professor an der Technischen Hochschule Graz. Mit 269 Textabbildungen. VII, 240 Seiten. 4⁰. 1948.   Steif geheftet S 270.—, DM 45.—, sfr. 46.—, $ 10.70

Band 10: **Das Triebwerk schnellaufender Verbrennungskraftmaschinen.** Von Dipl.-Ing. **Hans Kremser**, Oberingenieur, Graz. Zweite, neubearbeitete Auflage. Mit 187 Textabbildungen. IX, 166 Seiten. 4⁰. 1949.
Steif geheftet S 180.—, DM 30.—, sfr. 31.—, $ 7.20

Band 12: **Ortsfeste Dieselmotoren und Schiffsdieselmotoren.** Von Dipl.-Ing. **Fritz Mayr**, Oberingenieur der Maschinenfabrik Augsburg-Nürnberg A.G., Werk Augsburg. Dritte, völlig neubearbeitete und erweiterte Auflage. Mit 417 Textabbildungen. VIII, 471 Seiten. 4⁰. 1960.
Steif geheftet S 792.—, DM 132.—, sfr. 135.20, $ 31.40
Ganzleinen S 816.—, DM 136.—, sfr. 139.30, $ 32.35

Band 14: **Verschleiß, Betriebszahlen und Wirtschaftlichkeit von Verbrennungskraftmaschinen.** Von Dr.-Ing. **Carl Englisch**, Göteborg. Zweite, erweiterte Auflage. Mit 393 Textabbildungen. X, 288 Seiten. 4⁰. 1952.
Steif geheftet S 312.—, DM 52.—, sfr. 53.30, $ 12.40

Anschließend werden erscheinen:

Band 2, Teil 1: Thermodynamik und Verlustanalyse der Kolbenverbrennungskraftmaschine. Zweite Auflage. Teil 2: **Thermodynamik der Gasturbine.** — Band 3: **Der Wärmeübergang in der Verbrennungskraftmaschine.** — Band 6: **Verbrennung und Gemischbildung im Otto-Motor.** — Band 8, Teil 3: **Werkstoff und Festigkeit.** — Band 11: **Der Aufbau der raschlaufenden Verbrennungskraftmaschine.** Zweite Auflage. — Band 13: **Hilfsmaschinen der Verbrennungskraftmaschine mit besonderer Berücksichtigung der Strömungsmaschinen.** — Band 15: **Die Gasturbine.**